바이러스의 시간

바이러스의 시간

주철현 교수가 들려주는
코로나바이러스의 모든 것

주철현 지음

뿌리와
이파리

일러두기

1. 한글 전용을 원칙으로 했으며, 학술용어는 처음 나올 때 독자의 검색을 돕기 위해 영어 원문을 병기해두었다.
2. 이 책에서 다루는 내용들은 서로 연결되어 있어, 먼저 전체를 훑어보는 것이 도움이 된다. 이를 위해 난이도가 있다고 생각되는 부분은 파란색 고딕으로 첫 문장과 끝문장을 표시하고 한 행씩 띄웠다. 이 부분은 읽다가 건너뛰어도 된다.
3. 대체로 외래어표기법 표기일람표와 용례를 따랐고, 그에 준한 네이버백과사전, 브리태니커 등을 참조했다. 관례로 굳어진 경우는 예외를 두었다.
4. 본문에 소개된 도판은 저자가 직접 그린 것이다. 따로 도판출처를 밝힌 것은 퍼블릭 도메인이거나 크리에이티브 커먼즈 라이선스를 따르는 것들이다. 혹시라도 저작권을 침해한 것이 있다면 알려주기 바란다.
5. 단행본, 정기간행물, 신문, 사전류 등에는 겹낫표(『 』), 논문 등에는 홑낫표(「 」), 예술작품, 영화 등에는 홑화살괄호(〈 〉)를 사용했다.

제4부 **방역**

서로 맑은 사월의 오얏꽃들에게……

인류는 수많은 전쟁을 겪으며 국경선을 그었고, 국가는 무력을 이용한 힘의 질서로 그 국경선을 지켜왔다. 하지만 첨단 무기와 강력한 군대도 보이지 않는 적의 습격에는 무용지물로, 이기적 유전자는 인간의 국경선을 무시하고 마른 들판의 불길처럼 퍼져나갔다. 전쟁을 대비하던 수송기들은 진단 키트와 방역 물자를 나르기 위해 동원되었다. 항공모함은 작전을 멈추고 모항으로 되돌아가야 했으며, 군인들은 재봉틀 앞에 앉아 티셔츠를 오려서 마스크를 만들어야 했다. 인류는 첨단 무기로 인한 전쟁의 발생을 경계했지만, 정작 위기는 가장 원시적인 유전자 조각이 몰고 왔다. 이것은 머리카락 굵기의 1000분의 1 크기의 입자, 자기복제에만 최적화된 3만 개에 불과한 유전자 코드로 만들어진 코로나바이러스다. 새로운 증식 숙주가 될 동물을 끝없이 찾아다니는 이 바이러스가 박쥐에서 인간으로 건너온 것은 2000년 이후로 확인된 것만 벌써 세 번째다. 그리고 이번에 건너온 코로나19는 세계화의 약점을 제대로 파고들었다.

아시아 일부 지역에서 유행하는 유별난 감기 정도로 생각하며, 쉽게 통제 가능할 거라 믿었던 선진국의 자만심이 땅바닥에 나뒹구는 데에는 두 달이면 충분했다. 고부가가치를 추구하며 발전하던 첨단 의료는 코로나19의 가차없는 전파력 앞에 무력했다. 수요와 공급에 맞춰 정교하게 유지되던 의료 인프라는 급격히 늘어나는 환자를 감당할 수 없었다. 세계의 공장과 물류가 멈춰버리자 방역 물자 공급이 중단되고 의료진은 감염의 위험에 노출되었다. 첨단 의료시설이 가득한 병원에서 쓰레기봉투를 뒤집어쓴 의료진들이 몰려드는 환자들을 돌봐야 했다. 코로나19에 대한 대비가 되어 있지 않은 병원들은 전파의 중심지가 되어버렸다. 의료 인프라가 붕괴되자 제대로 치료받지 못한 환자들이 사망하면서 치사율이 치솟았으며, 늘어나는 시신을 보관할 시설이 부족해 스케이트장과 냉동차까지 동원되었다. 심지어 최강대국 미국에서, 그것도 뉴욕에서 급격히 늘어나는 사망자를 감당하지 못해 인근 해역에 있는 하트섬에 커다란 구덩이를 임시로 만들어 시신을 집단 매장하는 광경이 언론에 보도되기도 했다. 5000년 전 선사시대의 한 마을을 휩쓸었던 전염병이 남긴 유골 무더기 앞에서 상상했던 장면이 21세기 현실에서 벌어진 것이다. 만물의 영장이라 자부했던 우리의 인간성은 이기적 유전자의 습격에 의해 깊은 상처를 입었다.

최초의 환자가 발생하고 1년 넘게 장기화된 코로나19 유행은 공공의료의 차원을 넘어 전방위적으로 피해를 확산시키고 있다. 인류

위기에 대한 공동 대응이란 구호는 공염불이 되었고, 아슬아슬하게 맞물려 돌아가던 세계화의 톱니바퀴는 신종 바이러스라는 작은 이물질이 끼면서 삐걱거리기 시작했다. 국가 간 물류가 정지되자 원유 가격이 폭락했으며, 해운사와 항공사 들은 파산을 막기 위해 몸부림치고 있다. 물류가 멈추면서 생필품과 방역 물자조차 제대로 공급되지 못했다. 방역통제의 여파로 식당, 술집, 카페 같은 서비스 산업, 영화·연극·공연 같은 문화 산업, 여행, 관광 산업 등의 3차 산업이 벼랑 끝으로 내몰렸다.

세계 경제의 결제 수단인 달러를 발행하는 미국에서만 두 달 만에 1000만 명의 실업자가 발생했다. 각국은 경제 기반의 붕괴를 막기 위해 천문학적인 액수의 돈을 풀고 있으며, 대량으로 공급된 유동성은 경제적 불평등 문제를 더욱 심화시키고, 이것은 방역 문제를 더욱 악화시켰다. 당장 굶어야 하는 상황에서 바이러스의 위험은 뒤로 밀려나기 때문이다. 여유가 있는 사람들은 한적한 곳으로 방역 휴가를 떠나거나 여유자금을 투자했지만, 가난한 사람들은 폐쇄된 직장을 뒤로하고 먹고살기 위해 일거리를 찾아다녀야 했다. 이렇게 방역에 틈이 벌어지면서 바이러스가 빠져나가면 그 여파로 다시 경제적 약자가 타격을 받는 악순환이 거듭되었다.

개인의 문제인 동시에 집단의 위기이기도 한 코로나19 유행은 사람들 사이의 갈등도 일으켰다. 치사율이 높은 노인들은 감염의 불안에 떨어야 했고, 치사율이 낮은 젊은 사람들은 장기화되어가는 방역에 짜증을 냈다. 방역을 거부하는 개인의 일탈은 자유주의의 한계에 대한 고민을 불러일으켰다. 누가 감염자인지 모르는 상황은 사람들을 단절시켰고, '비대면'이라는 생소한 단어가 일상용어가 되었다.

코로나19의 팬데믹 선언은 확진자와 사망자의 숫자가 폭증한 데 따른 것이었다. 이 우울한 경고는 사람들을 공포에 휩싸이게 했다. 원인을 이해하지 못하는 공포는 비이성적인 행동을 유발하기 마련이다. 신종 바이러스에 대한 검증된 지식은 부족했고, 과학자들의 연구는 바이러스의 전파 속도를 따라갈 수 없었다. 사실을 알고 싶어하는 사람들의 욕구는 아이러니하게 정확한 정보 대신 잘못된 내용들이 더 쉽게 퍼져나가게 만들었다. 발달된 통신망을 통해 단편적이고 오류로 가득 찬 내용들이 바이러스보다 빠르고 강하게 전파되었다. 오염된 정보는 인터넷에서 확대 재생산되어 사람들의 반지성적인 행동을 부추겼다. 음모론에 빠져 바이러스의 실체를 부정하는 사람들은 중요한 시기의 방역을 물거품으로 만들었고, 반대로 지나친 공포를 느낀 사람들은 쓸모없는 물건을 구하기 위해 가게로 몰려가서 서로를 감염시켰다. 설상가상으로 마스크에 대한 잘못된 정보의 전파는 바이러스가 더 쉽게 퍼질 수 있는 환경을 만들어주었다.

잘못된 정보의 급속한 전파는 방역을 어렵게 만드는 것은 물론이고, 개인을 불필요한 위험에 노출시키는 결과도 가져온다. 백신이 바이러스의 전파를 차단하듯, 올바른 지식이 잘못된 정보의 전파를 차단한다. 하지만 바이러스에 대한 지식은 여전히 학문의 울타리 속에 갇혀 있다. 전자현미경으로 바이러스의 실체를 처음 확인한 것이 고작 82년 전이며, 바이러스에 대항하는 면역의 작동 기전이 본격적으로 규명되기 시작한 것은 불과 10여 년밖에 지나지 않았다. 이런 상황에서 대중의 상식 부족을 탓하는 것은 무책임한 일이다. 누구의 잘못이나 무지의 결과가 아니며 이기적 유전자의 습격이 너무 빨리 들이닥친 것뿐이다. 하지만 상황이 변했다면 상식의 종류도 바뀌어야 한다. 현재 상황을 정확하게 이해하기 위해선 바이러스에 대한 최소한의 지식이 필요하다. 가뜩이나 다양한 정보가 홍수처럼 흘러넘치는 시대인데 한창 연구가 진행 중인 내용까지 알아야 한다니, 부담스러운 일이라는 것은 분명하다. 하지만 문명의 발전 뒤에는 신종 바이러스라는 어두운 그림자가 항상 따라다닌다. 이것은 생태계에서 일어나는 거스를 수 없는 자연 현상이다. 그리고 코로나19는 새로운 바이러스의 시간이 돌아왔음을 알리는 시작 신호에 불과하다. 앞으로 전개될 팬데믹의 시대에서는 사회의 안전뿐 아니라 자신과 가족의 건강을 위해서도 바이러스에 대한 상식이 필요하게 될 것이다.

* * *

지식의 탐구는 '왜why?'라는 의문으로 시작된다. 지식 탐구를 구성하는 여섯 가지 의문, 즉 언제, 어디서, 누가, 무엇을, 어떻게, 왜의 기반이 되는 의문이 바로 '왜'이기 때문이다. 호기심으로 가득 찬 인간의 두뇌는 '왜'라는 의문에 가장 강한 자극을 받는다. 하지만 다른 사람에게 왜라는 질문을 던지고 답을 제시하기 전에 저자 스스로가 왜 이 책이 필요한지 답이 필요했다. 정보화 시대에서는 전문적인 내용이라도 클릭 몇 번이면 답이 즉각 튀어나온다. 간편한 검색과 디지털 미디어들이 활자를 밀어내는 세상에 책 하나를 더 보태야 할 이유가 보이질 않았다. 하지만 코로나19가 처음 등장했을 때 썼던 짧은 글에 대한 사람들의 반응에서 답을 찾을 수 있었다. 당연하다고 생각한 지식은 좁아터진 전공의 울타리 안에서나 상식이었지, 더 넓은 세상의 사람들에게는 너무나 생소한 지식이었던 것이다. 진위를 판단할 수 없는 상황에서 쏟아지는 정보는 오아시스가 아닌 홍수다. 사람들은 '다양한' 정보가 아니라 '정리된' 정보에 목이 마르다는 것을 깨닫게 되었다. 이렇게 답을 얻고도 더 빨리 책을 내지 못한 솔직한 이유는 본업이라는 핑계와 게으름이라는 고질병 때문이다. 하지만 좀 그럴듯한 변명을 하자면 제대로 추적되는 역사상 최초의 바이러스 팬데믹에서 발생하는 문제들을 그 시점의 상황에서 생생하게 느끼고 파악하고자 했기 때문이다. 그리고 어느 정도 글들이 모여가던 중 3차 웨이브가 시작되었고 더이상은 미루면 안 되겠다는 생각에 지난 일 년간 틈틈히 써둔 글들을 정리하여 이렇게 책으로 묶게 되었다.

이 책은 팬데믹, 바이러스, 면역, 방역, 그리고 미래에 대한 다섯 개의 부로 이루어져 있다. 제1부 '팬데믹'에서는 2000년 이후 반복되어 일어난 신종 바이러스의 습격이 현재 팬데믹에 미친 영향을 알아볼 것이다. 그리고 팬데믹을 막을 수 있었던 골든타임을 놓치게 된 원인도 분석해볼 것이다. 제2부 '바이러스'에서는 팬데믹의 범인인 코로나바이러스의 특성에 대해서 알아볼 것이다. 이를 통해 코로나19가 다른 바이러스와 다르게 이렇게 큰 문제를 일으킨 근본적인 원인을 찾아볼 것이다. 제3부 '면역'에서는 바이러스에 대항하기 위한 면역의 활약에 대해 알아볼 것이다. 바이러스 감염에 의해 삶과 죽음이 갈라지는 이유를 살펴보면서 신종 바이러스가 창궐하는 이유와 코로나19의 교활함에 대해 설명할 것이다. 제4부 '방역'에서는 집단의 문제라는 관점에서 코로나19를 막기 위한 노력들에 대해 알아볼 것이다. 특히 이번 코로나19에 대한 서구의 방역 성적이 좋지 않았던 이유에 대해 살펴볼 것이다. 마지막 제5부 '과거 현재 미래'에서는 바이러스와 인류의 오랜 역사에 대해 알아보고, 세계화의 시대가 팬데믹의 시대가 될 수밖에 없는 이유를 살펴볼 것이다. 그리고 마지막으로 팬데믹의 시대를 살아가야 할 개인으로서 가져야 할 위생 개념의 변화에 대해 이야기할 것이다.

각각의 부는 주제와 관련된 열한 개의 장으로 이루어져 있다. 각 장은 다양한 분야의 내용을 다루기 때문에 난이도를 일정하게 만들기가 어려웠다. 대신 중요한 내용은 첫 번째 단락에 먼저 요약하고 나머지 내용은 그것을 풀어서 설명하는 식으로 정리했다. 특히 바이러스와 면역을 다룬 장의 내용이 어려우면 첫 번째 단락만 읽고 넘어가도 상관없다. 이 책에서 다루는 내용들은 서로 연결되어 있어 먼저 한 바퀴 훑어보는 것도 좋기 때문이다. 이 책을 쓰면서 가장 염두에 둔 것은 몇 번을 반복해서 읽어도 도움이 되는 책으로 만드는 것이었다. 정보 전달이 목적인 책이 한번 보고 이해가 된다면 솔직히 사서 읽을 가치는 없다는 말일 것이다. 난이도 조절은 끝까지 저자를 괴롭히는 문제였다. 강의 내용의 난이도에 대한 고민 없이 편하게 학생들을 괴롭히는 것과, 다양한 수준과 배경을 가진 일반 독자들에게 전문적 내용을 가능한 한 쉽게 설명하는 것은 차원이 다른 문제였다. 할머니에게도 쉽게 설명할 수 없다면 완전히 이해한 것이 아니라는 아인슈타인의 무서운 지적이 머릿속을 맴돌았다. 만약 이 책을 보다가 이해가 되지 않는 부분이 있으면 그것은 순전히 저자의 능력 부족임을 먼저 고백해둔다. 그리고 개인적으로 난이도가 있다고 생각되는 부분은 주의 환기를 위해 본문과 차별화하여 표시해놓았다.

마지막으로 일러두고 싶은 말은 생물 현상은 확률이 지배한다는 점이다. 이해가 쉽도록 하나의 바이러스와 몇 개의 세포를 예로 들어 설명을 하고, 단정적인 표현을 사용하고 있지만 실제 생물 현상은 천문학적 숫자의 세포와 바이러스에 의해 벌어지는 확률 게임이다. 이것을 잊어버리고 이분법적인 생각으로 정보에 접근하면 예외적 상황에 의해 쉽게 혼란에 빠질 것이다. 또한 이 책은 논문이 아니라 독자들이 읽고 이해하기 쉬웠으면 하는 바람으로 쓴 책으로, 혼동의 가능성이 없으면 용어의 정의를 느슨하게 적용하여 가능한 한 친숙한 단어를 사용했다. 예를 들어 'SARS-CoV-2'라는 바이러스의 정식 명칭 대신 코로나19라는 용어를 사용했으며, 코로나19가 일으키는 질병에 대해서는 원칙적으로 코비드19(COVID-19)라는 용어를 사용하지만 이 역시 코로나19로 통일해서 사용하였다. 바이러스와 질병의 구분은 문맥으로 쉽게 파악이 가능하기 때문이다.

자연의 불확실성과 싸우며 수천 년간 쌓아올린 인류의 문명 그리고 작게는 우리의 일상생활이 미미하기 그지없는 존재에 의해 철저히 유린당하고 있다. 신종 바이러스가 인류로 건너오는 것은 진화가 시작된 이래로 계속 반복된 일이다. 그런데 이번에는 왜 이렇게 피해가 큰 것일까? 누구나 이런 '왜?'라는 질문들을 수없이 가지고 있을 것이다. 왜 신종 바이러스가 출현하는 것일까? 왜 팬데믹은 막지 못했을까? 왜 선진국의 피해가 더 큰 것일까? 왜 코로나19는 빠르게 전파될까? 왜 바이러스는 계속 변이하는 것일까? 왜 나이가 많으면 더 위험할까? 왜 치료제는 빨리 나오지 않는 것일까? 왜 백신이 개발되어도 끝이 아니라고 하는 것일까? 왜 사회적 거리두기가 중요한 것일까? 왜 방역 단계는 변덕스럽게 오르락내리락하는 것일까? 왜 손을 씻어야 할까? 왜 마스크는 중요하다고 할까? 이런 수많은 '왜?'라는 질문의 답을 찾아가다 보면 인종, 국가, 종교, 재산, 정치, 신념, 지능에 상관없이, 우리 모두는 자연 생태계 안에 존재하는 단일종에 불과하다는 사실에 답이 놓여 있음을 확인할 수 있을 것이다.

제1부

팬데믹

|

"세상에서 가장 위험한 것은 진지한 무지와
양심적인 어리석음이다."

마틴 루서 킹(1929~1968)

01

예고

코로나19의 데자뷔

✳

2020년은 예상치 못한 재난영화 시나리오의 현실 무대가 되었고, 희망차게 시작되어야 할 2021년도에도 끝날 것처럼 보이지 않는다. 이기적 유전자의 습격이라는 영화 같은 일이 갑자기 일어나면서, 사회 기능은 마비되고 사람들은 공황에 빠졌다. 하지만 바이러스에 관심 있던 사람들은 코로나19의 전개과정을 보면서 데자뷔를 느꼈다. 이번 팬데믹의 도입부가 18년 전인 2003년에 일어났던 일의 판박이였기 때문이다. 이 예고편의 주인공은 코로나19의 사촌인 사스바이러스였다.

서기 2000년은 문명의 역사에서 두 번째 맞이하는 천년의 시작으로 인류의 발전에 자신감이 넘치던 해였다. 새로운 밀레니엄에 대한 막연한 기대가 아니라 실제로 다양한 분야의 발전과 성취가 동반되고 있었다. 경제에서는 국제통화기금(IMF)에 의해 세계화의 본격적인 진행이 확인되었고, 인터넷으로 상징되는 통신혁명이 놀라운 속도로 진행되고 있었으며, 분자생물학의 발달로 유전자 수준에서 생명의 원리 규명이 본격화되었다. 세계화, 통신, 분자생물학은 이후 반복되어 일어나는 신종 바이러스 습격의 진행과정에서 중요한 조연의 역할을 하게 된다.

대한민국을 뜨겁게 달구었던 월드컵의 열기가 가라앉은 2002년 겨울, 실험적으로 운영되던 캐나다의 인터넷 감시 시스템에 비정상적인 상황이 포착된다. 중국 광둥廣東 지역에서 감기에 대한 검색이 급증하는 현상이 감지된 것이다. 보고를 받은 세계보건기구(WHO)는 바이러스 감염 확산에 대한 상세한 정보를 중국에 요구했지만 거절당한다. 이 와중에 해당 지역의 농부가 원인 불명의 급성 호흡곤란으로 입원 치료를 받다가 사망하는 일이 일어난다. 해가 바뀐 2003년 1월 말에는 해당 지역 병원에서 근무하던 의료진들 중 급성 호흡곤란의 증상을 보이는 사례가 속출했다. 한 달 동안 동일한 증상을 보이는 원인 불명의 환자들이 병원을 중심으로 계속 늘어났지만 중국 정부는 여전히 이를 외부에 알리지 않았다.

베이징에 위치한 301인민군 병원의 외과 과장이었던 장옌융蔣彦永은 광둥 지역에서 신종 전염병이 발생했을 가능성이 있다고 판단했다. 그는 중국의 방송국들에 위험을 경고하는 편지를 보냈지만 무시된다. 하지만 그 과정에서 편지가 유출되고 이를 접한 미국의 언론사에서 취재를 시작했다. 그리고 이를 통해 세계는 신종 전염병이 발생했음을 알게 되었다. 이 대가로 이후 장옌융은 미국으로 망명해야 했다.

시간이 흘러 2월 말 홍콩에서 베트남으로 향하던 비행기에는 호텔에서부터 심한 감기 몸살로 괴로워하는 미국 사업가가 타고 있었다. 하노이의 병원을 방문한 사업가를 진찰한 의료진은 심한 독감을 의심하였다. 하지만 증세가 급속히 악화되어 입원을 하고, 감기로 보기에는 너무 심각한 고통을 계속 호소한다. 이를 심상치 않게 여긴 담당 의사는 WHO에 연락을 하고, 당시 하노이에 파견되어 있던 이탈리아 출신 의사 카를로 우르바니Carlo Urbani와 연결된다. 감염병 전문가인 우르바니는 흉부 엑스레이 사진을 보고 검체를 채취하여 WHO와 베트남 위생국으로 보내도록 조치한다. 이러는 와중에 미국인 사업가의 폐렴은 급격히 악화되어, 결국 중환자실로 옮겨져 인공호흡기를 달게 된다. 상황이 급박해지자 가족은 그를 홍콩의 병원으로 이송하지만 결국 일주일 뒤에 사망한다. 우르바니는 얼마 전 흘러나온 중국의 신종 호흡기 질환의 발생 소식과 이 환자가 연관되어 있음을 직감했다. 그리고 베트남 정부에 상황의 심각성을 강력하게 경고했다. 그의 노력으로 베트남은 WHO의 전염병 전문가 대응팀을 빠르게 받아들인다. 그리고 곧 홍콩으로 돌아간 미국인 환자를 치료했던 의료진들 사이에서 동일한 증상이 나타나 한 사람씩 사망하기 시작한다. 베트남의 긴장도는 높아졌고 강력한 방역 통제와 접촉자 추적을 시작한다. 이런 강력한 초기 대응 덕에 베트남은 초기 전파 국가들 중 가장 먼저 청정국가가 될 수 있었다. 하지만 급박하게 상황이 전개되는 열흘간 하루에 16시간씩 뛰어다니던 우르바니는 공항에서 열이 나는 것을 느낀다. 그리고 별일 아닐 거라는 동료의 바람과 다르게 결국 동일한 증상으로 사망한다. 베트남의 최종 역학조사 결과를 보면 63명의 감염자와 5명의 사망자는 모두 일차 전파자였고 더이상의 추가적인 전파는 일어나지 않았다. 우르바니의 헌신적인 노력과 희생이 한 나라를 재난의 문턱에서 되돌린 것이다.

중국의 외부에서 일어난 감염 전파의 사례를 확인한 WHO는 3월 16일 신종 전염병의 경계령을 발령한다. 그리고 중증급성호흡기증후군Severe Acute Respiratory Syndrome(SARS)의 약자인 사스를 공식 명칭으로 부여한다. 하지만 신종 바이러스의 발생 징후를 감지한 지 이미 넉 달이나 지난 시점이었다. 이미 사스바이러스는 광둥 지역을 거쳐간 사람들에 의해 이미 홍콩, 싱가포르, 대만, 캐나다, 미국 등지로 퍼져나가고 있었다. 특히 광둥 지역과 국경을 마주하고 있는 홍콩에서 많은 감염자가 발생했는데, 한 아파트에서 321명의 무더기 감염이 발생하기도 했다. 조사 결과 하수와 공조 배관의 설계상 결함이 원인으로 밝혀졌다. 감염자가 배출한 오염물이 하수 배관으로 흘러가면서 에어로졸이 생성되었고, 이것이 공조 배관을 통해 주민들에게 골고루 살포되는 어처구니없는 일이 벌어졌던 것이다.

광둥의 병원에서 온 의사가 머물렀던 홍콩의 메트로폴 호텔은 세계 전파의 허브가 되었다. 감염자와 같은 층에 머물렀던 투숙객 중 16명이 감염되어 각자의 목적지로 이동한 것이다. 그중 한 명이 바로 베트남에서 우르바니에게 사스를 옮긴 미국인 사업가다. 특히 캐나다의 경우 피해가 컸는데, 호텔에 투숙했다가 토론토로 돌아간 한 여성이 그 시작이었다. 증상이 나타나 입원 치료를 받던 환자와 간병을 하던 아들이 감염되어 사망하고, 같은 병실을 사용했던 환자, 의료진, 방문객 들이 연달아 감염된다. 베트남과 달리 사스에 대한 경각심이 없는 상태에서 전파가 시작되었기 때문에, 한 명의 감염자에 의해 257명이 연달아 감염된 것이다.

이 무렵 미국 질병통제예방센터(CDC)와 캐나다의 국립미생물연구소에서 동시에 환자의 샘플에서 코로나바이러스의 유전자를 찾아내고 이를 '사스-코로나바이러스SARS-CoV'로 공식 명명한다. 네덜란드 연구팀은 환자에게서 얻은 코로나바이러스를 실험용 원숭이에게 감염시켜 사람과 동일한 급성 호흡곤란 증상이 발생하는 것을 확인했다. 이로써 신종 코로나바이러스가 사스의 원인이라는 것이 증명된다. 사스의 대표적인 초기 증상은 바이러스 감염 후 38도 이상의 고열이 지속되는 것이었다. 그리고 높은 비율로 급속히 폐렴으로 진행하여 호흡곤란을 일으키는 특징을 가지고 있었다. 증상 발현까지 평균적인 잠복기는 4일에서 6일 정도였지만, 경우에 따라서는 감염 즉시 혹은 2주가 지나서 증상이 발현되는 경우도 있었다.

시간이 흘러 4월에 접어들면서 전파 상황은 더욱 악화되고, 정보 공개에 대한 국제 압력이 거세지자 중국은 결국 WHO의 조사를 받아들인다. 급파된 연구팀은 사스바이러스를 사람으로 전파시킨 숙주 동물을 찾기 시작했다. 이를 위해 발원지로 지목된 광둥의 야생동물 시장에서 대규모의 바이러스 유전자 검사가 실시되었다. 그리고 흰코사향고양이(masked palm civet, 백비심)에서 환자를 감염시킨 것과 동일한 유전자를 가진 코로나바이러스를 찾아낸다. 고양이보다

그림 1-1 사스를 옮긴 흰코사향고양이

는 족제비에 가깝게 생긴 흰코사향고양이는 루왁 커피를 만드는 사향고양이의 사촌으로, 중국에서는 보양식의 재료로 사용된다. 사스 바이러스에 감염된 흰코사향고양이에서는 아무런 증상이 없었다. 즉 사람에게 무증상 전파를 일으키는 상태였던 것이다. 이 발견 즉시 당시 시장에 있던 1만 마리 이상의 흰코사향고양이가 즉시 살처분되었으며, 야생동물을 거래하는 시장은 완전히 폐쇄되었다. 이 사건을 계기로 도축 과정을 거치지 않고 살아 있는 동물을 거래하는 것에 대한 경각심이 커졌고, 중국 당국은 야생동물 거래를 금지시킨다. 하지만 오랜 관습은 완전히 없어지지 않았고, 이들 야생동물 거래 시장은 점차 음지로 숨어들게 되었다.

다행히도 지역 감염보다는 병원 감염을 위주로 전파되던 사스는 방역을 통해 서서히 확산 속도가 줄어들었다. 그리고 2004년 1월 4명의 환자를 마지막으로 더이상의 감염자는 나타나지 않았다. 갑작스

그림 1-2 사스의 고향인 말발굽박쥐

런 등장만큼이나 갑작스런 종식이었다. 최종적으로 1년의 기간 동안 29개국에서 총 8096명이 감염되어 774명이 사망하였다. 이렇게 계산된 치사율은 9.6퍼센트였지만 나이에 따라 큰 차이를 보였다. 감염자가 24세 이하의 경우에는 1퍼센트 이하였지만, 65세 이상인 경우에는 55퍼센트의 치사율을 보였다. 당시 우리나라에서도 3명의 감염자가 발생하였으나 사망자는 없었고, 추가적인 전파도 일어나지 않았다.

　사스바이러스는 다시는 나타나지 않았지만 과학자들은 흰코사향고양이를 감염시킨 바이러스의 기원을 계속 집요하게 추적하였다. 그리고 2017년에 중국 윈난성에 있는 동굴에 서식하는 중국관박쥐 horsesshoe bat(주로 말발굽박쥐로 불리는)에서 사스바이러스의 유전자를 찾아낸다. 중간숙주였던 흰코사향고양이에서처럼 박쥐에서도 이 바이러스는 무증상으로 계속 전파되면서 유전자가 유지되고 있었다. 이 발견으로 말발굽박쥐에서 증식하던 사스바이러스가 중간숙주인 흰코사향고양이를 거쳐, 사람으로 건너온 종간 전파의 연결 고리가 모두 확인되었다. 그리고 같은 바이러스의 감염이라도 생물 종에 따라 무증상에서 심각한 호흡곤란 증상까지 다양한 반응을 보인다는 교과서적인 지식을 다시 확인할 수 있었다. 사람이 접촉하는 동물의 건강 상태만으로는 바이러스 감염과 전파의 위험을 확인하기는 어렵다는 의미였다.

사스바이러스는 신종 바이러스의 출현에서 절멸까지 제대로 추적된 최초의 바이러스이기도 하다. 유전자를 증폭해서 검사할 수 있는 기술이 발달한 21세기 이후에 최초로 발생한 신종 바이러스이기 때문이다. 과학에서 데이터는 양날의 검과 같다. 동일한 데이터라도 해석하는 사람과 목적에 따라 반대의 결론이 나올 수 있다. 사스바이러스의 데이터들은 코로나19 발생 초기의 환자들을 접한 의사들이 사스 같은 신종 코로나의 출현을 의심할 수 있는 근거가 되었다. 또한 환자의 샘플에서 빠르게 코로나19의 유전자를 확인할 수 있는 기본 정보를 제공하기도 하였다. 하지만 반대로 이번 팬데믹의 초기 대응이 빠르지 못했던 원인이 되기도 하였다. 사스는 주로 감염자의 증상이 심각해진 이후에 다른 사람에게 전파되었다. 그리고 일상이 아닌 병원을 중심으로 대부분의 전파가 일어났기 때문에 방역의 난이도가 높지 않았다. 이런 데이터를 기준으로 사스의 사촌 격인 코로나19의 전파 특성을 가늠했기 때문이다.

02

단계

신종 바이러스의 증식 곡선

✲

사스가 전개된 과정을 살펴보면 마치 도깨비처럼 갑자기 등장해 기승을 부리다가, 팬데믹 이전 단계에서 갑자기 소멸한 것처럼 보인다. 하지만 신종 바이러스의 등장, 전파, 소멸은 증식 곡선에 의해 단계별로 진행된다. 증식 곡선은 방역의 전략 수립에도 적용되는 기본 개념이다. 과학자들이 하는 일은 복잡한 자연현상을 지배하는 간단한 원리를 찾는 것이다. 원리라는 단어를 너무 거창하게 여길 필요는 없다. 좋은 원리일수록 간단하며, 앞으로 일어날 일에 대한 예측을 가능하게 해준다. 신종 바이러스 증식 곡선의 핵심은 문제의 심각성을 알아차렸을 때는 통제가 불가능하다는 것이다.

수정란에서 분열해나가는 세포, 유전자에 생긴 오류로 시작되는 암세포, 인체에 감염된 세균의 숫자들도 증식 곡선을 따라 증가한다. 박쥐나 사람 같은 생물 종의 개체수, 심지어는 음모론의 확산이나 대중문화의 유행도 증식 곡선을 따른다. 이들은 모두 자가 증식 현상이라는 공통점을 가지고 있다. 전염병도 한 감염자가 다른 여러 명을 감염시키는 증식, 즉 재생산이 일어나기 때문에 증식 곡선을 따른다.

증식 곡선은 현상의 관찰만으로도 유추가 가능하기 때문에 오래 전부터 이론적인 모델로 존재했다. 하지만 실험적으로는 1940년대에 들어서야 세균의 증식 곡선이 증명되었다. 현재는 초등학교 실험실에서도 간단하게 실험할 수 있는데, 배양액이 들어 있는 시험관에 세균을 조금 넣은 뒤 정해진 시간마다 세균의 수를 측정하면 된다. 그 결과를 그래프로 옮기면 그림 2-1처럼 '코끼리를 삼킨 보아뱀' 같은 모양의 곡선이 나타나는데, 이것이 세균의 증식 곡선이다. 증식 곡선은 개체수의 변화 양상에 따라 네 가지 단계로 나누어진다. 증식 곡선을 사용하는 학문 분야에 따라 네 단계의 이름이 달라지기도 하지만, 각각의 해당 단계에서 자가 증식 개체들이 벌이는 일들에 대한 기본 개념은 동일하다.

첫 번째 지체기lag phase는 개체수의 변화가 관찰되지 않는 상태다. 외부적으로는 아무 일도 일어나지 않는 것처럼 보인다. 하지만 내부적으로는 새로운 환경에 놓인 세균들이 유전자의 발현을 조절하거나 변이를 일으켜 가장 잘 적응한 개체가 선택되는 적응의 시기다. 환경에 적응한 개체가 나타나지 않는다면 시험관 내의 세균들은 멸종된다. 이렇게 지체기는 외부적으로 관찰되는 현상을 말하는 것일 뿐이며, 내부적으로는 세균의 생사가 걸린 치열한 적응이 일어나

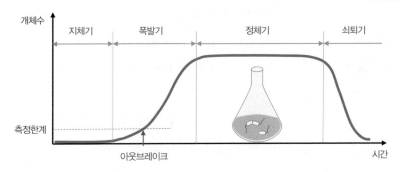

그림 2-1 닫힌계에서 자가 증식하는 개체의 시간에 따른 개체수의 변화

는 격동의 시기다.

두 번째 폭발기exponential phase는 말 그대로 개체수가 폭발적으로 증가하는 상태다. 환경에 적응을 끝낸 개체들이 증식하는 시기이기 때문에 세균의 분열에 걸리는 시간마다 2배씩 꼬박꼬박 증가한다. 마치 일숫돈에 붙는 복리 이자처럼 세균의 수가 지수적으로 늘어난다. 이때는 외부적으로 관찰되는 현상과 내부적으로 일어나는 상황이 일치하는 시기다. 하지만 이런 폭발기를 우리가 즉시 알아차릴 수는 없다. 증식 곡선 그림에서 보듯이, 개체수를 나타내는 수직축에 측정 한계가 표시되어 있다. 이것은 기술적으로 측정 가능한 최저의 개체수를 의미한다. 만약 기술적 한계로 인한 측정 한계가 100개라면, 폭발기에 접어들어도 세균이 100개 이상 늘어나기 전에는 증가를 관찰할 수 없다.

세 번째 정체기stationary phase에서는 개체수의 변화가 일어나지 않는다. 만약 공간과 영양분이 무제한으로 공급된다면 정체기는 일어나지 않는다. 하지만 시험관 속의 공간과 영양은 제한되어 있기에 세균의 수가 어느 정도 많아지면 당연히 서로 경쟁을 한다. 그 결과 증식해서 늘어나는 수와 경쟁에 밀려 없어지는 수가 비슷해지면서 정체기가 오게 된다.

네 번째 쇠퇴기decline phase는 아예 증식이 불가능한 환경이 되어 모든 세균이 다 죽어가는 시기다. 시험관은 외부와 물질 교환이 없는 닫힌계closed system이기 때문에 세균의 증식 과정에서 영양 성분은 고갈되고 독성 노폐물들이 계속 축적된다. 이 과정에서 시험관 환경이 산성으로 변해가는데, 이 변화가 생존의 한계를 넘어가면 모든 세균은 사멸하게 되는 것이다. 즉 증식이 유발하는 환경 파괴로 멸종되는 상황인데, 쇠퇴기는 갑자기 발생해 급격하게 진행되는 것이 특징이다.

여기서 신종 바이러스의 증식 곡선은 세균 대신 바이러스, 영양 물질 대신 숙주인 사람의 집단이 증식 환경이 된다. 이 차이점을 제외하면 각 단계의 개념과 일어나는 내부적 상황은 동일하다. 신종 바이러스 증식 곡선에서 나타나는 지체기는 바이러스가 인간이라는 새로운 숙주의 환경에 적응하는 시기다. 우연히 인간을 감염시킨 다른 동물의 바이러스가 인간의 체내에서 증식하면서 이 새로운 종을 숙주로 삼는 적응 진화를 시도한다. 바이러스가 인간에 적응한다는 것은 사람 간 전파가 가능한 변이를 획득한다는 의미다. 다행히도 대부분의 바이러스는 이러한 적응 진화에 실패한다. 그럼 우연히 감염된 사람은 종말 숙주terminal host가 되면서 신종 바이러스가 되기 위한 짧은 시도는 아무런 일도 일어나지 않고 끝나게 된다.

하지만 이런 우연한 감염이 자꾸 일어나면 인간에 적응한 바이러스의 출현 확률도 높아진다. 만약 적응에 성공한 바이러스가 출현하면, 그에 감염된 사람은 최초의 신종 바이러스 0번 전파자가 된다. 사스바이러스나 코로나19바이러스의 경우도 마찬가지였다. 인간이라는 새로운 숙주에 교두보를 마련한 신종 바이러스는 계속 사람들을 감염시키면서 전파의 효율을 더욱 올리게 된다. 그러다 사람 사이에 쉽게 전파될 정도의 효율에 도달하면 서서히 폭발기로 진입한다.

폭발기에 들어가면 개체수가 지수적으로 증가한다고 앞에서 이야기했다. 신종 바이러스 증식 곡선에서도 감염자 수가 폭발기에 지수적으로 증가한다. 하지만 폭발기의 초반에는 세균의 증식 곡선에서 설명했던 측정한계와 유사한 이유로 신종 바이러스 감염자 증가를 감지하기 어렵다. 처음 전파될 때는 바이러스의 존재를 모르는 상황이기에 검사 방법도 없고 할 이유도 없다. 따라서 신종 바이러스의 출현이 감지되려면 기존 바이러스로는 설명이 어려운 감염자의 증가가 있어야 한다. 예를 들어 감염자 한 명이 두 명에게 전파하는 데에 하루가 걸리는데, 최소 60명의 원인 불명 감염자가 생겨야 문제의 감지가 가능하다고 가정하자. 그럼 매일 1, 2, 4, 8, 16, 32, 64, 128, 256……명씩 감염자가 늘어날 것이다. 하지만 측정 한계로 인해 폭발기에 접어들고 일주일 뒤 64명이 돼서야 처음으로 이상이 감지될 것이다. 하지만 문제가 감지된 바로 다음날부터 100명, 200명씩 감염자가 폭증한다. 신종 바이러스의 폭발기 진입과 측정 한계로 발생하는 이런 현상을 아웃브레이크outbreak라고 한다. 문제의 심각성을 알아차렸을 때는 이미 통제가 힘든 상황이라는 신종 바이러스 증식 곡선의 핵심을 함축하고 있는 것이 아웃브레이크 현상이다.

정체기에 들어서면 새로운 감염자 수가 증가되는 것은 멈춰진다. 세균의 증식 곡선에서 시험관 내 환경의 변화가 일어났던 것처럼, 신종 바이러스의 확산에는 집단면역의 증가라는 환경 변화가 동반된다. 감염자가 늘어날수록 면역을 획득한 사람의 비율도 증가하기 때문에 신종 바이러스의 전파 속도는 차츰 느려지게 된다. 그러다 집단면역의 수치가 신종 바이러스의 전파 한계를 넘어가게 되면 감염자 수는 쇠퇴기로 접어든다. 바이러스의 전파 특성에 따라 차이가 나지만 대략 집단면역이 60~70퍼센트에 달하면 쇠퇴기가 시작된다. 즉 이 시기에 이르러 신종 바이러스가 종식되는 것이다.

하지만 이것은 이론적인 이야기이며, 현대 문명사회에서 아무것도 하지 않고 집단면역으로 인한 정체기가 오기를 기다리는 것은 불가능하다. 사람들이 죽어나가기 때문이다. 제1차 세계대전 막바지에 발생한 스페인독감의 경우 당시 전 세계 10억 인구 중 최소 5000만 명이 사망하였다. 현재 70억 인구를 기준으로 생각해보면 약 3억 5000만 명이 사망한 셈이다. 이런 비극을 막기 위해서라도 방역은 절대적으로 필요한 것이다. 따라서 현대 사회에서는 방역을 통해 신종 바이러스의 전파 환경을 불리하게 만드는 압력을 가해서 정체기를 유도한다.

이 방역의 시기와 강도에 따라 증식 곡선의 단계 간 이동이나 지속 기간에 큰 차이가 나게 된다. 예를 들어 지체기에 강한 압력이 주어지면 폭발기로 넘어가지 못하고, 폭발기에 약한 압력이 주어지면 정체기로 갔다가 압력이 없어지면 다시 폭발기가 시작된다. 폭발기에 강한 압력이 주어지면 쇠퇴기로 접어든다. 또한 바이러스의 전파 특성에 따라 필요한 방역의 강도에 큰 차이가 나게 된다. 사스의 경우는 폭발기의 초반까지 갔지만 병원 중심의 전파가 일어나는 특성 때문에 필요한 방역의 강도가 그리 크지 않았다. 그 결과 집단면역의 증가 유무에 상관없이 방역으로 사스가 쇠퇴기로 접어들게 만들수 있었다.

03
방심

공포와 허무한 결말

짧고 강렬했던 사스의 습격이 휩쓸고 간 뒤 채 10년도 지나지 않아, 돼지에서 신종 독감바이러스가 인류로 건너온다. 이번에는 미국에서 처음 발생이 감지되었기에 비교적 빠른 대응을 할 수 있었다. 이 신종 독감바이러스가 엄청난 희생자를 발생시킨 과거의 스페인독감바이러스와 동일한 유전자를 가졌다는 분석 결과로 인해 사람들은 공포에 휩싸였다. 그리고 WHO는 역사상 최초로 팬데믹을 공식 선언한다. 하지만 시간이 지나면서 일반 독감의 치사율과 큰 차이가 나지 않는 것이 드러났다. 팬데믹 선언으로 사람들이 느꼈던 공포에 비하면 허무한 결말이었고, 이는 코로나19 전파 초기에 나타난 치명적 방심으로 연결된다.

미국에도 지구 반대편에서 시작된 사스가 전파되었지만, 초기 방역에 성공해 최종 27명 감염자에 사망자 없이 막을 수 있었다. 하지만 6년 뒤 다른 종류의 신종 바이러스가 미 대륙을 공포에 빠트린다.

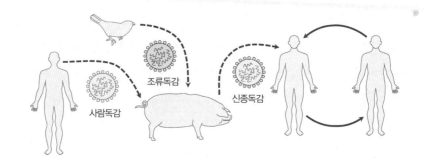

그림 3-1 돼지에서 일어나는 조류독감과 사람독감 유전자들의 재조합

캘리포니아주 샌디에이고에 위치한 미국 해군의 보건연구센터에서는 독감바이러스를 빠르게 감별 진단할 수 있는 새로운 항체 검사법을 개발하고 있었다. 순조롭게 연구가 진행되던 2009년 3월 독감에 걸린 10세 소녀에게서 채취한 샘플이 분류가 되지 않았다. 기존 바이러스들을 분류하는 검사로 분류가 안 된다는 것은 신종 바이러스의 출현 가능성을 의미했다. 연구팀은 샘플을 미국 질병통제예방센터로 보내 확인을 의뢰했다. 유전자를 분석한 결과 새, 돼지, 사람의 독감바이러스 들의 유전자가 조합되어 있는 새로운 독감바이러스라는 것이 밝혀졌다.

조류의 독감바이러스는 사람에게 직접 감염되지 않으며, 우연히 감염자가 발생해도 종말 숙주로 전파가 그친다. 하지만 위의 그림 3-1처럼 새의 독감바이러스(H1N1)와 사람의 독감바이러스(H2N3)가 돼지에게 동시에 감염되면, H1N1이라는 새로운 항원을 가지면서 사람의 세포에서 효율적으로 증식이 가능한 신종 독감바이러스가 튀어나온다. 이런 이유로 돼지를 바이러스의 혼합 용기mixing vessel 라고 부르기도 한다. 광범위한 유전자 분석을 시행한 결과 이 돼지 독감바이러스는 인간에게 본격적으로 전파되기 시작한 몇 달 전부 터 이미 멕시코에 있는 농장의 돼지들 사이에서 널리 퍼지고 있었음 이 밝혀졌다.

언론은 이 바이러스를 H1N1독감, 신종 독감, 돼지독감, 멕시코 독감, 미국독감 등의 수많은 이름으로 불렀다. 과학계 최고의 권위 적인 학술지 『네이처』 편집자가 바이러스 유전자보다 이름이 더 빨리 변이한다고 불평할 정도였다. 이 신종 바이러스는 'influenza A(H1N1)pdm09'라고 공식 명명된다. 참고로 이 이름을 이해할 필요 는 없고, 바이러스의 이름이 복잡해질수록 더 많은 유행이 일어났음 을 의미한다는 것만 알면 된다. 그런데 H1N1이란 단어는 사람들을 공포에 빠트린다.

H1N1이라는 단어가 공포를 불러일으킨 배경을 이해하기 위해서 는 제1차 세계대전이 한창이던 1918년까지 거슬러 올라가야 한다. 지금도 겨울마다 우리를 괴롭히는 독감바이러스는 호흡기바이러스 의 제왕이라 할 정도로 전파력과 변신 능력이 뛰어나다. 지난해에 독감에 걸렸는데, 올해 또 걸린다. 이것은 우리 면역이 항체를 못 만 드는 게 아니라 독감바이러스의 항원이 계속 변하기 때문이다. 특히 독감바이러스의 항원 유전자가 조류의 것으로 통째로 바뀌는 경우 를 대변이大變異라고 하는데 이 경우 사람들의 집단면역이 없는 신 종 바이러스가 된다. 바로 1918년에 이런 항원의 대변이가 일어난

스페인독감이 출현하여 전 세계적으로 전쟁보다 더 큰 피해를 가져오게 된다.

이름 때문에 이 바이러스가 스페인에서 발원한 것으로 오해하지만 이는 사실이 아니다. 당시 참전국들은 사기 진작을 위해 치명적 전염병에 대한 정보를 엄격하게 통제하고 있었다. 하지만 스페인은 당시 세계대전의 소용돌이에서 비껴나 있었고, 신종 독감바이러스에 대한 정보는 대중에게 투명하게 공개되었다. 따라서 다른 나라의 국민들이 접하는 바이러스 소식의 출처는 대부분 스페인일 수밖에 없었다. 그래서 스페인독감이란 이름이 붙었지만, 정작 스페인에서는 프랑스독감이라고 불렀다. 물론 스페인의 노력은 허사였다.

당시는 바이러스 유전자 검사가 불가능했지만, 발생 환자의 상황을 보면 스페인독감바이러스의 발원지는 미국으로 추정된다. 최초의 환자는 1918년 3월 11일 미국 캔자스의 신병훈련소에서 나온 것으로 기록되어 있다. 하지만 이 지역에서는 이미 독감이 유행하고 있었으며, 전쟁으로 인한 군 병력의 대규모 이동으로 바이러스는 전 세계로 퍼져나가게 된다. 이렇게 시작된 1차 유행이 잠잠해진 8월에 프랑스의 브레스트, 시에라리온의 프리타운, 미국의 보스턴 등지에서 치사율이 높은 변종 스페인독감이 동시다발적으로 출현했다. 그리고 2차 유행 때 엄청난 사망자가 발생했다. 당시 상황의 정확한 통계 자료를 얻는 것은 불가능하지만, 약 5억 명이 감염된 것으로 추산된다. 이는 당시 세계 인구의 3분의 1에 해당하는 수치다. 1차 유행이 전쟁터로 향하는 군인들에 의해 퍼졌다면, 2차 유행은 전쟁에서 돌아온 군인들에 의해 퍼졌다.

당시 바이러스 전파를 부채질한 100년 전의 상황들은, 코로나19에 의해 큰 피해를 보고 있는 미국의 현재 상황과 유사한 점이 많다. 승전국이었던 미국은 국민의 사기 진작을 위해 언론을 통제했으며, 치명적인 신종 바이러스는 전쟁에서 돌아온 군인들에게서 시민들로 쉽게 퍼져나갔다. 하지만 정보는 통제할 수 있어도 환자의 발생은 숨길 수가 없다. 심각한 증상의 감기 환자가 늘어나면서 불안감은 커져갔다. 세인트루이스시는 군인들이 집으로 돌아가기 전 방역 절차를 거치도록 하였다. 또한 신종 독감바이러스의 위험을 알리고, 학교와 직장을 폐쇄하고, 공공 모임을 금지시켰으며, 마스크를 쓰지 않으면 벌금을 매기는 강력한 방역 조치를 취했다. 하지만 대부분의 다른 시들은 반대로 행동했다. 관리들은 신종 스페인독감이 아닌 계절성 독감에 지나지 않는다고 주장했고, 귀향한 군인들의 대규모 환영 퍼레이드가 열렸다. 이런 과학이 아닌 정치적 고려 때문에 바이러스는 마른 들판의 불길처럼 사람들 사이에서 번져나갔다.

병원은 중환자들로 넘쳐나고, 체육관은 거대한 입원실이 되었다. 의료진들마저 차례로 독감에 쓰러지자 의대생들이 현장에 투입되었다. 문제가 심각해지고 나서야 각 주의 정부들은 가장 피해가 적은 세인트루이스시를 따라 방역 조치들을 내리기 시작했지만 이미 전파는 폭발기로 넘어간 상황이었다. 당시 사회 분위기는 극도로 험악했다. 소년들은 마스크를 쓰지 않은 사람이 있으면 얼굴에 침을 뱉고 다닐 정도였다. 과부와 고아 들이 넘쳤고, 장의사가 부족해 사람들은 자기 가족의 묘지를 직접 파야 했다. 이 스페인독감으로 세계 인구의 최대 약 5퍼센트가 사망한 것으로 추정된다. 이는 제1차 세계대전 자체로 죽은 사람보다 세 배가 많은 숫자이며, 현재의 인구로 치면 3억 5000명이 독감으로 사망한 것이다. 특히 젊은 층의 치사율이 높았던 미국은 스페인독감으로 인해 평균수명이 12년이나 줄어들었다. 물론 당시에는 어떤 독감바이러스인지 정확히 알 수가 없었다. 최근 분자생물학 기술의 발전으로 과학자들이 포르말린에 보존되어 있던 당시 희생자들의 폐조직에서 유전자 샘플을 채취해 알아낸 이름이 바로 인플루엔자 A(H1N1)였다.

100여 년 만에 다시 등장한 H1N1이라는 이름은 과거의 기억을 되살렸다. 그리고 팬데믹 선언으로 위기감이 고조되자 대중은 급격히 공포의 반응을 보이기 시작했다. 이는 언론의 집중을 불러일으키고 선정적 보도는 다시 대중의 공포를 강화하는 악순환으로 이어졌다. 대중의 공포는 정치적인 압력으로 작동하였다. 각국의 정부들은 독감 치료제인 타미플루의 확보를 위해 치열한 경쟁을 벌이게 된다. 하지만 강렬했던 공포와 달리 시간이 지나면서 1918년의 H1N1과 다르다는 것이 점차 드러난다. 미국에서만 5만 명, 세계적으로 20만 명 정도가 일반적인 계절 독감으로 사망한다. 2009년의 H1N1은 이 정도의 치사율을 가지고 있었다. 이는 팬데믹 선언과 1년 동안 드리워졌던 공포의 그림자에 비해서는 허무한 결과였다. 그리고 너무 성급하게 팬데믹 선언을 했다는 결과론적 비난이 거세게 일어났다. 심지어 창고에서 폐기되기 직전의 타미플루를 팔기 위한 로비의 결과라는 음모론까지 널리 퍼지면서 WHO는 홍역을 치르게 된다. 이번에 코로나19의 전파 초기에 계절 독감과 다르지 않다는 이야기가 미국에서 많이 나왔던 배경이 여기에 있다. 코로나19 역시 돼지독감처럼 찻잔 속의 태풍으로 끝나리라고 방심한 것이다.

04

사망

삶과 죽음의 임계전이

✳

누군가의 부고를 접하면, 충격과 함께 사인에 대한 궁금증을 느낀다. 타인을 죽음에 이르게 한 원인을 알아야 그것을 피할 수 있다는 본능이 우리 유전자에 각인되어 있기 때문이다. 우리가 전염병의 치사율에 큰 관심을 가지는 이유도 동일하다. 돼지독감 발생 초기에 관심이 집중된 것은 과거 스페인독감의 높은 치사율 때문이었으며, 시간이 지나면서 허무함을 느낀 것은 돼지독감의 낮은 치사율 때문이다. 치사율의 단순한 수치에는 수많은 개인의 죽음이라는 임계전이critical transition들이 포함되어 있다. 임계전이는 쉽게 말해서 돌아올 수 없는 강을 건넌다는 의미다.

댐의 붕괴, 산사태, 지진 등과 같은 돌이킬 수 없는 상태의 변화를 재해catastrophe라고 정의한다. 재해는 두 가지 상태의 균형이 급격히 붕괴되는 것인데, 일단 재해가 발생하면 다른 상태로 되돌아가지 못한다는 특징을 가진다. 이 재해의 가장 극단적인 형태가 사망이다.

중환자실의 환자는 삶과 죽음의 상태를 오간다. 그러다 사망이라는 재해가 발생해 죽음의 상태가 되면 다시는 삶의 상태로 되돌아가지 못한다. 이런 불가역적 상황이 발생하는 지점을 재해 분기점이라고 하며, 여기를 통과하는 순간을 임계전이라 한다. 즉 삶과 죽음의 재해 분기점을 지나가는 임계전이가 바로 사망이다. 하지만 신종 바이러스 감염에 의한 임계전이와 다른 질병에 의한 임계전이에는 차이가 있다. 바이러스로 인한 사망은 급작스럽게 진행되며, 회복이 된다면 이는 재해 분기점에서 완전히 벗어난 것이기 때문이다.

신종 바이러스의 치사율이 90퍼센트라도 살아남는 사람은 있고, 0.1퍼센트라도 죽는 사람이 있다. 치사율은 집단의 통계이며, 개인에게는 의미가 다를 수밖에 없다. 집단의 치사율은 0퍼센트에서 100퍼센트 사이의 값을 가지지만 개인의 치사율은 0퍼센트 아니면 100퍼센트 둘 중 하나밖에 없다. 바이러스에 감염된 개인은 그림 4-1처럼 바이러스와 면역의 저울 위에 올려진 상태가 된다. 바이러스의 힘이 강하면 죽음으로, 면역의 힘이 강하면 삶으로 기울어지는 재난 분기점이라는 저울 위에 감염자가 놓여 있는 것이다. 만약 바이러스의 힘이 강하면 균형은 순식간에 무너져 사망의 임계전이가 일어난다. 의료의 역할은 감염자가 임계전이를 통과하지 않도록 끌어당기는 것이다. 동일한 H1N1항원을 가진 돼지독감과 100여 년 전의 스페인독감의 치사율에 크게 차이가 나는 것은 이런 의료의 역할을 잘 보여준다. 물론 두 바이러스 자체의 특성도 차이가 있지만, 과거와 달리 중증의 호흡기바이러스 환자들을 제대로 치료할 수 있

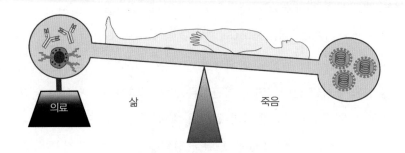

그림 4-1 삶과 죽음의 재해 분기점과 임계전이를 막는 의료

는 의학기술, 그리고 이차 감염을 일으키는 세균을 치료할 수 있는
항생제가 있다는 것은 치사율에 큰 차이를 가져온다.

　호흡기를 통해 인체에 들어온 바이러스도 증식 곡선을 따라 그 수
가 증가한다. 사회에서 감염의 단위가 개인이라면, 인체에서는 세포
라는 차이가 있을 뿐이다. 신종 바이러스의 등장 초기에 위험을 알
아차리기 어려운 지체기가 있는 것처럼, 바이러스의 감염 초기에도
바이러스가 정체를 드러내지 않고 조용히 증식을 하는 무증상 잠복
기가 존재한다. 바이러스에 감염되는 순간을 느낄 수 있는 사람은
없다. 증식이 진행되어 감염세포의 수가 많아지면 인체는 위험을 감
지하고 면역이 반응하게 된다. 이 반응의 결과가 감기 증상이며, 이
는 면역이 벌이는 치열한 전투의 소음이다.

　감염이 되어 평균 일주일 정도가 지나면 환자는 삶과 죽음의 갈림
길에 서게 된다. 어떤 사람은 회복하고 어떤 사람은 죽음으로 균형
이 기울어지기 시작하는 것이다. 전염병의 전파를 꺾기 위해 방역을

하는 것처럼, 인체에서는 바이러스의 증식을 꺾기 위해 면역이 필사적으로 노력한다. 이런 면역의 능력에는 개인마다 차이가 난다. 제대로 바이러스의 증식을 억제하지 못하는 경우에는 바이러스의 증식 범위가 차츰 넓어지면서 기관지를 통해 허파까지 도달하게 된다. 이렇게 폐렴이 발생하면 삶과 죽음의 재해 분기점에 도달한 것이다.

　과거 스페인독감이 기승을 부렸을 당시에는 증상이 생기고 몇 시간 만에 사망하는 환자들이 속출하였다. 길거리에 서 있다가 심각한 호흡곤란을 일으켜 쓰러져 사망하는 경우도 있었는데, 산소 부족으로 온몸이 새파랗게 변하면서 사망했기 때문에 청사병blue death으로 불리기도 하였다. 이것은 독감이나 코로나 같은 바이러스 종류에 상관없이 무증상 폐렴에서 공통적으로 일어날 수 있는 현상이다. 바이러스로 폐렴이 발생했다는 것은 산소를 혈액에 공급하는 허파꽈리까지 감염이 진행되었다는 의미다. 그렇게 되면 허파꽈리 내에 삼출액, 즉 혈장이 차오르는 증상이 일어난다. 감염된 허파꽈리의 수가 많아질수록 산소 공급은 더욱 부족해진다. 하지만 혈액 내에 산소가 부족해도 호흡곤란 증상을 느끼지 못한다. 두뇌는 산소의 부족이 아닌 이산화탄소의 과잉으로 호흡을 조절하기 때문이다. 이렇게 호흡곤란과 산소 부족이 비례하지 않기 때문에 건강해 보이는 겉모습과 달리 생명이 위험한 상황에 놓이는 경우가 발생한다. 이제 허파의 산소 공급이 한계에 도달하여 심장과 폐를 움직이는 흉곽 근육에 공급되는 산소가 부족하게 된다. 그럼 심장과 폐의 움직임이 힘들어지고 혈액 내의 산소는 더 급격하게 감소한다. 이런 산소 부족의 하강 사이클이 시작되면서 갑자기 사망하는 것이다. 침대 위에서 물에 빠져 죽는 상황이 일어나는 것이다. 이런 상황이 발생하지 않아도 혈액 내 산소가 부족해지면 인체의 여러 가지 기능이 저하되기 시작한다. 여기에는 바이러스를 방어하고 있는 면역도 포함된다. 따라서 폐렴은 심각한 재난 분기점 상황이며, 산소 부족이 한계치 아래로 떨어지면 사망이라는 재난의 임계 분기점을 지나 죽음의 상태로 진행된다.

의료진의 역할은 면역이 바이러스를 이길 때까지 사망의 임계전이가 일어나지 않도록 막는 것이다. 호흡기바이러스 감염에서 의료의 역할은 환자의 면역이 싸울 수 있는 시간을 벌어주는 것이며, 목표는 혈중 산소 농도의 유지다. 현대 의료는 산소마스크, 기관지내삽관, 강제 기계 호흡, 심지어는 기계로 심폐기능을 완전히 대신하는 체외 심폐 순환기까지 가능한 한 모든 방법을 동원해서 사망의 임계전이가 발생하지 않도록 균형을 잡아준다. 그러면 시간이 걸리더라도 환자의 면역이 바이러스를 제거하기 시작하고 삶과 죽음의 재해 분기점에서 벗어나는 순간이 온다.

과거 스페인독감이 유행할 때 많은 사람이 사망한 이유는 이처럼 환자의 심폐 기능을 도와줄 수 있는 기계와 의학기술이 없었기 때문이다. 하지만 아무리 현대 의학기술이 눈부시게 발달했어도 사용할 수 있는 인력과 기계에는 한계가 있다. 또한 상황이 시급하다고 해서 금방 늘릴 수 있는 자원들도 아니다. 한 국가의 의료 인프라가 감당할 수 있는 환자의 수는 무한대가 아니며, 그 한계는 평상시의 수

요에 의해 이미 결정되어 있기 때문이다. 따라서 급격한 중증 환자의 발생으로 의료 인프라가 붕괴되면 의료의 도움을 받을 수 없는 과거로 돌아가는 것과 동일한 상황에 놓이는 것이다.

코로나19도 취약한 감염자들을 삶과 죽음의 재해 분기점까지 밀어붙인다. 여기에서는 작은 충격으로도 삶과 죽음의 위태로운 균형이 무너지는 임계전이가 일어난다. 하지만 앞에서 말한 대로 바이러스가 사라지면 이 분기점에서 완전히 벗어날 수 있다. 코로나19가 고약한 점은 빠른 전파력으로 감염자의 수를 단기간에 폭발적으로 늘어나게 만든다는 것이다. 한꺼번에 너무 많은 사람들을 경계선에 올려놓는 것이다. 급성 폐렴 환자가 급격하게 늘어나면 의료 인프라는 한계를 넘어선다. 의료 인프라가 붕괴되기 시작하면 호흡부전, 패혈증, 2차 세균 감염 등의 위급 상황에 적절히 대응하지 못하게 된다. 제대로 처치받지 못한 환자들이 사망하기 시작하면 치사율이 급격히 올라간다.

코로나19에 의한 각국의 치사율이 1퍼센트 대에서 10퍼센트까지 큰 차이가 나는 이유는 의료 인프라의 한계 때문이다. 방역이 적극적으로 개입하지 않으면 감염자가 폭증한다. 감염자가 폭증한다는 것은 재해 분기점에 놓인 폐렴 환자도 동시에 늘어난다는 의미다. 그럼 의료 인프라는 순식간에 붕괴되고 코로나19 날것 그대로의 치사율이 나타나게 된다. 만약 코로나19가 의료기술이 없던 과거에 발생했다면 치사율은 10퍼센트 대라는 것을 의료 인프라가 붕괴된 국가의 치사율에서 추정할 수 있다. 코로나19 팬데믹에서 과거와 현재가 공존하는 상황이 벌어지고 있는 것이다. 따라서 발생하는 코로나 중증 환자의 수를 의료 인프라의 한계 이하로 유지하는 것이 방역의 가장 중요한 목표다. 장기화된 팬데믹의 피로도가 높아져도 방역을 포기할 수 없는 이유가 바로 여기에 있다. 치사율은 방역의 성적표다.

05
전초

방역의 예행연습

✳

사스, 돼지독감의 뒤를 이어 신종 바이러스가 다시 인간으로 건너온다. 사스와 먼 친척관계인 메르스바이러스였다. 사스보다 치사율이 높아 악명이 높지만 전파력은 낮았다. 그럼에도 사스에 대한 대응과 달리 중간 숙주를 모두 살처분할 수가 없어, 메르스는 등장 이후 매년 유행이 반복되고 있다. 하지만 반복되는 유행으로 의료 인프라가 미리 준비되고 방역 절차가 정착되는 데에 도움이 되었다. 그 결과 유행이 발생해도 최소한의 피해로 통제가 되고 있다. 이는 코로나19 발생 초기에 방역을 과대평가하는 원인이 된다. 하지만 중동 이외의 지역에서 발생한 유일한 메르스 유행의 무대였던 대한민국은 강제로 방역 시험을 치르게 된다. 코로나19에 대한 예방접종을 맞은 셈이 된 것이다.

사스의 기억이 흐려지고 돼지독감의 공포도 방심으로 변해가던 2012년 6월 13일, 사우디아라비아 제다의 민간병원에 심한 감기 증상의 60세 남성이 찾아온다. 당시 병원에 딸린 검사실에서 근무하던 모하메드 자키Mohamed Zaki는 환자의 샘플로 자신이 할 수 있는 모든 검사를 하였으나 그 원인을 찾지 못했다. 그사이에 환자의 증상은 급속히 악화되어 입원 11일 만에 사망했다. 다른 사람들은 원인 불명의 사망 환자에게 더이상 관심을 두지 않았지만, 자키는 원인을 찾는 노력을 멈추지 않는다. 환자의 객담 샘플을 접종한 배양세포에서 바이러스 증식 현상을 직접 확인하였기에, 바이러스가 사망 원인이라는 확신이 있었기 때문이다. 자키는 논문 검색을 통해 바이러스 검사법을 연구하고 있는 네덜란드의 과학자를 찾아내어 기술적 도움이 가능한지 문의한다. 하지만 담당 연구원이 휴가라서 어렵다는 공손한 거절을 받는다. 자키는 포기하지 않았다. 의심이 되는 호흡기바이러스 유전자 확인에 필요한 준비물을 논문 검색을 통해 찾고, 이를 독일 회사에 주문해서 받은 뒤 직접 실험해서 확인하는 지루한 과정을 시작한다. 하지만 그가 의심했었던 바이러스들에 대한 검사에서 계속 음성이 나오는 상황이 반복된다. 그러다 코로나바이러스들의 공통 유전자 부분에 대한 검사에서 드디어 양성이 나온다. 자키는 즉시 사스를 떠올렸고 이에 대한 검사를 시행하지만 이번에는 음성이 나온다. 다시 실험을 반복했지만 같은 결과가 나온다. 이것은 새로운 코로나바이러스가 나타나서 0번 환자를 죽게 했다는 아주 심각한 의미였다. 하지만 자키는 대학도 아닌 개인 병원의 작은 검사실에서 이런 중요한 발견을 했다는 것 자체를 학계가 믿어줄지 자신이 없었다. 그 무렵 그의 실험 결과를 들은 네덜란드 쪽에서 공동 연구를 제의해온다. 그리고 자키에게 받은 유전자와 환자의 샘플을 분석하여 신종 코로나바이러스임을 확인한다. 자키는 과학자들의 네트워크에 이 사실을 알린다. 자키의 경고는 사우디 정부의 심기를 건드렸고 5일 만에 짐도 챙기지 못하고 추방된다. 허가 없이 바이러스 샘플을 외국으로 반출했다는 것이 그 죄목이었다. 이집트로 돌아오고 두 달 뒤 그의 발견은 최고 수준의 의학 학술지에 발표된다. 나중에 인터뷰에서 아무도 관심을 두지 않던 환자의 사망원인을 집요하게 추적하고, 추방의 위험을 감수하고 신종 바이러스의 출현을 외부에 알린 이유에 대해 질문을 받는다. 자키는 눈앞에서 죽어간 환자의 사망원인을 밝혀 그 위험을 세상에 알리는 것은 의사이자 과학자인 자신의 의무였다고 대답한다. 그리고 네덜란드로 샘플을 보내기로 결심했을 때 직업적인 위험이 닥칠 것을 예상했지만, 자신의 일자리보다는 많은 사람의 생명에 더 큰 가치가 있었다고 담담하게 말한다.

자키가 곤욕을 치르고 있던 시기에 카타르에서 영국으로 돌아간 뒤 호흡기 증상이 악화되어 입원한 환자가 발생하였다. 그리고 이 환자의 샘플을 분석하자 자키가 연구했던 사우디 0번 환자의 샘플과 동일한 결과가 나왔다. 이후 사우디와 카타르에서 동일한 증상의 환자들이 계속 발생한다. 이에 WHO는 낙타감기, 신종 사스, 사우디 사스 등으로 불리던 이 호흡기 질환을 중동호흡기증후군Middle East Respiratory Syndrome(MERS), 원인 바이러스를 '메르스 코로나바이러스MERS-CoV'로 공식 명명한다. 그리고 새로운 유형의 신종 코로나바이러스가 중동 지역에서 등장하였음을 선언한다.

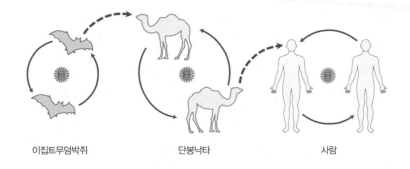

이집트무덤박쥐   단봉낙타   사람

그림 5-1 박쥐의 메르스가 낙타를 거쳐 사람으로 건너오는 과정

    과학자들은 메르스바이러스가 박쥐에서 유래했을 것으로 예측하고 집중적으로 추적하였다. 그리고 최초 사망자의 집에서 불과 11킬로미터 떨어진 동굴에 살고 있는 이집트무덤박쥐Egyptian tomb bat에서 메르스바이러스의 원형 유전자를 찾아낸다. 하지만 야생동물을 먹는 음식문화가 없는 중동 지역에서 사람과 접촉할 일이 없는 박쥐의 바이러스가 인간으로 건너온 과정을 찾아야 했다. 이를 위해 해당 지역에서 기르는 가축들의 혈장을 모두 검사하여 단봉낙타의 혈액에 메르스바이러스의 항체가 존재한다는 것을 확인하였다. 그리고 감기 증상이 있는 낙타의 콧구멍 속에서 바이러스의 유전자를 찾는다. 이를 바탕으로 광범위한 조사를 시행하여 낙타들 사이에서는 메르스바이러스가 계절독감처럼 흔하게 퍼져 있는 상태라는 것을 알아낸다. 그리고 2007년부터 이미 사람과 낙타 사이에서 여러 번의 교차 감염이 진행되어왔다는 것을 확인한다. 이 연구 결과들은 그림 5-1처럼 박쥐의 분비물과 접촉한 낙타를 처음 감염시킨 메르

스바이러스가 사람과 낙타를 오가면서 5년 정도의 지체기를 보내는 과정에서 전파 효율이 향상되어왔다는 것을 의미한다.

중간 전파 숙주인 낙타를 찾았지만, 흰코사향고양이를 모두 도살하고 야생동물 시장을 폐쇄하여 중간숙주를 차단했던 사스의 대응 방식을 그대로 적용할 수는 없었다. 중동 지역에서 낙타는 선택적인 식재료나 사육동물 이상의 의미가 있기 때문이다. 낙타는 사막의 교통수단이자 힘든 여행 도중 젖을 주기도 하는 동반자의 의미가 있는 동물이다. 이 때문에 감기 증상을 보이는 낙타들을 도살하라는 정부의 지침은 강력한 반발을 일으켰다. 사람들은 낙타의 코에 약을 발라주거나 기도를 해주고, 심지어 항의의 표시로 낙타와 키스하기도 했다. 하지만 불행 중 다행으로 메르스는 병원을 중심으로 느리게 퍼져나갔다. 입원한 환자들의 가족, 주변 환자, 혹은 의료진에게 퍼져나갔고, 병원 밖 일상생활에서 일어나는 접촉으로는 감염자가 발생하지 않았다. 특히 무증상자 전파는 일어나지 않았다. 메르스바이러스는 감염자의 증상이 심각해지고 나서야 비말로 전파가 가능한 농도의 바이러스가 배출되는 특성이 있었기 때문이다.

메르스의 전파력은 낮았지만 대신 치사율이 높아서 감염자의 3분의 1이 사망하였다. 이 때문에 중동 지역의 의료진들이 안전이 보장될 때까지 병원 근무를 거부하는 농성을 벌이기도 했다. 메르스가 처음 등장한 해에는 다행스럽게도 14명의 감염자만 발생했다. 하지만 중간숙주인 낙타가 계속 바이러스를 공급하고 있기 때문에, 일 년 만에 사라진 사스와 달리 메르스는 매년 유행이 반복되고 있다.

전파가 어려운 메르스의 특성 때문에 중동 지역을 벗어나지 않는 국지적인 유행병에 그치고 있긴 하지만 말이다. 그런데 한 번의 예외가 발생한다.

바로 2015년에 대한민국에서 메르스 아웃브레이크가 발생했기 때문이다. 당시 중동에서는 메르스 유행이 다시 시작되고 있었다. 이 시기에 중동 지역으로 출장을 갔다가 한국으로 돌아온 68세 남성이 일주일 뒤 발열 증상이 심해져 동네 병원을 방문한다. 그럼에도 증상이 더욱 심해져 3일 뒤 평택의 병원에 입원했다가 결국 서울의 대형 병원 응급실로 가게 된다. 환자의 증상을 본 젊은 응급실 의사는 논문에서 본 메르스의 증상과 유사하다는 것을 알아차린다. 그리고 환자에게 직접 물어서 중동 지역을 다녀왔다는 것을 확인한다. 즉시 샘플을 채취하여 질병관리본부(질병관리청으로 승격한 것은 2020년이다)로 보냈지만 우리나라에는 메르스 환자가 없다는 사무적인 답변이 돌아왔다. 하지만 확신을 가지고 계속 검사를 재촉한 젊은 의사 덕분에 결국 메르스의 유전자가 국내에 유입되었음이 확인되었다. 하지만 당시 외국에서도 중동에서 돌아온 사람에게서 메르스 감염이 확인되는 사례들이 있었지만, 더이상 전파되지 않고 종식되었기에 크게 우려하는 분위기는 아니었다. 이런 낙관적 분위기는 1번 감염자와 접촉한 사람들이 감염되고, 최초의 사망자가 발생하면서 반전된다.

상황이 벌어진 초기에는 전 세계 메르스 감염의 98퍼센트가 중동 지역에 집중되어 있었기 때문에 1번 감염자에 대한 의심과 진단이 늦어진 것은 불가항력이라 할 수 있다. 하지만 확진 이후부터 아웃브레이크가 생길 때까지의 방역 대응은 많은 문제점을 노출시켰다. 특히 밀집 접촉자의 역학 추적 과정에서 잘못된 기준을 적용해 감염자들이 방역망을 빠져나가게 된다. 당시 메르스에 대한 국내 기준이 없었기에 미국 질병통제센터의 기준을 참고했는데, 알 수 없는 이유로 잘못 해석되어 방역에 큰 구멍이 생긴 것이다. 심지어 확진자와 접촉한 사람이 발열 증상으로 자발적인 신고를 해도 기준에 맞지 않는다고 돌려보내는 일조차 있었다. 비전문가들이 방역을 주도하고 상황이 아닌 기준에 집착하면서 발생한 일들이다.

사태의 심각성을 뒤늦게 인식한 정부는 감염병 전문가들을 소집해 합동대응팀을 꾸린다. 비로소 제대로 된 방역이 전개되면서 메르스의 전파가 진정되어갔다. 그러던 와중에 우리나라 메르스 전체 감염자의 절반을 감염시킨 슈퍼 전파자가 나왔다. 슈퍼 전파자는 최초 감염자에 의해 이차 감염이 되었다. 그래서 초기에 적용되던 중동 여행 이력 조사에서 걸리지 않았고 단순 폐렴으로 치료를 받았다. 나중에 1번 감염자와 동선이 겹친다는 것이 뒤늦은 역학조사로 확인되었지만, 이미 주위에 많은 전파가 일어난 뒤였다. 다행히 슈퍼 전파자의 확인 이후 감염자의 증가세는 꺾이기 시작했고, 7월 27일 마지막 확진자의 격리 해제를 끝으로 메르스 사태는 종결되었다.

두 달의 짧은 기간 동안 대한민국을 발칵 뒤집어놓은 코리아 아웃 브레이크는 186명 감염에 36명 사망, 치사율 26.8퍼센트의 기록을 남기고 종료되었다. 이후 상황을 추적하고 분석한 국내외의 전문가들은 정보의 비공개가 방역의 효과를 떨어뜨린 주된 원인이었다고 공통적으로 지적하였다. 당시에는 사회 혼란을 이유로 메르스의 발생 정보에 대한 비공개 정책을 유지하였다. 어디서 감염이 일어나고 전파가 되는지를 알 수 없었던 것이다. 심지어 불안감이 가중되면서 강제 휴교령을 내리는 지역이 늘어났지만, 비공개 원칙 때문에 정확한 정보가 없이 내려지는 방역 정책은 혼란만 가중시켰다. 불안한 국민들은 인터넷에 매달려 검색을 해서 추측을 하고, 이로 인해 잘못된 정보가 확대 재생산되는 결과를 가져왔다. 결국 비공개 원칙은 오히려 더 큰 불안과 사회 혼란을 가져오는 결과를 가져온다는 것이 반대급부로 증명된 것이다. 바이러스 전파 상황에 대한 투명한 정보 공개는 사회 불안이나 정치적 이유로 고려되어서는 안 되는 방역의 핵심 원칙이다. 왜냐하면 바이러스의 전파는 사람들 사이에서 이루어지기 때문이다. 성공적인 방역을 위해서는 사회 구성원의 이해와 협조가 절대적으로 중요하다는 것이 메르스 사태가 남긴 가장 중요한 교훈이라고 할 수 있다.

중동 이외에서 유일하게 발생한 우리나라의 메르스 사태는 깊은 상처를 남겼지만, 코로나19의 예방접종이 되기도 하였다. 신종 바이러스의 무서움을 자각하게 되었고, 초기 방역 대응이 얼마나 중요한지 인식하는 계기가 되었다. 또한 질병관리본부의 전문성이 강화되고, 방역 관련 연구개발에 대한 지원이 늘어났으며, 방역 관련 법률들이 재정비되었다. 아이러니하게도 메스르에 혼줄이 나지 않은 다른 나라들은 자국의 방역에 있는 문제점들을 개선할 기회를 가지지 못한 상태에서 코로나19를 맞이하게 된다.

06
오판

양치기 소년의 딜레마

✳

아무리 무서운 공포영화라도 반복해서 보면 지루해지는 법이다. 불과 10년 동안 세 번이나 반복된 신종 바이러스의 출현과 경고는 사람들을 지루하게 만들었다. 상황에 대한 판단은 발생 가능성이 낮은 위험의 예방보다는, 책임질 일을 회피하는 무사안일로 흘러갔다. 의미가 희석된 경고는 오판의 근거가 된다. 재난을 경고하는 사람은 거짓말쟁이가 되기 십상이다. 위험 예측에 동반되는 양치기 소년의 딜레마 때문이다.

양치기 소년이 주변에 숨어 있는 늑대의 낌새를 감지하는 특별한 능력을 가지고 있다고 가정해보자. 아마 소년의 경고를 듣고 몰려온 사람들 때문에 늑대는 잽싸게 도망쳤을 것이다. 실제로는 늑대의 위험을 막았지만 결과만 관찰이 가능한 사람들에겐 경고와 거짓말의 구분이 되지 않는다. 만약 사람들이 경고가 아닌 거짓말로 여기면 다음번 경고에는 움직이지 않을 테고, 늑대는 양을 물어 죽이기

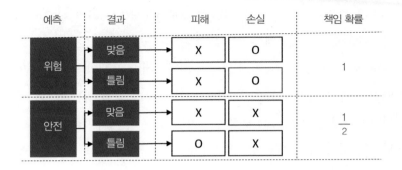

그림 6-1 결과론적 비난이 발생시키는 착한 양치기 소년의 딜레마

시작할 것이다. 윤리학에서 사람의 행위를 평가하는 대표적인 방법으로 의무론과 결과론이 있다. 간단히 말하면 의무론은 의도, 결과론은 결과에 판단의 기준을 두는 것이다. 동일한 행동도 방법에 따라 상반된 평가가 나오기 때문에, 행위의 평가에는 적합한 방법론을 적용하는 것이 중요하다. 특히 위험 예측에 대해 결과론으로 평가와 비난을 하면 위와 같은 양치기 소년의 딜레마가 발생한다. 경고를 받아들이면 아무 일도 일어나지 않고, 경고를 무시하면 일이 터지는 것이다.

양치기 소년의 딜레마를 위 그림 6-1을 통해 조금 더 체계적으로 접근해보자. 안전과 위험이라는 두 가지 예측과, 맞거나 틀리는 두 가지 결과를 조합하면 네 가지 경우가 생긴다. 여기에 각각의 경우에 피해와 손실이라는 상황을 추가하면 위와 같은 표가 만들어진다. 피해는 늑대가 양을 물어 죽이는 것이고, 손실은 마을 사람들이 산으로 모이는 것이다. 표에서 보면 안전하다고 예측했는데 틀리는 경우에만 피해가 발생하는데, 이런 비대칭성에서 딜레마가 발생한다. 즉 위험 예측이 적중하는 경우는 피해가 발생하지 않고 손실만 남는다. 이 상황에서 양치기 소년에게 결과론적으로 책임을 지운다면, 안전 예측의 책임 확률은 0.5이고 위험 예측의 책임 확률은 1이 된다. 즉 늑대는 신경 끄고 낮잠이나 자는 것이 더 이득이라는 결론이 나오는 것이다. 이 때문에 예측 행위에 대해서는 의무론, 즉 선의에 대한 평가가 중요하다. 그렇지 않으면 '착한' 양치기 소년은 책임에 시달리는 딜레마가 생긴다.

신종 바이러스의 발생 예측과 경고는 이 딜레마를 극대화시킨다. 현실에서 경고는 사람들이 모였다 헤어지는 수준이 아닌 경제적·사회적인 피해를 입히기 때문이다. 경고를 받아들여 지역을 봉쇄했는데 아무런 일이 생기지 않으면 성공적으로 예방했다고 생각하기보다는 잘못된 경고라고 생각하기 쉽다. 그리고 발생한 피해에 대한 책임을 따지기 시작한다. 이렇게 결과론에 입각해 경고에 대한 책임을 묻게 되면 다음번 예측에서는 보수적으로 접근할 수밖에 없다. 더 최악의 경우는 경고 때문에 막을 수 있었던 가능성은 제쳐두고 불필요한 경고를 내렸다고 처벌을 하는 것이다. 이렇게 되면 별일 없을 것이라고 예측을 하는 것이 현명한 일이 되어버린다. 과학자들은 결과론적 비난에 움츠러들고 사람들은 경고에 무뎌진 틈새를 비집고 신종 바이러스의 유행이 시작된다.

신종 바이러스의 유행을 효과적으로 막으려면 지체기에 적절한 대응을 하는 것이 중요하다. 이 '적절'이라는 단어에는 여러 상황이 복합적으로 내포되어 있다. 강력한 대응에는 사회·경제적 손실이 필연적으로 동반된다. 느슨한 대응에는 신종 바이러스가 통제를 벗어날 피해가 급증할 위험이 있다. 따라서 획일적인 대응보다는 신종 바이러스의 위험을 객관적으로 평가하고 대응의 강도를 유연하게 변화시켜야 한다. 또한 각 국가나 지역 사회들이 동원 가능한 정책이나 의료 인프라의 차이도 고려해야 한다. 이처럼 바이러스 자체의 위험성, 경제적 상황, 정치적 요소, 사회적 합의, 문화적 배경 같은 복합적인 상황이 모두 고려되어야 신종 바이러스에 대한 '적절한' 수준의 방역이 이루어진다. 이 중 방역의 강도를 결정하는 가장 중요한 근거는 객관적인 측정이 가능한 바이러스 자체의 위험성일 것이다.

바이러스는 인간사에 관심이 없는 철저한 비인격 요소다. 따라서 그 위험성은 독립적으로 투명하게 과학적인 방법으로 측정되어야 가치가 있다. 하지만 앞에서 본 것처럼 모든 신종 바이러스의 발생 초기에는 정치·경제·사회적 요소가 바이러스의 위험성 평가에 영향을 미치는 상황이 벌어진다. 꼬리가 몸통을 흔드는 것이다. 그리고 위험성 평가의 가치는 임계전이 부근에서 극대화된다. 폭발기에 들어서 병원이 마비되고 사망자가 늘어나면 이제 어린아이도 알 정도의 위험한 상황이 된다. 코로나19 팬데믹 초기에도 바이러스에 대한 위험성 평가가 이루어졌다. 하지만 객관적인 데이터를 얻을 수 없었던 상황 때문에 실제 바이러스의 위험성을 제대로 평가할 수 없었고, 이는 방역을 제대로 하지 못하는 오판의 근거가 되었다.

위험성을 간과하게 된 첫 번째 지표는 치사율이다. 치사율은 감염이 되었을 때 사망하는 비율을 나타낸다. 치사율은 이론적인 값으로 정확히 알기가 어렵다. 특히 코로나19처럼 무증상 감염이 흔한 경우에는 정확한 감염자의 수를 알기 어렵기 때문에 정확한 치사율을 얻는 것이 불가능하다. 따라서 발표되는 치사율은 실제 치사율보다 높게 나오는 경우가 대부분이다. 이를 고려하면 코로나19의 초기 치사율은 대략 2퍼센트 이하로 추정되었다. 코로나19 팬데믹 초기에 계절성 독감에 비해 조금 더 높은 수준일 뿐인 치사율인데, 우려가 지나친 게 아니냐는 말이 가끔 나왔다. 하지만 열 배가 약간 높은 수준도 아닐 뿐더러, 치사율은 비율이지 절대적인 수치가 아니란 것을 간과하는 의견이다. 감염자가 100명이라면 2명이 사망하지만, 1000만 명이 감염되면 20만 명이 사망하는 것이다. 따라서 항상 치사율은 발생률incidence rate과 같이 고려되어야 한다.

치사율만 가지고 전염병들을 비교하면 오판을 하게 되는 결정적인 이유는 치사율에는 시간의 개념이 들어가 있지 않다는 것이다. 빠르게 확산되어 많은 감염자가 단기간에 발생하는 신종 전염병의 치사율을 일반 전염병의 치사율과 단순히 비교하면 그 위험성은 항상 과소평가되기 마련이다. 전파속도가 빠르면 환자의 발생 속도가 빠르고, 이는 의료 인프라의 붕괴를 가져와서 치사율을 더욱 끌어올린다. 따라서 우리가 언론에서 접하는 치사율은 바이러스의 고유한 특성이 아니라 방역 능력을 보여주는 지표로 봐야 한다. 현재 국가별로 코로나19의 치사율이 차이가 나는데, 두드러진 현상은 감염자의 증가 속도와 치사율이 비례하는 것이다. 이것의 의미는 의료

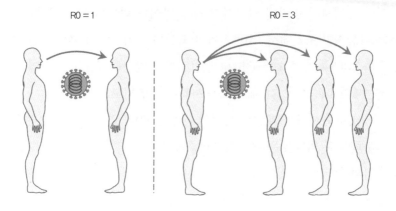

그림 6-2 기초 감염 재생산지수(R0)

와 방역의 개입이 없을수록 치사율은 바이러스가 가진 원래의 치사율에 근접하게 된다는 것이다. 이런 개념으로 접근하면 의료 붕괴가 일어난 상황에서 측정된 10퍼센트가 코로나19의 실제 치사율에 가장 가까운 값이라는 것을 알 수 있다.

치사율이 바이러스의 독성에 대한 지표라면, 전파력을 평가하는 대표적인 지표는 R0다. 이는 언론에도 자주 언급되는 '기초 감염 재생산지수basic reproduction number, basic reproductive ratio'를 나타낸다. 이 역시 치사율처럼 이론적인 지표이며, 그림 6-2처럼 감염자 한 사람이 다시 생산하는 새로운 감염자의 수를 말한다. 감이 오겠지만, 이 값은 신종 바이러스 증식 곡선에서 폭발기의 기울기를 결정한다. 폭발기에 접어들면 감염자의 증가는 지수적으로 일어나는데 R0가 그 지수함수의 밑이 되는 값이다. 지수함수의 특성상 R0값의 조그만 차이는 감염자의 증가에 있어서 엄청난 차이를 만들어낸다. 바이러스가 이상적인 조건에서 14번 전파가 되었다고 가정하자. R0가 2인 경우는 2의 14승, 즉 1만 6382명의 감염자가 발생하지만, R0가 5인 경우는 5의 14승으로 전 세계 모든 사람이 감염되고도 남게 된다.

평상시 유행하는 계절성 독감의 경우는 R0가 2보다 낮으며, 높은 전파력으로 악명높은 홍역바이러스는 18까지 치솟는다. 그럼에도 홍역의 팬데믹이 일어나지 않는 이유는 예방접종 덕에 집단면역이 충분히 형성되어 있기 때문이다. 이처럼 현실에서 바이러스의 전파는 방역이나 의료환경 그리고 집단면역의 증가 등에 의해 제약을 받는다. 따라서 현실적 상황에서는 기초 감염 재생산지수에서 '기초'를 떼어낸 감염 재생산지수 R값을 사용한다. 정리하면 R0는 바이러스의 고유한 특징으로 불변이며, R은 방역 수준이나 집단면역에 의해 변동하는 지표다. 방역은 R값을 1 아래로 떨어트리기 위해 노력한다. 수학시간에 배운 것처럼 지수함수의 밑이 1 이하면 새로운 감염자 발생이 0으로 수렴하기 때문이다.

앞서 이야기한 대로 정확한 R0값을 얻는 것은 불가능하지만, 신종바이러스의 발생 초기에는 R값이 R0값에 거의 근접한다. 집단면역이 0인 상태이며 방역도 이루어지지 않았기 때문이다. 그리고 시간이 지나면서 R값은 떨어지기 시작해서 R0값과 차이가 벌어진다. 따라서 초기에 신종 바이러스의 R0값을 정확히 평가하는 것은 이후의 방역 난이도를 가늠하는 데 있어 아주 중요한 지표가 된다. R0값이 크면 초기의 R값이 크기 때문이다. 코로나19의 발생 초기인 2002년

1월에는 우한武漢의 역학데이터를 바탕으로 계산한 R값이 2.2였다. 이는 계절성 독감보다 조금 높은 수치로 방역의 난이도가 높지 않을 것으로 예상하는 근거가 되었다. 하지만 석 달 뒤 데이터를 추가 보강해서 다시 계산을 했을 때의 R값은 5.7이었다. 이는 예방접종이 시행되기 이전 많은 어린이들의 생명을 빼앗아간 천연두바이러스의 전파력을 상회하는 값이었다. 만약 코로나19 팬데믹 초기에 R값이 이렇게 나왔다면 방역 대응은 더 강력했을 것이다. 이처럼 중요한 R값이지만 초기일수록 정확하게 알아내기 어렵다는 딜레마가 있다. 우선 정확한 진단법이 없어 감염자를 찾아내기 어렵고, 무증상 감염자도 있고, 증상이 가벼워서 검사를 받지 않는 경우도 많기 때문이다. 또한 무엇보다 정치적인 이유로 전염병 정보를 투명하게 공개하는 경우가 드물다. 부정확한 데이터로 이루어진 분석은 오판의 근거가 되는 것이다.

그러나 무엇보다도 코로나19의 위험성을 오판한 결정적 요소는 전파 속도였다. 치사율이나 R0에는 시간의 개념이 들어가 있지 않다. 얼마나 빨리 전파되는지 이 두 가지 지표는 알려주지 않는다. 하지만 신종 바이러스가 팬데믹으로 발전하는 것은 전파 속도에 의해 결정된다. 바이러스가 이상적인 환경에서 전파된다고 다시 한번 가정하자. 만약 R0값이 2이고 재생산 속도가 10일이라면 전 세계를 감염시키는 데 약 1년이 걸린다. 하지만 R0가 5이고 재생산 속도가 2일이라면, 한 달이면 충분하다. 여기서 재생산의 속도는 바이러스의 전파 속도에 의해 결정된다. 물론 현실에서 이런 간단한 계산은 통하지 않는다. 하지만 R0와 전파 속도의 차이가 결합되면 얼마나 큰 결과의 차이가 발생하는지 이해할 수 있을 것이다.

생물학적으로 전파 속도는 감염된 환자가 바이러스에 오염된 비말을 배출하기 시작하는 시간에 의해 결정된다. 코로나19의 초기에는 같은 코로나바이러스였던 사스나 메르스와 전파 속도가 비슷할 것으로 생각되었다. 하지만 이들 코로나19의 친척들은 병원에 입원해야 할 만큼 증상이 심각하게 진행되고 나서야 타인을 감염시킬 만큼 충분한 양의 바이러스가 외부로 배출되었다. 그만큼 전파의 속도가 느렸고 주로 병원을 중심으로 전파가 이루어졌다. 하지만 이번 코로나19는 완전히 달랐다. 감염 초기부터 바이러스에 오염된 비말이 배출되기 시작했으며, 아예 무증상 감염인 경우에도 바이러스 비말의 배출이 일어났다. 즉 전파의 속도가 엄청나게 빨랐으며 병원보다 일상에서 더 많은 전파가 일어났다. 이렇게 빠른 전파 속도가 이전 사촌들과 다르게 코로나19가 팬데믹을 일으킬 수 있었던 가장 결정적 요소가 되었다.

코로나19에 대한 초기 위험도 평가는 완전히 빗나갔다. 신종 바이러스에 대한 적절한 위험도 평가가 어려운 이유는 우선 신뢰할 수 있는 역학 데이터가 부족하기 때문이다. 우리는 지금 팬데믹이 진행된 상황에서 누적된 데이터를 보면서 이야기하고 있지만 실제 팬데믹 초기에는 이런 데이터가 없었다. 스포츠에서 경기 결과를 알고 나면 누구나 명장이 된다. 이긴 이유도, 진 이유도 얼마든지 만들어 낼 수 있다. 결과론으로 예측과 결과를 비교해서 분석하는 것도 마찬가지다. 하지만 신종 바이러스가 팬데믹으로 진행되는 시기에서 위험을 제대로 예측하기란 쉽지 않다. 이런 경우는 하나의 지표보다는 가능한 한 다양한 지표들을 종합적인 관점에서 평가해야 한다.

의료 선진국이라 불리는 국가들조차 자국에서 발생하기 시작한 코로나19의 위험을 과소평가하고 다양한 정책적 오류를 범하였다. 이를 단순한 잘못으로 평가하고 비난할 일은 아니다. 코로나19는 현대 사회가 구축한 방역의 틈새를 찾아 들어온 것이기 때문이다. 현대 사회에서 집단에 영향을 미치는 정책을 결정하기 위해서는 근거를 필요로 한다. 하지만 신종 바이러스는 말 그대로 신종이기 때문에 판단의 객관적인 근거가 별로 존재하지 않는다. 따라서 과거의 신종 전염병과 관련된 자료들을 기반으로 판단을 한다. 하지만 인류가 바이러스에 대해 알게 된 것은 최근이기 때문에 과거의 데이터들은 한줌도 되지 않는다. 이런 상황에서 과거에 발생한 신종 바이러스의 데이터들은 새롭게 발생한 신종 바이러스의 전개 양상을 예측하는 데 도움을 주기도 하지만, 잘못된 판단의 근거가 되기도 하는 양날의 검이다. 그럼에도 새롭게 데이터를 분석하는 노력보다 과거의 데이터에 의존하게 되는 이유는 바로 객관성으로 포장된 착한 양치기 소년의 딜레마 때문이다.

07
징조

고요 속의 외침

✳

공포영화는 언제나 일상적이고도 평온한 한 장면에서 시작한다. 하지만 장르를 미리 알고 보면 숨겨져 있는 섬뜩한 복선들을 알아차릴 수 있다. 바이러스의 출현과 증식도 마찬가지다. 신종 바이러스의 팬데믹 진행을 막을 수 있는 시기는 지체다. 하지만 의심을 가지고 징조를 감지하지 않으면 신종 바이러스의 출현을 알아차리기 힘들다. 우리나라에서 메르스 아웃브레이크가 발생하고 4년이 지난 2019년 겨울, 중국 중부의 중심 도시 우한에서 불길한 복선들이 하나씩 나타나기 시작했다. 환자를 보며 불길한 징조를 느낀 사람들은 경고를 하였다. 하지만 한줌도 안 되는 그들의 목소리는 양치기의 경고처럼 허공에 울리고 흩어졌다.

우한 중앙병원의 2019년 겨울은 시작부터 바쁘게 돌아가고 있었다. 심각한 감기 증상으로 방문하는 환자들이 갑자기 늘어나기 시작했기 때문이다. 처음에는 어떤 의사도 이 유난한 겨울을 일상에서 벗

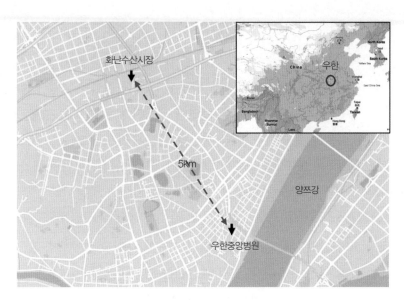

그림 7-1 화난수산시장과 우한중앙병원의 위치

어난 특이 징후로 생각하기는 어려웠을 것이다. 겨울이 시작되는 시기였기에 유난한 감기의 유행으로 판단하는 것이 합리적이기 때문이다. 하지만 의사들은 뭔가 잘못되어간다는 것을 금세 알아차렸다. 감기치고는 증상이 너무 심하고 오래갔으며, 폐렴으로 급격하게 진행되면서 심각한 호흡곤란에 빠지는 환자가 너무 많았다. 일반적으로 유행하는 계절성 감기의 원인 바이러스들로는 설명이 되지 않는 상황이었다. 이런 설명하기 힘든 환자들은 시간이 지나면서 점점 더 늘어났으며, 원인 불명의 괴질에 대한 소문은 병원 울타리를 넘어서 사람들 사이로 퍼져나갔다.

젊은 의사 리원량李文亮은 안과를 전공했지만 밀려드는 환자들 앞에서는 의사의 역할이 먼저였다. 환자를 돌보며 이 괴질의 원인을 고민하던 중 사스라는 불길한 단어를 우연히 접하게 된다. 사스가 사라지고 20년 가까이 되었기에 직접 환자를 본 경험은 없었다. 하지만 병원을 가득 채운 환자를 보면서 책에서 배운 사스의 증상과 특징을 떠올릴 수 있었다. 만약 괴질의 원인이 사스 혹은 유사한 신종 호흡기바이러스라면 상황은 심각했다. 사람 간의 전파가 이미 일어나고 있음을 의심할 합리적 근거들이 넘쳐났기 때문이다. 그는 SNS를 통해 동료 의사들에게 사스와 유사한 신종 바이러스의 출현을 경고하면서, 사람 간 전파가 의심되기 때문에 적절한 보호 장구를 착용할 것을 권유했다. 그의 메시지는 인터넷을 통해 병원과 중국을 넘어 퍼져나갔고, 세계는 신종 바이러스의 출현 가능성을 처음으로 인지하게 된다.

공식적으로 확인된 최초의 환자가 발생하고 한 달이 지났음에도 우한의 상황은 진정되지 않고 있었다. 중증 입원 환자의 수가 40명을 넘어가자, 중국 당국은 원인 불명의 폐렴 환자들이 발생하고 있음을 WHO에 보고한다. 그리고 중국 질병통제센터의 전문가들이 급파되어 본격적인 조사를 시작하였다. 가장 시급한 확인사항은 원인 바이러스의 규명과 사람 사이의 전파였다. 만약 사람 사이의 전파가 없다면, 발생 지역에 있는 어떤 동물에 의해 감염이 이루어지고 있다는 의미였다. 이 경우는 발생 지역을 격리하면 문제가 해결된다. 하지만 사람 간 전파가 확인된다면, 적응을 마친 신종 바이러스가 사람 사이에 퍼지고 있다는 것, 그리고 강력한 방역 대책이 시급하게 시행되어야 한다는 것을 의미했다.

그림 7-1에서 보듯이 우한중앙병원과 가까우면서, 감염의 진원지로 의심되는 화난華南수산물도매시장이 우선 폐쇄되었다. 만약 동물에 의한 감염이 원인이라면 이 조치로 발생 환자의 수는 줄어들 것이었다. 그리고 원인 불명의 폐렴 환자 59명을 대상으로 역학조사를 시행하지만 사람 사이의 전파에 대한 직접적 증거는 찾지 못한다. 하지만 중국 질병통제센터의 책임자도 리원량과 마찬가지로 사스의 재발생 가능성을 의심한다. 그리고 사람 간 전파의 가능성을 경고하고 방역의 수준을 올려야 한다고 건의하였다. 하지만 이 의견은 직접 증거가 없다는 이유로 받아들여지지 않는다. 중국 최대의 명절인 춘절이 얼마 남지 않았기에, 확실한 근거 없이 사회 불안을 조성하는 것은 좋지 않다는 의견에 묻힌 것이다. 리원량은 사회 불안 조장을 이유로 같은 혐의를 받은 사람들과 함께 공안에 불려가서 고초를 겪는다. (집단의 문제를 외부에 알리는 사람을 내부고발자라고 한다. 고발과 고자질을 나쁘게 여기는 편견은 이들을 부정적으로 생각하게 만든다. 하지만 문제 인식이 빠를수록 위험을 해결하기 쉬워진다. 인간 집단을 숙주로 삼는 바이러스 문제는 더욱 그렇다. 오히려 바이러스 출현을 경고하는 것은 집단의 안전을 위한 중요한 일이다. 하지만 이런 진실은 시간이 지나야 인정되기 때문에, 당장 문제가 벌어지는 상황에서 먼저 나서서 '호각을 부는 사람whistle blower'이 되기 위해서는 많은 용기가 필요하다.)

사람 간 전파의 가능성에 대해 전문가들이 상황을 주시하던 1월 7일, 중국 정부는 환자의 샘플에서 새로운 유전자를 가진 신종 코로나바이러스를 찾았다고 발표한다. 그리고 며칠 뒤 이 바이러스의 전체 유전자 정보를 공개한다. 전 세계 연구자들은 즉각 유전 정보를 분석해 오래전 극성을 부리고 사라진 사스바이러스와 가장 유사하다는 것을 밝혀냈다. 또한 그 유전 정보를 바탕으로 신종 코로나의 유전자를 증폭해서 확인하는 PCR 검사법들이 빠르게 개발되었다. 이로써 신종 코로나바이러스의 감염을 직접 확인할 수 있게 된 것이다. 그사이에 화난수산시장을 자주 방문했던 61세의 환자가 심부전으로 사망하여 신종 코로나에 의한 첫 번째 공식 사망자가 발생한다. 공안에 불려가 조용히 있겠다는 각서에 서명하고 돌아온 리원량은 당시 병원에서 환자를 진료하고 있었다. 그리고 신종 코로나의 유전 정보 발표로 자신의 경고가 맞았다는 것이 증명된 바로 그날, 기침과 발열 증상 악화로 자신이 환자가 되어 입원한다.

화난시장의 폐쇄 조치에도 불구하고 환자의 발생은 여전히 줄어들지 않았다. 그 와중에 우한을 방문하고 태국으로 돌아갔던 사람이 중국 외부에서 처음으로 신종 코로나의 진단을 받는다. 이 환자의 경우는 우한에 머무는 동안 화난시장을 방문하지 않았기 때문에 사람 간 전파가 이미 일어나고 있다는 간접적인 증거가 되었다. 과학자들은 신종 코로나바이러스가 이미 사람 간 전파 능력을 획득했다는 경고를 계속 내놓는다. 결국 우한 시당국은 지속적 전파의 가능성은 낮다는 조건부 상황을 덧붙여, 사람 간 전파의 가능성이 있다는 애매한 발표를 한다. 하지만 이전 돼지독감의 팬데믹 선언으로 홍역을 겪은 WHO는 이런 상황의 전개에도 불구하고 사스처럼 치명적인 상황은 아니라는 보수적인 의견을 고수하고 있었다. 이런 견해가 무색하게 곧이어 미국, 네팔, 프랑스, 오스트레일리아, 말레이시아, 싱가포르, 한국, 베트남 등에서 동시다발적으로 신종 코로나의 감염자 발생이 연달아 일어난다. 중국 내에서도 베이징, 상하이, 선전深圳 등 우한의 외부 지역에서도 감염자들이 발생하기 시작한다. 우한에서도 감염자가 200명 이상 늘어나고 세 번째 사망자가 발생한다. 더이상의 증거들은 필요가 없었다. 결국 리원량이 의심하고 경고한 지 한 달이 지나서야 사람 사이의 전파가 인정되면서, 신종 코로나바이러스가 출현했다는 것이 공식적으로 발표된다.

당시 상황을 지켜보는 전문가들의 신경을 날카롭게 만든 중요 변수는 춘절이 코앞에 다가왔다는 것이었다. 양쯔강揚子江과 그 지류인 한수이강漢水이 만나는 곳에 위치한 후베이성의 중심도시 우한은 중국 내륙의 대표적인 도시이자, 아홉 개 주의 통로로 불릴 만큼 많은 철로와 도로가 통과하는 교통의 중심축이다. 이런 지정학적 위치 때문에 과거에도 흑사병으로 큰 피해를 입은 역사가 있기도 하다. 이런 우한을 일주일의 연휴 동안 수억 명의 사람들이 거쳐갈 예정이었다. 대량의 인파가 거쳐가면 신종 코로나바이러스가 걷잡을 수 없이 퍼져나갈 것이 분명했다. 결국 춘절을 하루 앞두고 감염자가 631명, 사망자 17명으로 증가한 시점에서 우한은 완전히 봉쇄되었다.

08
폭증

팬데믹 공식 선언

지체기가 진행되는 동안 조용하게 잠행하던 코로나19는 충분히 퍼질 만큼 퍼지자 감염자의 수가 폭증하면서 자신의 본 모습을 드러낸다. 감염자의 수가 배수로 증가하면서 아웃브레이크가 시작된 것이다. 인종과 국가에 상관없이 인간은 신종 바이러스의 이기적인 유전자 증폭에 필요한 숙주일 뿐이었다. 바이러스 전문가들이 지속적으로 경고해오던 최악의 팬데믹의 시나리오가 갑자기 현실로 등장한 것이다.

깨끗한 물에 떨어진 잉크 방울은 시간이 지나면서 걷잡을 수 없이 퍼진다. 신종 바이러스의 팬데믹은 깨끗한 물에 잉크 방울이 떨어져 번지는 것과 유사하다. 잉크는 바이러스, 물은 사람 집단, 봉쇄는 격벽의 역할을 한다. 그리고 격벽으로 나눠지는 구역은 국가를 나타낸다고 하자. 그림 8-1의 왼쪽처럼 잉크가 떨어진 것을 확인하고 즉시 격벽을 닫으면 해당 구역에만 잉크가 번질 것이다. 하지만 가운

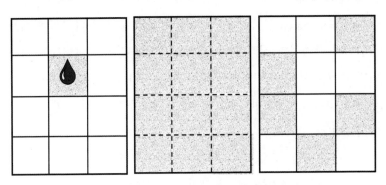

격벽 O   격벽 X   격벽 X → 격벽 O

그림 8-1 잉크가 물탱크에서 퍼지는 것을 막는 격벽의 역할

데 그림처럼 너무 늦게 격벽을 닫으면 전체 물탱크에 잉크가 번지게될 것이다. 이렇게 되면 모든 구역에서 잉크를 제거해야 한다. 격벽을 늦게 닫으면 그림의 오른쪽처럼 각 구역의 정화 능력에 따라 다시 깨끗한 물이 되는 속도에 차이가 나게 된다. 이 상황에서는 모든구역에서 정화가 끝날 때까지 격벽을 제거할 수가 없다. 격벽이 제거되는 순간 잉크가 다시 퍼지기 때문이다. 즉 팬데믹은 한 국가의문제이자 모든 국가의 공동 문제이기도 하다.

우한 봉쇄로 최초의 격벽이 닫혔지만 문제는 시기였다. 전문가들은 너무 늦지 않았기를 바라면서, 코로나의 그림자가 드리워진 춘절이 무사히 지나가길 기다렸다. 하지만 연휴는 사람에게나 휴식기간이지 바이러스에게는 아무런 의미가 없었다. 우한의 봉쇄에도 불구하고 중국 내에서만 춘절 기간 동안 31개 지역으로 감염이 확대되었고, 7771명이 감염되어 170명이 사망하였다. 이렇게 춘절이 끝이 나서야 WHO는 국제공중보건비상사태public health emergency of international concern를 선언한다. 하지만 바로 일주일 뒤에 유럽에서 감염자가 폭증하기 시작한다. 그리고 가장 불길한 데이터들이 확인된다. 각국에서 중국을 다녀온 적이 없는 이차 감염자들이 속출하기 시작한 것이다. 신종 바이러스는 이미 격벽을 넘어 전 세계로 퍼진 상태였던 것이다.

 사태가 걷잡을 수 없이 확산되던 2020년 2월 7일, 리원량은 임신한 부인과 딸을 남겨둔 채, 한 달의 투병 끝에 33년의 짧은 생을 마감했다. 그는 의학적 지식과 환자에 대한 연민을 가진 의사였고, 진실에 대한 신념으로 세상을 향해 발언한 용기 있는 젊은이였다. 영민한 통찰력으로 코로나19의 위험성을 간파했으며, 스스로가 희생자가 되었으면서도 용기는 꺾이지 않았다. 공안의 경고에도 불구하고 투병기간 동안 자신의 몸에서 일어나는 증상의 변화를 세상에 계속 알렸다. 의학적인 관점에서 자신의 몸에서 일어나는 임상 증상의 관찰은 세계의 전문가들에게 신종 코로나 연구에 대한 영감을 주었다. 네트워크에 익숙한 세대였기에 가능했던 그의 헌신은 신종 바이러스에 대한 투명한 정보의 가치를 증명하였다. 바이러스의 위험을 가장 먼저 꿰뚫어봤지만 환자를 두고 물러서지 않았고, 감염자가 되어서도 바이러스와 싸웠던 젊은 의사의 죽음은 사람들의 가슴을 울렸다. 하지만 현실에서는 비극적인 서사의 끝이 아니라, 비극적 전개의 예고편이었다. 그의 감염은 병원이 전파의 중계소가 된다는 의미였고, 그의 죽음은 의료 인프라의 붕괴를 상징했기 때문이다.

그림 8-2 리원량의 추모 포스터. 벽에 붙은 포스터가 뜯겨 있다.

최초의 환자가 확인되고 70일이 지나는 시점에서 신종 코로나의 사망자가 사스로 1년 동안 사망한 사람의 수를 넘어선다. 사스보다는 치명적이지 않다는 WHO의 바로 이전의 발표가 무색해지는 순간이었다. 사스보다 치사율은 낮지만 놀라운 속도로 전파되어 훨씬 더 많은 사람이 감염되었기 때문이다. 위기가 고조되던 2월 11일, WHO는 역학조사 팀을 중국에 파견하고, 연구·혁신 포럼에서는 코로나바이러스 연구를 최우선 과제로 설정한다. 효율적인 연구 정보의 검색, 교환, 토론을 위해서는 우선 명칭이 통일되어야 한다. 신종 코로나바이러스의 유전자가 사스의 원인 바이러스인 'SARS-CoV'와 유사했기 때문에 'SARS-CoV-2'로, 이 바이러스가 일으키는 질병은 '코비드19(COVID-19)'로 공식 명명된다. 이름에 연도가 표시된 것은 코로나바이러스도 독감바이러스처럼 주기적으로 유행하는 전염병으로 인정되었다는 의미다.

이름이 정해지고 일주일이 지나자 일본, 프랑스, 대만, 이란, 한국 등에서 최초의 코로나19 사망자들이 나오면서 대중의 위기감은 공포로 전환되기 시작한다. 이 시점에 WHO는 국제사회가 코로나19의 전파를 막을 기회가 줄어들고 있다고 경고한다. 이미 급박해진 상황에서 경고는 뒷북이나 다름없었고, 전문가들의 한숨 소리만 커지게 만들 뿐이었다. 이탈리아에서는 감염자가 폭증하면서 세 번째 사망자가 나온 시점이었다. 그 여파로 유서 깊은 베니스 카니발이나 프로 스포츠 경기들이 모두 취소되었다. 2월의 마지막 주에는 브라질 최초의 감염자가 확인되면서, 남극을 제외한 세계 전 대륙에 코로나19가 전파되었음이 확인되었다. 우한에서 첫 번째 환자가 발생한 지 석 달 만이었고, 전 세계 감염자는 8만 2000명, 사망자는 2800명을 넘어가고 있었다.

이런 혼란스러운 상황에서 3월이 시작되었고, WHO는 코로나19가 인류가 겪어보지 못한 미증유의 상황임을 선언한다. 하지만 이미 WHO의 신뢰는 떨어진 상태였고 각 나라들은 각자도생의 길을 찾아야 했다. 각국의 치사율은 전파 속도와 방역 수준에 의해 크게 차이가 나기 시작했다. 강력한 봉쇄정책을 시행한 중국에서는 3월 7일부터 폭발기의 배수 증가 속도가 줄어들기 시작했다. 하지만 감염자는 이미 10만 명을 넘어서고 있었다. 새로운 진앙지가 된 이탈리아는 7000명 이상이 감염되고 그중 300명 이상이 사망하면서 폭발기로 접어든다. 걷잡을 수 없는 상황이 되자 결국 이탈리아도 북부 대도시들을 전면 봉쇄하고 600만 명의 발을 묶는 역사상 최대의 이동 금지령을 발동한다. 비슷한 시기에 폭발기가 시작된 이란은 방역으로 통제가 불가능하다고 판단하고 7만 명의 죄수를 풀어준다. 동일한 전염병에 대응하면서, 어디에선 자유를 제한하고 어디에선 자유를 돌려주는 상황이 벌어지기 시작한 것이다.

최초의 환자 발생 이후 정확히 100일이 지난 3월 11일, WHO는 코로나19가 팬데믹 특성을 가진다고 발표를 한다. 국가 간의 방역이라는 격벽의 전개가 필요하다는 의미였지만 이미 팬데믹의 파도는 전 세계를 강타하고 있는 상황이었다. 예상대로 팬데믹 선언 시기에 대해 많은 논란이 일어났다. 한편에선 성급하게 선언하면 공포와 비이성적인 반응을 유발해 불필요한 사회적 피해를 가져온다고 주장했다. 다른 편에선 잘못된 경고의 피해보다 예방의 가치가 훨씬 크다고 주장했다. 돼지독감에서 경험한 팬데믹 선언의 후폭풍 때문인지 처음에는 신중론이 우세하였지만, 중국에 이어 유럽의 여러 나라가 새로운 진앙지가 되는 것이 확인되자 팬데믹 선언을 미루기는 힘들었을 것이다. 착한 양치기 소년의 딜레마가 그대로 나타난 것이다. 상황과 동떨어진 팬데믹 선언은 말 그대로 선언에 불과했을 뿐, 예방의 가치는 이미 사라지고 코로나19라는 늑대가 이미 날뛰고 있었다.

유럽에서는 영국과 스페인도 폭발기로 접어들었다. 그리고 중국 이외에 가장 먼저 아웃브레이크가 일어난 이탈리아에서는 5만 명 감염에 5000명이 사망해 치사율이 10퍼센트 대로 치솟는다. 급격하게 중증 폐렴 환자들이 늘어나면서 의료 인프라가 순식간에 붕괴되었기 때문이다. 잔인한 3월의 마지막 주에는 미국의 감염자 증식 곡선의 배수 기간이 단 2일로 줄어들면서 단숨에 누적 감염자의 수가 중국을 제치게 된다. 코로나19 팬데믹의 증식 곡선에서 본격적인 폭발기가 시작된 것이다. 강력한 봉쇄를 지속한 중국에서는 3월 18일에 새로운 감염자가 한 명도 나오지 않았지만, 세계적으로는 이미 사망자만 1만 명을 넘어가고 있었다. 역사에 만약은 없다고 하지만, 리원량의 경고가 나왔던 시점에 적절한 봉쇄가 이루어졌다면 팬데믹으로 진행되는 것을 막았을 가능성이 높다. 만약 그랬다면 지금은 십중팔구 우한 봉쇄가 너무 지나쳤다는 비난이 중국 내에서 나오고 있었을 것이다. 물론 세계는 별 관심도 없었을 것이다. 일어나지 않은 피해는 언제나 과소평가되기 때문이다. 어쨌든 봉쇄의 효과는 이렇게 확인되었지만 이미 늦은 시점이었다.

09
실전

방역의 시험 무대

코로나19는 인종과 국적을 가리지 않고 모든 사람을 공평하게 숙주로 삼아서 퍼져나갔다. 거침없이 진행되던 세계화를 이기적 유전자라는 복병이 습격하면서, 각국의 방역 능력은 강제로 실전의 시험 무대 위에 올려졌다. 인류가 경험한 전염병의 역사에서도 손꼽힐 정도로 코로나19의 전파 속도는 빠르다. 과거에는 충분했던 각국의 방역 시스템이 자신의 약점들을 그대로 드러냈다. 정책 결정 과정은 한 박자 느렸고, 방역의 구멍은 너무 컸으며, 물자 공급은 부족했고, 의료 인프라는 붕괴되었다.

가끔 언론에 등장하는 역사상 두 번째 팬데믹이 선언되었다는 의미부터 먼저 확인하자. 팬데믹pandemic은 고대 그리스어를 어원으로 하는데, '모두'를 뜻하는 '팬pan'과 '사람들'을 뜻하는 '데모스demos'가 합쳐진 용어다. 같이 사용되는 경우가 많은 엔데믹이나 에피데믹에서 '엔en'은 내부, '에피epi'는 위라는 뜻의 접두사다. 엔데믹은 지역을 벗어나지 않는 풍토병을 이야기한다. 모기나 벼룩이 병원체를 옮기며 감염자가 다른 사람을 감염시키지는 않는다. 즉 감염 재생산지수가 0이며, 말라리아나 뇌염처럼 바이러스를 매개하는 곤충이 있는 지역에서만 발생한다. 에피데믹과 팬데믹은 사람 간 직접 전파가 일어나는 전염병들이다. 에피데믹은 특정 지역에 국한되는 경우, 팬데믹은 지역을 넘어 세계적으로 발생하는 경우를 말한다.

의학의 아버지로 불리는 히포크라테스가 도입한 에피데믹이나 엔데믹과는 다르게, 팬데믹은 비교적 최근에 들어서 사용되기 시작한 단어다. 따라서 팬데믹에 대한 정확한 정의가 없으며 최근에는 신종 전염병, 급격한 전파, 높은 치사율, 두 대륙 이상을 넘어서는 전파를 특징으로 한다고 어느 정도 합의되었다. 이 기준에 의해 계절성 독감이 여러 대륙에서 유행해도, 신종 전염병도 아니고 치사율도 낮아 팬데믹이라고 하지 않는다. 이런 기준에 의해 과거에 발생했던 역사적인 전염병들을 팬데믹으로 판단하는 것은 그리 어렵지 않다. 하지만 신종 바이러스의 유행이 진행되는 와중에 팬데믹을 선언하는 것은 상당히 어려운 일이다. 판단의 근거가 될 데이터가 충분하지 않기 때문이다. WHO가 돼지독감 팬데믹 선언의 후폭풍을 심하게 겪은 상황이나, 이번 코로나19에 대한 팬데믹 공식 선언을 하지 않는 상황이 이런 어려움을 그대로 보여준다. 결국 3월 11일 코로나19가 팬데믹 특성을 가진다는 발표가 선언이 되어버린 셈이다.

일반 계절성 독감 같은 호흡기바이러스의 유행은 계절적 변동성을 보이는 경우가 많다. 따라서 사람들은 겨울이 끝나면 코로나19의 유행도 잦아들기를 기대했다. 하지만 이런 희망은 눈과 같이 녹아 사라졌다. 봄이 왔지만 감염자의 배수 증가 속도는 전혀 꺾이지 않았다. 강 건너 불구경이던 코로나19가 자국에서 퍼지기 시작하자 각 나라들은 국경부터 차단했다. 하지만 팬데믹이 선언되었을 때는 이미 바이러스가 세계의 전 대륙으로 퍼진 뒤였고, 15만 명의 감염자 수가 일주일에 두 배씩 폭증하는 상황이었다. 우한에서는 감염자가 더이상 발생하지 않아 76일에 걸친 봉쇄가 해제되었지만, 이미 불길은 세계로 퍼진 뒤였다. 팬데믹에서 방역은 각자도생의 양상으로 바뀌게 된다. 팬데믹 전에는 발원지에서 외부로 퍼져나가는 것을 막는 것이 중요했다. 이 단계에서 실패하자 자기 앞마당에서 번지는 불길을 잡는 것이 가장 시급한 일이 되었다.

4월에 접어들면서 감염자는 100만 명을 넘고 사망자가 5만 명을 넘어서자, UN은 제2차 세계대전 이후 최악의 위기 상황임을 선언한다. 또한 팬데믹이 장기화될 기미가 보이면서, IMF는 1930년 세계 대공황 이후 최악의 경기 침체가 올 것이라고 경고한다. 중순에는 미국의 뉴욕에서만 1만 명 이상이 사망하고, 초기 방역에 성공적이었던 싱가포르는 아웃브레이크가 발생해서 폭발기에 진입한다. 일반적으로 팬데믹 상황에서는 집단면역이 70퍼센트 이상이 되어야 안심하고 방역을 풀 수 있다. 그 이전이라면 언제든 다시 아웃브레이크가 일어날 가능성이 있다. 하지만 강력한 방역을 유지하기도 어렵다. 시간이 흐를수록 사회·경제적 피해가 누적되고, 방역 피로도가 높아지기 때문이다. 그래서 현실적으로는 자국의 의료 인프라의 한계를 넘지 않도록 감염자의 발생을 통제하는 것을 목표로 한다. 이런 방역통제에 실패한 국가들에서는 감염자들이 걷잡을 수 없이 증가하였다. 특히 노령 감염자의 비율이 많은 나라에서는 중증 환자의 수도 같이 늘어났다. 중증 환자의 증가 속도를 의료 인프라가 감당할 수 없었던 국가들의 치사율은 급격하게 치솟기 시작했다.

최대의 효율을 위해 정밀하게 조절되던 수요-공급의 균형은 코로나19의 습격에 허망하게 무너져버렸다. 세계의 공장이던 중국의 봉쇄가 일어나고 세계화의 혈액인 물류가 멈추자, 적시적소에서 정밀하게 유지되던 재고는 소진되었다. 사람들은 생필품을 구하기 위해 몇 시간씩 줄을 서야 했다. 생필품만이 아니라 의료 물자의 공급도 차단되었다. 의료 물자의 부족은 골든타임이었던 각국의 방역에 치명적인 타격을 가했다. 의료진은 방역 장비 부족을 호소했지만 대책이 없었고, 일반인들은 돈이 있어도 마스크를 구하기 어려웠다. 이런 상황들은 코로나19 불길이 확산되는 데 부채질을 하는 격이었다. 코로나19의 피해는 의료 분야에 국한되지 않고 사회의 전방위 분야를 초토화시키고 있다.

바이러스에게 국경은 의미가 없다지만 세계를 총괄하는 방역의 통제 기구도 없다. WHO에는 강제력이 없다. 해당 국가에서 협조를 거부하면 대책이 없는 것이다. 따라서 가장 큰 방역의 주체는 국가다. 한 국가의 전파와 치사율은 방역에 의해 결정되며, 그 성적은 인터넷을 통해 실시간으로 공개되고 있다. 바이러스가 개인의 문제이자 집단의 문제인 것과 마찬가지로, 팬데믹도 국가의 문제이자 동시

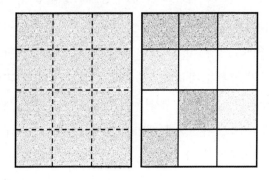

팬데믹 초기(방역 X) 　　　　 팬데믹 진행(방역 O)

그림 9–1 국경 봉쇄 이후 각 나라의 방역 성과에 따른 변화

에 세계가 공유하는 문제이기도 하다. 팬데믹은 엎질러진 물과 같다. 위의 그림 9-1처럼 몇몇 국가의 방역이 성공적이라고 해도, 전 세계의 상황이 해결되기 전까지는 방역을 멈출 수가 없다. 봉쇄가 느슨해지는 순간 다시 유입될 가능성이 있기 때문이다. 팬데믹 선언과 함께 각 나라의 코로나19 감염자 증식 곡선은 다시 그려지기 시작했다. 각국의 초기 상황, 정부의 대처, 의료 인프라 같은 방역의 요소들에 의해 다른 결과들이 나오고 있다. 어떤 나라는 지체기 초기에 막아 폭발기 진입을 차단했고, 어떤 나라는 초기 방역에 실패해 그대로 폭발기로 진입하였다. 또 어떤 나라는 폭발기와 지체기를 오가는 상황에서 악전고투를 벌이고 있다. 팬데믹이 장기화되면서 모든 나라의 방역 피로도가 급격하게 증가하고 있다. 그렇다고 초기 일부 국가들이 시도한 이른바 '집단면역' 전략으로 코로나19가 자연 경과를 따라 전파하도록 내버려둘 수도 없다. 과거 스페인독감 당시의 참상

이 반복될 것이기 때문이다. 최소한의 방역도 없다면 전 세계적으로 최소한 1억, 최대한 7억의 사망자가 발생하고 나서야 쇠퇴기로 접어들 것이다. 이것은 현대 문명사회가 용납할 수 없는 수치다.

각국의 방역 성적을 비교해보면 서방 선진국이 더 큰 피해를 입고 있음은 분명하다. 전염병을 후진국의 병으로 치부하던 선진국의 자만심을 코로나19가 완전히 뭉개버린 셈이다. 세계화 시대의 맞춤형이자 빠르고 치명적인 이 바이러스는 선진국의 자만심과 방심을 뚫어버렸다. 선진국의 정교한 의사결정 시스템은 빠르게 전파되는 바이러스를 막기에는 너무 비대하고 굼떴다. 현대 사회의 전문 지식들은 점차 세분화되고 어려워진다. 그래서 방역 문제 같은 전문 분야는 자문을 통해 정책을 결정한다. 하지만 전문가일수록 자기 분야의 예측에 대해 신중하고 조심스럽다. 특히 전염병의 위험은 확률로 계산하고 평가한다. 하지만 전문가와 관료의 소통은 쉽지가 않다. 관료들은 '10퍼센트의 위험' 같은 아날로그 답변을 '위험 없음' 같은 디지털로 해석한다. 설상가상으로 의사결정의 과정은 시시각각 변하는 상황에 비해 너무 느리게 진행되었다. 여기에 정치적 고려까지 들어가면 최악의 상황이 전개된다. 평상시에는 신중하고 합리적이었던 의사결정 시스템은 코로나19가 유발하는 급격한 상황 변화에는 어울리지 않았다.

평소 익숙한 국력의 순위가 방역 성적과 전혀 비례하지 않은 현상은 더 깊이 살펴볼 가치가 있다. 물론 많은 원인이 영향을 미쳤겠지만, 가능한 한 다른 요인은 배제하고 바이러스 전파라는 관점에서만 생각해보자. 방역 성적이 나쁜 나라들의 공통점은 다음과 같다. 첫째, 인구가 대도시에 밀집되어 있으면서 국내외 이동이 활발하다. 대도시가 바이러스 감염의 허브가 된다는 의미다. 둘째, 앞서 언급한 대로 관료제가 발달되어 있어 정책 결정이 신중하다. 이는 방역의 돌발 상황에 대한 신속한 대처가 어렵다는 의미다. 셋째, 개인의 자유에 큰 가치를 둔다. 이는 방역을 위한 개인정보의 추적이나 이동 통제에 저항이 심하다는 의미다. 넷째, 마스크에 대한 잘못된 인식과 공급 부족이다. 집단면역에 준하는 역할을 할 수 있는 유일한 수단을 사용하지 못했다는 의미다. 마지막으로 다섯째, 인터넷과 소셜미디어를 통한 정보 소통이 활발하다. 이것은 양날의 검과 같아서 올바른 지식의 전파가 이루어지기도 하지만, 잘못된 정보가 빠르게 전파될 가능성이 더 높다.

10
임계

팬데믹의 골든타임

✳

코로나19는 현세대의 인류가 경험해보지 못한 미증유의 바이러스다. 희박한 가능성을 가졌던 최악의 팬데믹 시나리오가 실제로 발생했다는 것은, 이런 상황이 앞으로 다시 반복될 수도 있다는 의미이기도 하다. 이를 방지하기 위해서는 코로나19 팬데믹의 골든타임이 언제였는지 파악하는 것이 중요하다. 골든타임의 문이 닫혀가던 순간에 어떤 일들이 일어났는지를 알아야 하기 때문이다. 하지만 결과론의 한계 때문에 이런 분석은 예방이 아니라 비난으로 흘러갈 위험이 크다.

벼락같이 등장한 것처럼 느껴지는 코로나19도 증식 곡선을 따라 조용히 진행된 시기가 있다. 그림 10-1에서 코로나19의 세계 누적 확진자의 증가 추세를 보여주는 그래프가 제시되어 있다. 증식 곡선을 살펴보면 지체기는 3월 초까지 유지가 된다. 물론 이는 전 세계 국가의 누적 확진자 총합이기 때문에 잠잠해 보이는 것이지, 특정 국

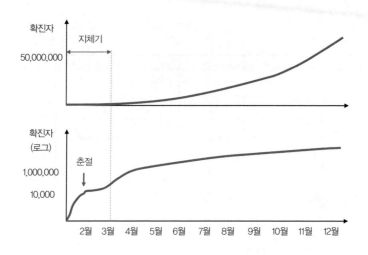

그림 10-1 코로나19의 전 세계 증식 곡선과 팬데믹의 지체기

가나 지역별로 이미 아웃브레이크가 발생한 상황들이다. 이렇게 평탄해 보이는 그래프의 수직축을 선형 단위에서 로그 단위로 바꾸면 아래의 증식 곡선처럼 숨겨져 있던 작은 변화가 나타난다. 증식 곡선이 폭발기에 들어서면 지수 함수에 의한 증가의 폭이 너무 커지기 때문에 작은 변화가 관찰되지 않지만, 증가의 단위를 로그 스케일로 바꾸면 지수 수준의 변화량을 볼 수 있게 되는 것이다. 이런 점을 염두에 두고 아래 로그 스케일의 그래프를 보면 지체기에 폭발적인 지수의 증가가 두 번 있었다는 것을 확인할 수 있다. 중국의 춘절을 기준으로, 첫 번째는 우한의 아웃브레이크가 반영된 것이고 두 번째는 전 세계에서 동시다발적으로 발생한 이차 아웃브레이크들이 반영된 것이다. 따라서 코로나19의 팬데믹 폭발기는 두 번째 지수 증가가

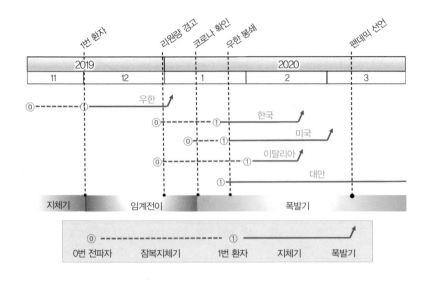

그림 10-2 코로나19 지체기에서 폭발기 전환과 임계전이 시점

관찰되는 3월 초에 시작된 것이다.

 팬데믹의 골든타임도 지체기에서 폭발기로 전이하는 기간에 놓여 있기 때문에 이 시기에 일어난 일들을 위의 그림 10-2에 정리하였다. 윗부분에는 초기 진행에서 중요한 시점을 표시해놓았다. 최초의 공식 환자는 2019년 12월 1일, 리원량의 경고는 12월 30일, 코로나19 확인은 2020년 1월 12일, 우한 봉쇄는 1월 22일, 그리고 팬데믹 선언은 3월 11일에 각각 일어났다. 그림의 가장 아래에는 팬데믹의 단계별 시기를 표시해놓았다. 팬데믹 레벨의 증식 곡선은 각 지역 증식 곡선의 합인데, 신종 바이러스의 특성상 지체기의 시작 시점은 정확히 알 수 없다. 아웃브레이크는 세계 감염자 수의 합이 10만 명

92

을 돌파하면서 배수 증가로 전환된 시점인 3월 4일로 잡을 수 있다. 여기가 앞의 그래프에서 본 두 번째 지수증가가 시작되는 지점이다. 그 사이에 표시되어 있는 임계전이는 앞에서 설명했던 사망의 임계전이와 동일한 개념으로, 세계적으로 돌이킬 수 없는 감염자의 폭증 상태로 전환된 시기다. 그림의 아래 박스에는 국가별 증식 곡선에서 중요한 시점들인 0번 전파자, 1번 환자, 아웃브레이크를 나타내는 화살표 기호들을 설명해놓았다. 아웃브레이크는 50명 이상의 클러스터 감염이 확인되는 시점으로 잡았다. 0번 전파자 출현에서 아웃브레이크까지가 지체기에서 폭발기의 초기인데, 1번 환자가 출현하기 전에는 위험을 인지하지 못하는 잠복 지체기가 된다.

여러 국가의 1번 환자 발생 시기가 비슷한 이유는 코로나19의 유전자가 공개되고 일주일 이후부터 동시에 PCR 검사가 가능해졌기 때문이다. 즉 각국의 1번 환자는 외부적 요인에 의해 무작위로 확인된 것이지, 실제 전파의 시작을 의미하지는 않는다. 실제 전파의 시작은 0번 전파자다. 이 사람들은 확인이 불가능한 사람들이며 해당 국가에 등장한 정확한 시점 역시 알 수가 없다. 그렇기 때문에 데이터를 이용해 역추산을 해서 출현 시점을 추정한다. 아래에서 다시 자세히 설명하겠지만 각국의 아웃브레이크 발생 48일 전에 0번 전파자가 등장한 것으로 추정된다. 이를 바탕으로 각국의 0번 전파자 등장 시점을 표시하면 우한에서 외부로 바이러스가 빠져나간 시점을 추정할 수 있다. 이를 그림에 임계전이로 표시해놓았는데, 대략 우한중앙병원에 환자가 몰려들기 시작하고 리원량이 불길한 징조를 감지하고 호각을 불기 시작한 시기와 일치한다.

이런 추론을 바탕으로 판단하면 우한 봉쇄로 팬데믹을 막을 수 있었던 골든타임은 첫 환자가 발생한 시점부터 아웃브레이크까지 약한 달간의 기간이다. 리원량의 경고는 이틀 뒤에 골든타임의 마지막 기회가 닫히기 직전에 울린 것이다. 현실에서는 코로나19바이러스를 확인하고 사람 간 전파의 증거를 찾는 동안 소중한 시간은 흘러갔고, 우한이 전격 봉쇄되었을 때는 이미 코로나19가 전 세계로 퍼져나간 뒤였다. 이로써 과거의 방역 기준으로 이번 팬데믹을 초기에 막는다는 게 현실적으로 얼마나 불가능했는지 알 수 있다. 이를 통해 앞으로는 신종 바이러스의 출현 초창기에 적용할 수 있는 새로운 기준과 시스템이 필요하다는 것을 뼈아프게 느낄 수 있는 계기가 되었다. 이것이 이번 팬데믹이 주는 가장 중요한 교훈이다.

이제부터는 추론의 근거와 팬데믹 초기에 몇 나라에서 일어난 일들을 설명할 텐데, 솔직히 그리 재미있지는 않을 것이다. 하지만 직감적으로도 알 수 있는 것을 풀어서 설명하면 길어지고 지루한 법이니 그냥 지나쳐도 상관없다. 우선 그림에 표시된 임계전이를 다시 확인하자. 정답을 맞히려면 문제를 제대로 이해하는 것이 순서다. 팬데믹을 피할 수 없는 공포 정도로 막연히 정의하면 문제를 풀어낼 수 없다. 팬데믹의 임계전이는 앞에서 설명했던 사망의 임계전이와 동일한 개념이다. 팬데믹 역시 사망과 같은 재해로 정의할 수 있다. 증식 곡선의 지체기와 폭발기를 두 가지 상태로 두면, 재해 분기점은 지체기가 끝나고 폭발기로 진입을 시작하는 시점, 임계전이는 여기를 통과하는 과정으로 정의할 수 있다. 만약 임계전이가 끝나면 완전히 폭발기로 넘어가 지체기로 돌아가지 못한다. 이것이 지금 우리가 겪고 있는 팬데믹이며, 임계전이의 시기가 골든타임이 된다.

초기 진앙지인 우한에서 다른 국가로 전파되는 것이 임계전이의 구체적 과정이다. 이 임계전이를 막을 수 있었던 유일한 방법은 우한의 전격 봉쇄였다. 앞장에서 설명한 대로 잉크가 떨어진 물탱크에서 다른 곳으로 퍼져나가는 것을 막는 격벽을 세우는 것이다. 하지만 우한 봉쇄가 늦었다는 것을 우리는 이미 알고 있다. 팬데믹을 막을 수 있었던 골든타임은 지체기의 시작부터 임계전이가 끝나기 전까지다. 이 지점을 넘으면 순식간에 통제를 벗어나 팬데믹으로 진행한다. 현실적으로 신종 바이러스의 아웃브레이크가 전에는 문제인식 자체가 되지 않았기 때문에 골든타임에 대응할 확률은 희박했다. 하지만 순식간에 일어나는 다른 자연재해의 임계전이와 달리 바이러스 유행병의 임계전이가 진행되는 데에는 시간이 걸린다. 바이러스의 전파는 사람 사이에서 일어나기 때문에 생활 습관이나 활동 반경에 의해 제약을 받기 때문이다. 따라서 현실에서는 감염자의 수와 전파 범위가 어느 정도 늘어나야 폭발기가 본격적으로 시작된다.

이제 임계전이의 시점을 알아보기 위해 팬데믹의 초기 전파가 일어난 국가에서 0번 전파자가 나타난 시점을 계산해보자. 우한의 데이터에는 최초 코로나의 인간 적응 시기가 있었기 때문에, 이 목적으로 사용하기에는 적합하지 않다. 대신 우한과 비슷한 인구를 가졌지만 인구밀도가 훨씬 낮은 스웨덴 데이터를 이용하면 된다. 여기엔 두 가지 이유가 있는데, 낮은 인구밀도는 초기 확산의 상황과 유사하고, 초기에 집단면역 전략을 선택해서 적극적인 방역을 하지 않았기 때문에 방역이 없을 때 코로나19가 확산되는 속도를 가늠하는 데 적합하기 때문이다. 스웨덴에서 아웃브레이크 이후 감염자의 배수 증식 기간을 확인해보면 약 9일 정도다. 그다음 아웃브레이크가 생긴 시점의 실제 감염자의 수를 추정해보자. 초기에는 무증상 혹은 자발적으로 병원을 방문하지 않은 경미한 증상의 감염자 비율이 약 80퍼센트로 추정된다. 따라서 아웃브레이크 시점에 실제 감염자는 50명의 유증상 감염자의 5배인 250명 정도로 추산된다. 이 수치가 나오려면 한 명에서 시작해 2배수의 증식 단계를 총 8번 거치면 되는데, 한 단계의 배수 증식 기간이 9일이 걸리는 것으로 앞에서 계산했기에 최종적으로 걸리는 시간은 48일이다. 즉 초기 전파 국가들의 경우는 아웃브레이크가 발생하기 최소 48일 전에는 0번 전파자가 등장한 것으로 추정된다는 것이다. 물론 이는 설명을 위한 아주 간단한 계산이다. 현실에서 지체기에 걸리는 시간은 훨씬 길게 나타난다. 하지만 우리가 궁금한 것은 임계전이의 마지막 순간이기 때문에 이런 간단한 계산으로도 충분하다.

최초의 0번 환자 발생에서 아웃브레이크 발생까지 걸리는 시간이 48일이라는 것을 염두에 두고 앞의 그림으로 되돌아가보자. 우한의 경우 아웃브레이크를 2020년 1월 1일로 잡으면 0번 전파자는 48일 전인 11월 17일 이전에 등장한 것으로 추정된다. 하지만 앞에서 언급한 대로 발원지에서는 신종 바이러스의 전파 효율 적응에 추가적인 시간이 필요하기 때문에 실질적으로는 훨씬 전인 8월에서 10월 사이에 인류 최초로 다른 사람에게 코로나19를 전파시킨 0번 전파자가 등장했을 것이다.

팬데믹의 임계전이는 우한에서 감염된 사람이 다른 나라로 돌아가서 0번 전파자가 되면서 발생했다. 대한민국의 경우, 1번 환자는 1월 19일에 포착되었지만, 2월 19일에 아웃브레이크가 있었기 때문에 우한에서 0번 전파자가 들어온 시점은 최소한 1월 3일 이전으로 추정된다. 즉 우한의 아웃브레이크 시점에 이미 한국에 최초 전파자가 들어온 것이다. 1번 환자는 0번 전파자와 무관하게 우연히 확인된 것이며, 최소 보름 이전에 이미 전파가 시작되었다고 보아야 한다.

이탈리아는 0번 전파자와 무관하게 1번 환자가 포착된 극단적인 경우다. 이탈리아의 1번 환자는 다른 초기 아웃브레이크 국가들보다 일주일 정도 뒤인 1월 31일에 포착된다. 관광을 하던 중국 국적의 부부가 로마에서 증상이 발생해 확진을 받은 것이다. 이탈리아는 즉각 중국, 홍콩, 마카오, 대만의 직항 노선을 폐쇄하는 강력한 조치를 취하였는데, 유럽에서 가장 과격하고 발빠른 대응이었다. 하지만 입국 금지 이후 잠잠하던 상황은 2월 22일에 북부 롬바르디아주에서 급격하게 반전된다. 2월 14일경 감기 증상으로 병원을 방문했던 38세 남성이 아웃브레이크의 시작이었는데, 당시 이탈리아에서는 중국에 다녀오지 않은 자국민의 경우 코로나19를 의심하지 않았기에 방역의 대상이 아니었다. 우리나라의 메르스 아웃브레이크 초기에 있었던 것과 동일한 실수가 일어난 것이며, 이탈리아의 0번 전파자는 1월 6일에 이미 출현했을 것으로 계산된다. 즉 입국 차단 조치가 내려지기 한 달 전부터 이미 전파가 시작되었고, 1번 환자는 이와 무관하게 포착된 것이다. 그 결과 1번 환자가 포착되고 불과 3주 만에 폭발기에 진입한 것이다.

미국의 경우는 한국과 비슷하게 1월 21일에 우한을 방문했던 1번 환자가 포착된다. 그리고 역시 우한 지역의 입국을 빠르게 통제했으나, 3월 1일 뉴욕에서 아웃브레이크가 발생한다. 이를 기점으로 0번 전파자가 미국 내로 들어온 시점을 추정해보면 약 1월 11일경으로 추정된다. 미국의 경우도 0번 전파자와 1번 환자의 연관성이 없었다. 또한 코로나19의 유전자 분석 결과 유럽의 아웃브레이크를 유발한 것과 동일하다는 것이 밝혀졌다. 즉 1번 환자는 우한에서 온 입국자였지만 아웃브레이크는 유럽에서 감염되어 뉴욕으로 돌아간 미지의 0번 전파자에 의해 발생한 것이다.

초기에 우한에서 전파가 일어난 나라들 중 유일하게 1번 환자의 발생이 0번 전파자의 추정 시기와 비슷하게 일치하는 곳이 대만이다. 대만의 경우는 3월 13일에 아웃브레이크가 발생했고, 이를 바탕으로 추정하면 0번 환자는 1월 24일경 등장했을 것이다. 최초의 1번 환자는 1월 20일 중국에서 돌아오던 자국민이 공항에서 발열을 자진 신고하면서 포착된다. 그리고 1월 24일 다른 자국민의 감염이 추가로 확인되면서 중국발 입국을 전면 금지하는데, 이는 0번 환자의 발생 추정 시점과 정확히 일치한다. 이렇게 대만에서만 잠복지체기가 존재하지 않는다. 그 이유는 양국 간의 정치적인 이유로

2019년 8월 1일부터 중국이 대만의 비자 발급을 중단한 상태였기 때문이다. 이렇게 중국과의 왕래가 통제되기 시작한 시점은 우한에서 0번 환자가 출현하기 이전으로 추정된다.

이런 결과론적 접근을 할 때에는 충분한 데이터를 가지고 있는 현재가 아니라 모든 것이 불확실한 당시 상황을 기준으로 대응을 분석해야 한다. 결과론으로만 평가하면 이 세상에서 못 막을 재난은 없으며 비난을 피해갈 수 있는 책임자도 없다. 하지만 이런 평가는 타임머신을 타고 돌아가지 않는 한 예방에는 아무런 도움이 되지 않는다. 이번 코로나19 팬데믹 임계전이가 진행되는 당시 상황에서는 위험을 제대로 인지하기가 매우 어려웠다. 바이러스 출현 초기에 관찰 가능한 유일한 현상은 원인 미상의 중증 환자가 늘어나는 것이기 때문이다. 신종 바이러스를 검사할 일도 없고 검사할 방법도 없는 상황이라는 것을 기억해야 한다. 아웃브레이크가 일어나고 나서야 뭔가 잘못되었다는 위험이 감지되었고 그때는 이미 골든타임의 문이 닫히는 순간이었다. 만약 그때 전격적인 봉쇄를 시행했다면 세상에는 아무 일도 일어나지 않았을 것이다. 그러면 우리는 지금 평화로운 일상을 즐기고 있었을 테고, 봉쇄를 결정한 사람이 책임을 져야 했을 것이다. 이런 딜레마를 해결하는 시스템을 만들지 않으면 다음 팬데믹에서도 동일한 일이 일어날 것이다.

11
정보

인포데믹의 창궐

❋

팬데믹의 진행을 지켜보던 사람들은 처음에는 위험을 과소평가하다가 상황이 악화되기 시작하자 공황상태에 빠졌다. 하지만 말 그대로 신종 바이러스이기 때문에 발생 초기에는 공황상태를 해소할 수 있는 검증된 정보가 부족했다. 뻔히 보이는 괴물보다 안 보이는 귀신이 더 무서운 것은 원인을 알 수 없는 위험이야말로 우리의 본능을 건드리기 때문이다. 사람들의 관심은 폭증하는데 정보가 부족하면 방역 상황을 더욱 악화시키는 인포데믹infodemic 현상이 발생한다. 비록 코로나19가 신종이지만 기본적으로 바이러스가 가지는 한계와 특성이 있다. 이런 기본 지식들은 인포데믹을 막는 백신의 역할을 한다.

인식을 하지 못하더라도 우리가 행동을 내리는 과정에는 두뇌의 결과예측이라는 과정이 들어간다. 사람의 두뇌가 유달리 큰 이유는 감각으로 받아들이는 정보들의 해석, 추론과 예측, 행동 명령을 내리

그림 11-1 DIKW 피라미드

는 작업을 끝없이 반복하고 있기 때문이다. 그리고 이 정보처리과정에 기대나 두려움의 감정 호르몬이 개입하면 오류가 생기거나 반대로 집중력이 발휘되는 예측 불가의 상황들이 발생한다. 사람과 동물의 두뇌를 구분하는 가장 큰 특징이 대뇌의 신피질neocortex인데, 결과의 추론과 예측이 여기에서 일어난다. 이성적인 행동을 하게 만드는 주요 영역이라고 할 수 있다. 그리고 추론과 예측이 수행되기 위해서는 지식이라는 기본 재료들이 필요하다. 학창시절 공부를 할 때 일단 기본 내용을 외워야 문제를 풀 수 있었던 상황을 생각하면 쉽게 이해가 될 것이다. 이런 관점에서 지식은 이성적 행동의 전제 조건이라 할 수 있다.

일반적으로 혼용해서 쓰이지만 정보학Informatics에서는 자료, 정보, 지식, 지혜를 예측의 가치에 따라 나누어서 분류하는데, 이것이

그림 11-1에 표현되어 있는 DIKW 피라미드다. 일어난 사실에 대한 객관적인 기술은 자료data이며 예측의 가치가 없다. 거짓 자료를 걸러내고 분석하여 예측의 의미가 부여되면 정보information가 된다. 정보들을 체계적으로 연결하면 다양한 상황의 결과를 예측하는 데 근거가 되는 지식knowledge이 된다. 최종적으로 지식이 행동으로 연결되면 지혜wisdom가 된다. 지식이 많다고 해서 꼭 현명하지 않은 것은 우리가 일상에서 흔히 경험하는 일이다. 순서대로 정리하면 사과가 떨어지는 사실은 자료, 모든 물체들의 떨어지는 속도가 같다는 것은 정보, 중력의 법칙은 지식이다. 그리고 떨어지는 물건 아래에 서 있지 않는 것이 지혜다. 그런데 모든 사람이 이런 단계를 거쳐 지식을 습득해야 한다면 문명의 발전은 없었을 것이다. 우리에겐 언어와 문자로 남이 정리한 지식을 습득하는 능력이 있다.

현대 사회에 들어오면서 다양한 지식 영역에서 전문적인 학문 분야들이 생겨났다. 해당 학문 분야의 전문가들은 연구 활동을 통해 자료와 정보들을 가공해 검증된 지식을 엄청난 속도로 생산해낸다. 다른 사람들은 검증된 지식을 이용해 지혜를 발휘하면 된다. 문제는 사회가 복잡해지면서 습득해야 할 지식의 양이 자꾸만 늘어나는 것이다. 흔히 상식이라고 하는 것은 사회의 구성원으로 살아가기 위해 가지고 있어야 할 지식의 묶음을 말한다. 그런데 상식의 양이 점점 늘어나서 이젠 시험공부처럼 해야 할 지경이다. 이런 상황에서 아직 한창 연구 중인 바이러스 분야까지 상식이라고 주장하는 것은 무리다. 많은 사람이 여전히 바이러스와 세균의 차이를 모른다. 하지만

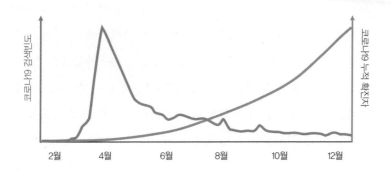

세로축(왼쪽): 코로나 검색 추세
세로축(오른쪽): 코로나19 누적 확진자

가로축: 2월 4월 6월 8월 10월 12월

그림 11-2 코로나19 누적 확진자와 코로나 검색의 추세 비교

생활에는 전혀 지장이 없었다. 적어도 이렇게 갑자기 팬데믹의 시대가 들이닥치기 전까지 바이러스는 상식의 범위가 전혀 아니었다.

이런 상황에서 연말연시의 분위기가 한창이던 시기에 '코로나'라는 낯선 단어가 등장했다. 그리고 이 단어가 뉴스를 가득 채우는 데에는 한 달이면 충분했다. 그리고 석 달 만에 100만 명이 감염되어 5만 명 사망, 여섯 달 만에 1000만 명이 감염되어 50만 명이 사망하였다. 이렇게 도깨비처럼 나타난 바이러스에 대한 지식을 상식으로 지닌 사람은 거의 없었을 것이다. 하지만 코로나19의 등장은 갑자기 전문 영역의 지식을 상식으로 습득해야 하는 피곤한 상황으로 바꿔버린 것이다.

사회적 이슈에 대한 대중의 관심 증가도 역시 증식 곡선을 따른다. 대신 정체기가 거의 없이 폭발기 다음에 급격한 쇠퇴기로 진행하는 특성이 있다. 위 그림 11-2는 2020년 전 세계의 '코로나' 검색

빈도와 코로나19 감염자의 증가라는 두 개의 증식 곡선을 비교한 것이다. 감염자의 수는 팬데믹 선언 이후로 폭발기에 들어서 계속 배수 증식을 하는 상황이며, 정체기는 시작되지도 않았음을 알 수 있다. 하지만 대중의 관심은 팬데믹 선언 시점에서 폭발적으로 늘었다가 바로 쇠퇴기로 들어간 것을 볼 수 있다. 이러한 증식 곡선의 특성에서 나는 차이 때문에 실제 상황과 관심이 역전되는 하방 교차가 발생한다. 방역에서는 개인의 관심과 참여가 필수적인데 하방 교차 이후에는 사람들의 관심이 급격히 떨어지는 것이다.

이런 불일치에서 발생하는 더 큰 문제는 인포데믹의 유행이다. 이는 '정보info'와 '역병demic'의 신종 합성어로 검증되지 않은 정보가 급속하게 퍼져서 팬데믹을 더욱 악화시키는 상황을 말한다. 처음 외국에서 아웃브레이크가 생겼을 때는 강 건너 불구경하는 수준의 지체기에 머무른다. 그러다 뉴스에서 시간마다 코로나라는 단어가 나오고 팬데믹이 선언되자 대중의 관심은 순식간에 폭발기에 들어선다. 대중의 폭발적 관심은 언론에게 기회이자 압력이다. 하지만 말 그대로 신종 바이러스이기 때문에 정상적인 연구 속도로 검증된 결과를 생산해서 관심을 충족시키는 것은 불가능하다. 대신 제대로 검증되지 않은 성급한 연구나 잘못된 정보들이 속보의 이름으로 보도된다. 하지만 사람들은 홍수처럼 쏟아지는 정보들의 진위 여부를 제대로 가려낼 수가 없다. 바이러스에 대한 기본 지식은 상식의 범위 밖이었기 때문이다. 추론과 판단의 재료인 기본 지식이 없으면 정보의 진위 여부의 구분이 어렵고 심지어는 아주 예외적인 자료를 지식 수준이라고 심각하게 받아들인다. 결국 신속한 정보 전달이 목적이었던 속보는 혼란을 유발하는 원인이 된다. 여기에 관심을 끌기 위한 경쟁은 사실 확인보다 자극적인 내용을 더 강조하게 만든다. 이런 상황에서 대중이 혼란에 빠지지 않는 것이 더 이상한 일일 것이다. 혼란은 빠르게 공포로 전환되고 인포데믹이 발생한다.

영화에서는 칼을 든 악당이 설치는 것보다 보이지 않는 귀신이 더 무섭다. 이처럼 원인을 파악할 수 없는 현상에 공포를 느끼는 것은, 예측 불가의 상황에 대한 우리 두뇌의 본능적인 거부 반응 때문이다. 공포에 맞닥뜨린 사람의 반응은 둘 중 하나다. 원인을 이해해서 공포를 없애거나, 공포의 강도에 비례하는 비이성적 행동을 하는 것이다. 공포는 원인을 차분하게 이해하는 것을 어렵게 만든다. 대신 성급하고 불확실한 정보에 쉽게 마음이 흔들린다. 이런 과정을 거치면 정확한 정보보다는 검증되지 않은 자극적인 정보만 더 빨리 퍼져나가게 된다. 현재는 지식이 정제된 활자로 유통되는 시대가 아니다. 손가락 하나면 원하는 모든 정보를 찾을 수 있는 세상이다. 아예 가만히 있어도 정보가 끝없이 스마트폰으로 쏟아져 들어온다. 평소라면 이런 정보화 시대의 환경은 정보 접근을 쉽게 도와주는 역할을 하지만, 팬데믹의 상황에서는 인포데믹의 강력한 매개체가 된다. 그 옛날에도 발 없는 말이 천리를 간다고 했으니, 첨단 통신망을 통해 유통되는 인포데믹 전파 속도가 어떨지는 쉽게 상상할 수 있을 것이다. 아무도 관리하지 않는 열린 공간에서 흘러다니는 인터넷 정보의 특성 때문에, 심지어는 일반 상식으로도 말이 안 되는 음모론까지 급속도로 생성되고 퍼졌다. 5G 무선 통신망을 통해 바이러스가 퍼진다는 음모론 때문에, 통신 기지국이 불에 타고 멀쩡한 핸드폰이 부서졌다. 통신망이 통신망 때문에 파괴되는 웃지 못할 상황이 벌어진 것이다. 인포데믹으로 인해 방역 문제는 더욱 악화되었다. 잘못된 정보 때문에 사람들은 불필요한 물건들을 구하기 위해 몰려들었다. 서구의 경우, 설상가상으로 마스크는 소용이 없다는 정보와 마스크는 환자나 범죄자들이 쓰는 것이라는 편견이 결합되어 퍼졌다. 그리고 모여든 사람들 사이에서 코로나는 쉽게 퍼져나갔다. 설상가상으로 인포데믹이 팬데믹의 진행에 기름을 부은 격이었다.

　인포데믹의 부작용은 여기에서 그치지 않는다. 공포의 강도가 컸던 만큼 무관심도 급격히 늘어났기 때문이다. 우리의 혀만 새로운 맛을 좋아하는 것은 아니다. 우리 두뇌도 반복되는 정보를 지겨워한다. 급격히 끓었다가 식어버리는 양은냄비 같은 인포데믹에 비해, 데이터가 축적되고 이를 분석한 검증된 정보들은 팬데믹 상황이 진행되면서 서서히 나오기 시작한다. 하지만 인포데믹에 영향을 받았던 사람은 잘못된 정보로 얻은 지식을 수정하기보다는 새로운 정보를 무시하게 된다. 잘못된 지식을 수정하는 것은 쉽지 않기 때문이다. 결국 제대로 검증된 정보는 나중에 등장해서 묻혀버리는 것이다.

　인포데믹에 오염된 사람들이 새로운 지식을 받아들이기 어려운 상황은 다음 그림 11-3 플라톤의 동굴 우화에 묘사되어 있다. 깊은 동굴 속에 죄수들이 앉아 있고 그들이 바라보는 벽에 그림자 연극이 펼쳐지고 있다. 조작된 정보로 구성된 연극을 계속 접하게 되면 그

그림 11-3 플라톤의 동굴

집단은 거짓 정보를 진실로 받아들인다. 이렇게 세뇌가 되면 한 명이 탈출을 해 바깥 세상을 보고 되돌아와서 진실을 이야기해줘도 받아들이지 않는다. 오히려 화를 내면서 진실을 이야기하는 사람을 거짓말쟁이로 몰아붙인다. 이런 현상이 일어나는 생물학적인 이유는 뇌세포들의 연결망 회로에 형성된 지식을 전부 다시 재구성해야 하기 때문이다. 여기에는 많은 에너지가 소모된다. 따라서 새로운 지식을 받아들이기보다는 먼저 부정을 하는 것이 효율적이다. 유연한 생각이란 쉽게 가질 수 있는 능력이 아니다. 따라서 처음부터 정제되고 진실한 정보를 접하도록 노력하는 것이 필요하다.

인포데믹에 대한 백신은 바이러스에 대한 상식뿐이다. 팬데믹과 마찬가지로 인포데믹의 전파도 개인의 단위로 일어난다. 현대는 정보화 시대이면서 동시에 팬데믹의 시대이기도 하다. 정보를 쉽게 얻을 수 있는 만큼 그 정보의 가치 판단은 개인의 몫이 되었다. 가공되지 않고 흘러다니는 정보를 통해 상황을 이해하고 행동의 위험을 판단하기 위해서는 기본 지식이 있어야 한다. 전문 영역이었던 내용이 갑자기 상식이 되어야 하는 안타까운 상황이긴 하다. 하지만 시대가 변하면 상식이 되는 지식의 종류도 변하는 법. 더구나 바이러스야말로 아는 만큼만 보인다. 팬데믹의 시대에서는 바이러스에 대한 상식이 백신인 동시에 생존 지식이 될 것이다.

　가장 하기 힘든 일이 군대에서 하는 삽질이라는 농담이 있다. 이 농담에는 행동의 이유를 이해하지 못한 상태에서 강제로 하는 일이 훨씬 힘들다는 경험이 들어 있다. 우리 두뇌는 추론과 예측을 건너뛰고 이유 없이 해야 하는 행동에 거부감을 느낀다. 집단 방역에서도 마찬가지다. 바이러스에 대한 상식이 없으면 방역 지침들의 이유를 이해하기 어렵고, 방역 지침을 따르면서 피로감만 누적된다. 이는 장기화된 팬데믹 상황에서 개인의 안전을 위협할 뿐 아니라 방역에도 구멍을 내는 위험 요소다. 이런 이유로 방역의 중요한 전략 중에는 대중에게 바이러스 지식을 홍보하는 것도 포함되어 있다. 인포데믹의 광풍이 휩쓸고 지나간 지금은 공포를 걷어내고 차분히 바이러스, 면역, 전염병에 대한 기본 지식을 습득할 좋은 기회다. 물론 지식이 많다고 반드시 지혜로운 행동을 하지는 않지만, 기본 지식이 없으면 지혜는 발휘될 기회조차 없을 것이다.

제2부

바이러스

"바이러스는 단백질에 포장된 나쁜 뉴스 조각이다."

피터 브라이언 메더워(1915~1987)

12
정체

생물도 무생물도 아닌 이중성

✱

바이러스가 생물인지 무생물인지는 과학자들의 오랜 논쟁거리였다. 자기복제가 일어난다는 점에서 생물, 에너지 생성 능력이 없다는 점에서는 무생물이라고 할 수 있기 때문이다. 이런 박쥐 같은 이중성은 숙주세포 안에서만 증식이 가능한 기생체이기 때문에 나타난다. 숙주세포의 밖에서 바이러스 입자로 존재할 때는 무생물이다. 하지만 숙주세포의 안에서는 에너지와 단백질 생산 시스템을 훔쳐서 자기복제를 하는 생물이 된다. 이렇게 자기복제를 하는 생물 상태에서는 바이러스의 구체적인 형체가 없으며, 복제가 끝나서 다른 세포를 감염시키기 위해 다시 밖으로 나온 무생물 상태에서는 바이러스의 형체를 가지게 된다. 이렇게 바이러스는 무생물과 생물을 오가는 변신을 무한히 반복하면서 증식한다.

바이러스의 정체는 '절대세포기생체obligatory intracellular parasite'다. 풀어서 설명하면 증식을 위해서는 '절대적obligatory'으로 '세포 내

intracellular'의 '기생체parasite'가 되어야 한다는 의미다. 과거의 과학자들이 정체를 규정하기 위해 얼굴 붉혀가며 말싸움을 한 이유는 시간이 남거나 자존심 때문이 아니다. 정체의 규정이 감염, 증식, 전파의 특성에서 항바이러스제의 개발까지 바이러스 연구의 모든 영역에 영향을 미치는 기반 개념이기 때문이다.

바이러스에 대해 설명할 때 가장 애매한 경우가 우리말 대체 용어가 존재하지 않는다는 것이다. 다른 병원체들은 곰팡이, 원충, 기생충, 세균처럼 우리말로 옮길 수 있지만 바이러스는 대체어가 없다. 라틴어 '비루스virus'에서 기원한 바이러스는 '독poison'이라는 뜻을 가지고 있다. 일부 용어는 바이러스라는 의미로 '독毒'이라는 한자를 사용한다. 독감을 '독한 감기'로 생각하는 경우가 흔한데, 독감은 독감바이러스influenza virus에 의해 감기 증상이 나타나는 것을 말한다. 일반 감기common cold는 증상에 대해 붙은 병명으로 다양한 호흡기 바이러스에 의해 유발된다. 또한 바이러스가 병을 일으키는 능력을 독력virulence이라고 한다. 하지만 독이라는 단어는 먹으면 죽는 물질이라는 의미로 너무나 익숙하기 때문에 우리에게는 혼란만 일으킨다. 따라서 바이러스는 그냥 바이러스로 쓰는 것이다.

바이러스의 이중성 때문에 용어에 혼란이 발생하는 것은 영어권 국가에서도 마찬가지다. 바이러스는 미생물에 포함된다. 영어로 미생물은 'microorganisms'인데 이는 작은micro 생물organism들을 의미한다. 여기에 무생물인 바이러스를 포함시키면 뭔가 개밥의 도토리 같은 느낌이 든다. 이런 애매함 없이 바이러스까지 포함하는 용어는

'microbes'인데 작은micro 존재be들이라는 뜻이다. 그런데 이걸 우리 말로 번역하면 다시 도루묵으로 미생물이 된다.

이런 혼란스러움은 언론조차 가끔 '물체의 표면에 떨어진 바이러스의 생존력'이라든지, '바이러스를 없애는 항생제' 같은 식으로 단어를 잘못 사용하는 것에서 드러난다. 물론 무슨 뜻인지는 이해가 되지만 엄밀히 따지면 외부로 배출된 바이러스 입자는 무생물이기에 생존이란 단어는 의미가 없고, 생명을 없앤다는 항생제라는 단어도 의미가 없다. 정확히는 생존력이 아닌 감염력infectivity, 항생제가 아닌 항바이러스제antivirals라는 용어를 사용해야 한다. 하지만 이런 혼란스러움은 누구의 잘못도 아니다. 바이러스에 대한 지식이 학문의 울타리를 벗어나서 상식으로 자리잡을 만큼 충분한 시간이 지나지 않았을 뿐이다. 평상시라면 이런 지식이 상식이 되어야 할 이유가 없다. 하지만 코로나19라는 바이러스 문제가 현실로 갑자기 들이닥쳤다는 것이 혼란의 원인이다.

바이러스는 인류의 진화를 끈질기게 따라왔지만, 우리가 그 존재를 알아차리기 시작한 것은 불과 130여 년밖에 되지 않았다. 그 존재는 식물의 전염병 연구에서 처음 드러나기 시작했다. 오래전부터 담배모자이크병은 농부들의 큰 걱정거리였다. 병의 원인을 찾기 위해 과학자들은 모자이크병이 생긴 담뱃잎을 갈아서 미세한 필터로 세균을 걸러낸 뒤 싱싱한 잎에 다시 뿌리는 실험을 하였다. 당시에는 세균이 원인으로 의심되었기 때문이다. 하지만 예상과 달리 새로 뿌린 잎에서 다시 모자이크병이 생겼는데, 이것은 전염병이기

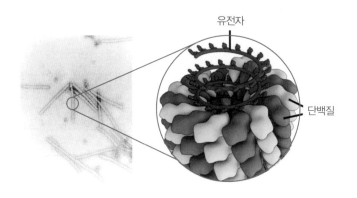

유전자

단백질

그림 12-1 담배모자이크바이러스의 전자현미경 사진과 구조

는 하지만 세균보다 작은 물질이 원인이라는 의미였다. 하지만 당시 1890년대의 과학지식으로는 세균보다 작은 병원체를 상상하기는 어려웠다. 과학자들은 정체를 알 수 없는 이 감염성 물질을 '독'이라는 의미의 바이러스라고 불렀다. 세균보다 작은 바이러스가 존재한다는 것이 확인되자, 인류를 괴롭히던 소아마비, 천연두, 광견병, 홍역, 독감 등 많은 전염성 질환의 원인이 바이러스임이 차례로 규명되기 시작한다. 그리고 1939년, 인류는 바이러스의 실체를 눈으로 직접 확인할 수 있었다. 위 그림 12-1 왼쪽의 담배모자이크바이러스 모습을 찍은 전자현미경 사진이 공개된 것이다. 담배모자이크바이러스는 기다란 막대기 같은 모습을 가지고 있었다.

현재 지구 생태계에는 우주의 별들보다 1억 배 많은 1000양(穰) (10의 31승)개의 바이러스가 존재하는 것으로 추정되고 있다. 이 가운데 척추동물을 감염시키는 바이러스가 약 32만 종 존재하는 것으로 추정되며, 그중 사람에게 감염을 일으키는 것은 약 219종으로 확인되고 있다. 나노nano의 세계에 존재하는 바이러스들이지만 나름 다양한 크기와 형태로 존재한다. 사람에게 감염되는 바이러스들 중 D형 간염바이러스의 경우는 크기가 36nm에 불과하지만, 천연두바이러스는 300nm에 이른다. 막대기처럼 생긴 에볼라바이러스는 폭이 80nm이지만 길이가 1만 4000nm에 달한다. 일반적인 바이러스들의 평균적인 크기는 100nm이다. 이렇게 나노의 영역에 존재하기 때문에 최대 해상도가 200nm에 불과한 광학식 현미경으로는 바이러스의 관찰이 불가능하다. 이 나노라는 크기에 대한 감을 잡기 위해 투수의 손에 있는 야구공이 바이러스의 크기라고 가정하자. 그럼 세균의 크기는 내야 넓이 정도, 바이러스가 증식되는 숙주세포는 잠실야구장 정도의 크기가 된다. 그리고 30조 개의 세포가 빈틈없이 뭉쳐 있는 우리 몸은 송파구 정도의 크기가 될 것이다. 물론 이것은 이차원 평면에서의 비교다.

이렇게 바이러스의 크기를 이야기할 수 있는 것은 입자 상태일 때만 가능하다. 입자는 다른 세포를 감염시키기 위해 숙주세포 밖으로 나온 무생물 상태다. 입자 상태의 바이러스는 유전자라는 상품이 담긴 택배 상자에 비유할 수 있다. 그 유전자에는 똑같은 택배 상자를 만들어내기 위한 모든 정보가 담겨 있다. 지구 생태계의 모든 생물의 유전자는 DNA로 구성되지만, 바이러스는 RNA 유전자를 가진 경우도 흔하다. 만약 택배를 보낼 때 튼튼한 상자 속에 잘 포장하지 않으면, 목적지에 도착하기 전에 내용물이 망가질 것이다. 외부로 노출된 유전자는 파괴될 위험에 노출된다. 특히 코로나19처럼 유전자가 RNA인 경우는 외부에 노출되면 순식간에 파괴된다. 따라서 다른 세포로 배달되는 동안 중요한 정보가 담긴 유전자를 안전하게 보호하는 껍데기가 필요하다. 택배 상자 역할을 하는 껍데기가 단백질로만 만들어지면 나체바이러스naked virus(껍질보유바이러스, 외피보유바이러스라고도 한다)라고 하고, 코로나19처럼 인지질 이중막을 외투처럼 입고 있으면 외막바이러스enveloped virus(세포막바이러스, 외투바이러스, 외막보유바이러스로도 불린다)라고 한다.

택배를 제대로 보내려면 튼튼한 포장 상자도 중요하지만 정확한 주소가 있어야 한다. 주소가 잘못된 택배 상자가 여기저기를 떠돌다 점점 망가지는 것처럼, 바이러스도 빨리 표적세포로 전달되지 못하고 외부에서 돌아다니면 망가지게 된다. 따라서 무생물 입자의 형태로 세포 간 전파가 일어나는 순간은 가능한 한 짧아야 한다. 빠르게 목적지로 가기 위해서는 택배에 주소를 정확히 써야 하는 것과 마찬가지로, 바이러스의 유전자가 원하는 숙주세포로 빠르게 전달되려면 바이러스의 껍질에 주소가 정확하게 표시되어 있어야 한다.

코로나19의 외막에는 스파이크라는 곤봉처럼 생긴 표면단백질이 촘촘히 박혀 있다. 이를 전자현미경으로 관찰하면 그림 12-2처럼 마치 왕관을 위에서 내려다본 것처럼 보이기 때문에, 라틴어로 '왕관'인 코로나corona라는 이름이 붙은 것이다. 이 스파이크 단백질의 끝부분에 배달 주소가 3차원 구조로 표시되어 있다. 이 부분은 바이러스가 원하는 숙주세포의 표면에만 존재하는 특정한 표면단백질의 3차원

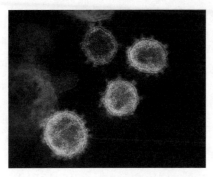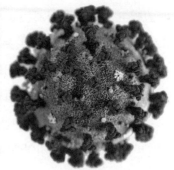

그림 12-2 코로나19의 전자현미경 사진과 컴퓨터 그래픽

구조와 상보적으로 결합할 수 있는 형태를 가지고 있다.

인류가 존재를 늦게 알아차린 것일 뿐 생명체에 기생하는 바이러스에도 수십억 년의 진화의 족보가 존재한다. 코로나19도 사람에게 신종이라는 것이지, 족보도 없이 툭 튀어나온 것이 아님은 알 것이다. 바이러스는 독립된 생명체가 아니므로 기존의 생물 분류 체계에 들어맞지 않는다. 대신 유전자와 숙주의 정보로 족보를 구성할 수 있다. 코로나19의 족보를 조상부터 따져보면 RNA바이러스, 양성 RNA 바이러스, 인수공통바이러스, 코로나바이러스, 베타 코로나바이러스에 속한다.

코로나바이러스는 닭의 호흡기 감염을 일으키는 원인으로 1930년대에 처음 발견되었다. 이후 쥐에서도 간염이나 장염을 일으키는 원인으로 밝혀졌다. 이처럼 생물 종간의 거리가 먼 조류와 포유류를 광범위하게 감염시킨다는 것은, 적어도 조류와 포유류가 분기되기 전부터 이들의 공통 조상을 코로나바이러스가 감염시켜왔다는 의미다. 그리고 현세에 들어서는 새와 박쥐를 주로 감염시키며 공진화를 거쳐왔다. 박쥐와 새는 많은 종류의 바이러스들을 품고 있는 숙주들이다. 사람의 입장에서는 바이러스를 배양하는 위험한 동물이겠지만 바이러스의 입장에서는 관대한 숙주일 터다. 온혈동물이자 날아다니는 척추동물이라는 공통점을 지닌 박쥐와 새는 그들이 가지고 있는 바이러스를 넓은 지역에 퍼트린다. 하지만 조류인 새와는 유전적 거리가 아주 멀기 때문에 사람으로 건너오는 코로나바이러스는 같은 포유류인 박쥐에서 출발한다. 그렇다고 새가 안전한 것은 아니다. 조류는 코로나 대신 신종 독감바이러스를 퍼트린다. 코로나바이러스는 여러 종류의 동물을 감염시키는데, 사람도 예외가 아니다.

인류를 괴롭힌 코로나바이러스들은 모두 박쥐에서 건너온 것이다. 현재 사람을 감염시키는 코로나바이러스들은 가벼운 코감기 증상을 일으키는 4종(HCoV-229E, HCoV-OC43, HCoV-NL63, HCoV-HKU1)과 심각한 증상을 일으키는 3종(MERS-CoV, SARS-CoV, SARS-CoV-2)이 현재까지 확인되었다. 가벼운 증상의 코로나바이러스들도 처음 인류로 건너왔을 때는 모두 신종 바이러스였다. 코로나바이러스는 건너온 시간과 중증도가 반비례한다. 오래전에 사람으로 건너온 경우는 경미한 증상으로 사람들 사이에 안착되어 살아남았다. 하지만 2000년 이후 건너온 3종의 코로나바이러스들 중 사스(SARS-CoV)는 일 년 정도 극성을 부리다 사라졌고, 메르스(MERS-CoV)는 아직도 낙타와 사람을 오가며 감염을 일으키고 있다. 하지만 이 둘에 비해 경증의 코로나19는 팬데믹으로 진입하였다.

13
핵심

생명을 지배하는 중심원리

✳

세균에서 사람에 이르기까지 지구상의 모든 생명체는 유전자에 담긴 정보를 이용하는 공통의 원리를 가지고 있다. 이를 생명의 중심원리central dogma라 하는데, 도그마dogma는 반박을 허용하지 않는 교리를 뜻하는 단어다. 과학에 어울리지 않는 단어를 쓰는 이유는, 세포의 기능에서 진화까지 생명 현상의 전반을 지배하는 반박 불가의 핵심 원리이기 때문이다. 과학에서 가장 확실하다는 의미로 쓰는 단어가 원리인데, 그것보다 더 확실하다는 의미 정도로 생각하면 된다. 생물과 무생물의 이중성을 가진 바이러스도 이 중심원리에서 예외가 될 수 없다. 생명체인 숙주세포의 유전 정보 해석 시스템을 훔쳐서 이용하기 때문에 이 원리를 어기면 증식할 수 없기 때문이다.

강력한 원리일수록 간단하다. 중심원리는 DNA에서 RNA를 만들고, RNA에서 단백질을 만드는 유전 정보의 흐름이다. DNA에서 RNA가

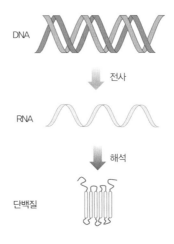

DNA

전사

RNA

해석

단백질

그림 13-1 생명의 중심원리|Central Dogma

만들어지는 것을 정보를 베낀다는 의미로 전사transcription라고 하며, RNA에서 단백질을 만드는 것을 정보를 다른 형태로 변환한다는 의미로 해석translation이라고 한다. 모든 생명체는 네 종류의 핵염기를 이용해 DNA와 RNA를 구성하고, 스무 종의 아미노산을 이용해 생명의 일꾼인 단백질을 만든다. 따라서 같은 네 가지 문자로 구성된 DNA와 RNA는 해석의 필요 없이 그냥 정보를 베끼기만 하면 된다. 하지만 단백질은 20개의 문자를 사용하기 때문에 해석이 필요하다. 즉 RNA와 단백질의 언어가 다르기 때문에 우리가 영어를 해석하듯 해석을 필요로 한다. 그런데 바이러스는 이런 유전자를 해석하는 능력을 가지고 있지 않기 때문에 숙주세포에 기생을 해야 증식할 수 있다.

그림 13-2 멘델과 그의 유일한 유전학 실험 재료

　중심원리의 순서대로 생명 정보를 보관하고 있는 DNA에 대해서 먼저 알아보자. 지금이야 고등학교 교과서에도 나오는 익숙한 내용이지만, 150년 전 수도원에서 콩을 따던 그레고어 멘델Gregor Mendel에게 유전 현상은 꼭 풀고 싶은 수수께끼였다. 하지만 당시는 세균도 안 보이는 조악한 광학현미경이 최첨단 과학 장비이던 시절이었다. 멘델은 포기하지 않고 자기가 할 수 있는 방법을 고안해서 유전 법칙에 접근한다. 수도원 텃밭에서 완두콩을 기른 것이다. 처음 콩을 심고 7년에 걸쳐 225회의 교배를 하고 1만 2000개의 잡종을 얻어서 통계적으로 분석하였다. 지금 보면 말도 안 되게 비효율적인 실험이었지만, 당시 상황에서 원리를 증명할 수 있는 방법을 고안하고 꾸준히 수행해낸 그의 통찰력과 과학적 접근법으로 완성된 그의 역작은 시대를 통틀어 최고의 생물학 논문으로 꼽히기에 부족함이 없다. '콩 심은 데 콩 난다'는 속담처럼 유전 현상은 누구

나 알고 있었지만, 이 당연한 현상을 과학의 눈으로 관찰하고 가설을 세우고 수학적으로 증명을 한 사람은 멘델 이전에는 없었다. 하지만 시대를 앞서간 모든 천재의 운명처럼, 수학적 통계 개념을 통해 유전 법칙을 증명한 논문을 당시의 과학자들은 이해할 수가 없었다. 하지만 '나의 시대는 반드시 온다'고 중얼거렸다는 그의 말대로, 34년 뒤에 그의 연구는 재조명된다. 멘델은 다른 사람들보다 한 세대를 앞서 살았던 것이다.

이렇게 유전의 시대는 열렸지만, 유전 정보를 담고 있는 유전자가 어떤 것인지는 여전히 의문이었다. 유전자의 후보가 되기 위해선 간단한 단위체로 복잡한 정보를 담을 수 있어야 한다. 과학이 발전하면서 세포 내의 물질들에 대한 많은 정보가 밝혀졌지만, 세포의 대부분을 차지하는 DNA, RNA, 단백질이 모두 유전자의 후보였다. DNA와 RNA는 4개의 핵산, 단백질은 20개의 아미노산이 기본 단위체로 사슬처럼 길게 연결된 중합체polymer였기 때문이다. 복잡한 생명 현상의 정보를 모두 담으려면 20개의 기본단위를 가진 단백질이 더 가능성이 높다는 주장이 있었지만, 아미노산 단위체들의 구조가 너무 다양해 유전 정보의 복제가 어려울 것으로 추측되었다. DNA가 유전자로 인정받기 위해 필요한 것은 정확한 분자구조였다. 구조를 찾기 위한 연구 경쟁이 치열하게 벌어졌으며, 이는 현대 분자생물학의 본격적인 출발 신호이기도 하였다. 이 경쟁은 1953년 제임스 왓슨James Watson과 프랜시스 크릭Fracis Crick의 승리로 끝이 난다. 그들은 분자구조를 확인하기 위해 DNA의 결정에 X선을 쬐어 찍은 특

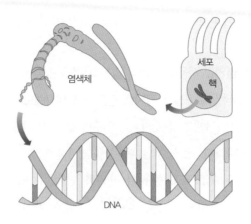

그림 13-3 상피세포의 핵에 들어 있는 DNA

별한 사진을 이용했다. 이 사진을 그냥 보면 아무런 의미가 없지만 수학의 눈으로 보면 DNA의 구조가 나타난다. 이렇게 풀어낸 DNA의 구조는 아름다운 대칭성을 가진 완벽한 유전 정보의 저장소였다. 이 구조를 기반으로 생물 현상을 지배하는 중심원리를 규명하기 위한 본격적인 연구가 시작되었다.

　모든 정보는 기본 문자의 배열로 기록된다. 한글은 24개의 기본 자모, 음악은 7개의 기본음을 사용한다. 이런 기본 문자와 음을 순서대로 나열하면 소설이나 음악이라는 정보가 된다. 마찬가지로 A, T, C, G라는 네 가지 기본단위 문자가 순서대로 나열된 것이 유전 정보다. 중요한 정보는 종이나 악보에 기록하는 것처럼, 유전 정보도 A, T, C, G가 의미하는 네 가지 핵염기들이 사슬처럼 연결된 형태로 저장되어 있는데 이것이 위 그림 13-3에 묘사되어 있는 DNA다. 그리고 핵염기들이 연결된 순서를 서열sequence이라 한다.

단지 네 개의 핵염기를 사용해 얼마나 많은 서열을 만들 수 있는지 의문이 든다면, 네 가지 색깔의 구슬로 팔찌를 만든다고 생각해보자. 구슬 2개를 연결하면 4x4=16, 3개면 4x4x4=64종류의 팔찌를 만들 수 있다. 이런 식으로 구슬이 한 개 늘어날 때 종류는 4배씩 늘어나기 때문에, 구슬이 20개만 되어도 1조 종류의 팔찌를 만들 수 있다. 팔찌의 종류는 담을 수 있는 정보의 양을 의미한다. 작은 바이러스 유전자가 5000개가 조금 넘는 염기들로 이루어지는데, 이 작은 유전자에도 전 우주에 있는 별보다 천만 배 더 많은 정보를 담을 수 있는 것이다.

구조가 규명되기 전 알려진 DNA의 특징 중 가장 신기한 점은 포함된 A와 T의 양이 동일하고, G와 C의 양도 항상 동일하다는 것이었다. 이 의문은 구조가 밝혀지면서 풀렸는데, 핵염기들의 분자구조로 인해 두개의 결합 팔이 있는 A와 T, 세 개의 결합 팔이 있는 G와 C 사이의 결합만이 가능하다. 즉 A는 T가 아닌 A, G, C와는 결합이 불가능하다. 따라서 한쪽 가닥에 포함된 A의 양은 결합된 다른 가닥의 T의 양과 동일하다. 나머지 핵산들도 동일하기 때문에 DNA에 포함된 핵염기들의 수를 모두 합치면 A와 T, 그리고 G와 C의 양이 정확하게 일치하게 된다.

그림 13-4에 핵염기의 공통구조가 표시되어 있는데, 중심의 오각형은 하나의 산소와 5개의 탄소들로 구성된 핵염기의 기본 등뼈 backbone를 표시한 것이다. 이 공통구조에 어떤 염기가 결합되어 있

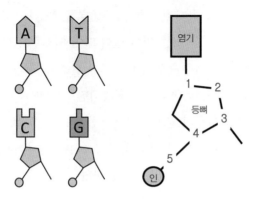

그림 13-4 네 종류의 핵염기와 공통 분자구조

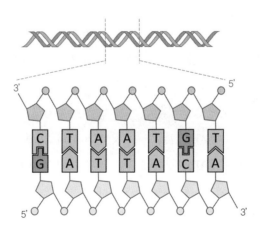

그림 13-5 DNA의 정보가닥과 주형가닥의 모식도

는가에 따라 A, T, C, G가 결정된다. 등뼈의 탄소들은 염기가 결합된 것을 1번으로 시작해 시계 방향으로 번호를 붙인다. 마지막 5번 탄소에는 접착제 역할을 하는 인이 달려 있어 인접한 등뼈의 3번 탄소와 결합하게 된다. 이렇게 앞 등뼈의 5번 탄소와 뒤 등뼈의 3번 탄소들이 인을 중심으로 반복적으로 결합되면 DNA의 척추가 만들어진다. 그렇게 되면 척추의 양쪽 끝에는 5번 탄소와 3번 탄소가 항상 튀어나온다. 이 구조가 유전 정보의 방향을 결정한다. 모든 생명의 유전 정보는 반드시 5'에서 3'으로만 읽힌다.

그림 13-5는 왓슨-크릭이 밝혀낸 DNA 분자구조를 간략하게 표현한 모식도인데, 두 가닥의 핵염기들이 상보적인 규칙대로 결합되어 있다. 포함된 염기의 수를 세어보면 A와 T는 각각 5개, C와 G는 각각 2개인 것을 확인할 수 있다. 이런 핵염기의 결합 규칙을 상보성이라고 하는데, 유전자의 복제와 이용을 가능하게 만드는 중요한 특성이다. 그림의 DNA에는 네 가지의 서열이 있다. 위 가닥 오른쪽 방향으로 CTAATGT, 왼쪽 방향으로 TGTAATC 그리고 아래 가닥 오른쪽 방향으로 GATTACA, 왼쪽 방향으로 ACATTAG 서열이 존재한다. 이 중 진짜 사용되는 유전 정보는 하나다. 책을 거꾸로 읽으면 말이 안 되는 것처럼 생명에서도 유전 정보를 읽어 나가는 방향이 정해져 있기 때문이다. 3차원 공간에서 방향을 구분하기 위해 위에서 설명한 등뼈의 분자구조의 차이를 이용한다.

생명이 유전 정보를 읽어낸다는 의미는 유전자의 서열 정보가 단백질로 만들어진다는 것이다. 위 그림에서 보면 5'에서 3'의 방향의 규칙을 따라도 GATTACA와 상보가닥의 TGTAATC 두 가지 서열 정보가 존재한다. 실제 유전 정보는 서열의 앞뒤에 있는 표지판 역할을 하는 짧은 서열에 의해 결정된다. 이 특별한 표지판들은 한 서열에서만 인식이 가능하다. 다른 서열에서는 이 표지판들도 상보적으로 변환되기 때문이다. 이 표지판에 의해 유전 정보가 해석되는 쪽을 정보가닥 혹은 양성가닥positive strand이라고 한다. 그리고 다른 상보가닥은 주형가닥 혹은 음성가닥negative strand이라고 한다.

DNA를 이중나선이라고도 부르는 이유는 양성과 음성가닥이 상보적으로 결합하면서 꽈배기처럼 꼬이기 때문이다. 약한 지푸라기를 꼬면 강한 새끼줄이 되는 것처럼, 두 가닥이 꼬인 DNA는 안정적인 고분자가 된다. 수만 년 전에 죽어서 동토층에 묻힌 매머드의 시체에서 DNA를 추출해 분석할 수 있는 이유가 이런 DNA의 안정적인 구조 때문이다. 또한 양성과 음성가닥, 즉 정보와 주형가닥 이중으로 유전 정보를 보관하게 되어 정보 보관의 신뢰성이 배가된다.

　유전 정보란 단백질을 만드는 정보다. 그런데 단백질이 필요할 때마다 DNA를 이용한다면 중요한 정보가 손상될 위험이 있다. 따라서 유전 정보는 DNA에 잘 보관해놓고, 필요하면 RNA에 베껴서 사용한다. 이처럼 임시 메모지의 역할을 하는 RNA들을 전령 RNA(messenger RNA)라고 하며 mRNA로 표시한다. DNA와 RNA는 등뼈의 2번 탄소에 결합된 산소의 차이다. RNA에는 산소가 붙어 있고 DNA에는 없다. RNA라는 명칭은 'ribonucleic acid'의 약자인데, 여기에 산소가 떨어진다는 의미의 'deoxy'가 붙으면 'deoxyribonucleic acid', 즉 DNA가 된다. 산소가 있으면 불이 활활 타는 것은 반응성이 강하기 때문인데, 이런 원자를 등뼈에 가진 RNA는 불안정하고 쉽게 파괴된다. 생명에서는 이런 불안정성을 이용해 RNA를 임시 정보 저장소로 활용한다. 만약 RNA가 DNA처럼 안정적이라면 좁은 세포의 내부는 사용이 끝난 쓸모없는 메모지가 흘러넘쳐 혼란에 빠지게 된다.

DNA와 RNA의 또다른 특징은 사용되는 염기의 구성인데, RNA에서는 T 대신 U가 사용된다. 하지만 U 역시 T와 마찬가지로 A하고만 상보 결합을 하기 때문에 A, U, G, C 네 개의 염기를 이용하면 DNA의 정보를 RNA로 옮길 수 있다. 그림 13-6은 중합효소라는 단백질 복합체가 DNA 음성가닥에 결합해 읽어가면서, 상보적인 특성을 이용해 RNA 핵염기를 하나씩 붙여가는 전사 과정을 보여준다. 염기를 붙이는 과정을 중합polymerization이라 하는데, 염기 뼈대의 5'에 달려 있는 인과 옆 염기 뼈대의 3' 탄소를 결합시키고 물 분자 하나를 빼는 화학 반응이다. 이것을 반복하는 것이 중합효소polymerase다. 이렇게 음성가닥이 중합의 틀이 되기 때문에 이를 주형template가닥이라 한다. 이 단계가 반복되면서 중합효소는 주형가닥을 읽어가면서 5'에서 3'으로 RNA를 합성해나가게 된다. 이렇게 전사가 된 RNA는 주형의 상보가닥인 정보가닥과 동일한 정보를 가지게 된다. DNA의 복제를 하는 중합효소도 재료와 결과물이 DNA라는 차이를 제외하면 동일한 과정으로 일어난다. 이런 전사는 무작위로 이루어지는 것이 아니

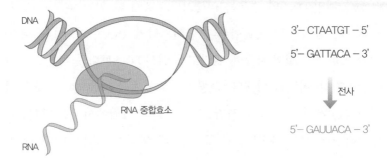

그림 13-6 DNA의 유전 정보를 RNA로 옮겨서 전사하는 과정

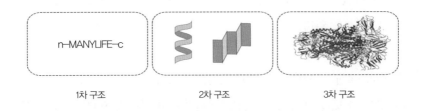

1차 구조   2차 구조   3차 구조

그림 13-7 단백질의 1차, 2차, 3차 구조의 형성 과정

고, 세포 내의 전사 인자라는 단백질들에 의해 정교하게 조절된다. 이런 전사 인자들이 인식하고 결합하는 부위가 앞서 이야기한 유전자에 존재하는 표지판 서열들이다.

마지막으로 설명할 단백질은 생명 현상을 실제로 수행하는 일꾼이다. 이 단백질의 기능은 3차원 구조에 의해 결정된다. 단백질도 핵산처럼 아미노산이라는 기본 단위체가 사슬처럼 연결된 중합체다. 같은 중합체인 DNA의 경우는 이중가닥으로 꼬여 있기 때문에 실 모양의 단순한 구조만 만들어진다. 단일가닥의 RNA는 가닥 내에서 일어나는 상보적 결합 때문에 말리고 꼬여서 DNA보다는 많은 구조가 가능하지만, 비슷한 형태의 네 종류의 핵염기만 사용되어 구조의 다양성에는 제한이 있다. 하지만 그림 13-7의 그림에서처럼 단백질을 구성하는 20개의 아미노산은 크기, 형태, 화학적 성질들이 다양해서 중합과정에서 뭉치고 접히면서 2차구조를 만들고, 이 구조들이 모여 복잡한 3차원 구조를 만들어낸다. 결국 유전 정보란 특정한 기능을 수행하는 3차원 구조를 안정적으로 만들어내는 아미노산의 배열 순서라 할 수 있다.

유전자는 4개의 문자를 사용하고, 단백질은 20개의 문자를 사용한다. 따라서 유전 정보를 아미노산 정보로 변환하는 해석이 필요하다. 해석 과정은 유전 정보의 서열을 세 개씩 읽어 대응되는 하나의 아미노산으로 변환하는 과정을 거친다. 이 세 개의 염기서열 묶음을 코돈codon이라 하고, 이는 유전 정보를 해석하는 기본 단어 역할을 한다. 코돈에는 아미노산 20개에 마침표 역할을 하는 코돈을 더해서 총 21개의 정보가 필요하다. 유전자가 가진 네 종류의 문자로 21개의 단어를 만들기 위해 최소 세 개의 단위가 코돈이 되는 것이다. 코돈의 크기가 두 개면 4x4=16개로 부족하고, 세 개는 되어야 4x4x4=64개로 21개의 정보를 모두 담을 수 있기 때문이다.

 DNA의 복제와 mRNA의 전사는 중합효소라는 단백질이 주역이었

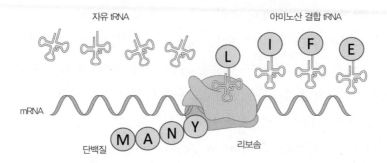

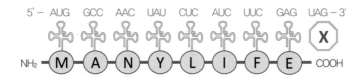

그림 13-8 RNA의 유전 정보를 단백질로 해석하는 리보솜과 tRNA

지만, 단백질을 만드는 해석은 RNA들이 주역이다. 유전 정보의 전령
인 mRNA, 리보솜ribosome을 구성하는 rRNA, 그리고 아미노산을 배
달transfer하는 tRNA가 해석 과정의 삼총사다. 소량의 단백질과 rRNA
로 구성된 리보솜은 단백질을 합성하는 주역이다. 그림 13-8은 리보
솜에서 mRNA의 유전 정보를 아미노산 정보로 해석하는 과정이다.
아미노산을 머리에 이고 있는 tRNA의 발바닥에는 mRNA의 아미노
산 정보인 코돈과 상보적으로 결합하는 코돈이 달려 있다. 이를 대
응코돈anti-codon이라고 한다. 리보솜은 코돈과 대응코돈의 상보성
을 이용해 mRNA의 코돈에 맞는 tRNA를 찾아내어 그것이 들고 다

니는 아미노산을 전달받아서 단백질 사슬에 하나씩 붙여나간다. 이것도 역시 중합반응이라고 한다. 그리고 다음 코돈으로 이동하면서 중합반응을 계속 해나간다. 이렇게 진행하다가 mRNA에 있는 정지코돈을 만나면 중합반응을 중지하고 합성된 단백질을 내보낸다. 유전 정보에 있는 모든 코돈들의 아미노산이 순서대로 결합된 단백질이 완성되는 것이다. 그림의 아래 부분이 이런 mRNA와 tRNA의 상보성을 보여주고 있다. 예를 들어 mRNA의 AUG는 M으로 표시된 메티오닌Methionine이라는 아미노산의 정보를 나타내는데, 메티오닌을 들고 다니는 tRNA에는 이것에 상보적인 UAC라는 대응코돈이 있는 것이다. 이렇게 생명의 중심원리는 DNA, RNA, 단백질 세 개의 생체 고분자들과 여기에 포함된 서열 정보를 다루는 전사와 해석이라는 두 개의 과정에 의해 동작한다.

14
기원

RNA 세계의 유전자 화석

✴

생물도 무생물도 아니면서 생명의 중심원리를 따르고, 숙주세포를 따라다니는 절대세포기생체인 바이러스라는 존재가 어디서 튀어나왔는지 궁금한 것은 과학자들도 마찬가지다. 바이러스의 기원 문제는 생명의 탄생에 대한 가설들과 마찬가지로 증명할 수 없는 완전한 추론의 영역이다. 즉 가장 그럴듯한 설명이 대접받는다는 의미다. 가장 먼저 등장한 바이러스는 생명의 중심원리가 형성될 때 같이 등장했다고 추정된다. RNA 세계RNA World라 불리는 태초의 생태계가 있었는데, 이 원시 생태계의 유전자 화석이 바이러스라는 것이다.

바이러스의 기원은 언제부터 사람을 따라다녔는지에 대한 답도 되지만, 숙주세포에 대한 의존성과 신종 바이러스 발생의 기전을 이해하기 위해서도 중요하다. 여기에는 크게 진보설, 퇴화설, 선조설 세 가지가 있다. 진보설은 세포에 존재하던 자기복제 유전자가 점차 진화했다는 것이다. 퇴화설은 세포 안에서 기생하던 세균 수준의 생명체가 점차 퇴화했다는 것이다. 선조설은 바이러스가 세포 전 단계의 원시 생명체였다는 것이다. 각각의 가설은 뒷받침할 만한 특성을 가진 바이러스들을 근거로 들고 있다. 정답이 애매할 때는 복수 정답을 인정하면 간단하다. 다양한 기원을 가진다고 결론을 내리는 것이다. 하지만 복수 정답이 나온다는 것은 문제가 잘못되었음을 의미한다. 세포의 관점을 벗어나 최초의 바이러스 유전자가 등장한 시점으로 문제를 바꾸면 정답을 고르기가 좀 쉬워진다.

외부 환경에서 껍데기에 의해 보호되고 있던 코로나19의 유전자는 고분자 핵산에 불과했지만, 새로운 숙주세포에 들어가면서 생명 활동을 시작한다. 과거에 분자생물학이 발달하기 전에는 바이러스의 유전 정보를 확인하기 어려웠다. 따라서 바이러스는 외형, 숙주, 감염이 일어나는 부위, 임상 증상 같은 특징에 의해 분류하였다. 하지만 이 특징들은 바이러스의 본질이 아니라 간접적인 특성이다. 따라서 발견되는 바이러스가 늘어날수록 과거의 분류 체계는 혼란에 빠지게 되었다. 예를 들어 간염바이러스는 발견된 순서에 따라 A, B, C, ……로 이름을 붙였지만, 유전자를 분석해보면 이들은 공통점이 하나도 없는 완전히 다른 바이러스들이다. 이런 문제는 바이러스의 핵심인 유전자를 기준으로 삼으면 해결된다. 따라서 분자생물학이 발달하고부터 바이러스는 유전자를 기준으로 분류된다. 유전 정보를 분석해 분류하면 진화의 순서나 종간 장벽을 건넌 흔적도 추적할 수 있다.

바이러스들의 유전자가 하나씩 밝혀지면서 생명 현상의 중심원리가 흔들리게 되었다. 특히 역전사reverse transcription를 하는 레트로바이러스retrovirus가 가장 큰 충격을 준다. 여기에는 에이즈로 유명한 면역결핍바이러스immunodeficiency virus가 포함된다. 이것들은 RNA 유전자를 가지고 있다. 세포 내로 들어가면 가장 먼저 역전사 과정을 거쳐 DNA를 만든다. 그리고 이 DNA를 세포핵으로 집어넣은 뒤, RNA를 다시 전사해서 단백질을 만들어낸다. 생명의 중심원리에 의하면 유전 정보는 DNA에서 RNA로 흘러가는데, 이 바이러스는 반대로 RNA에서 DNA를 만들어낸다. 이것을 발견했을 때 생물학이 받은 충격은, 경제학의 검은 백조나 물리학의 상대성 이론에 비유할 만하다. 이후로도 여러 종류의 핵산을 유전자로 가진 바이러스들이 계속 발견되었다. 현재 바이러스는 유전자를 기준으로 DNA바이러스가 두 가지, RNA바이러스가 세 가지, 역전사 바이러스가 두 가지의 군으로, 총 7개 군으로 분류한다. RNA바이러스군에는 이중가닥 RNA, 양성 단일가닥 RNA, 음성 단일가닥 RNA들이 포함되는데, 코로나19는 양성 단일가닥 RNA바이러스에 속한다.

생명의 중심원리는 다양한 바이러스 유전자 발견으로 잠시 흔들리지만, 자세한 증식 기전들이 규명되면서 오히려 무생물과 생물의 경계까지 확장되었다. 아인슈타인의 상대성 이론이 뉴턴의 고전물리학을 깨트린 것이 아니라 확장시킨 것과 동일한 상황이 일어난 셈이다. 확장된 중심원리는 기존의 중심원리에 다양한 유전자 변환이 추가된 것이다. 다음 그림 14-1에서 보듯이 이중가닥 DNA에

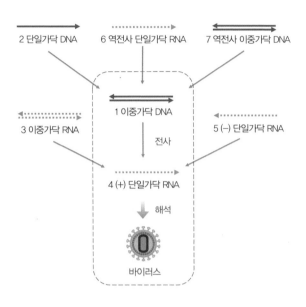

그림 14-1 바이러스 유전자에 의해 확장된 중심원리

서 mRNA를 거쳐 단백질이 만들어지는 생명의 중심원리에는 변함이 없다. 여기에 다양한 바이러스 유전자들이 mRNA로 변환되는 과정들이 추가된 것이다. 그림에 각 유전자 종류에 표시된 번호는 볼티모어 분류Baltimore classification에서 사용되는 번호다. 바이러스는 숙주세포의 해석 과정을 훔쳐서 증식된다. 따라서 mRNA에서 단백질로 해석되는 과정에서 예외가 될 수 없다. 이 원칙 때문에 바이러스의 유전자들은 숙주세포 내에서 다양한 증식 전략을 가지게 된다. 코로나바이러스처럼 4번 양성가닥 RNA를 가진 경우는 mRNA와 동일한 형태이기에 세포 내로 들어가면 바로 자기 단백질을 만든다.

하지만 5번 음성가닥 RNA는 먼저 양성가닥을 만들어야 한다. 6번 역전사 바이러스의 RNA 유전자는 DNA로 변환된 후 mRNA를 만들어낸다. 이처럼 다양한 바이러스의 유전자들은 어떤 과정을 거치더라도 최종적으로는 mRNA와 동일한 형태를 만들어야 자기 단백질을 만들 수 있다.

이런 다양한 바이러스 유전자들이 언제부터 존재했는지를 추측하기 위해 과학자들의 유서 깊은 논쟁거리를 먼저 살펴보자. 생명체에 존재하는 중합체 삼총사인 DNA, RNA, 단백질이 등장한 순서에 대한 논쟁이다. 동시에 등장했다고 생각하는 것은 일단 무리다. 그럼 여기서 닭과 달걀의 딜레마가 생긴다. 흔히 DNA가 가장 먼저 등장했을 것이라고 생각하지만 DNA만 달랑 있으면 자기 유전자를 복제할 수가 없다. 단백질을 만드는 해석 시스템이 등장하기 전에는 중합효소가 존재할 수 없기 때문이다. DNA, RNA, 단백질들 중에서 최초로 등장한 중합체가 되기 위한 필수적인 조건은 자기복제 능력이다. 이 조건을 만족시키는 것이 RNA다. RNA도 단백질처럼 제한적이지만 안정적인 3차 구조를 만들어낼 수 있다. 생물학에서 구조를 가진다는 것은 기능을 가질 수 있다는 의미다. 따라서 최초의 유전자는 자기 스스로를 복제하는 RNA였다는 것이 별 이견 없이 지지를 받고 있다. 이렇게 세포도 존재하지 않던 시기에 등장한 RNA들로만 이루어진 태초의 생태계를 RNA 세계라고 한다.
　그다음 유전 정보를 단백질로 전환하는 해석 시스템이 만들어졌

을 것으로 추측된다. 모든 생명체에서는 mRNA의 유전 정보가 tRNA
와 rRNA에 의해 단백질로 변환된다. 이는 단백질 해석 시스템이
RNA 세계를 바탕으로 탄생되었다는 것을 뜻한다. 지구상에는 생명
이 사용하는 20개 이외에도 더 많은 아미노산들이 존재한다. 그런
데 이 중 20개만 단백질을 만드는 재료로 사용하는 이유는 초기 해
석 시스템이 만들어질 때 가장 풍부했기 때문일 것이다. 이 아미노
산과 tRNA가 연결되고, mRNA의 정보를 rRNA가 해석하면서 사용하
게 된 것이다. 즉 생명의 중심원리 자체가 RNA 세계의 흔적인 셈이
다. 이 가설의 중요한 근거 중 하나가 확장된 생명의 중심원리로, 다
양한 바이러스 유전자들의 변환이 항상 mRNA를 중심으로 일어나
야 하는 이유가 여기에 있다.

그리고 가장 나중에 DNA가 등장한다. RNA는 불안정한 물질이다.
이것은 변화를 통해 다양성을 확보하고 다양한 단백질들의 기능들
을 시험하는 데에는 유리하지만, 힘들게 확보된 유용한 단백질의 유
전 정보를 보관하는 데에는 불리하다. 이런 유전 정보의 안정적인
보관을 위해 등장한 것이 DNA이다. DNA의 등뼈는 RNA의 등뼈에
서 산소를 하나만 떼어내면 만들어진다. 하지만 안정성은 RNA보다
훨씬 뛰어나고 두 가닥을 붙이면 더욱 안정적이다. 이 시기에는 다
양한 형태의 유전 물질들을 복제하는 중합효소들이 서로 생존 경쟁
을 하였는데, 정보의 보관에 가장 유리한 DNA를 이용하는 것이 생
물의 공통조상Universal Common Ancestor 세포의 시스템으로 선택된
것이다. 이로써 생명의 중심원리를 이루는 고분자 중합체들의 선후

관계가 완성되었다. 그리고 이와 경쟁하던 다양한 중합효소 유전자들은 바이러스라는 흔적으로 남게 된 것이다. **이는 바이러스들이 세포와 같이 등장했음을 의미한다.**

바이러스가 RNA 세계부터 지금까지 인간의 진화를 끈질기게 따라올 수 있었던 비밀은 대량 증식, 잦은 변이, 자연선택이라는 세 가지 특성에 있다. 바이러스의 원시적인 중합효소들은 유전자를 복제하는 과정에서 오류가 많이 발생한다. 하지만 이 특성들은 바이러스에게 불리한 것이 아니라 진화의 원동력으로 작용한다. 다음 그림 14-2에서 표시된 대로 숙주세포에서 바이러스의 유전자가 복제될 때 돌연변이가 가끔씩 발생한다. 변이가 일어나는 위치는 완전 무작위로 아무 일이 없을 수도, 치명적일 수도, 유리할 수도 있다. 하지만 대량으로 빠르게 증식이 일어나기 때문에 모든 경우가 골고루 존재하게 된다. 즉 유전적 다양성이 쉽게 확보되는 것이다. 이 유전자들은 숙주세포 감염이라는 선택압력에서 바로 성능 실험이 이루어진다. 그럼 14-2의 아래에서처럼 자연스럽게 유리한 변이만 남겨지고 불리한 변이는 즉시 도태된다. 그리고 유리한 변이는 다시 금방 증폭이 되어 대세 유전자가 된다. 즉 다양한 유전적 변이 중에 증식과 전파에 유리한 변이가 단 하나라도 우연히 생긴다면, 그 변이는 즉시 선택되어 다시 폭발적으로 늘어난다. 돌연변이-선택-증폭이라는 진화의 한 사이클이 몇 시간 만에 뚝딱 진행되는 것이다. 그리고 이 진화의 사이클은 끝없이 반복된다. 이것이 바이러스가 생존 경쟁

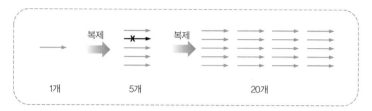

선택압력이 없을 때 불리한 변이가 발생하는 경우

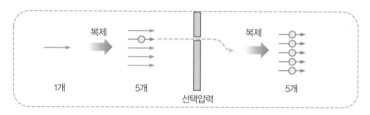

선택압력이 있을 때 유리한 변이가 발생하는 경우

그림 14-2 바이러스의 유전자 변이와 선택압력의 영향

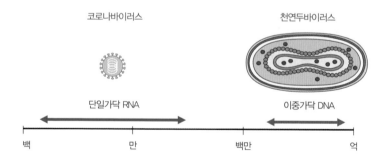

그림 14-3 유전자 복제 시 한 개의 변이가 발생하는 염기의 길이

을 시작했던 RNA 세계를 지배한 이기적 유전자의 원리다.

그림 14-3은 RNA와 DNA를 유전자로 각각 가지고 있는 바이러스의 돌연변이 발생률을 비교한 것이다. 이중가닥 DNA의 경우 돌연변이의 발생률이 적다. 이 유전물질 자체가 안정적인 정보의 보관이 주요 목적인 것을 생각하면 당연한 결과다. 천연두바이러스의 DNA 경우는 사람 세포와 돌연변이 발생률이 비슷한 수준이다. 하지만 이런 안전성은 바이러스의 적응 진화에는 걸림돌로 작용한다. 천연두바이러스가 지금은 멸종한 가장 큰 이유다. 이와 반대로 돌연변이의 발생률이 가장 높은 것은 코로나19 같은 단일가닥 RNA바이러스다. 이 이기적 유전자들은 생명 진화 초기의 다양성 실험을 하던 것들의 직계 후손이기 때문에 이 역시 당연한 결과다. 이 바이러스들의 유전적 다양성은 DNA보다 100만 배 더 많이 확보되기 때문에 환경의 변화에 적응하는 능력이 뛰어나다. 이런 이유로 종간 장벽을 획획 건너다니면서 인류를 위협해대는 신종 바이러스들은 대부분 RNA 유전자를 가지고 있는 것이다.

지금은 우리를 괴롭히는 성가신 존재지만 생명의 중심원리가 형성되고 세포가 진화되던 시기에는 바이러스가 세포들 사이에서 유용한 정보를 교환해주는 역할을 수행하였다. 이를 통해 초기 생명체를 품은 생태계는 다양한 환경으로 확장해나갈 수 있었다. 바이러스들은 증식 과정에서 숙주세포의 유전 정보를 훔쳐 나오거나 숙주세포의 유전자에 자신의 유전 정보를 억지로 끼워넣기도 한다. 이 과정을 통해서 숙주세포의 환경을 조절하는 단백질의 정보를 자신의 유전자에 베껴 넣어서 숙주세포를 쉽게 교란시킬 수 있기 때문이다. 그런데 DNA를 유전자로 선택한 초기 숙주세포의 입장에서도 바이러스가 일으키는 유전자 조작이 다양성 확보에 도움이 되었다. DNA는 변이가 적기 때문이다. 지금도 세균의 바이러스인 박테리오파지 bacteriophage는 이런 역할을 수행하고 있다. 전파 과정에서 일정 비율로 항생제 저항성 같은 세균의 생존에 유리한 유전 정보를 세균들 사이에서 퍼트리고 다닌다. 하지만 이것은 단세포생물에서 일어나는 일이고, 고등 다세포생물에서는 바이러스에 의한 유전자 교환은 득보다 실이 훨씬 많다. 고등생물들은 생식sex을 통해 안전하게 다양성을 확보하려고 하며, 무작위 확률에 의존해서 위험하게 다양성을 확보하지 않는다. 따라서 사람에게 바이러스란 감염병을 일으키거나 암을 유발하는 병원체로서만 존재한다. 하지만 태초 생태계부터 따라다니던 이기적 유전자의 후손들은 사람과 동일한 진화의 시간을 거치면서 정교하게 다듬어졌기 때문에 아직도 우리를 교묘하게 괴롭힌다. 사람이 생태계에서 살아가는 한 바이러스로부터 자유로울 가능성은 없다. 바이러스보다 인류의 멸종 가능성이 훨씬 더 높기 때문이다.

15
지향

바이러스의 종간 장벽

빙하 속에 얼어 있던 고대의 바이러스가 깨어나 인류를 위험에 빠트린다는 영화가 있다. 흥미롭기는 하지만 바이러스와 숙주의 공진화라는 측면에서 성립되지 않는 시나리오다. 고대 바이러스는 고대 생물의 세포를 숙주로 하며, 시간을 건너뛰어 사람의 세포를 숙주로 해서 증식할 수는 없다. 마찬가지로 지구를 침공한 외계인이 바이러스에 의해 전멸한다는 설정도 말이 안 된다. 지구의 바이러스는 지구 생물의 세포를 숙주로 삼기 때문이다. 이처럼 바이러스와 숙주 사이에는 지향성이라는 궁합이 존재한다. 그리고 이런 궁합이 맞지 않는 현상을 종간 장벽이라고 한다.

지향성(tropism, 향성向性)이란 '굽어진다'는 의미의 그리스어 'tropos'에서 기원한 단어로, 그림 15-1처럼 해바라기가 하루종일 해를 따라가는 현상에 대해 붙은 용어다. 지금은 생물학 전반에서 지향성이란 단어가 사용되는데, 특히 신종 바이러스의 특성을 이해하는 데

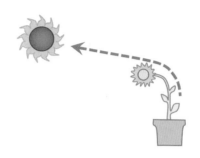

그림 15-1 해바라기의 지향성

중요한 개념이다. 무생물인 바이러스의 입자는 해바라기처럼 능동적인 지향성을 발휘하는 것이 아닌 수동적인 지향성을 가지고 있다. 바이러스에는 세포 수준과 종 수준의 지향성이 있다. 세포 수준의 지향성이란 바이러스가 같이 진화를 해온 숙주세포에서만 증식이 가능한 현상을 말한다. 코로나19가 만드는 단백질은 고작 15개에 불과하다. 이는 사람 세포가 만들어내는 단백질의 고작 0.05퍼센트에 불과하다. 이렇게 적은 단백질로 숙주세포의 환경을 점령해서 자기 유전자를 증식시키는 공장으로 만들어야 하는 것이다. 이를 위해서는 단백질 하나가 여러 기능을 수행하는 등 숙주세포의 환경에 극한으로 특화되어 있어야 한다. 이런 이유로 공진화가 진행되면서 증식이 가능한 세포의 범위가 좁아지게 된다. 이 범위를 넘어가면 바이러스 유전자가 세포 안으로 들어가더라도 증식에 실패한다. 종 수준의 지향성이란 세포 수준의 지향성에 더해서 바이러스 전파에 필요한 행동, 습성, 면역 등을 만족시키는 종에서 바이러스가 증식하고 전파되는 것을 말한다. 바이러스마다 이런 요소들의 복합적인 결과로 감염과 전파가 가능한 생물 종의 범위가 정해진다. 이것이 바이러스의 종간 장벽이 세워지는 기전이다. 바이러스와 숙주세포의 공진화가 오랜 기간에 걸쳐서 진행되었기에 일어나는 현상이다.

진화를 대표하는 용어인 이기적 유전자의 극한이 바이러스다. 바이러스는 유전자를 계속 복제해야 존재할 수 있다. 감염시켜 증식하고 또 감염시키는 과정을 끝없이 되풀이한다. 만약 숙주를 한번 감염시켜 증식하고 거기서 멈춘다면, 그 바이러스의 유전자는 숙주와 함께 사라진다. 따라서 다른 숙주를 얼마나 잘 감염시키는지를 나타내는 전파 효율이 바이러스의 선택압력 저항능력이다. 전파 효율이 떨어지면 도태되고, 높으면 선택된다. 이런 선택압력에 바이러스가 노출되면 숙주의 생활 습성을 저절로 이용하는 적응 진화가 이루어진다. 바이러스의 증식과 전파에 가장 유리한 유전자가 끝없이 선택되어 진화되는 것이다. 이것을 일반적으로 변이라고 표현한다. 바이러스의 숙주 최적화 진화가 진행되면 숙주 지향성도 점점 강해진다. 특정 숙주에 대한 지향성이 강해질수록 다른 종을 감염시키지 못하는 현상이 나타나는데, 이를 종간 장벽이라고 한다.

종간 장벽은 진화 계통에서 가까울수록 낮고 멀수록 높다. 물고기와 사람의 종간 장벽은 원숭이와 사람의 종간 장벽보다 훨씬 높다. 그래서 원숭이의 면역결핍바이러스가 인간으로 건너올 확률은 높지만 물고기의 출혈성패혈증바이러스가 인간으로 건너올 확률은 희박한 것이다. 코로나바이러스는 조류와 포유류를 감염시키는 것들로

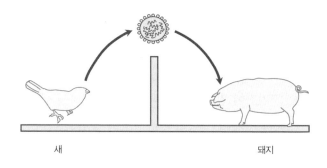

그림 15-2 종간 장벽을 흘러넘치는 감염

크게 나누어진다. 이 두 코로나 집단은 조류와 포유류의 높은 종간 장벽을 건너다니지 못한다. 조류 코로나는 조류만 감염시키고, 포유류 코로나는 포유류만 감염시키는 것이다. 이것은 코로나의 조상이 9000만 년 전부터 조류와 포유류가 분기되기 전의 동물을 감염시키고 있었다는 의미다. 그리고 숙주의 분화가 일어나자 생활 영역이 분리가 되면서 서서히 왕래가 끊어지게 된 것이다.

종간 장벽은 이렇게 바이러스를 가두는 울타리가 되지만 난공불락의 성벽은 아니다. 처음 숙주로 선택한 종을 벗어날 수 없다면 당연히 코로나19 같은 신종 바이러스도 출현하지 않았을 것이다. 일부 바이러스는 도둑놈처럼 종간 장벽을 건너다니는 능력이 아주 뛰어나다. 장벽을 건너는 방법은 크게 '유전자 재선별genetic reassortment'과 '흘러넘침spillover' 두 가지가 있다. 앞의 방법을 이용하는 놈이 독감바이러스고, 뒤의 방법을 이용하는 놈이 코로나바이러스다.

독감바이러스는 코로나와 함께 단골 신종 바이러스라 할 수 있다.

보통 바이러스들은 한 덩어리의 유전자를, 독감바이러스는 8개의 유전자 조각들을 들고 다닌다. 이런 유전자 세트 구성은 가뜩이나 복잡한 바이러스 증식을 더 복잡하게 만든다. 그럼에도 인플루엔자가 호흡기바이러스의 제왕이 될 수 있었던 것은 빠른 증식이 만사가 아니었기 때문이다. 이렇게 유전자를 쪼개놓았기 때문에 여러 종을 쉽게 건너다니는 능력을 가질 수 있었다. 독감바이러스의 표면 항원은 HA와 NA라는 두 유전자 조각들에 의해 결정되는데, 조류 인플루엔자에는 HA가 16종류, NA가 9종류 존재한다. 이들 중 어떤 조합의 유전체를 가지느냐에 따라 바이러스의 아형이 구분된다. 공포를 불러일으키는 H1N1이 바로 이 조합을 말하는 것이다. 다른 바이러스들은 새로운 항원을 가지기 위해서는 돌연변이라는 주사위 던지기를 하지만, 독감바이러스는 모듈화된 유전자를 바꾸면 쉽게 새로운 항원을 가질 수 있다. 이를 유전자 재선별이라 한다. 독감바이러스의 고향은 조류이며 사람은 종간 장벽이 높아 직접 감염을 일으킬 수 없다. 하지만 돼지 같은 중간 증폭 숙주에 사람과 조류 인플루엔자가 동시에 감염되면 두 종의 바이러스 유전자가 쉽게 재선별되어 신종 독감바이러스가 탄생하는 것이다. 스페인독감이나 돼지독감 같은 경우 이런 재선별에 의한 항원의 대변이antigenic shift가 발생한 것이다.

유전자가 모듈화되어 있지 않다고 종간 장벽을 넘지 못하는 것은 아니다. 쪽수에 장사 없다는 말처럼 아무리 튼튼한 울타리도 자꾸 건드리면 무너진다. 실험실에서 대량의 바이러스를 접종하면 종간 장벽을 건너는 감염이 일어난다. 그림 15-2와 같은 이 현상을 '흘러넘침spill-over' 감염이라 한다. 자연에서도 종간 장벽을 건너 다른 종을 감염시키는 바이러스가 가끔 나오는데, 박쥐의 코로나바이러스는 같은 포유류에게 잘 흘러넘치는 바이러스로 유명하다. 하지만 흘러넘침 감염이 발생하는 것과 종간 장벽이 무너진 것은 다르다. 흘러넘친 바이러스들에 적응 진화가 일어나 사람 사이의 전파 능력이 획득되어야 종간 장벽을 뛰어넘은 신종 바이러스가 되는 것이다. 당연히 종간 장벽을 넘어오는 흘러넘침 감염이 많아질수록 신종 바이러스가 출현할 확률도 따라서 높아진다.

사람을 감염시키고 있는 모든 코로나바이러스들은 박쥐가 고향이다. '박쥐 같은 놈'이라는 말처럼, 박쥐는 포유류이면서 날짐승이라는 이중성을 가지고 있다. 무거운 포유류의 몸으로 날기 위해 박쥐의 대사와 면역체계는 다른 포유류와는 다르게 조절된다. 날아다닐 때는 신진대사가 최대치를 보이고, 쉴 때는 죽은 것처럼 떨어진다. 이런 대사와 체온의 큰 폭의 변화 때문에 면역에 의한 염증 반응이 최대한 억제되어 있다. 박쥐는 같은 무게의 쥐보다 4배 이상 오래 사는 장수 동물로도 유명한데, 이런 염증 억제 능력 덕분인 것으로 추측된다. 또한 밀집해서 잠을 자는 습성 때문에 다양한 바이러스의 전파와 감염이 일상적이다. 이런 습성에 맞게 박쥐의 면역체계는 바이러스와 공존하는 전략을 택하였다. 감염된 바이러스를 완전히 없애기 위해 항체를 만들려면 너무 많은 에너지가 소모되기 때문이다. 유전자를 보존해야 하는 바이러스의 입장에서 박쥐는 기생을

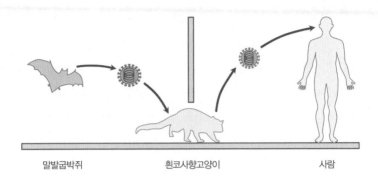

말발굽박쥐 　　　　흰코사향고양이 　　　　사람

그림 15-3 중간 증폭 숙주를 경유하는 전파

허락받은 최고의 숙주인 셈이다. 이런 특성 때문에 다른 동물에서 심각한 증상을 일으키는 바이러스들이 박쥐에서는 무증상인 경우가 대부분인데, 코로나 바이러스가 대표적이다.

박쥐는 낮에는 동굴에 모여 자면서 서로에게 바이러스를 감염시키고, 장수 동물이라 오래 바이러스를 보유하고, 밤에는 먹이를 구하기 위해 광범위한 지역을 날아다닌다. 그리고 날면서 배변을 해서 온 사방에 바이러스를 흩뿌린다. 한마디로 날아다니는 바이러스 살포 기계인 셈이다. 박쥐는 전체 포유류 종의 4분의 1을 차지할 정도로 많지만 밤에만 날기 때문에 우리 눈에 잘 띄지 않는다. 또한 사람의 생활 영역 내에서는 마땅히 쉴 곳이 없다. 따라서 박쥐의 바이러스가 사람에게 직접 흘러넘침 감염을 일으킬 가능성은 희박하다. 따라서 위 그림 15-3처럼 박쥐와 사람의 영역을 모두 공유하는 접점 역할을 하는 동물이나 가축이 감염의 연결고리가 된다. 박쥐의 바이러스가 사람으로 건너오는 개구멍이 되는 셈이다. 박쥐의 코로나바이러스들은 이런 중간 증폭 숙주를 거쳐 사람으로 건너왔다. 중간 장벽을 건너온 뒤에는 지체기 동안 조용히 사람 간 전파 능력을 획득하거나 아니면 실패해서 사라진다. 그러다 전파 능력이 획득되면 신종 바이러스가 출현하는 것이며 새로운 바이러스 항원에 대한 집단면역이 0인 상태이기 때문에 마른 들판의 불처럼 바이러스가 퍼져나가게 된다. 시간이 흐르면서 신종 바이러스가 사람에게 성공적으로 적응하면 점차 병원성을 상실하고 흔한 감기의 원인으로 남겨진다. 적응에 실패하면 멸종하게 된다.

현재 사람에게 감염을 일으키는 코로나바이러스는 모두 일곱 종이 확인되었는데, 신종 코로나바이러스가 박쥐에서 인류로 건너온 횟수는 당연히 이보다 훨씬 많았을 것으로 추정된다. 유전자 분석에 의하면 흔한 코감기의 원인인 코로나-NL63은 약 500~800년 전에, 코로나-OC43은 약 130년 전에 건너온 것으로 추정된다. 특히 소가 중간 증폭 숙주로 추정되는 코로나-OC43의 경우는 1890년에 유행했던 호흡기 전염병의 원인으로도 의심이 된다. 그리고 우리 모두가 알고 있는 2000년대 들어서 인류로 새로 건너온 것들은 사스, 메르스, 코로나19다.

이런 중간 장벽을 건너는 과정을 알았으니 이젠 왜 과학자들이 신종 바이러스가 등장하면 일단 중간숙주부터 찾기 위해 혈안이 되는지 이해할 것이다. 중간숙주를 찾아야 신종 바이러스가 계속 다시 건너오는 것을 차단할 수 있기 때문이다. 사스는 사향고양이, 메르스는 낙타가 중간 증폭 숙주로 규명되었다. 사스의 경우는 사향고양이를 식재료로 쓰는 것을 금지시키고 나서 전파 경로가 차단되고 멸종되었다. 하지만 중동의 필수 가축인 낙타는 쉽게 도살할 수가 없어서 메르스는 여전히 산발적으로 유행하고 있다. 이번 코로나19의 경우는 아직 중간숙주가 밝혀지지 않았다. 코로나19가 중간숙주를 거친 것인지, 아니면 바로 사람에게 건너온 것인지 확인하는 것은 앞으로 신종 코로나 출현 예방에 있어서도 중요하다.

16
호흡

코로나19의 침입

바이러스 입자는 무생물이기 때문에 자기 힘으로 숙주세포를 찾아갈 수 없다. 대신 사람의 호흡에 의해 일어나는 공기의 흐름을 타고 인체로 침입한다. 코로나19가 내려앉은 호흡기는 평화로운 곳이 아니다. 수많은 세균들이 호흡기를 타고 우리 몸속으로 들어오기 위해 호시탐탐 기회를 노린다. 호흡기도 무방비로 방치되어 있지 않다. 세균들의 침입을 막기 위한 다중 방어벽이 구축되어 있으며, 면역세포라는 정찰병들이 항상 경계를 서고 있다. 이런 첨예한 긴장이 가득한 면역 전쟁의 최전선에 코로나19 입자가 조용히 떨어지는 것이다.

바이러스가 깨어나려면 우선 살아 있는 세포 표면과 직접 접촉해야 한다. 무생물인 바이러스는 모기나 벼룩의 도움을 받지 않는 한 피부를 뚫지 못한다. 각질 세포가 만들어내는 케라틴keratin으로 완벽하게 덮여 있기 때문이다. 비록 더러운 때로 취급되지만, 케라틴은 바이러스에 대해 인체를 보호하는 완벽한 갑옷이다. 하지만 생물은 외부 환경과 물질을 계속 교환해야 생존할 수 있다. 사람도 음식과 물을 먹고 소화물을 배설해야 하고, 산소를 받아들이고 이산화탄소를 내보내야 생존할 수 있다. 이 때문에 감염에 취약한 부위가 존재하고, 바이러스는 이 약점을 비집고 들어온다. 주변 환경에 존재하는 바이러스들의 감염은 호흡기, 소화기, 눈, 비뇨생식기 같은 점막 노출 부위에서 시작된다. 바이러스가 점막을 통해서만 감염이 되는 이유는 물 때문이다. 모든 생명 활동의 무대는 물이다. 하나의 산소와 두 개의 수소가 비딱하게 결합된 분자 구조 때문에 물은 극성을 가지게 된다. 그리고 그 속을 떠다니는 물질의 표면에 친수성hydrophilicity과 소수성hydrophobicity을 부여한다. 이 두 성질이 단백질이 서로의 짝을 찾아 결합하거나, 세포를 둘러싼 인지질 이중막을 유지하는 힘을 부여한다. 습기가 찬 벽에 곰팡이가 피는 이유도, 건조한 사막에는 생명이 존재하지 않는 이유도, 나사NASA에서 외계 생명의 흔적을 확인하기 위해 물의 흔적을 찾아다니는 이유도 모두 물이 생명의 용매이기 때문이다. 코로나19의 스파이크 단백질이 숙주세포의 수용체와 결합하는 힘도 물이 만들어준다. 이런 이유로 습기가 있는 점막에 접촉을 하는 것이 모든 바이러스 감염의 첫 번째 조건이다.

소화기와 호흡기 표면에는 모두 점막이 존재하지만 생물학적인 환경에서는 큰 차이가 있다. 바이러스의 감염 능력은 이 생물학적 환경에 큰 영향을 받는다. 따라서 바이러스의 최초 감염이 가능한 지역이 구분되며, 이 감염 교두보의 위치에 따라 소화기바이러스와 호흡기바이러스가 구분된다. 즉 호흡기바이러스는 대부분 호흡기에서 최초 감염이 일어난다. 인류 문명의 발전은 이런 두 종류 바이러스들의 감염 경향도 변화시켰다. 상수도와 하수도가 분리되고 식품 위생이 개선되면서 소화기 감염바이러스들은 계속 줄어들고 있다. 하지만 반대로 대기오염, 실내 생활의 증가, 인구증가 등으로 공기의 질이 점차 악화되면서 호흡기 감염바이러스는 계속 증가하고 있는 추세다.

생명 유지에 필수적인 호흡기는 그림 16-1에 표시된 대로 상부와 하부 호흡기로 나뉜다. 상부는 코, 입, 비강, 인두, 후두까지 포함되고, 하부는 기관지부터 폐까지 포함된다. 엄밀하게는 호흡기에서 공기가 지나다니는 통로는 모두 인체의 외부 공간이다. 그럼에도 이렇게 나누는 이유는 상부 호흡기가 감염이 빈번하게 일어나는 면역 방어의 최전선이기 때문이다. 하지만 하부 호흡기가 감염되면 생명이 위험하기 때문에 의학적으로 이곳은 인체의 내부로 취급한다. 감기라도 바이러스 종류에 상관없이 폐렴이 생기면 무조건 입원을 권하는 이유다. 공기의 통로인 기관은 기관지로 갈라져 양쪽 폐 속으로 들어가고, 계속 가지를 치며 가늘어지다 미세기관지가 되어 허파꽈리와 연결되며 끝난다. 미세한 공기주머니를 모세혈관이 감싸고 있는 구조의 허파꽈리에서는 핏속의 적혈구가 산소를 받아들이고 이산화탄소를 내보내는 기체 교환이 일어나는 곳이다. 사람의 폐에는 30만 개 정도의 허파꽈리가 있는데, 이를 모두 평평하게 펼쳐놓으면 약 100제곱미터의 넓이를 채운다. 우리가 숨을 한 번 쉴 때마다

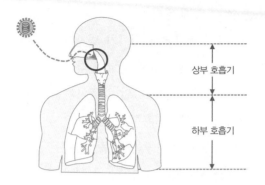

그림 16-1 코로나바이러스의 최초 감염 지역

30평 아파트의 넓이에서 기체 교환이 일어나는 것이다. 이런 대량의 공기 흐름이 바이러스가 이용하는 침입 경로라 할 수 있다.

호흡기는 다른 생명 유지 기관들과 다른 특성을 가지고 있다. 심장이나 위장은 마음대로 조절하기 어렵지만 숨은 스스로 참을 수 있다. 무의식 상태에서도 숨을 쉬지만, 의식적으로도 조절할 수 있는 것이다. 그 이유는 양서류가 육지로 올라오면서 다른 생명 유지 기관보다 늦게 호흡기가 진화되었기 때문이다. 다른 생명 유지 기관들의 근육과 신경의 연결이 완성된 상태에서 육지로 올라왔고, 육지에서 숨을 쉬기 위해서는 아가미 대신 폐를 움직여야 했다. 이를 위해서는 흉강을 둘러싼 가슴의 근육을 이용하는 수밖에 없었다. 이런 이유로 폐 자체에는 근육이 없으며 수동적으로 움직인다. 그래서 흉강에 물이나 공기가 차서 폐가 눌리거나, 폐렴이 생겨 허파꽈리나 기관지가 막히면 숨을 쉴 수 없게 된다.

　진화의 과정이 수정란에서 태아가 발생해 나가면서 그대로 재현되는 현상을 '이보디보Evo-Devo'라고 한다. 태아의 발생과정에서 폐는 식도 상부의 일부가 안으로 말려 들어가면서 만들어진다. 그 결과 기도와 식도의 상부는 인후두라는 공간을 공유하고, 음식물이 기도로 넘어가지 않도록 막아주는 후두덮개라는 별도의 장치가 필요하게 되었다. 식도와 기도가 겹치면서 생기는 문제는 떡을 먹다가 질식할 위험이 커진 것만이 아니다. 콧구멍과 입 속에 있는 수많은 세균들이 인후두를 통해 폐로 끝없이 흘러 들어간다.

　생명의 중심원리 때문에 호흡기에 해부학적 문제가 있다고 진화를 거꾸로 되돌릴 수는 없다. 대신 감염의 위험을 극복하기 위해서 육상동물은 정교한 면역 방어 시스템을 새롭게 진화시켰다. 호흡기 공기 통로의 표면은 점액으로 두껍게 코팅되어 있다. 유리잔을 닮은 배상세포Goblet cell가 계속 분비해대는 점액의 특징은 아주 끈적거린다는 것이다. 이 점액의 주성분은 뮤신mucin으로 우리 몸에서 만드는 가장 무거운 단백질이다. 그런데 뮤신의 전체 무게에서 80퍼센트가 당분이다. 이처럼 당분이 많이 결합되어 있어 뮤신은 엄청나게 끈적거린다. 콜라를 쏟으면 엄청 끈적거리는 것과 동일한 원리다. 점액으로 코팅된 기관지는 계속 가지를 치면서 가늘어지기 때문에 안으로 빨려 들어가는 공기는 계속 점액과 부딪히게 된다. 그 결과 들이마시는 공기 속의 불순물이나 인후두에서 넘어가는 세균들은 점액에 들러붙어 제거된다. 호흡기에 흡착식 공기 필터가 장착되어 있는 셈이다.

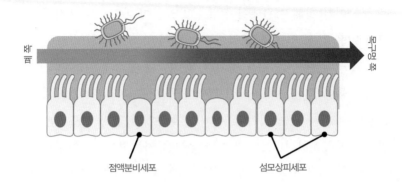

점액분비세포   섬모상피세포

그림 16-2 호흡기 상피의 점막 형성과 이동

　그런데 숨을 계속 쉬기 때문에 점액도 계속 오염된다. 따라서 신선한 점액으로 새로 코팅해주는 필터 교환 작업도 끝없이 해줘야 한다. 배상세포가 신선한 점액을 지속적으로 공급하는 역할을 한다. 문제는 오염된 점액을 청소하는 것이다. 만약 쉴 새 없이 분비되고 오염되는 점액을 계속 치우지 않으면 기관지의 공기 통로가 막혀서 질식하게 될 것이다. 이 귀찮은 청소를 묵묵히 수행하는 것이 호흡기 상피세포다. 점액층은 끈적거리는 위층과 묽은 아래층으로 나누어져 있다. 그림 16-2를 보면 빗자루처럼 섬모가 촘촘하게 나 있는 상피세포가 이 섬모를 아래층에서 움직이며 위층의 끈끈한 층을 바깥 방향, 즉 기관과 식도의 교차로인 인후두가 있는 목구멍 쪽으로 계속 쓸어낸다. 이렇게 쓸어낸 점액이 바로 가래다. 가끔 뱉어내는 경우를 제외하면 대부분은 무의식적으로 삼키는데, 식도로 넘어간 가래는 오염 물질과 함께 위산과 소화액에 의해 처리된다. 이 과정은 끈끈이가 칠해진 컨베이어 벨트가 끝없이 바깥으로 움직이는 상황에 비유할 수 있는데, 끈적이는 컨베이어 벨트를 걸어서 반대 방향으로 쉽게 갈 수는 없을 것이다. 음식이나 구강에 있는 세균이 호흡기로 들어온다고 해도 이런 점액 끈끈이에 붙잡혀서 가래에 섞여 운명을 마치게 되는 것이다. 이처럼 호흡기의 점막 시스템은 어떤 인공지능 공기청정기보다 뛰어난 성능을 가지고 있다. 이런 기계적인 장치와 더불어 점막에 상주하는 면역세포들은 더욱 세밀한 방어를 수행한다. 면역 시스템은 점막에 붙잡힌 병원체들의 항원들을 분석하고 적절한 항체를 만들어서 제거한다.

이렇게 호흡기는 세균에 대한 방어는 튼튼하지만 바이러스에 대한 방어는 상대적으로 취약하다. 여기에는 몇 가지 이유가 있는데, 진화 과정에서 세균에 대한 방어가 훨씬 중요했다는 점, 무생물 상태의 바이러스 입자는 면역이 감지하기 어렵다는 점, 호흡기바이러스는 점액 내에서 자유롭게 움직이는 점액 친화성을 가지고 있다는 점들 때문이다.

그렇다면 바이러스의 입장에서는 호흡기가 아주 매력적인 증식 환경을 제공한다고 볼 수 있다. 작고 가벼운 바이러스 입자는 숨쉬는 공기에 섞여서 점막에 쉽게 접근할 수 있고, 축축한 점액에 일단 접촉하기만 하면 수분의 증발로 인한 감염력의 소실 위험에서 벗어나 바로 숙주세포를 감염시킬 수 있다. 또한 상부 호흡기에서 증식된 바이러스는 다시 비말의 형태로 금방 배출되기 때문에 다른 사람에게 쉽게 전파된다. 끝없이 숙주를 감염시켜야 존재할 수 있는 바이러스 입장에서는 속전속결로 증식하고 빠져나올 수 있는 최고의 명당자리인 것이다.

반대로 호흡기를 방어하는 면역의 입장에서는 바이러스 때문에 골치가 아파진다. 상피세포의 감염으로 점액 배출 시스템이 망가지고, 배출되지 않고 남아서 계속 증식하는 바이러스가 훨씬 많다는 것 때문이다. 호흡기 상피세포가 바이러스에 감염되면 기능이 정지되고 점액을 쓸어내는 섬모의 움직임이 둔해진다. 그러면 바이러스 감염이 된 부위에는 오염된 점액이 점점 쌓이면서 처리되지 못한 세균들이 증식하게 되는데, 이를 이차성 세균감염이라고 한다. 감기에 걸리면 처음에는 맑은 콧물만 나오다가 심해지면 점차 누런 콧물과 가래가 나온다. 이 누런 콧물에는 면역의 기동타격대인 중성구와 세균의 시체가 대량으로 포함되어 있는데, 바로 세균감염의 증상이다. 바이러스가 제거되지 않고 하부 호흡기로 감염이 진행되면, 세균에 의한 이차 감염도 따라 진행될 수 있다.

호흡기 감염의 막장은 폐렴이며 허파꽈리까지 들어간 바이러스나 세균은 모세혈관을 통해 전신을 순환하는 핏속으로 쉽게 침투한다. 그럼 인체는 전신감염이라는 치명적인 위기에 빠지게 된다. 이렇게 심각한 문제가 숨쉬는 공기를 통해 들어온 몇 개의 바이러스에 의해 연쇄적으로 일어날 수 있다. 코로나19의 무서운 점은 이런 치명적인 경과가 아무런 임상적 증상 없이 조용하게 진행될 수 있다는 것이다.

17
내포

트로이의 목마

✳

끈끈한 점막 속에서 이리저리 굴러다니던 코로나19는 섬모를 계속 휘젓고 있는 상피세포에 부딪히게 된다. 그러면 코로나19는 상피세포의 표면에 도깨비바늘(도깨비풀) 씨앗처럼 찰싹 달라붙는다. 이렇게 세포의 표면에 달라붙어 있으면 세포의 포식 작용에 의해 저절로 내부로 이동하게 된다. 세포도 먹고살아야 하기 때문에 외부의 물질들을 들여오는 포식 작용을 한다. 무생물 입자인 바이러스는 세포의 운송 시스템에 숨어서 내부로 들어가는 것이다. 포식이 끝나면 코로나19는 세포 내부에 형성된 내포의 막을 뚫고 자신의 유전자를 세포 속으로 쏟아낸다. 마치 목마 속에 숨어서 가만히 앉아 트로이로 들어간 그리스 병사들의 상황과 유사하다. 이제 바이러스 유전자는 깨어나 세포를 점령하기 시작한다.

코로나19바이러스가 유전자를 보존하기 위해서는 증식에 적합한 환경을 가진 숙주세포를 찾아야 한다. 감염자가 내뿜는 비말 속에 있는 많은 바이러스들 중 호흡기 점막에 안착한 극히 일부만이 숙주 세포인 호흡기 상피세포로 들어갈 기회를 잡는다. 어렵게 잡은 기회를 놓치지 않기 위해서는 점막 흡착, 점막 통과, 세포막 통과 기능들이 필요하다. 이 모두가 코로나19의 외부 막에 부착되어 있는 막단백질들에 의해서 자동으로 수행되어야 한다.

호흡기바이러스 입자는 호흡기 점막과 접촉하면 즉시 달라붙는다. 그렇지 못하면 호흡을 통해 다시 몸 밖으로 튕겨나가기 때문이다. 어렵게 잡은 기회를 단단히 붙잡는 이런 능력을 점막 친화성이라 하는데, 코로나 외막에 부착되어 있는 단백질들이 점막에 흡착되는 것이다. 이를 통해 호흡기로 들어온 코로나19의 대부분은 점막에 섞여 들어가게 된다.

그다음은 컨베이어 벨트처럼 바깥으로 움직이는 점막층을 뚫고 들어가야 한다. 만약 점막에 그냥 붙어 있기만 하면 이동하는 점막에 실려가 가래에 섞여 짧은 여정을 끝내게 될 것이다. 코로나바이러스의 표면에는 당류의 연결고리를 끊어내는 가위 같은 기능을 수행하는 분해효소가 있다. 이 단백질이 바이러스를 붙잡는 당류 분자들을 끊어낸다. 이 과정이 지속되면 바이러스는 점점 점막층의 아래로 비집고 들어가게 되고, 끈끈한 점막 아래의 윤활층에 도달한다. 여기에는 코로나19가 목표로 하는 호흡기 상피세포가 섬모를 휘젓고 있다. 마치 죄수가 감옥에서 땅굴을 파듯이, 점액층을 파서 죽음의 끈끈이 컨베이어 벨트에서 탈출하는 것이다.

윤활층에서 굴러다니던 코로나19는 호흡기 상피세포의 표면에 닿

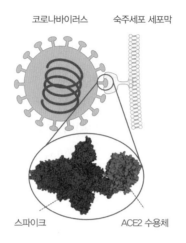

코로나바이러스　　숙주세포 세포막

스파이크　　ACE2 수용체

그림 17-1 스파이크와 ACE2 수용체의 결합

으면 자석처럼 달라붙는다. 이 기능을 수행하는 것이 스파이크 단백
질이다. 신종 바이러스가 박쥐에서 새롭게 건너올 때마다 스파이크
가 결합하는 상피세포의 표적 단백질이 달라진다. 이렇게 스파이크
가 표적으로 삼는 세포의 수용체가 변한다는 것은 면역학적으로 봐
서는 스파이크의 항원 구조가 변해서 집단면역이 0인 신종 바이러스
가 된다는 의미도 있다. 위의 그림 17-1 모식도처럼 코로나19의 스
파이크는 호흡기 상피세포의 표면에 달려 있는 ACE2 수용체라는 막
단백질에 결합한다. 확대한 동그라미 안에는 두 단백질이 결합하고
있는 분자 구조를 컴퓨터 그래픽으로 보여주고 있다. 초록색의 ACE2
와 보라색의 스파이크 말단이 붙어 있는 것을 관찰할 수 있는데, 이
렇게 단백질이 결합하기 위해서는 앞에서 설명한 대로 물이 제공하

는 힘이 필요하다. 그래서 건조한 상태의 코로나19는 감염력이 상실된다고 이야기하는 것이다. 들이마신 공기에 숨어들어와 호흡기 점막에 안착한 바이러스 입자가 세 과정을 모두 마치면 숙주세포로 들어갈 준비가 끝난다. 이제 남은 일은 기다리는 것이다.

바이러스 입자는 세포로 들어갈 기회가 딱 한 번 있다. 들어가보고 증식 환경이 나쁘다고 발길을 되돌릴 수 없다. 일단 들어가면 증식하든가 망하든가 하는 사생결단일 뿐이다. 따라서 바이러스 입자는 세포의 밖에서 내부 환경을 알아내야 하는 숙제가 있다. 이를 해결하기 위해 바이러스 입자는 세포 안으로 들어가기 전에 표면의 단백질을 확인하고 들어간다. 즉 코로나19에게 ACE2 수용체는 단순히 세포 표면에 달라붙기 위한 대상이라는 의미만 있는 게 아니라, 이 수용체가 있으면 세포 안의 환경이 증식에 적합하다는 것을 알려주는 표지판의 의미도 있다. 그런데 입장을 바꿔보면 세포는 왜 이런 수용체 단백질을 표면에 가지고 있을까? 바이러스에게 들어올 기회를 주려는 친절한 이유는 당연히 아니다. 코로나19의 표지판인 ACE2 수용체는 호흡기에 분포된 혈관의 수축과 염증 반응을 조절하는 기능성 단백질이다. 바이러스에 상관없이 중요한 세포 기능을 수행하고 있는 것이다. 이렇게 세포의 기능 수행을 위해 꼭 필요한 막단백질을 바이러스가 숙주세포를 확인하는 표지판으로 이용하면, 들어가기 전에 적합한 증식 환경을 쉽게 확인할 수 있다. 택배 상자로 비유해보면 ACE2가 문 앞에 달려 있는 문패인 셈이다.

그러면 호흡기 상피세포의 표면에 붙어 있는 코로나19는 문 앞에

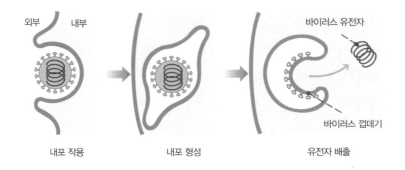

외부 　내부　　　　　　　　　　　　　　　　　　　　　바이러스 유전자

바이러스 껍데기

내포 작용　　　　　　　내포 형성　　　　　　　유전자 배출

그림 17-2 코로나바이러스를 세포 내부로 들여오는 내포 작용

놓여 있는 택배 상자로 비유할 수 있다. 우여곡절을 겪으며 숙주세포의 표면까지 배달은 되었지만 여전히 무생물이다. 누군가 문을 열고 나가 택배를 집 안으로 들여놓는 것처럼, 바이러스 입자도 누군가가 세포 안으로 옮겨줘야 한다. 바이러스가 세포 안으로 들어가는 방법은 다양한데, 코로나19의 경우는 위 그림 17-2처럼 내포 작용에 의해 들어가게 된다. 당연히 세포도 밥을 먹어야 산다. 내포 작용은 마치 쌈을 싸는 것처럼 세포막을 안으로 말아넣으면서 주위 물질들을 한 움큼 포획해 세포 안으로 가지고 들어가는 과정이다. 그 결과 세포막이 비눗방울처럼 외부 물질을 감싸고 있는 내포가 만들어진다. 이 내포는 소화효소들이 가득 차 있는 소화 주머니와 융합되는데, 그때 내포 안에 격리되어 있던 외부 물질들은 다양한 소화효소들에 의해 잘게 분해된 뒤 세포에게 필요한 재료로 사용된다.

　세포막 표면에 달라붙어 있던 코로나19는 내포 작용에 의해 세포의 내부로 들어간다. 이제 마지막 단계만 남았다. 아직까지 코로나

19는 세포막이 안쪽으로 말려서 만들어진 내포의 안쪽에 있기 때문에 세포의 내부로 들어간 것은 아니다. 오히려 내포가 소화 주머니와 결합하기 전에 빨리 탈출해야 한다. 그러지 않으면 바이러스도 같이 소화되어버린다. 내포가 완전히 형성되면 내부는 산성으로 변하는데, 이를 신호로 내포 막에 존재하던 가위 같은 단백질에 의해 스파이크 단백질이 잘리면, 바이러스의 외막이 노출되면서 내포의 막과 융합된다. 그러면 양말이 뒤집히는 것처럼 바이러스 외막이 뒤집어지고 유전자가 세포의 내부로 쏟아지게 된다.

임상적으로 코로나19가 호흡기 상피세포를 감염시키는 능력이 다른 코로나 사촌들에 비해 대폭 향상되었음은 분명하다. 코로나19바이러스의 뛰어난 감염 능력에는 많은 원인들이 작동하는데, 그중 하나가 숙주세포인 호흡기 상피세포를 찾아서 들어가는 능력이 뛰어나다는 것이다. 다른 사촌 코로나바이러스들에 비해 감염 효율이 뛰어난 원인을 찾기 위해 지금도 과학자들이 열심히 연구하는 중이다. 이 기전들이 뛰어난 이유를 알아내면 효율적인 감염 억제제를 만들 수 있기 때문이다.

모든 코로나바이러스들은 동일한 기전을 이용해 들어가기 때문에 공통적인 특성을 바탕으로 정확한 연구 결과가 나오기 전에 추론해볼 수는 있다. 코로나가 숙주세포 내로 들어가기 위해 거치는 단계들은 위에서 설명한 대로 점막에 흡착되어 뚫고 들어가는 것, 호흡기 상피세포의 표면에 달라붙는 것, 그리고 내포 막을 뚫고 유전자를 세포 내로 쏟아내는 것이다. 그런데 코로나19의 경우는 각각의 기전의 효율이 모두 높은 것으로 보고되고 있다. 점액 흡착력, ACE2와의 결합력, 세포 가위에 잘 잘라지는 특성이 모두 뛰어난 것이다.

일단 코로나19가 호흡기 상피세포의 내부로 들어오고 나면 제거하기 어려워진다. 세포의 기능을 이용하여 증식하기에, 세포에 피해를 주지 않고 바이러스만 골라 없애기가 아주 어렵기 때문이다. 하지만 바이러스가 들어오기 전에 입자 상태로 있는 경우에는 아주 취약한 상태다. 설명한 대로 코로나19의 껍질에는 자신의 유전자를 호흡기 상피세포 내로 전달하기 위한 스파이크 단백질 같은 정교한 장치들이 만들어져 있다. 하지만 바이러스 입자는 생명체가 아니기 때문에 이 단백질들이 한번 망가지면 영원히 복구할 수가 없다. 바이러스의 껍질에 있는 단백질들의 기능을 유지하는 데 있어 가장 중요한 것은 물이다. 그래서 알코올이 포함된 손 소독제로 코로나19를 둘러싼 물을 증발시켜버리면 이 섬세한 단백질들이 망가져서 감염력을 잃는 것이다. 혹은 비누 같은 계면 활성제와 접촉해도 인지질 막으로 만들어진 코로나19의 외막이 녹아버리기 때문에 감염력을 상실한다. 단순한 손씻기가 개인 방역에서 중요하다고 반복적으로 홍보하는 이유가 여기에 있다.

18

증식

바이러스 생산 공장

✺

코로나19의 유전자에서 만들어진 단백질의 일부는 숙주세포의 신호를 가로채서 자신의 복제에 유리한 환경을 조성한다. 일부는 자신의 유전자를 스스로 복제하기 시작한다. 그리고 다른 일부는 복제한 유전자를 포장하는 상자의 재료가 된다. 이런 단백질들이 순차적으로 만들어지면서 그 양도 점차 증가하기 시작한다. 그 결과 호흡기를 방어하던 상피세포는 코로나19의 생산 공장으로 탈바꿈하게 된다.

여러 장애물을 뚫고 세포 안으로 들어온 바이러스의 유전자는 싹을 틔우고 생명 활동을 시작한다. 코로나바이러스의 유전자는 양성가닥 RNA로, 세포에서 단백질을 만들어내는 mRNA와 같은 방향이기 때문에 즉시 해석이 시작된다. 사람의 세포질에는 핵에서 끊임없이 전사되어 나오는 mRNA를 단백질로 해석하기 위해 1000만 개 정도의 리보솜이 돌아다니고 있다. 리보솜은 바이러스의 유전자를 자신

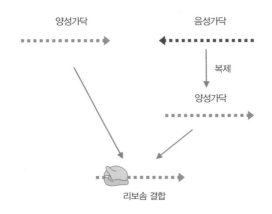

그림 18-1 양성가닥 RNA와 음성가닥 RNA의 차이(그림의 점선은 불안정한 RNA를 나타냄)

의 mRNA로 착각하고 결합한다. 리보솜이 mRNA로 착각하게 만드는 서열이 바이러스 유전자에 있기 때문이다. 이렇게 유전자가 세포 내부로 일단 들어가면 바이러스 단백질이 즉시 만들어지는 것은 세포 점령에 유리하게 작용한다. 예를 들어 홍역바이러스의 경우는 음성가닥 RNA를 유전자로 가지고 있다. 이 반대 방향의 유전자는 세포 내로 들어가도 단백질이 바로 만들어지지 않는다. 위 그림 18-1에서처럼 먼저 양성가닥으로 변환을 시켜야 된다. 그런데 숙주 세포에는 RNA를 복제해주는 중합효소가 존재하지 않는다. 따라서 이런 바이러스는 입자 안에 음성가닥 유전자를 복제할 자신의 중합 효소를 같이 들고 다녀야 한다. 이에 반해 코로나19는 유전자만 들고 다니면 되기 때문에 세포에서 나가기 위해 짐을 싸는 것도 간단하다. 어떤 형태가 더 효율적인지 우리가 고민할 필요는 없다. 모든

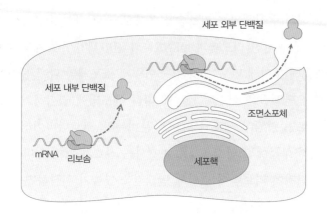

세포 외부 단백질

세포 내부 단백질

mRNA 리보솜

조면소포체

세포핵

그림 18-2 리보솜-RNA의 위치에 따른 단백질의 목적지 차이

바이러스들은 자기 유전자의 형태에 맞는 최적의 증식 기전을 가지고 있기 때문이다.

바이러스의 유전자와 결합한 리보솜은 tRNA를 이용해 코돈을 해석하면서 아미노산을 하나씩 붙여나가기 시작한다. 그런데 위 그림 18-2에서 보듯이 세포의 내부와 외부에서 사용될 단백질들은 합성되는 위치가 다르다. 내부에서 사용될 단백질은 그냥 세포질에서 합성된다. 하지만 세포의 외부에서 사용될 단백질은 조면소포체로 가서 합성이 되어야 한다. 소포체endoplasmic reticulum(ER)는 세포핵을 여러 겹 둘러싸고 있는 막 구조물인데, 리보솜이 붙어 있는 경우 표면이 꺼끌꺼끌해 보인다고 해서 '조면rough'소포체라고 한다. 세포 외부로 가야 할 단백질은 처음 중합되는 10여 개의 아미노산으로 밖으로 나갈 것이라는 신호를 표시한다. 이를 신호인식단백질이 알아보고 해석이 진행되는 리보솜을 통째로 들고 가서 소포체로 옮긴다. 이렇게 옮겨진 리보솜과 mRNA들의 결합체가 소포체의 표면을 꺼끌꺼끌해 보이게 만드는 것이다. 이렇게 소포체의 막에 붙어서 만들어지는 단백질은 신호의 패턴에 따라 세포막에 결합하거나 소포체 안으로 주입되어 세포의 밖으로 분비된다. 코로나바이러스 유전자도 시작 부분에 조면소포체로 가겠다는 신호가 달려 있다. 바이러스의 유전자에 리보솜이 결합해 단백질을 만들기 시작하면 신호 단백질이 이 위치 신호를 인식해서 유전자와 리보솜을 통째로 조면소포체로 옮겨놓는다.

바이러스의 유전자에는 똑같은 바이러스 입자를 만들어내기 위한 모든 정보가 들어 있다. 바이러스의 핵심은 유전자이며 입자의 나머지는 모두 이 유전자를 세포로 배달하기 위한 포장지에 불과하다. 우리 주변에 흔한 A형 간염바이러스를 예로 들어보자. 이것은 대략 7000개의 염기가 연결된 양성 단일가닥 RNA를 유전자로 가지고 있다. 이 유전자 서열을 인터넷에서 내려받아 시험관에서 합성한 뒤, 숙주세포에 강제로 넣어주면 잠시 후 A형 간염바이러스가 튀어나온다. 이렇게 작은 유전자에도 자기를 복제하는 데 필요한 모든 정보가 포함되어 있는 것이다. 이 바이러스 유전자에서 가장 중요한 것은 자신의 유전자를 복제하는 중합효소 단백질의 정보지만 그 크기는 1200염기로 전체 유전자의 17퍼센트 정도에 불과하다. 나머지는 바이러스 입자의 껍질과 숙주세포에서 증식하기 위한 환경을 조성하는 단백질들의 정보가 차지하고 있다.

코로나바이러스

A형 간염바이러스

그림 18-3 바이러스의 크기 비교

코로나바이러스의 RNA 유전자는 3만 개 이상의 염기로 이루어져 있는데, RNA바이러스 유전자치고는 큰 편에 속한다. 유전자가 크면 포장을 위한 껍질의 크기도 커진다. 위 그림 18-3에서처럼 작은 편에 속하는 A형 간염바이러스와 입자의 크기를 비교해보면 축구공과 야구공만큼의 차이가 난다. 하지만 크기에 상관없이 숙주세포에서 만들어내는 단백질 종류는 크게 세 가지다. 첫째는 숙주세포의 환경을 증식에 유리하게 통제하는 단백질, 둘째는 자신의 유전자를 복제하는 단백질, 셋째는 유전자를 포장할 껍데기를 만드는 단백질이다. 여기서 유전자 복제에 필요한 단백질인 중합효소polymerase의 유전자 크기는 바이러스마다 크게 차이가 나지는 않는다. 예를 들어 코로나바이러스의 복제효소 정보는 약 1500염기 정도로 A형 간염바이러스와 별 차이가 없다. 하지만 전체 유전자에서 차지하는 비율은 5퍼센트에 불과하다. 이렇게 동일한 양성가닥 RNA바이러스에다 핵심적인 복제효소 정보의 크기는 비슷한데도, 코로나의 유전자가 A형 간염바이러스의 것보다 네 배 이상 큰 이유는 숙주세포에서의 증식을 더 정교하게 통제하는 단백질 정보들이 포함되어 있기 때문이다. 바이러스를 방어하는 면역의 입장에서는 숙주세포를 잘 제어하는 바이러스가 훨씬 막아내기 어려운 상대인 것은 당연하다.

코로나19의 유전자에서 처음 만들어지는 것은 숙주세포를 통제하는 단백질들이다. 세포의 통제와 유전자 복제에는 여러 종류의 단백질이 필요하다. 바이러스들은 여러 가지 단백질을 제한된 유전자에서 만들어내기 위해 다양한 복제 전략을 사용한다. 코로나바이러스는 복제 전략이 상당히 복잡한 바이러스다. 유전자가 리보솜에 의해 해석될 때 우선 필요한 단백질들을 하나씩 만드는 것은 비효율적이다. 그래서 처음 해석에서 한 덩어리의 단백질을 만들고, 이것을 쪼개서 필요한 최종 단백질들을 만들어낸다. 이 전략으로 유전자의 공간도 절약할 수 있고, 세포의 감시망이 바이러스 증식을 알아차리기 전에 속일 수 있는 단백질을 먼저 만들 수 있다. 이 방법은 다른 바이러스들도 흔히 사용하는 전략이다. 하지만 코로나바이러스는 세포의 감시망을 피하는 더 정교한 트릭을 사용한다.

이제부터는 코로나바이러스의 유전자와 증식의 전략에 대해 좀더 깊이 들어갈 것이다. 이 내용들을 이해할 필요는 없으며 건너뛰어도 된다. 코로나바이러스가 아주 교활한 전략을 사용한다는 것을 길게 풀어서 설명하는 것이다. 그림 18-4에서 보면 코로나 유전자의 앞부분에는 비구조단백질의 정보가, 뒷부분에는 껍데기를 만드는 데 필요한 구조단백질의 정보가 포함되어 있다. 처음 리보솜이 해석해내는 것은

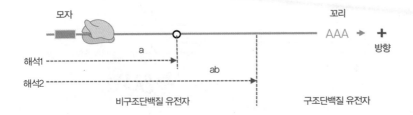

그림 18-4 비구조단백질 유전자의 두 가지 해석 방법

통제와 증식에 필요한 비구조단백질들의 유전 정보다.

　그런데 다른 바이러스와 달리 비구조단백질의 해석에 두 가지 방법이 존재한다. 그림에서 a구간의 끝에 표시된 동그라미에는 리보솜이 미끄러지기 쉬운 서열이 놓여 있고, 그 바로 뒤에는 해석을 멈추게 하는 종결코돈이 자리잡고 있다. 그리고 ab구간의 끝에도 종결코돈이 놓여 있다. 이 동그라미에서 리보솜이 미끄러지지 않으면 종결코돈을 만나 a까지만 해석이 된다. 하지만 여기서 미끄러지면 b구간까지 가야 해석이 끝나게 된다. 이 미끄러짐은 우연히 발생하기 때문에 a구간에서 끝나는 단백질의 양이 훨씬 더 많아진다. 다음의 그림 18-5에서 보면 해석구간a에 의해 만들어지는 덩어리 단백질 a에는 세포의 통제와 복제 환경 조성에 필요한 것들이 포함되어 있다. 그리고 해석구간ab에 의해 만들어지는 덩어리 단백질 ab에는 추가로 유전자 복제에 필요한 단백질들이 포함된다. 바이러스 유전자가 미끄러짐을 유도하는 이런 이상한 짓을 하는 이유는 초기 증식 환경 조성에서 세포의 감시망을 피하는 것이 복제과정에서 중요하기 때

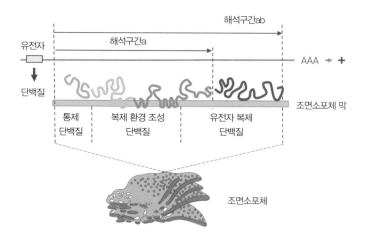

그림 18-5 바이러스 유전자에서 처음 만들어지는 단백질들

문이다. 세포의 감시망에 들키면 면역이 작동하기 때문에 유전자의 복제는 소용이 없다. 하나의 RNA에서 만들어지는 단백질들의 양을 다르게 조작하는 이 교묘한 기전 때문에 코로나바이러스 유전자는 세포의 감시망을 피하는 준비 작업을 먼저 끝내고 나서 본격적인 유전자 복제를 시작한다.

신호인식단백질이 코로나19 유전자를 해석하는 리보솜을 조면소포체의 표면에 가져다놓았기 때문에, 바이러스의 복제-전사 복합체 역시 소포체의 표면에 형성된다. 그리고 이곳이 바이러스 복제의 중심이 된다. 바이러스 유전자를 복제하는 것은 간단한 일이다. 하지만 위 그림들에서 보면 리보솜이 유전자를 해석하면 비구조단백질들만 만들어지는 정보들만 해석되도록 코로나의 유전자가 만들어져 있다. 유전자의 뒷부분에 있는 구조단백질들을 만들기 위해서는 추가적인 과정이 필요하다. 이 구조단백질의 정보는 복제-전사 복합체에 의해 각각 개별적인 mRNA로 만들어진다. 이렇게 코로나의 중합효소는 유전자를 복제하는 기능과 각각의 mRNA들을 만드는 기능을 같이 지니고 있기 때문에 다른 바이러스와 구분해서 특별히 복제-전사 복합체라 한다.

복제-전사 복합체는 자신의 원형original 정보가닥을 복제하여 역방향 상보 서열을 가진 주형template가닥을 만든다. 이 복제가 끝나면 다음의 18-6 그림에서 주형1로 표시된 음성(-)의 완전한 주형가닥이 만들어진다. 그런데 코로나바이러스의 복제-전사 복합체는 복제를 진행하다 중간에 갑자기 멈추고 끝 부분으로 바로 도약하는 아주 특이한 기전을 가지고 있다. 이런 복제 도약을 통해서 해석구간 ab를 뛰어넘으면, 원형의 3'부분의 서열과 5'의 해석 시작 서열만 결합된 주형2가 만들어진다. 이때 비구조단백질 이후의 해석을 멈추게 만들던 중지코돈들도 같이 삭제된다. 이렇게 각각의 구조단백질 정보가 있는 부위에는 복제-전사 복합체의 도약을 유도하는 서열 정보가 존재한다. 따라서 원형을 복제하면서 원래 유전자의 가장 긴 주형가닥과 함께, 아홉 개의 구조단백질의 주형가닥들도 각각 개별적으로 만들어지게 된다.

이렇게 만들어진 주형가닥들은 다시 복제-전사 복합체에 의해 복제가 되면서 18-7 그림처럼 원래 정보가닥과 동일한 것과 아홉 종류의 mRNA들이 각각 만들어진다. 가장 긴 주형가닥1이 복제되면

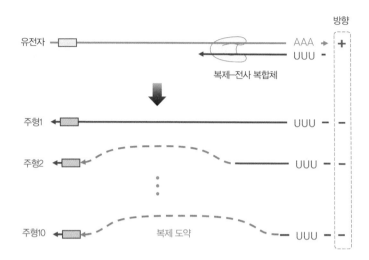

그림 18-6 구조단백질들을 만들기 위한 복제 도약

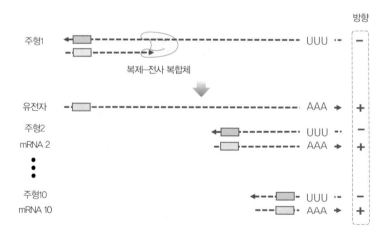

그림 18-7 원형 유전자와 구조단백질들의 mRNA 복제 과정

바이러스의 원래 양성가닥 유전자가 만들어진다. 유전자 복제는 상보적 특성을 이용해 진행되기 때문에 어떤 RNA바이러스라도 원래 유전자와 동일한 가닥을 만들려면 두 번의 복제를 거쳐야만 한다. 음성가닥 RNA를 유전자로 가진 바이러스의 경우는 양성가닥 주형을 만들고 다시 그것을 복제해야 원래 형태의 유전자가 만들어진다.

코로나바이러스는 이런 유전자 복제 기전을 교묘하게 이용해서 아홉 가지 구조단백질 mRNA들을 만들어낸다. 원래 유전자에는 필요한 단백질의 끝부분마다 중지코돈들이 박혀 있다. 따라서 이 mRNA에서는 길이와 상관없이 정보가 시작되는 첫 단백질만 만들어진다. 그림에서 주형가닥2에서 만들어지는 정보가닥 mRNA에는 유명한 스파이크 단백질을 만드는 정보가 들어 있다. 이렇게 바이러스가 mRNA를 통해서 각각의 구조단백질을 만드는 것은 바이러스 입자를 만드는 단계에서 장점으로 작용한다. 짧고 재활용이 되는 mRNA를 통해 필요한 구조단백질들을 빠르고 풍부하게 만들어내기 때문이다.

바이러스의 유전자가 이렇게 여러 번 복제되는 것의 장점은 한번 복제가 된 가닥은 다음 복제의 주형으로 여러 번 사용될 수 있다는 것이다. 그림에서는 한 번만 사용되는 것으로 표현되어 있지만, 이렇게 반복을 하면 최종 mRNA의 양을 쉽게 늘릴 수 있다. 수많은 바이러스들 중에서도 코로나바이러스의 유전자 복제와 전사 과정은 상당히 복잡한 편에 속한다. 하지만 처음 이야기했던 것처럼 이런 복잡한 과정을 거친다는 것은 그만큼 숙주세포를 잘 통제하면서 증식이 가능하다는 의미다. 또한 코로나바이러스의 구조단백질을 만드는 과정이 특이한데, 이는 종간 장벽을 쉽게 건너는 능력과 깊은 관계가 있다.

다양한 코로나바이러스들의 유전자를 비교해보면, 유전자들의 부위별 변화 경향을 알 수 있다. 세포에서 처음 해석되어 만들어지는 비구조단백질들은 세포를 통제하고 증식하기에 유리한 환경을 조성하는 데에 사용되기 때문에 중요한 정보가 된다. 따라서 무작위의 돌연변이가 일어나면 치명적인 경우가 많다. 하지만 뒤쪽의 구조단백질 부분은 변이가 활발한데 이를 통해 새로운 종으로 건너가기 위한 다양성을 확보하게 된다. 구조단백질 정보 부분은 같은 코로나바이러스임에도 같은 형태가 하나도 없다. 특히 스파이크 단백질을 만드는 부위의 변이는 코로나바이러스가 새로운 숙주를 탐색하는 데 중요한 역할을 하는데, 여기에 많은 변이가 집중되어 있다. 이렇게 코로나바이러스는 증식을 하는 과정에서 중요한 유전 정보와 새로운 전파를 가능하게 하는 유전 정보 부위를 구분해서 조작하기 때문에 종간 장벽을 쉽게 건너다니는 능력을 가지게 된 것이다.

19
배출

무너지는 공장 탈출

✳

바이러스 단백질에 의해 통제되기 시작하면, 감염된 숙주세포는 바이러스 생산 공장으로 변한다. 하지만 이 공장이 영원히 작동하지는 않는다. 바이러스의 증식 스트레스 때문에 세포는 점차 죽어간다. 바이러스의 생산은 세포가 살아 있는 동안만 가능하기 때문에 세포가 죽기 전에 빨리 증식해서 숙주세포를 빠져나가야 한다. 코로나19에게 숙주세포는 빨리 증식을 마치고 서둘러 탈출해야 할 무너지는 공장이다. 가만히 있으면 숙주세포가 파괴되면서 바이러스도 사라진다.

바이러스의 감염, 유전자 복제, 그리고 입자의 생성은 각각 다른 차원의 단계들이다. 바이러스의 유전자 복제가 아무리 원활하게 이루어져도 최종적으로 입자에 제대로 포장이 되지 못하면 그 유전자는 도태된다. 감염된 하나의 세포에서 포장되어 생성되는 자식 바이러스의 개수는 바이러스 종류마다 다양하다. 이는 숙주세포의 종류,

면역 상태, 바이러스의 증식 전략 등 여러 가지 요소에 의해 차이가 난다. 예를 들어 면역결핍바이러스의 경우는 약 5만 개 정도로 코로나바이러스보다 약 50배 정도 더 많은 바이러스 입자를 만들어낸다. 이 차이는 바이러스의 생성 속도보다는 기간에서 기인한다. 면역결핍바이러스의 경우는 숙주세포가 가능한 한 죽지 않도록 관리한다. 그리고 이 안식처에서 오랜 기간에 걸쳐 바이러스 입자를 조금씩 계속 생산해낸다. 감염된 세포를 가능한 한 오랫동안 살려두려는 이런 특성 때문에 바이러스 감염세포가 가끔 암세포로 전이되는 경우도 발생한다. 앞서 이야기한 대로 감염, 복제, 배출이 구분되는 단계이기 때문에, 숙주세포를 감염시켜 죽지 않도록 불멸화immotalization만 시키고 바이러스 복제와 배출에 실패하면 암세포가 되는 것이다. 바이러스의 목적은 세포를 죽이는 것이 아니라 자신을 복제하는 것이기 때문에, 이 경우 실패한 감염이라고 해서 '유산된aborted' 감염이라고 한다.

바이러스의 입장에서는 감염과 복제만큼이나 유전자를 포장해서 입자를 만들고 이를 배출하는 것도 중요한 단계다. 이 과정까지 마쳐야 바이러스의 증식이 완료된다. 코로나바이러스의 경우 필요한 구조 단백질의 mRNA들이 모두 준비되면 본격적인 유전자 포장 작업이 시작된다. 바이러스 입자는 유전자를 보호하고 적합한 숙주세포를 찾아 들어가기 위한 단백질들로 구성된다. 앞에서, 바이러스의 포장 방식에 따라 나체바이러스와 외막바이러스로 크게 나눌 수 있다고 했다. 나체바이러스는 단백질만으로 구성된 단단한 껍데기로 포장되고, 외막바이러스는 단백질이 결합된 느슨한 세포막이 포장 재료가 된다. 흥미로운 점은 신종 바이러스의 후보는 대부분 외막 바이러스라는 것이다. 여기에는 합리적인 이유가 있다. 나체바이러스의 유전자 크기는 껍데기의 부피에 의해 크게 제한을 받는다. 포장 박스의 크기가 정해진 셈이어서 담을 수 있는 유전자 크기에도 제한이 발생한다. 이런 바이러스의 유전자에는 정보를 최대한 압축해서 저장해야 하는데, 가장 줄이기 어려운 정보는 유전자를 복제하는 중합효소 단백질 정보다. 이 정보는 바이러스의 이기적 유전자의 핵심이다. 반면에 정보를 줄일 여지가 가장 많은 것이 껍데기를 만드는 정보다. 최소의 정보로 가능한 한 큰 부피의 껍데기를 만드는 것은 반복되는 구조체를 결합해서 공 모양으로 만들면 된다. 나체바이러스들의 껍데기들이 대부분, 오각형과 육각형의 가죽 조각이 연결된 축구공과 동일한 구조를 가지는 것은 이 때문이다. 다음 그림 19-1은 나체바이러스 중 하나인 아데노바이러스adenovirus의 전자현미경 사진이다. 특히 크기가 작은 나체바이러스들은 유전 정보 공간의 제한으로 서너 개의 단위체를 만들고 이를 연결해 껍데기를 만들기 때문에, 그림처럼 정이십면체의 기하학적 구조를 가지게 된다. 복잡한 기하학적 구조를 언급한 것에서 눈치챌 수 있겠지만, 이런 껍데기 단백질 정보는 돌연변이에 아주 취약하다. 특히 단위체들이 연결되는 부위에 변이가 생기면 공 모양의 껍데기가 만들어지지 못한다. 그런데 이 껍데기에는 숙주세포의 수용체와 상보 결합을 하는 구조도 포함되어 있기 때문에, 완전히 새로운 항원의 변이가 만

그림 19-1 정이십면체 구조의 아데노바이러스와 축구공

들어지기 어렵다. 결과적으로 껍데기의 크기와 구조의 제약은 바이러스의 항원 다양성을 크게 제한한다. 간단히 말하면 나체바이러스의 경우는 종간 장벽을 건너는 신종 바이러스가 되기 힘들다는 뜻이다. 대신 단단한 껍질 덕분에 유전자를 더 안전하게 보호할 수 있기 때문에, 장시간 외부 환경에서 감염력을 유지해야 하는 소화기 바이러스들의 껍데기로 유리하다. 그리고 이 나체 바이러스들은 증식이 충분히 되면 세포를 터트려 죽이는 과격한 방식으로 배출된다.

코로나 같은 외막바이러스는 이런 껍데기의 속박이 없다. 대신 배출에 더 정교하고 섬세한 과정이 필요하다. 신종 바이러스가 종간 장벽을 건너가기 위해서는 필수적일 만큼 세포막이 중요한 요소가 된다. 종간 장벽을 건너온 독감, 에볼라, 코로나바이러스는 모두 세포막바이러스들이다. 이 바이러스들은 단백질 껍데기 대신에, 돌연변이를 유연하게 수용할 수 있는 세포막을 이용해서 유전자를 포장한다. 세포막 포장의 장점은 유전자의 크기 변화에도 유연하고 숙주 지

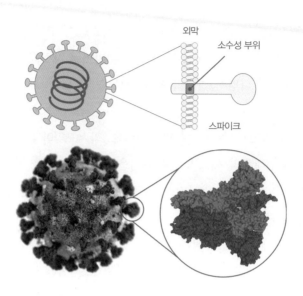

외막

소수성 부위

스파이크

그림 19-2 코로나19의 외막에 박혀 있는 스파이크

향성의 변화를 위한 유전자 변이의 다양성 확보가 쉽다는 것이다. 예를 들면, 나체바이러스의 껍데기가 규격 상자라면 외막바이러스의 외막은 유연한 비닐 포장지라고 할 수 있다. 위 그림 19-2는 코로나바이러스의 세포막의 모식도와 실제 단백질들의 분자구조를 컴퓨터 시뮬레이션으로 구성한 것이다. 위 모식도를 보면 스파이크 단백질이 세포막에 고정되는 소수성 부위로 표시된 닻anchor 부분이 있다. 10여 개의 아미노산으로 구성되는 이 짧은 부위의 소수성만 유지되면, 숙주세포의 수용체를 겨냥하는 나머지 부분의 다양한 변이는 자유롭게 일어날 수 있다. 택배 상자에 다시 비유하자면 상자와 주소 라벨이 분리된 상황으로, 라벨만 바꾸면 수취인을 쉽게 변

경할 수 있는 것이다. 이렇게 외막바이러스는 유전자를 담기 위한 크기나 지향성 변화의 구조적 제약에서 벗어나 새로운 숙주세포를 탐색하기 위한 다양한 변이 실험을 해볼 수 있다.

코로나19가 가지고 있는 외막은 원래 숙주세포의 세포막이다. 바이러스 유전자를 숙주세포의 세포막 순환과정을 이용해 포장을 하기 때문이다. 이처럼 세포막은 바이러스를 포장이나 내포 형성을 할 정도로 유연하면서도 내부와 외부의 물질 이동을 차단할 만큼 탄탄하다. 이런 특성은 세포막을 구성하고 있는 인지질이라는 단위체가 부여한다. 세포막을 확대한 그림 19-3을 보면 동그란 머리에 긴 꼬리가 달려 있는 성냥개비 모양이 수없이 있다. 이것이 인지질인데 동그란 머리는 물과 친한 친수성을, 꼬리는 물을 싫어하는 소수성을 지니고 있다. 그렇기 때문에 이 인지질들이 많이 모이면 물과 친한 머리는 바깥쪽으로 나오고, 물을 싫어하는 꼬리는 안쪽으로 숨는다. 이렇게 인지질들이 저절로 정렬되면서 그림과 같은 이중막이 형성된다. 앞에서 물을 생명의 용매라고 한 이유가 이렇게 생체 분자들의 정렬과 기능에 중요한 친수성과 소수성을 부여하기 때문이다. 이렇게 형성된 세포막은 유연하면서도 튼튼한 생명의 울타리가 되는데, 각 인지질들은 그림에 표시된 것처럼 자유롭게 이동, 교환, 회전, 교차가 되기 때문에 유동 모자이크fluid mosaic 모델이라고 한다. 이 유동성으로 인해, 물속에서 기름방울이 합쳐지는 것처럼 두 개의 세포막에 있는 소수성 부위가 접촉하면 하나의 세포막으로 융합된다. 이 특

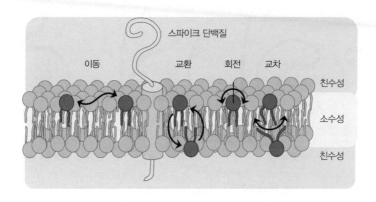

그림 19-3 코로나19의 스파이크가 박혀 있는 외막의 구조

성을 이용해 코로나19는 처음 감염단계에서 세포의 내부로 유전자를 집어넣거나 배출 단계에서 복제된 유전자를 포장한다. 그림을 보면 스파이크 단백질의 일부가 세포막에 박혀 있는데 이 원통형 부분에는 물을 싫어하는 소수성 아미노산들이 줄지어 늘어서 있게 된다. 이런 성질 때문에 갈고리가 있는 것이 아닌데도 스파이크 단백질은 세포막에 박혀서 빠지지 않고 표면에서 자유롭게 움직인다.

바이러스의 잠입과 배출의 기전을 이해하려면 세포 안에 형성된 내포의 내부는 세포의 외부와 연결된다는 것을 명확히 인지해야 한다. 세포막이 안으로 말리면서 생성되는 내포의 내부 공간이 외부 물질을 담고 있는 것과 마찬가지로, 소포체에서 형성된 내포의 내부 공간에 있는 물질은 세포막과 융합하면서 세포의 외부로 노출된다. 따라서 소포체의 내부로 단백질을 만들어 넣으면 외부로 분비되고, 바

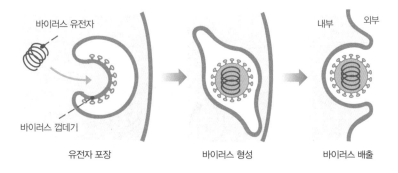

그림 19-4 바이러스 유전자와 껍데기의 조합과 배출 과정

이러스가 넣어지면 외부로 배출된다. 정리하면 세포막 동그라미 안의 세포막 동그라미의 내부는 외부 공간이다.

코로나바이러스의 복제-전사 복합체가 복잡한 과정을 거쳐서 만들어낸 구조단백질들의 mRNA는 각각 리보솜과 결합한다. 그리고 원형 유전자와 동일한 개시 신호를 가진 구조단백질 정보를 해석하는 리보솜은 바로 신호인식단백질에 인식되어 조면소포체로 이동된다. 이제 조면소포체의 세포막에 생성된 구조단백질들은 만들어짐과 동시에 고정된다. 그리고 스파이크 단백질을 포함한 바이러스 외부 구조단백질들의 밀도가 높아지면 조면소포체의 세포막이 만두피처럼 넓게 펴지면서 떨어져나오기 시작한다.

한편 코로나바이러스의 원형 유전자도 주형가닥에서 계속 복제된다. 이렇게 만들어진 RNA 유전자는 구조단백질 중 하나인 바이러스 핵단백질과 결합한다. 핵단백질과 결합된 코로나의 유전자는 만두소처럼 뭉쳐진다. 그림 19-4의 만두피처럼 펴져 있는 포장용 이중

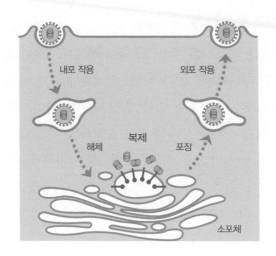

그림 19-5 세포막 순환을 이용하는 바이러스

막이 핵단백질-유전자 복합체와 접촉하면 만두를 빚는 것처럼 저절로 둘러싸게 된다. 마지막으로 바이러스의 특수한 기능 단백질이 동그랗게 말린 포장 이중막의 꼭지를 끊어주면 완전히 세포막 포장지로 둘러싸인 바이러스 입자가 내포의 내부공간에 만들어진다. 그 모습은 마치 물속에 잠긴 기름 덩어리에서 기름방울이 하나씩 떨어져 나오는 장면과 유사하다.

완전한 형태를 갖춘 바이러스 입자를 품은 내포는 막 이동 시스템에 의해 세포의 표면으로 이동한 뒤 세포막과 융합한다. 그리고 내포의 내부는 세포의 외부가 되면서 바이러스 입자가 외부 공간으로 노출된다. 숙주세포의 내부로 바이러스가 들어오고 나가는 과정들은 위 그림 19-5처럼 서로 대칭되는 과정으로 이루어져 있다.

코로나바이러스의 포장이 이루어지는 소포체는 세포막의 순환 시스템의 일부다. 세포막은 지속적인 유지 관리가 필요하다. 세포막에 있는 손상된 막단백질들을 새것으로 교체해야 하고, 세포막 자체의 손상도 수선해야 한다. 이를 위해 세포막은 지속적인 재활용 과정을 거치는데, 내포 작용을 통해 외부의 물질을 들여온 내포는 소포체와 결합해 새로운 막으로 재생되고 필요한 막단백질들이 만들어져 새로 보충된다. 이렇게 재생된 세포막은 외포 작용을 통해 여러 단계를 거쳐 세포의 표면으로 점차 옮겨져 표면의 세포막과 융합된다. 그러면 새로운 세포막이 보충되고 낡은 세포막은 다시 내포 작용으로 재활용되는 끝없는 순환이 이루어진다. 바이러스의 감염과 배출은 이 세포막의 순환 시스템을 그대로 이용한다. 바이러스가 들어올 때에는 세포막으로 둘러싸는 내포 작용을 이용해 들어온다. 그때 없어지는 세포막은 외포 과정을 통해 보충되는데, 이를 이용해 바이러스는 외부로 나가는 것이다. 이렇게 세포막 순환선을 몰래 타고 다니는 바이러스는 완벽한 '무임 탑승객free rider'인 셈이다.

20
경보

감염세포의 호각소리

바이러스에게 일방적으로 당하기만 했다면 인류라는 종은 없을 것이다. 우리에겐 면역이라는 뛰어난 방어 시스템이 있다. 감염된 세포는 바이러스 위험을 감지하고 경보를 발령한다. 위험에 빠진 세포가 호각을 불며 경보를 보내는 신호가 바로 인터페론interferon이다. 이것은 코로나19와 면역 사이에서 벌어질 치열한 면역 전쟁의 시작을 알리는 선전포고와도 같다. 하지만 과학자들을 오랫동안 괴롭힌 수수께끼는 세포가 인터페론을 분비하기 위해 바이러스의 위험을 감지하는 기전이었다. 아무리 뛰어난 방어 시스템도 경보가 제대로 작동하지 않으면 무용지물이다.

대부분의 바이러스는 인체의 면역에 의해 금방 제압된다. 이 면역 반응이 바로 경보 신호인 인터페론에 의해 시작된다. 과학의 다른 굵직한 발견들과 마찬가지로 인터페론도 60년 전에 우연히 발견되었다. 1950년대 말에 영국 국립의학연구소의 과학자들이 바이러스 증식을 시키기 위해 세포를 배양하고 있었다. 실수였는지 실험이었는지 알 수는 없지만, 어느 날 배양액을 갈아주다가 감염시킨 세포의 배양액을 버리지 않고 새로 배양하던 세포에 다시 넣어주었다. 감염된 세포의 배양액에는 바이러스가 포함되어 있기 때문에 새로 배양하던 세포에서 당연히 감염이 발생해야 했다. 하지만 아무런 변화가 없었다. 정제된 바이러스를 접종하고 다시 실험을 해봤지만 역시 감염은 일어나지 않았다. 이 현상에 대해 가능한 해석은 처음 감염된 세포들이 바이러스 감염을 억제하는 어떤 물질을 분비한다는 것이었다. 그들은 더욱 정교한 실험을 수행하여 논문을 발표하였는데, 이 물질에 대해 '감염을 간섭interfere한다'는 의미로 인터페론이라는 이름을 붙였다. 논문이 발표되면서 인터페론의 신기한 능력에 이끌린 수많은 과학자들이 후속 연구에 합류한다. 이후 세포들이 서로 소통하는 방법에 대한 분자생물학적 기전들이 속속 규명되었다.

다세포생물에서는 구성 세포들의 협력이 아주 중요하다. 협력이 없다면 그것은 다세포생물이 아니라 그냥 세포 덩어리일 뿐이다. 그리고 소통이 없으면 협력도 없다. 세포들이 소통하기 위해서는 전령messenger 단백질을 이용한다. 전령 단백질은 정해진 신호를 담은 쪽지 역할을 한다. 이 신호는 3차원 구조에 의해 구분된다. 이들의 구조는 작고 단단하게 압축되어 있다. 인체의 구석구석까지 갈 수 있어야 하고, 멀리 이동하는 동안 구조가 안정적으로 유지되어야 하기 때문이다. 많이 사용되는 종류는 호르몬hormone, 성장인자growth factor, 사이토카인cytokine 등이다. 이들은 모두 크게 사이토카인의 범주에 들어갈 수 있지만 구체적 기능을 기준으로 세분화해서 연구를 한다. 일반적으로 호르몬은 인체의 항상성 조절, 성장인자는 세포의 분화와 증식, 그리고 사이토카인은 면역의 통제로 정의를 좁혀서 사용한다. 인터페론을 시작으로 수많은 사이토카인들이 발견되었다. 하지만 그중 인터페론이 특별한 것은 처음 발견되어서가 아니라, 바이러스에 대항하는 면역 과정이 인터페론의 분비로 시작되기 때문이다. 하지만 호흡기 상피세포 같은 일반 세포들이 어떻게 바이러스 위험을 감지해 인터페론을 분비하는지는 최근까지 풀리지 않은 수수께끼였다.

아무리 최첨단의 방어 시스템이라도 위험이 일단 감지되어야 작동한다. 면역에서 말하는 위험은 내가 아닌 남의 존재다. 면역의 기본은 '나self'와 '남non-self'의 구분이라고 하는데, 여기서 '나'는 단수의 개념이 아니라 인체를 구성하는 동일한 유전자를 가진 모든 세포들을 말하는 복수의 개념이다. 면역은 다양한 수단을 사용해 나와 남을 구분하는데, 병원체 중에서 특히 바이러스를 구분해내는 것이 가장 어렵다. 이유는 간단하다. 자신의 세포가 바이러스를 만들기 때문이다. 세균 같은 병원체들은 독립 영양 생물이기 때문에 스스로 대사를 해서 필요한 구성 성분을 낸다. 이 구성 성분들이 남이라는 표식이 된다. 예를 들어 세균은 세포벽이라는 구조를 가지고 있다. 세포벽의 재료는 세균이 만들어내는 고분자 물질인데, 사람의 세포에는 세포벽이 없다. 따라서 면역은 세균 세포벽의 고분자 구조를 감지해서 세균의 존재를 쉽게 알아차릴 수 있다. 하지만 바이러스 입자를 구성하는 모든 물질은 숙주세포에서 만들어지기 때문에 구분할 차이점이 없다. 유일한 차이점은 바이러스들이 가진 독특한 형태의 유전자들인데, 껍데기로 둘러싸인 무생물 입자 상태에서는 면역이 이를 확인할 방법이 없다. 따라서 세포가 감염되어 바이러스 유전자가 노출되어야 비로소 위험한 존재의 감지가 가능하다. 그런데 바이러스 유전자 복제는 세포의 내부에서 은밀히 진행되기 때문에 외부의 면역세포들이 이를 감지하기도 어렵다. 따라서 최소한 바이러스에 대한 면역에 한해서는 감염된 세포 스스로가 위험을 감지하고 인터페론을 분비해야 한다. 그리고 이를 위해 우리 몸의 모든 세포들은 바이러스의 특이한 유전자들을 감지하는 다양한 센서 단백질들을 기본적으로 가지고 있다.

코로나바이러스의 유전자가 들어와 최초의 해석을 끝낼 때까지도, 숙주가 된 호흡기 상피세포는 위험을 감지하지 못한다. 그러다가 바이러스의 전사-복제 복합체가 만들어지고 바이러스 유전자 복제가 시작되면 처음으로 이상을 감지한다. 바이러스가 복제하는 유전자는 세포의 mRNA와 구조적 특징이 차이가 나기 때문이다. 세포질에서 만들어지는 바이러스의 유전자와 달리, 핵에서 DNA의 정보를 전사해서 만들어지는 mRNA는 그림 20-1과 같은 고유한 구조를 가지고 있다. 단백질을 구성할 유전 정보인 코돈 서열을 가운데 두고, 머리에는 모자cap를 쓰고 꼬리에는 기다란 A 꼬리서열poly A tail을 달고 있다. 단백질 정보를 담고 있는 코돈 서열은 메티오닌을 붙이는 AUG로

그림 20-1 세포가 만드는 진짜 mRNA의 구조

시작해서 해석을 중지시키는 코돈으로 끝난다. 그림에서 중지 코돈은 UAG다. 이런 이유로 단백질에는 항상 메티오닌이 제일 처음 붙어 있다. 모자는 뒤에 있는 코돈 서열을 해석하라는 표지판인데 세포의 핵 내부에서 만들어져 mRNA의 머리에 씌워진다. 그런데 세포질에서 복제되는 코로나바이러스의 유전자는 핵 내부에 있는 모자를 훔쳐 쓸 방법이 없다. 따라서 진짜 대신 비슷하게 생긴 짝퉁 모자를 쓰고 리보솜을 속인다. 하지만 세포질에서 활동하는 짝퉁 모자를 전문적으로 단속하는 센서 단백질까지 속일 수는 없다. 이 센서 단백질이 바이러스 유전자의 가짜 모자를 찾아내면 인터페론을 분비하는 스위치를 작동시킨다. 또다른 차이점은 세포의 mRNA는 단일가닥이라는 것이다. 단일가닥의 mRNA도 상보적인 서열들이 결합해 구조를 만들기도 하지만 이중가닥으로 꼬이는 부분의 길이가 비교적 짧다. 하지만 코로나 유전자 복제 과정에서 음성 주형가닥과 양성 유전자가닥이 결합된 아주 기다란 이중가닥 RNA가 만들어진다. 이렇게 긴 이중가닥 RNA는 정상세포에서는 존재하지 않는다. 세포에는 또 이것만 뒤지고 다니는 센서 단백질이 있는데, 만약 이중가닥 RNA

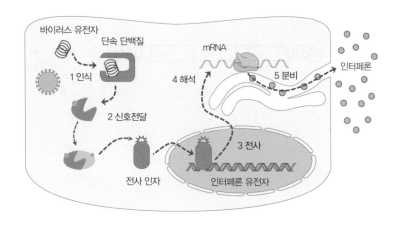

그림 20-2 바이러스 유전자 감지와 신호전달에 의한 인터페론의 분비

를 감지하면 역시 인터페론 경보 시스템을 작동시킨다.

단백질이 경보 시스템을 작동시킨다는 것이 이상하게 들릴 수도 있지만 위 그림 20-2에서 보는 대로 실제 세포에서 일어나는 일이다. 센서 단백질이 코로나바이러스의 유전자를 감지하면 다른 신호 단백질을 활성화시킨다(1 인식). 활성화된 신호 단백질은 다음 단계의 신호 단백질을 활성화시킨다. 이런 신호 단백질들의 연쇄적인 활성화는 최종적으로 특정한 유전자를 찾아주는 전사 인자 단백질의 활성화로 연결된다(2 신호전달). 활성화된 전사 인자는 핵으로 들어가 염색체에 있는 인터페론의 유전자를 찾아서 mRNA를 전사한다(3 전사). 이 인터페론의 mRNA가 세포질로 빠져나와 리보솜에 의해 해석이 된다(4 해석). 만들어진 인터페론은 조면소포체에서 떨어져나가는 내포 안을 가득 채우게 되고, 내포가 표면으로 이동해 세포막과 결합하면 인터페론이 세포의 외부로 분비된다(5 분비).

신고가 빠를수록 화재를 진압하기 쉬운 것과 마찬가지로, 인터페론의 분비가 빠를수록 바이러스에 대한 대응도 쉬워진다. 다른 동물을 감염시키는 바이러스들이 종간 장벽을 건너 사람을 감염시키지 못하는 이유 중 하나가 세포 내에서 일어나는 이 초기 인터페론 분비를 차단하지 못하기 때문이다. 반대로 이야기하면 초기 인터페론의 분비가 조금만 늦어져도 감당하기 어려운 상황으로 전개된다. 하나의 세포가 감염되면 수천 개의 새로운 바이러스들이 쏟아져나오기 때문에 감염세포의 수는 기하급수적으로 늘어난다. 그럼에도 인터페론의 분비는 아주 신중하게 조절된다. 인터페론이 분비되면 주변 세포들의 정상 기능이 중지되기 때문이다. 장난으로 119에 전화를 하면 얼마나 많은 피해가 발생하는가? 이와 비슷한 피해를 막기 위해서 세포들은 인터페론을 처음 분비할 때는 정말 위험한 상황인지를 여러 경로를 통해 확인한다. 그런데 코로나19는 위험 확인의 한두 가지 절차를 속이는 교묘한 전략을 가지고 있다. 이렇게 증식되고 있는 세포의 내부에서 인터페론 분비를 방해하면, 주변 세포에서는 바로 옆에서 무슨 일이 벌어지고 있는지 알 수가 없다. 이런 방해 때문에 코로나19가 일정 수준 이상으로 증식할 때까지 인터페론의 분비가 제대로 이루어지지 않는 경우가 발생한다.

21
개전

면역 전쟁의 서막

✹

한 세포를 감염시키면 1000배로 늘어나서 배출되는 코로나19 입자들은 주변 세포들로 급속도로 퍼져나간다. 바이러스에 대비가 되어 있지 않았던 세포들은 제대로 저항하지 못하고 허무하게 점령당한다. 하지만 이 세포가 죽어가면서 분비한 인터페론 덕분에 주변의 세포들은 바이러스와 싸울 만반의 준비를 하게 된다. 그리고 인터페론의 신호를 듣고 위험이 벌어지고 있는 현장으로 모여든 면역세포들은 바이러스 입자를 잡아먹고 염증을 일으키는 사이토카인을 분비한다. 이 염증신호를 들은 면역세포들은 더 많이 몰려들고 더 많은 사이토카인을 분비한다. 염증은 강력한 화력의 십자포화처럼 감염이 진행되는 지역을 초토화시킨다. 본격적인 면역 전쟁이 시작된 것이다.

타인의 비말에 숨어서 호흡기로 들어온 코로나19는 희박한 확률을 뚫고 감염을 성공시켜야 하지만, 일단 하나의 세포라도 감염을 시켜 증식에 성공하면 그 지역은 순식간에 감염의 교두보가 된다. 호흡기 상피세포들은 밀집되어 있기 때문에 한 세포에서 배출된 바이러스는 즉시 이웃 세포를 감염시켜나가기 때문이다. 준비가 되어 있지 않던 세포들은 바이러스의 은밀한 침입에 속수무책으로 당한다. 하지만 감염된 세포들이 많아질수록 인터페론의 분비 농도도 점차 늘어나게 된다. 인터페론의 농도가 높아지면 주변 세포들이 바이러스 감염에 강력하게 저항하기 시작한다. 이것이 인터페론을 처음 발견한 과학자들이 발견한 현상이다.

인터페론이 유발하는 항바이러스 현상은 애초에 확인이 되었지만, 오랫동안 풀리지 않던 의문은 세포 외부의 인터페론이 깊숙한 핵의 내부에 보관되고 있는 유전 정보를 조절하는 방법이었다. 단백질인 인터페론이 물리적 장벽인 세포막과 핵막을 마음대로 통과해서 유전 정보에 접근할 수는 없기 때문이다. 이런 의문은 수용체를 통한 세포 내부의 신호전달 기전이 규명되면서 풀리게 된다. 통신에서 송신과 수신이 있는 것처럼, 사이토카인을 통한 세포 간 통신에서도 분비와 반응이 구별된다. 침몰하는 배에서 SOS 신호를 내보내더라도 주변의 모든 배가 이를 알아듣는 것은 아니다. 전파를 수신하는 장비가 있어야 하고, 신호를 듣고 해석할 수 있는 사람도 있어야 한다. 사이토카인 통신에서도 마찬가지다. 세포막의 표면에 수용체가 있어야 하고, 수용체가 결합되면 핵 내부에 있는 유전자에서 원하는 것을 찾아주는 특정한 전사 인자들의 활성화로 연결시켜주는 신호전달체계가 있어야 한다. 면역세포들은 각자가 수행하는 고유한 기능마다 분비하는 사이토카인과 반응하는 사이토카인이 정해져 있다. 그리고 대부분의 사이토카인은 분비하는 세포와 반응하는 세포가 다르다. 하지만 인터페론은 특이하게 모든 세포가 분비하고 반응한다. 즉 위험을 감지해 인터페론을 분비하고, 분비된 인터페론에 반응하는 것은 세포의 종류에 상관없이 모두가 선천적으로 보유한 기능이라는 의미다. 이처럼 인터페론은 사람만이 아니라 움직이는 동물이라면 모두가 기본적으로 이용하는 사이토카인이다.

그림 21-1에서처럼 인터페론 수용체는 세포의 표면에 존재하면서 주변에 떠다니는 인터페론과 결합한다(1 인터페론-수용체 결합). 그럼 세포 내부에 뻗어 있는 뿌리 부분의 구조가 변하면서 세포 내 신호 단백질을 활성화한다. 세포 내 신호전달은 여러 종류의 신호 단백질들의 연쇄적인 활성화로 연결된다(2 신호전달). 이는 최종적으로 특별한 조합의 전사 인자들의 활성화로 연결된다(3 활성화). 활성화된 전사 인자들은 핵 내부로 들어간다. 그리고 유전자를 뒤져서 자신이 찾는 DNA서열에 결합한다. 이런 전사 위치를 알려주는 DNA서열을 프로모터promoter라고 한다. 전사 인자가 프로모터에 결합하면 그 주위에 전사 복합체가 형성되어서 연결되어 있는 유전 정보를 mRNA로 전사해낸다(4 전사). 그러면 특정 유전 정보를 복사한 mRNA가 핵 밖으로 빠져나가 세포질에 존재하는 리보솜에 의해 해석되어 단백질로 만들어지게 된다(5 발현). 이것을 발현expression이라고 하는데 분자생물학에서는 유전자에 저장된 특정 정보가 단백질로 만들어진다는 의미다.

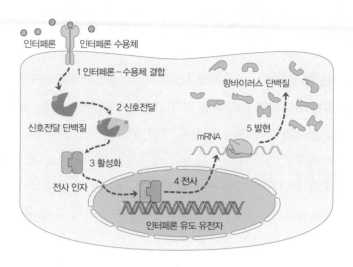

그림 21-1 인터페론-수용체 결합에 의한 항바이러스 단백질의 발현

세포의 기능은 어떤 단백질들을 발현하는지에 따라 결정된다. 사람의 유전자에는 2만 개 정도의 단백질 정보가 들어 있는데, 각각의 세포는 수행하는 기능이나 환경에 반응하면서 필요한 단백질을 발현시키거나 중지시킨다. 따라서 발현의 주역은 복잡한 유전자에서 필요한 정보가 있는 곳을 찾아내는 전사 인자다. 세포의 내부에는 수많은 종류의 전사 인자들이 존재하는데, 이들이 활성화되면 핵 내부로 들어가서 고유의 프로모터 서열을 인식해서 결합한다. 물론 단백질의 아미노산과 DNA의 핵염기 사이에는 상보성이 없기 때문에, 전사 인자는 3차원 구조를 통해 짧은 염기서열을 인식해서 결합을 한다. 또한 하나의 유전 정보를 발현시키기 위해서는 몇 종류의 전사 인자들이 동시에 결합되어야 한다. 전사 인자들의 조합을 이용해

다양한 유전 정보의 발현을 정교하게 조절하는 것이다.

세포 표면에 존재하는 수용체에 사이토카인이 결합한 이후부터 전사 인자의 발현까지 세포 내부에서 일어나는 연속 과정을 신호전달signal transduction이라 한다. 세포 내부에 무선 통신망이 있는 것은 아니기 때문에 특정한 단백질들이 릴레이 경주처럼 연쇄적으로 활성화되어 신호가 전달된다. 수용체 이외에 세포 내부의 환경 변화에 의해서도 신호전달이 시작된다. 고유의 기능을 수행하기 위해 세포에는 다양한 신호 단백질이 참여하는 수많은 신호전달체계가 존재한다. 이처럼 세포 간의 상호 소통은 다세포생물의 가장 기본적인 특성이다. 필요한 신호전달체계가 없는 세포에서는 해당 사이토카인에 대한 반응이 일어나지 않는다. 이런 세포는 해당 사이토카인과 관련된 기능을 수행하지 않는다. 하지만 앞서 이야기한 대로 인터페론에 대한 신호전달은 모든 세포의 기본 기능으로 필요한 신호전달 단백질들을 항상 발현하고 있다. 이런 이유로 세포의 수많은 신호전달 기전들 중에서 인터페론의 신호전달이 가장 먼저 규명되었다.

인터페론 수용체에 의해 신호를 받은 세포에서는 200개가 넘는 유전자가 동시에 발현된다. 인터페론이 발현시키는 단백질들에는 정상 기능을 중지시키는 것, 바이러스의 증식을 억제하는 것, 염증 반응을 유도하는 것, 바이러스의 정보를 분석하는 것, 그리고 더 많은 인터페론을 분비할 수 있도록 준비하는 것 등이 모두 포함되어 있다. 하나의 수용체를 통한 신호전달로 이렇게 다양한 기능의 단백질들을 한꺼번에 발현시키는 것은 흔하지 않은 일이다. 그만큼 인터페론이라는 위험 경보가 다세포생물에서 중요한 신호인 것이다. 이렇게 준비가 된 세포에는 바이러스가 감염되어도 제대로 증식할 수가 없다. 또한 증식하려는 바이러스의 단백질 정보를 분석해서 세포의 표면에 올려 나중에 만들어지는 면역세포가 바이러스의 흔적을 찾는 것을 도와준다. 거기에 강화된 인터페론 분비 기전에 의해 더 많은 인터페론의 분비가 일어난다. 그럼 주변의 세포들에게 더 많은 위험 신호가 전달될 뿐 아니라 더 멀리 떨어져 있는 면역세포에도 위험 신호가 전달된다.

이렇게 인터페론은 사이토카인 중에서도 아주 특별한 위치에 있다. 불이 난 것을 보면 누구라도 119에 신고부터 하는 것처럼, 바이러스 증식을 감지한 세포는 인터페론부터 분비한다. 어느 세포라도 감염이 될 수 있기 때문에 모든 세포는 인터페론을 분비하고, 주변의 이웃 세포가 분비한 인터페론에 반응하는 능력도 가지고 있다. 바이러스의 감염을 초기에 감지하는 것은 개별 세포의 의무인 셈이다. 바이러스라는 이기적 유전자의 원시적이고 압도적인 증식 능력에 우리 몸의 세포들은 인터페론을 이용한 협력으로 맞서기 시작한다.

이런 광범위한 능력 때문에 인공적으로 인터페론을 대량 생산하면 바이러스에 대한 만병통치약이 될 것이라 기대를 모았다. 하지만 그런 일은 일어나지 않았다. 감염된 환자에게 인터페론을 투여해도 바이러스가 제대로 억제되지 않았고, 오히려 독감에 걸린 것보다 더 심각한 열과 몸살이 부작용으로 나타났다. 현재 인터페론은 제한적인 상황에서만 조심스럽게 사용되고 있다. 이런 현상이 발생한 것은 인공적으로 정제한 인터페론의 문제가 아니라 투여 방법 때문이다. 면역에서 인터페론은 위험 지역에서 집중적으로 분비되어 작용하는데, 이것을 무시하고 전신 투여하면 부작용이 심해지는 것이다.

인터페론은 바이러스 억제와 세포의 부작용을 같이 유발하는 '양날의 검'이다. 이런 부작용을 최소화하면서 바이러스 증식을 억제하기 위해 세포들은 서로 협력하며 인터페론의 분비를 조절한다. 다세포생물의 힘은 이런 세포 간의 협력에서 나온다. 처음 단계에서는 바이러스 감염을 최초로 감지한 세포에서 신중한 확인을 거쳐 소량의 인터페론을 분비한다. 이 인터페론을 접한 이웃 세포들은 감염에 대비하는 단백질들과 함께 대량의 인터페론을 신속하게 분비하기 위한 신호 단백질들도 발현시켜놓는다. 이렇게 준비된 세포에 바이러스가 감염되면 바이러스의 증식이 억제될 뿐 아니라 즉각 몇 배의 인터페론이 대량으로 분비된다. 이 단계는 신중한 확인과정을 건너뛰고 급행으로 인터페론이 발현되는 증폭기라 할 수 있다. 이런 지역 세포들의 단계적인 협력을 통해서 바이러스의 위험에 비례하는 인터페론을 감염 지역에서 집중적으로 분비하게 된다. 만약 바이러스가 지역을 넘어 혈액으로 들어가면 인터페론만 대량으로 분비하는 전문 세포가 개입한다. 이 단계로 가면 전신에서 인터페론이 분비되고 사람은 심한 몸살 증상을 느낀다. 인위적으로 투여된 인터페론이 이런 단계를 모두 건너뛰고 바로 몸살을 일으키는 상황을 만드는 것이다.

인터페론의 단계적 분비는 농도 차이를 이용한 면역세포의 유도를 위해서도 중요하다. 인터페론의 농도가 높아지면 세포들은 전문 면역세포들을 부르는 특별한 사이토카인을 분비한다. 이 신호를 받은 면역세포들이 바이러스와 세포들의 치열한 전투가 벌어지는 지역으로 속속들이 모여든다고 앞에서 이야기했다. 기동 타격대처럼 신호의 농도를 따라 달려온 면역세포들이 강력한 염증을 유도하는 사이토카인을 분비하는 것이다. 염증 반응은 정상세포에도 부차적인 피해collateral damage를 입힌다. 염증은 포격처럼 적군과 아군을 가리지 않고 지역을 초토화시키며 더이상 바이러스가 퍼지는 것을 막는다. 호흡기 상피세포에서 염증 반응이 시작되면 인체는 증상을 느끼기 시작한다. 흔히 우리가 감기 증상이라고 이야기하는 목의 통증, 간지러움, 타는 느낌, 콧물, 기침, 재채기 등의 증상이 생기는 것이다. 그리고 바이러스의 감염이 확대되어 전신적으로 인터페론이 분비되면 발열과 몸살 증상이 뒤따른다. 염증 반응은 광범위한 부작용을 일으키지만 일단 급한 것은 바이러스 확산을 막는 일이다. 이렇게 피해를 감수하고 염증 반응이 일어나는 동안 항체를 만들기 위한 면역세포들이 해당 지역으로 모여든다. 이처럼 인터페론은 면역 시스템의 작동 스위치인 셈이다. 코로나19의 초기 증상은 열, 기침, 인후통, 몸살 등으로 다른 감기와 비슷하다. 하지만 감염자의 80퍼센트에서 발열 증상이 나타나며, 마른기침이 흔하다. 그리고 냄새와 맛을 느끼지 못하는 증상이 생기는 경우도 있다. 이는 최초 감염 지역의 특성 때문이다.

22
비말

바이러스에 오염된 침방울

더 많은 세포를 감염시키려는 코로나19바이러스들과 이를 막기 위한 초기 면역의 치열한 전투가 호흡기의 상부에서 벌어진다. 염증 자극을 받은 호흡기는 콧물, 기침, 재채기를 이용해 바이러스들을 바깥으로 날려보내 위험을 제거하려고 노력한다. 이 과정에서 싱싱한 코로나19에 오염된 비말들이 대량으로 주변에 뿌려진다. 이 치명적인 비말들은 새로운 희생자를 찾아 주변 공기 속을 다시 떠돌기 시작한다. 특히 코로나19가 팬데믹을 일으킨 가장 큰 원인은 염증이 없는 감염의 초기 단계부터 오염된 비말을 만들어내기 시작한다는 것이다.

바이러스의 입장에서는 숙주세포로의 접근도 쉬워야 하지만, 증식해서 쉽게 빠져나올 수 있는 위치가 유리하다. 이런 측면에서 바이러스 전파에 가장 유리한 곳은 상부 호흡기다. 생존을 위해 멈출 수 없는 호흡을 통해 들어가고, 증식에 성공하면 비말로 즉시 배출이 가능하기 때문이다. 바이러스가 증식하면 점액층에 바이러스의 농도가 점점 높아진다. 그리고 인터페론과 염증의 영향으로 상피세포의 섬모 운동이 둔해지면서 점막의 이동이 점점 정체된다. 그럼 호흡기의 감각 신경이 자극되어 반사적으로 콧물, 기침, 재채기 등을 일으켜 정체되어 있는 점액들을 밖으로 날려보낸다. 이 격렬한 공기의 움직임에 의해 미세한 점액 방울인 비말이 생성되는데, 이 속에는 처음 들어온 모습과 동일한 바이러스 입자들이 무수히 들어 있다. 무생물 입자인 바이러스는 이렇게 숙주의 자극 반응을 이용해 다른 숙주를 찾을 기회를 만든다. 감염자 주변에서 바이러스로 오염된 비말이 계속 생성되는 것이다. 이는 호흡기바이러스들의 가장 흔한 전파 기전이다.

하지만 코로나19의 높은 전파력은 자각 증상이 뚜렷한 기침과 재채기만으로 전부 설명되지 않는다. 코로나19의 사촌인 사스의 경우는 증상이 중증으로 진행되고 나서야 호흡기 점막의 바이러스 농도가 충분히 높아지기 시작하였다. 따라서 감염자가 병원에 입원한 뒤에 감염성 비말이 배출되는 경우가 대부분이었고, 일상생활에서는 전파가 거의 일어나지 않았다. 하지만 코로나19의 경우는 감염 초기부터 코와 목구멍의 점막에서 많은 바이러스가 배출된다. 특히 많은 바이러스가 배출되는 상황인데도 염증 반응이 유도되지 않는 경우는 무증상 전파자가 된다. 이 상황이 코로나19의 방역을 어렵게 만드는 가장 중요한 특징이다.

기침도 없는 무증상 상태에서 감염성 비말이 어떻게 형성되는지

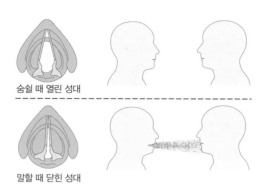

숨쉴 때 열린 성대

말할 때 닫힌 성대

그림 22-1 숨쉴 때와 말할 때 성대 틈의 변화와 비말 샤워

의문이 드는 것은 당연하다. 하지만 우리가 목소리를 낼 때는 항상 비말이 생성되며 소리가 커질수록 양도 많아진다. 그 이유를 이해하기 위해서 목소리가 나오는 과정을 알아보자. 위 그림 22-1을 보면 평상시에는 성대가 이완되어 틈이 넓어진 상태이기 때문에 호흡하는 공기 흐름을 방해하지 않는다. 하지만 목소리를 낼 때는 성대의 근육이 긴장해 공기가 지나갈 틈이 거의 없어지게 된다. 이 좁은 틈 사이로 지나가는 공기는 흐름이 빨라지면서 성대를 떨게 만들고 그 떨림이 목소리가 된다. 이렇게 성대가 떨리거나 점막 위로 공기가 빠르게 지나가면 비말이 생성된다.

일정한 양의 공기가 좁은 지점을 통과할 때 속도가 빨라지는 것을 '베르누이 원리'라고 하는데, 이것은 비행기도 띄우는 강력한 힘이다. 그림 22-2처럼 물의 표면에 빨대로 공기를 불면 물방울이 뿜어져나간다. 분무기가 이러한 원리를 이용한 것이다. 이처럼 공기가 점

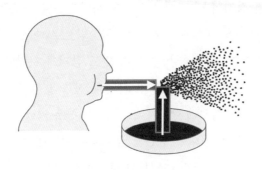

그림 22-2 베르누이 원리

막 위로 빠르게 지나가면 미세한 점액 방울들이 공기로 빨려 들어가면서 비말이 생성된다. 이런 이유로 목소리가 커질수록 더 많은 공기가 더 빠르게 점막 위를 지나가고 더 많은 비말이 생성된다. 해부학적으로 호흡기의 점액들은 상피세포들의 섬모 운동에 의해 성대, 정확히는 후두덮개가 있는 방향으로 모인다. 하부 기관지의 점막들은 위쪽으로 움직이고, 코나 목구멍의 점막들은 아래쪽으로 움직인다. 오염된 점막을 식도로 삼켜서 위산으로 처리하기 위해서다. 따라서 코나 목에서 증식된 바이러스에 오염된 점액들이 성대 주위로 모이게 되고 말할 때마다 비말로 배출되는 것이다.

코로나19의 유례없이 높은 전파력은 바이러스 입자의 뛰어난 숙주세포 잠입 능력만으로는 설명되지 않는다. 가장 중요한 원인은 감염의 초기부터 상부 호흡기 점막에 바이러스가 높은 농도로 배출된다는 것이다. 일반적인 바이러스의 호흡기 감염의 경우, 염증 반응이 시작되면 점액이 더 많이 분비되어 바이러스의 농도를 희석시키고 오염된 점액은 재채기나 기침을 통해 밖으로 내보낸다. 이는 외부적으로 관찰 가능한 증상, 즉 누가 봐도 감기에 걸렸다는 것을 알 수 있는 신호이기 때문에 감염자 본인과 전파의 위험이 있는 주변 사람들이 서로 조심하게 된다. 코로나19의 경우 평균적으로 증상이 나타나고 4~5일이 지나야 병원을 방문하게 되는데, 이 사이에 유증상 전파가 일어난다. 그리고 일부는 증상이 약하거나 아예 나타나지 않는 무증상 감염자가 된다. 이것은 코로나19가 인터페론의 분비를 방해하는 능력이 뛰어나기 때문에, 염증 반응을 늦추면서 은밀하게 증식하기 때문이다. 그 결과 전염성 비말이 배출되고 있음에도 본인조차 이상을 느끼지 못하는 상황이 발생하는 것이다. 무증상 감염자들은 정상 생활을 하고 접촉하는 사람들도 주의를 기울이지 않기 때문에 쉽게 전파가 일어난다. 높은 빈도로 일어나는 코로나19의 가족 내 전파는 이런 무증상 시기에 많이 일어난다. 특히 무증상 감염 기간이 길면서 사회적 활동이 활발한 사람은 자기도 모르는 사이에 코로나19를 대량으로 퍼트리는 슈퍼 전파자가 된다.

코로나19의 무증상 전파는 팬데믹을 일으킨 주된 원인이었을 뿐만 아니라 또 하나의 골치 아픈 문제를 발생시켰다. 일반적으로 신종 바이러스가 전파되면서 동반되는 병원성의 약화가 잘 일어나지 않는다는 것이다. 절대세포기생체인 바이러스는 숙주세포가 없으면 단 하나의 구성 물질도 만들 수 없다. 따라서 바이러스는 끝없이 다른 숙주를 감염시켜야 그 유전자가 유지될 수 있다. 특히 급성 감염을 일으키는 바이러스는 감염자의 체내에서 계속 증식할 수가 없다. 감염자가 사망하건 면역을 획득하건 둘 중 어떤 경우라도 증식은 끝이 나기 때문이다. 따라서 배출되어서 다른 사람을 감염시키는 전파가 반드시 일어나야 바이러스 유전자가 계속 유지된다. 바이러스는 무생물 입자 형태로 전파된다. 스스로 다른 숙주를 찾아 움직일 수 없기 때문에 숙주가 건강해야만 바이러스도 전파될 확률이 높아진다. 반대로 감염자가 너무 아파서 일상생활을 하지 못한다면 타인과 접촉하지 않게 되고 전파 확률도 급격히 떨어진다. 바이러스의 목표는 유전자를 널리 퍼트리는 것이지 숙주를 괴롭히는 것이 아니다.

악명 높은 에볼라바이러스Ebolavirus가 처음 나타났을 때는 치사율이 아주 높았다. 아프리카 오지의 마을에 연락이 끊겨서 가보면 사람들이 전멸했을 정도로 치명적이었지만 대신 다른 지역으로 전파되지는 못했다. 하지만 최근 유행하는 에볼라바이러스의 경우는 치사율이 낮은 대신에 쉽게 전파가 되는 식으로 적응 진화를 하고 있다. 반대로 숙주를 덜 괴롭혀서 잘 전파가 되는 경우가 바로 독감바이러스다. 감기 걸렸다고 학교나 회사를 안 가고 집 안에만 있는 것을 사회가 쉽게 용인해주지 않는다. 이렇게 숙주를 적당히 괴롭히면서 증식을 해서 전파의 기회를 잡는다. 그래서 이 약삭빠른 바이러스는 사람들 사이에서 끝없이 순환하면서 유전자를 계속 유지한다. 이렇게 이기적 유전자의 관점에서 보면 숙주에게 치명적인 증상을 일으키는 사스나 메르스는 패배자인 셈이다.

일단 신종 바이러스의 팬데믹이 일어나면 그다음은 자기들끼리 생존 경쟁을 벌인다. 사람 집단에서도 타인과 경쟁이 일어나는 것처럼 바이러스 유전자 사이에서도 경쟁이 일어난다. 팬데믹이라는 것은 바이러스 유전자의 다양성이 엄청나게 늘어났다는 의미다. 이기적 유전자에게 같은 종이나 형제라는 것은 의미가 없다. 더 많은 숙주를 감염시키는 것이 유일한 목표다. 다양한 유전자들 중에는 치명적인 증상을 일으키는 것도 있고, 가벼운 증상을 일으키는 것도 있다. 이 다양한 유전자에 가해지는 선택압력은 집단면역이다. 다른 유전자가 전파되기 전에 먼저 전파되지 않으면 면역을 획득한 숙주가 점점 많아져 전파가 어려워진다. 따라서 심각한 증상을 일으키는 유전자는 가벼운 증상을 일으키는 유전자보다 속도 경쟁에서 밀려 서서히 도태되는 것이다.

그런데 코로나19의 경우는 이런 전파력과 병원성의 반비례 관계가 깨지고 있다. 이 관계가 성립하기 위해서는 임상 증상이 나타난 뒤에 바이러스의 전파가 일어나는 순서가 전제 조건이다. 그런데 코로나19는 임상 증상이 나타나기도 전에 대량의 바이러스 입자를 만들어낸다. 이렇게 임상 증상과 상관없이 감염 초기에 전파가 일어나면 체내에 남아 있는 바이러스가 일으키는 심각한 문제는 전파력과는 완전 별개의 문제로 분리가 되어버린다. 이런 이유로 코로나19의 경우는 전파력에 반비례해서 임상적 중증도가 낮아지는 적응 변이가 빨리 진행되지 않는 것이다.

제3부

면역

"적을 알고 나를 알면, 백번 싸워 위태롭지 않다."

손자(B.C. 544~B.C. 496)

23

면역

탐구의 짧은 역사

다세포생물의 진화가 시작된 순간부터 면역은 병원체를 막아내고 있었지만, 그 실체를 인지하고 탐구하기 시작한 것은 100여 년밖에 지나지 않는다. 특히 바이러스에 대한 면역의 작동 기전은 불과 수십 년 전부터 규명되기 시작하였다. 자고 나면 새로운 논문이 산더미처럼 쏟아져나오고, 기본 지식을 정리해놓은 교과서조차 계속 고쳐 쓰여지는 상황이다. 여기에 일반인이 접근하려면 혼란스러울 수밖에 없다. 이럴 때 가장 좋은 방법은 학문의 발전 역사를 살펴보는 것이다.

면역학의 발전 역사는 노벨상의 기록을 따라가보면 파악이 된다. 노벨상과 면역학의 시작이 비슷하게 겹치기 때문이다. 노벨상은 엄밀하게 이야기하면 명예의 전당이라기보다 현대 과학의 주춧돌이 된 연구들의 기록이다. 수상자들의 연구 업적이 검증되어 인정되는 데에 보통 10년 이상 걸린다는 것을 고려하면, 수상 시점에는 이미 과학계의 기본 지식이었다고 생각해도 무리가 없다.

그림 23-1을 보면 노벨의 유언에 따라 1901년에 시작되어 총 110회의 시상이 있었는데, 생리의학상 부문에서 미생물과 면역 분야가 30퍼센트를 차지한다. 현대 생명과학과 의학의 광범위한 분야들을 고려하면 이 두 분야가 현대 의학의 발전에 미친 영향이 그만큼 크다고 할 수 있다. 면역학과 미생물학은 학문적으로는 분리되어 있지만, 의학의 관점에서는 창과 방패의 관계로 서로 영향을 주며 발전했다. 혈청의 면역 현상 연구에 대한 1901년 노벨상 최초의 선택을 시작으로, 1920년대까지 면역 현상을 관찰한 연구들이 주로 수상한다. 이후 실험 기법의 한계에 부딪혀 면역학 분야는 정체된다. 대신 미생물학 분야에서 새로운 세균들의 발견, 항생제 개발, 세균 유전자 연구가 이루어지면서 1950년대까지 수상을 차지한다. 특히 1945년 페니실린 연구의 수상은 세균에 대한 현대 의학의 승리를 기념하고 있다. 이후 1960년대부터는 분자생물학의 발전에 힘입어 바이러스의 정체 규명에 대한 연구들이 수상한다. 기술 발전은 면역학에도 다시 활력을 불어넣어 항체 구조, 면역 수용체, 면역 조절 같은 연구들이 수상한다. 특히 1987년 제한된 유전자로 다양한 항체를 만들어내는 기전에 대한 연구가 노벨상을 수상한 것은 면역의 다양성에 대한 생각의 전환점이 된다. 이후 면역학의 새로운 발견은 정체되어 있다가 2011년에 바이러스 감염이 된 세포에서 인터페론 분비가 유도되는 기전에 대한 연구가 수상하면서 면역 분야의 마지막 퍼즐이 끼워졌다는 사실을 기록하고 있다. 가장 최근에는 암에

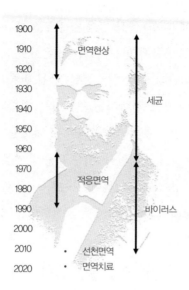

1900	면역현상	
1910		세균
1920		
1930		
1940		
1950		
1960		
1970	적응면역	
1980		바이러스
1990		
2000		
2010	· 선천면역	
2020	· 면역치료	

그림 23-1 노벨 생리의학상 수상 분야

대한 면역 치료 연구가 수상하면서 면역학 지식의 응용 분야가 열렸다는 것을 알리고 있다. 흐름을 쉽게 알아보기 위해 노벨상을 받은 연구만 언급했는데, 이것이 전부는 아니다. 현대의 미생물학, 면역학 그리고 의학은 특출한 천재들의 업적이 아니라 수많은 과학자들이 싸우고 화해하면서 쌓아올린 지식들이다.

항체라는 용어는 1908년 노벨상을 받은 파울 에를리히Paul Ehrlich의 1891년 연구에서, 항원이 다르면 항체도 달라야 한다는 개념으로 사용된 것이 최초다. 혈액 속에 감염성 병원체를 중화하는 물질이 존재한다는 사실은 당시에도 알려진 사실이었다. 여기에 항원과 항체의 개념을 도입한 것이다. 1920년대에는 ABO 혈액형이 발견되면서 이물질에 대한 응집 반응을 유도하는 현상에 대해 확인했지만, 이것이 항원-항체 반응이라는 것은 1939년이 돼서야 밝혀진다. 그리고 1940년대에 들어서 항원-항체 반응은 열쇠와 자물쇠처럼 구조가 상보적으로 결합하는 것이라는 화학적인 이론이 정립된다. 1942년에는 혈장뿐 아니라 백혈구 세포도 병원체를 중화하는 기능이 있다는 것이 밝혀진다. 이는 나중에 세포면역cell mediated immunity(세포매개면역)이라고 이름이 붙는다. 1948년에는 백혈구 중 하나인 형질세포plasma cell가 항체를 생산한다는 것이 확인되고, 이후 하나의 형질세포는 오직 한 종류의 항체만 생산한다는 것이 밝혀진다. 그리고 1959년에는 체액면역(항체면역)과 세포면역 모두가 림프구에 의해 조절된다는 것이 밝혀진다. 항체의 3차원 구조는 1960년대에 들어서 밝혀진다.

이렇게 많은 사실이 빠르게 규명되어갔지만 과학자들을 계속 괴롭히던 의문은 남아 있었다. 사람의 유전자에는 천문학적으로 다양한 항체의 정보가 들어갈 공간이 아무리 계산해봐도 부족하다는 것이었다. 대략 계산을 해봐도 항체의 유전 정보를 모두 담기 위해서는 사람 유전자의 크기가 턱도 없이 부족했다. 이 의문은 1987년 노벨상을 수상한 도네가와 스스무利根川進의 연구에 의해 풀렸다. 천문학적인 항체의 다양한 구조는 여러 조각의 유전자를 재조합해서 만들어진다고 규명된 것이다. 이에 정자와 난자가 만나 결정된 유전자는 변하지 않는다는 당시의 고정관념도 깨졌다.

지금까지 나온 면역의 구성요소 관계를 정리하면 그림 23-2

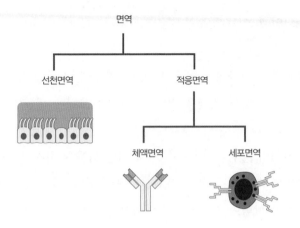

그림 23-2 면역의 구성 요소

와 같다. 면역은 크게 선천면역innate immunity과 적응면역adaptive immunity(후천면역)으로 나누어진다. 그리고 여기서 적응면역은 다시 체액면역과 세포면역으로 구분된다. 선천면역은 앞장에서 설명한 호흡기 점막과 인터페론 분비, 염증 유발을 하는 세포들에 의해 이루어진다. 이들은 유전자에 선천적으로 기록되어 있는 정보대로 작동을 하기 때문에 선천면역이라고 한다. 반면에 적응면역은 주로 항체를 만드는 기능을 하는 세포들에 의해 수행된다. 이들은 바이러스처럼 외부에서 들어온 항원에 맞춰 항체의 유전자를 재조합해서 적응시키기 때문에 적응면역이라고 한다. 그리고 체액면역은 적응된 항체를 이용해 바이러스를 중화하고 세포면역은 적응된 면역세포의 수용체를 이용해 바이러스에 감염된 세포를 제거한다. 면역의 기본은 나와 남을 구분하는 것이기 때문에 항체의 생성기전 연구와 규명은 계속되었고, 이들은 눈부신 스포트라이트를 받는 면역 연구의 주류였다.

하지만 항체 생산에는 시간이 필요하기 때문에 감염 초기에는 선천면역 혼자서 감염 지역을 방어해야 한다. 그런데 선천면역에서는 항체가 사용되지 않는다. 항체도 없는 선천면역이 어떻게 바이러스 같은 병원체의 침입을 알아내는지에 대한 의문은 화려한 조명을 받는 적응면역 연구의 뒤에 드리워진 그림자였다. 이 의문은 분자 수준의 생물학 실험이 가능해지고 나서야 풀리게 되었고, 해당 연구는 면역학 분야의 긴 공백을 깨고 2011년 노벨상을 수상한다. 미생물에는 고등생물의 세포가 만들지 않는 특이한 구성 성분들이 존재한다. 항체를 사용할 수 없는 선천면역은 이러한 구성 성분의 특이한 분자 패턴을 인식하는 센서를 이용해 위험을 감지한다. 선천면역은 적응면역 이전에 진화를 했기 때문에 곤충들도 이런 센서 단백질들을 가지고 있다. 현재는 세균, 바이러스, 곰팡이 등의 특이한 분자 패턴을 감지하는 선천면역의 센서 단백질을 20여 종 찾아냈다. 적응면역에서 만들어내는 조 단위의 다양성에 비하면 아주 초라해 보이지만, 선천면역에서는 정교함보다는 신속성이 중요하기에 이 센서들만 이용해 위험을 감지하고 인터페론을 분비한다.

위험을 감지하는 센서들 중 가장 늦게 규명된 것들이 앞에서 이야기했던, 세포 내에서 바이러스 유전자의 증식을 감지하는 센서 단백질들이다. 절대세포기생체인 바이러스는 우리 세포의 대사를 훔쳐서 자신의 입자를 만들기 때문에 바이러스의 껍데기에는 센서가 감지할 만한 차별화되는 구성 성분이 없다. 바이러스의 외막이나 표면 단백질도 모두 사람의 세포에서 만들어진 것이고 유전자는 내부에 숨겨져 있기 때문이다. 따라서 바이러스가 처음 들어왔을 때 입자 상태에서는 감지가 불가능하다. 일단 바이러스에 감염된 다음 유전자가 세포 내부에서 복제되어야 처음으로 감지가 가능하다. 바이러스를 구분할 수 있는 유일한 분자 패턴이 유전자이기 때문이다. 숙주세포의 대사를 이용해도 바이러스 고유의 유전자 형태는 불변이기 때문에, 세포의 센서들은 정상세포에 존재할 수 없는 이상한 유전자 패턴을 감지하고 인터페론을 분비하게 된다. 따라서 다른 미생물의 경우와 달리 바이러스는 일단 감염이 되고 나서야 위험을 감지하는 것이 가능해진다.

이렇게 면역 연구의 발전과정을 살펴보면 바이러스에 대한 면역의 작동 기전에 대한 지식들은 최근에 들어서야 빈틈이 메워지는 상황이라는 것을 알 수 있다. 인체의 면역 기전의 작동은 선천면역을 시작으로 적응면역으로 연결된다. 하지만 바이러스에 대한 선천면역의 작동 기전 연구는 현대 분자생물학 기법이 충분히 발전하고 나서 가능했기 때문에 규명의 순서가 거꾸로 진행된 것이다. 코로나19가 팬데믹을 일으키고 기승을 부리는 것은 선천면역의 약점을 비집고 들어오기 때문이다. 면역이라고 하면 항체를 떠올릴 만큼 적응면역이 먼저 알려졌지만, 바이러스에 대한 방어에 있어서는 선천면역의 중요성이 큼에도 불구하고 아직 그 내용이 널리 알려지지 않은 상태다.

24
공조

두 면역의 협력

코로나19가 새로운 적이긴 하지만 면역도 이에 대해 충분한 대응을 할 수 있다. 바로 적응면역이 바이러스 단백질의 특징을 구분해낼 수 있는 것이다. 문제는 시간이다. 새로운 항체를 만들려면 일주일 이상의 시간이 걸린다. 그때까지는 선천면역이 감염 지역을 방어한다. 항체가 만들어지면서 바이러스를 제거하기 시작하면 부작용을 동반하던 선천면역은 억제되기 시작한다. 이처럼 선천면역과 적응면역이 서로 긴밀하게 공조하면서 신종 바이러스를 퇴치해나간다.

우리 주변에는 바이러스 이외에도 세균, 곰팡이, 기생충 등 수많은 미생물들이 존재한다. 눈에 보이지도 않는 이 미미한 존재들은 우리의 몸으로 들어오기 위해 호시탐탐 기회를 노린다. 인체는 구성 세포들이 각자의 기능을 충실히 수행할 수 있도록 물, 온도, 산소, 삼투압, 영양분 같은 필수적인 생존 환경을 제공하기 때문이다. 미생물

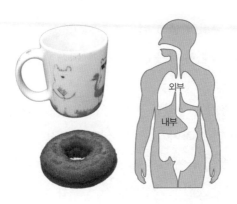

외부

내부

그림 24-1 위상학적으로 동일한 물체들

의 입장에서 인체는 증식에 필요한 모든 조건들이 완벽하게 제공되는 최적의 배양 공간이다. 만약 사람이 외부 환경과 차단되어 살 수 있다면 미생물이 들어올 일은 없을 것이다. 하지만 사람도 생물이라 먹고 마시고 숨을 쉬어야 하기 때문에, 그 과정에서 주변 환경에 있던 미생물이 묻어서 들어온다. 하지만 미생물들이 들어왔다고 해서 인체의 내부로 침투를 한 것은 아니다. 이 상황을 바르게 이해하기 위해서는 그림 24-1에 있는, 우리가 좋아하는 도넛과 커피를 담은 머그컵이 위상학topology적으로는 동일한 물체란 개념을 이해해야 한다. 손잡이에 뚫린 구멍은 유지하면서 머그컵의 형태를 주물러 변형시키면 도넛 모양으로 만들 수 있고, 그 반대도 마찬가지로 가능하다. 마찬가지로 인체도 입에서 항문까지 연결된 구멍을 유지하면서 변형시키면 도넛 모양으로 만들 수 있다. 따라서 사람의 소화기와 호흡기의 구멍은, 도넛의 구멍이나 머그컵의 손잡이처럼 외부 공간이다. 그리고 구멍의 안쪽 벽은 외부와 맞닿아 있다. 하지만 건조한 피부와 달리 수분이 풍부한 점막층은 미생물 입장에서는 충분히 안락한 환경이다.

소화기와 호흡기는 동일한 외부 공간이지만 점막에 미생물의 생존을 허락하는 것에 차이가 난다. 소화기의 경우는 음식물을 통해 워낙 많은 세균들이 들어오기 때문에 이들을 모두 막는 것은 비효율적이다. 대신 대장균 같은 특정한 종류의 세균 집단에게 장내에서의 생존을 허락한다. 그리고 대장균은 섬유질 분해나 비타민 합성 같은 이익을 사람에게 돌려준다. 사람과 대장균은 공생관계에 있는 것이다. 사람과 세균의 공생은 영양적인 측면에서만 도움이 되는 것은 아니다. 건강한 사람의 몸에 질병을 일으키지 않고 공생하는 세균의 수가 사람의 세포 수보다 많은 40조 개에 이르는데 이를 정상세균 무리normal flora라고 한다. 피부, 코, 입, 위장 등 외부와 연결된 각각의 부위에는 거주 허락을 받은 특정한 정상세균들이 존재한다. 이모든 곳을 무균 상태로 유지하는 것은 불가능하기 때문이다. 대신 통제가 가능한 세균의 거주를 허용해서 병원성 세균이 정착할 자리를 알 박기처럼 미리 빼앗는 것이다. 이 때문에 강력한 항생제를 써서 장관腸管 내의 정상세균을 모두 죽이면 병원성 세균이 대신 자리를 잡아 질병을 일으키는 경우가 생긴다. 하지만 이런 정상세균 역시 허용된 지역을 벗어나면 병원균이 된다. 가장 유명한 것이 콧구멍에 존재하는 황색포도상구균Staphylococcus aureus이다. 이것들이 정해진 위치를 벗어나 인체의 내부로 들어오면 치명적인 병원균으로 탈바꿈하게 된다. 따라서 정상세균은 인체의 외부에 허락된 구역에서만 존재하는 경우만 정상이다.

하부 호흡기는 외부와 연결된 공간임에도 정상세균의 거주가 엄격히 통제되는 특별한 곳이다. 허파꽈리로 끝이 막혀 있는 기관지의 해부학적 구조 때문에 위험이 너무 크기 때문이다. 소화기에서는 문제가 생겨도 설사 정도로 해결될 수 있지만 호흡기에서 문제가 생기면 폐렴이 생기고 산소를 교환하는 데에 영향을 받아 치명적인 결과로 이어진다. 이런 이유로 소화기와 공유하는 목구멍에서 넘어오는 세균들을 호흡기 상피세포들이 필사적으로 퍼내는 것이다. 이런 호흡기의 물리적인 방어 시스템도 선천면역의 일부며, 대부분의 미생물은 이 일차적인 방벽을 넘지 못한다. 하지만 앞에서 살펴본 대로 호흡기 점막에 특화된 바이러스들은 일차 방어선을 뚫고 호흡기 상피세포를 감염시킬 수 있다.

호흡기의 기계적인 방어막은 호흡기바이러스에 대해서는 세균에 비해 큰 효과가 없다. 호흡기 점막에 이런 바이러스들이 접촉하면 감염이 시작된다. 하지만 감염된 호흡기 상피세포에서 분비되기 시작하는 인터페론이 주변 세포들에게 위험 신호를 전달해서 바이러스에 대한 준비를 시킨다고 했다. 이것이 선천면역의 본격적인 시작이다. 이 단계부터는 바이러스의 확산에 비례해 분비되는 인터페론의 양도 증가하며, 이는 바이러스의 증식을 방해하면서 면역세포를 불러들인다. 면역세포들은 염증 반응을 일으켜 해당 지역에서 바이러스가 더 퍼지지 않게 봉쇄를 한다. 하지만 인터페론과 염증은 바이러스의 감염을 완전히 억제할 수도 없고 정상세포들 역시 피해를 입게 된다. 그리고 이런 환경 변화는 병원성 세균의 이차 감염을 유도한다.

바이러스에 대한 호흡기의 방어 시스템이 기계적 장벽과 선천면역이 전부였다면 고등동물의 진화는 불가능했을 것이다. 창과 방패의 싸움 같은 바이러스와 숙주의 공진화는 항체 단백질을 이용하는 적응면역을 진화시켰다. 적응면역은 선천면역으로 완전히 소탕되지 않는 바이러스의 흔적을 항체를 이용해 정확하게 찾아가면서 제거한다. 적응면역은 척추동물에서부터 진화되기 시작한, 지구 생태계의 긴 역사에서 보면 첨단의 방어 체계다. 만약 적응면역이 발달되지 못했다면 유성생식을 위한 성장에 오랜 시간이 걸리는 고등동물, 특히 인간의 진화는 불가능했을 것이다. 선천면역만으로는 생식이 가능해질 때까지 이기적 유전자들의 습격에서 제대로 생존할 확률이 희박하기 때문이다.

특이성이 없는 선천면역은 자신의 세포들에게도 심각한 피해를 입힌다. 하지만 적응면역은 바이러스의 항원에 정확히 결합하는 항체를 사용하기에, 자기 세포의 피해를 최소화하면서 바이러스만 골라 제거할 수 있다. 이렇게 정교한 적응면역이 진화되었음에도, 부작용이 큰 선천면역은 여전히 중요한 역할을 수행한다. 그림 24-2는 바이러스 감염 시 선천면역과 적응면역이 없는 경우 어떤 일이 벌어지는지를 보여주고 있다. 정상적으로 두 가지 면역이 다 작동하는 경우에는 검은색 그래프처럼 바이러스의 양이 증가하다 줄어들기 시

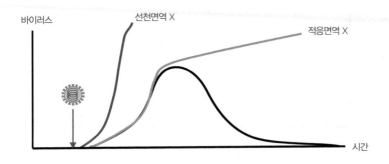

그림 24-2 선천면역과 적응면역의 상호보완 작용

작한다. 적응면역이 없는 경우, 초기 바이러스의 증가는 억제하지만 특이성이 없는 선천면역의 한계로 인해 바이러스의 양은 감소하지 않고 지속적으로 증가한다. 선천면역이 없는 경우는 적응면역이 없는 경우보다 더 최악의 상황이 벌어진다. 바이러스는 바로 폭발기로 들어가 더이상 감염시킬 세포가 없어질 때까지 증식하게 된다. 선천면역이 없으면 적응면역이 정상이더라도 시작 신호를 받을 수 없기 때문에 아예 작동을 하지 않는 것이다.

적응면역은 선천면역의 바탕 위에서 진화되었기 때문에 단독으로 작동할 수가 없다. 선천면역이 중요한 두 가지 점을 정리하면 다음과 같다. 첫째는 항체가 제대로 만들어지기 전까지 위험이 확산되는 것을 막는다. 적응면역은 정교한 대신에 작동하는 데 일주일 정도의 시간이 걸린다. 이 시간 동안 바이러스가 증식하도록 내버려두면, 항체가 완성되었을 때 그 개체는 이미 죽음의 문턱에 가 있을 것이다. 따라서 부작용이 있더라도 선천면역을 통한 지역 방어가 중요

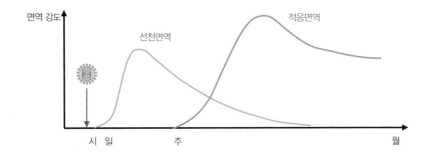

그림 24-3 바이러스 감염 이후 선천면역과 적응면역의 교대 시기

하다. 둘째는 적응면역을 시작하는 신호를 발생시킨다. 아무리 첨단의 방어 시스템이라도 일단 적이 쳐들어온 것을 알아야 써먹을 수 있다. 선천면역은 적응면역의 항체를 만드는 작업 스위치를 누르는 것이다.

바이러스에 제대로 대항하는 건강한 정상면역에서 일어나는 선천면역과 적응면역의 협력은 시간에 따른 상호작용 패턴을 보여준다. 위 그림 24-3에서 바이러스가 증식을 시작하면 시간 단위로 인터페론의 분비가 증가하면서 선천면역이 시작된다. 선천면역은 일 단위로 활동하면서 염증을 일으켜 감염 지역을 봉쇄하고 적응면역을 유도한다. 적응면역은 주 단위로 활동하면서 감염 지역에서 항원을 채집하고 이에 대한 항체를 대량으로 생산하는 과정을 진행한다. 그리고 항체가 만들어지면 바이러스 입자를 중화하고 감염세포를 찾아서 제거한다. 이 과정이 시작되면 적응면역은 선천면역을 억제하는 신호를 줘서 진정시키기 시작한다.

이처럼 전체적인 면역의 활동은 시간의 흐름에 따라 변하는 상황을 통제하고 반응하는 수많은 면역세포들이 집단 협력한 결과물이다. 다양한 종류의 면역세포들은 빈틈없이 움직이는 군대와 유사하다. 정찰대, 기동타격대, 포병부대, 저격부대, 수색부대, 정보부대, 보급부대, 그리고 지휘관의 역할을 수행하는 수많은 세포들이 서로 긴밀하게 통신하며 바이러스와의 전쟁을 수행한다. 대규모 작전에서 통신이 가장 중요한 것처럼 면역세포들도 사이토카인을 통해 서로 신호를 주고받는다. 군대에서 주요 특기에 따라 병과가 나뉘는 것처럼, 면역세포들도 선천면역이나 적응면역에 소속된다. 선천면역의 주력부대가 위험 지역을 초토화시키는 포병이라면, 적응면역의 주력부대는 적군을 확인하며 제거하는 저격부대다. 날아다니는 포탄에는 눈이 없지만 저격수는 적군을 직접 확인하고 제거한다.

다세포생물에게 면역은 생존에 필수적인 능력이다. 장수하는 편에 속하는 사람이 방어해야 할 병원체는 바이러스만이 아니다. 주변에서 우리 몸으로 끝없이 침입하는 세균, 곰팡이, 기생충까지 모두 방어해야 한다. 다행인 것은 대부분의 병원체들은 사람의 세포와 구분되는 특이한 분자구조의 성분들이 있다는 것이다. 이를 이용하면 면역을 빠르게 작동시킬 수 있고 그만큼 방어의 부담이 줄어든다. 하지만 모든 구성 성분이 숙주세포에서 만들어지는 바이러스 입자에서는 면역이 침입을 빠르게 알아차릴 만한 특이한 점이 없다. 선천면역 센서로는 일단 세포가 감염되고 나서 유전자가 증식되어야만 바이러스의 위험을 감지한다. 따라서 바이러스와의 전쟁에서 면역은 항상 선수를 뺏기고 시작하기에 선천면역의 빠른 시작이 더욱 중요하다. 그 이유는 적응면역의 신속한 개시를 위해서다. 바이러스 항원이 자신의 세포가 만드는 단백질이 아니라는 것은 항체만이 정확하게 구분해낼 수 있다.

면역의 효율적인 작동을 위해서는 시간과 함께 공간의 중요성도 크다. 선천면역과 적응면역 모두 국소적인 지역 방어에서 최고의 효율이 나오도록 진화된 시스템이다. 즉 선택과 집중이 성공적인 면역 활동의 필수 요소다. 선천면역은 부작용을 동반하기 때문에 가능한 한 좁은 지역에 집중될 때 효과가 크다. 그리고 항체를 만드는 과정은 아주 많은 생체 자원을 소모하는 일이다. 따라서 항원을 확인해야 하는 부위가 너무 넓게 퍼져 있으면 제한된 자원이 분산되는 결과를 가져오고 빠른 항체의 생산에 걸림돌이 된다. 시간의 집중은 선천면역이 가능한 한 빠르게 시작되어야 효율적 방어가 가능해진다는 의미다. 위험 경보가 늦어질수록 싸워야 할 전쟁터가 넓어지는 일은 면역에서도 마찬가지로 일어난다.

25

확전

면역을 농락하는 코로나19

코로나19에 오염된 비말이 주위의 새로운 감염자를 찾아다니는 동안, 호흡기에 남아 있는 코로나19는 계속 세력을 확장한다. 이 교활한 바이러스는 선천면역을 계속 농락하면서 감염시킨 숙주세포에서 위험신호를 내는 것을 방해한다. 선천면역이 위험을 인식하지 못하는 동안 목구멍 부근에서 시작된 증식은 폐가 있는 쪽으로 감염 지역을 점차 넓혀간다.

감염자의 호흡기에서 생성되는 비말에 올라탄 코로나19는 타인을 감염시킨다는 바이러스의 가장 중요한 목표의 절반은 일단 달성한 셈이다. 하지만 이렇게 배출되는 것은 증식한 바이러스의 일부에 불과하고, 남아 있는 것들은 멈추지 않고 주변의 상피세포들을 계속 감염시켜나간다. 흔한 감기를 일으키는 다른 바이러스라면 선천면역에 의해 감염 초기부터 위험이 감지된다. 하지만 박쥐에서 새롭게 건너온 코로나19는 인터페론 분비를 억제하는 능력이 뛰어나다. 이

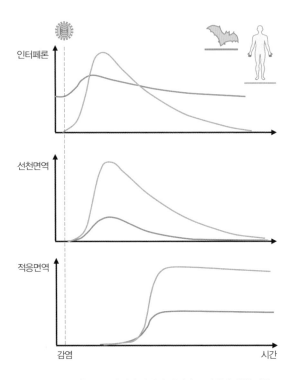

인터페론

선천면역

적응면역

감염   시간

그림 25-1 박쥐와 사람의 바이러스 감염에 대한 반응

교활한 능력은 원래의 고향인 박쥐에서 단련된 것이다. 박쥐는 포유
류면서 날짐승이다. 낮에는 동굴에 모여서 잠을 자고, 밤이면 먹이
를 구하러 날아다닌다. 날아다닐 때에는 신진대사가 피크를 이루면
서 체온이 엄청나게 올라가고, 잘 때는 신진대사가 거의 전무할 정
도로 떨어진다. 이런 특이한 박쥐의 대사와 면역의 체계는 다른 포
유류와는 다르게 설정되어 있다. 특히 염증 반응이 극도로 억제되
어 있는데, 이는 박쥐가 장수하는 이유로 추정된다. 사람의 몸무게

로 환산하면 800년을 사는 셈이다. 그리고 밀집해서 잠을 자기에 바이러스의 집단 감염이 빈번하다. 이런 상황에서 진화한 박쥐의 면역 체계는 그림 25-1처럼 주로 인터페론을 이용해 바이러스 감염을 통제한다. 평상시에도 일정 농도 이상의 인터페론이 계속 분비되어 바이러스 감염에 항상 대비되어 있는 상태인 것이다. 대신 다른 포유류와 다르게 인터페론에 의한 염증 반응이 약하게 일어나도록 설정되어 있다. 염증 반응이 약하면 적응면역의 유도 역시 약하게 일어난다.

박쥐가 인터페론으로 바이러스 증식을 억제하는 데에 집중하는 이유는 항체를 만드는 적응면역은 너무 많은 에너지가 소모되기 때문이다. 빈번하게 바이러스 감염이 일어나는 환경에서 이런 에너지 소모적인 대응으로는 버티기 어렵다. 그래서 박쥐는 바이러스가 적당히 증식하도록 허용하는 선에서 타협하는 공존을 택한 것이다. 급격한 체온의 변화도 바이러스들이 지나치게 증식하지 못하는 환경을 만든다. 이에 반해 다른 포유류의 경우는 가끔씩 일어나는 바이러스 감염을 적응면역을 통해 완전히 박멸한다. 그리고 인터페론은 강력한 염증 반응을 유도해서 적응면역을 개시하는 역할을 한다. 따라서 박쥐와 달리 위험이 감지될 때만 강력하게 분비되고 평소에는 거의 분비되지 않는다.

이런 면역 특성을 가진 박쥐에서 금방 건너온 코로나19로서는 사람의 선천면역이 얼마나 농락하기 쉬운 상대이겠는가? 프리미어 리그의 선수가 동네 조기 축구에서 뛰는 격이다. 박쥐의 바이러스가 인터페론에 대해 저항하는 방법에는 두 가지가 있다. 인터페론의 분비를 억제해서 눈치채지 못하게 조용하게 증식하거나, 인터페론과 싸우면서 증식하는 것이다. 이 두 방향의 적응 결과는 박쥐에서는 큰 차이가 없다. 하지만 면역의 조절 기전이 완전히 다른 사람에서는 임상 증상에 차이를 만들게 된다. 몰래 증식하는 경우는 코로나19처럼 무증상 감염자가 많아져 전파율이 높아지고, 선천면역에 맞서 싸우며 증식하는 경우는 메르스나 사스처럼 치사율이 높아지는 것이다.

사람의 선천면역은 인터페론 분비의 급격한 증가로 시작되며 강력한 염증 반응을 유도하여 지역 방어선을 펼친다. 하지만 인터페론 분비를 방해하는 코로나19는 이 염증 반응의 시작을 늦춘다. 하지만 아무리 은밀한 증식도 결국 들통이 난다. 세포 내부에서 인터페론의 경보 시스템을 무력화할 수는 있지만, 감염된 숙주세포가 죽으면서 흘러나오는 바이러스 유전자 복제의 흔적까지는 숨길 수가 없기 때문이다. 면역의 최전선에는 바이러스 증식의 부산물이 흘러나오는지를 감시하는 전문 세포들이 있다. 이들의 바이러스 유전자 감지 센서는 세포의 외부 환경을 감시하도록 방향이 고정되어 있다. 감염되어 죽은 세포가 생기기 시작하면 감시 세포가 바이러스의 흔적을 감지하고 인터페론을 분비하기 시작한다. 하지만 코로나19는 숙주세포를 죽이지 않고 오래 살려두는 능력마저 뛰어나다. 따라서 감시 세포에게 발각되는 시점도 늦춰진다. 이런 교활한 능력들을 발휘해 가능한 한 선천면역의 인계철선을 건드리지 않고 계속 증식하는 것이다. 이렇게 선천면역의 작동이 늦춰지는 것은 사실 며칠에 불과하지만 그 결과에는 엄청난 차이가 발생한다. 코로나19의 경우는 다른 코로나바이러스에 비해 사람의 호흡기 세포에서 증식하는 효율이 열 배 정도 높다. 그래서 선천면역의 작동 이전에 몰래 숙주세포 감염을 몇 번만 거쳐도 엄청난 코로나19 입자가 만들어진다.

선천면역의 작동을 늦추며 상기도에서 빠르게 증식하는 이런 능력이 코로나19의 빈번한 무증상 전파의 본질적인 원인이다. 감염자가 증상을 인지하지 못하는 상태에서 고농도의 바이러스 비말이 생성되기 때문이다. 하지만 인터페론을 분비하려는 감염 지역의 세포들과 이를 막으려는 바이러스의 치열한 눈치 싸움은 계속 전개된다. 결국 늦더라도 바이러스의 존재를 인식하고 선천면역 반응이 시작된다. 하지만 늦어질수록 바이러스 감염 지역은 넓어지고 부작용의 범위와 강도 역시 커진다. 또한 적응면역이 항체를 만드는 데 필요한 시간적인 여유도 줄어들기 때문에 불리한 상황이 된다.

지금까지 벌어진 면역 전쟁의 무대는 코로나19의 감염이 시작된 상부 호흡기 영역이다. 하지만 빠르게 증식하는 바이러스는 그림 25-2처럼 기관지 내부의 상피세포층을 타고 하부 호흡기로 영역을 점차 확장해나간다. 상부와 하부 호흡기는 기관지를 통해 연결되어 있지만, 감염의 임상적인 의미는 완전히 다르다. 상부 호흡기는 감염이 빈번하게 일어나는 곳이지만, 하부 호흡기는 면역 방어의 마지노선이기 때문이다. 특히 폐렴이 발생하면 감염의 원인에 상관없이 치명적인 결과가 발생할 위험이 급격히 올라간다. 따라서 면역이 방어에 성공하기 위해서는 폐까지 감염이 확대되기 이전에 항체를 만들어내야 한다. 즉 항체를 만들어내는 골든타임이 존재하는 것이다.

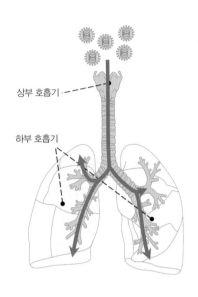

상부 호흡기 ·-----

하부 호흡기

그림 25-2 코로나바이러스의 감염 진행

　호흡기처럼 바이러스가 빈번하게 들어오는 곳에는 미생물의 침입에 대한 여러 층의 방어선이 구축되어 있다. 끈끈한 점액을 이동시키는 기계적인 방벽의 일차 방어선, 선천면역과 염증 반응으로 증식을 저해하는 이차 방어선, 적응면역을 통한 항체의 생산과 투입이 삼차 방어선을 이루고 있다. 이 방어선들은 독립적으로 작동하는 것이 아니고 서로 톱니바퀴처럼 정교하게 맞물려 돌아가면서, 상황의 변화에 따라 역동적으로 대응한다. 하지만 코로나19는 일차와 이차 방어선을 쉽게 무력화시키고 폐를 향해 감염 지역을 확대시켜나간다. 설상가상으로 상황을 더욱 악화시키는 것은 선천면역이 작동하면서 일차 방어선이 붕괴되는 것이다. 인터페론과 염증의 영향으로 기관지 내부에 끈끈이 점막층을 외부로 이동시키던 상피세포의 섬모 운동이 느려지게 된다. 그 결과 점막의 이동이 정체되면서 호흡기의 일차 방어선이 작동을 멈춘다. 구강과 연결된 상부 호흡기에는 수많은 세균이 존재하는데 이들이 이를 틈타서 기관지로 흘러 들어오기 시작하는 것이다. 이런 이유로 대부분의 호흡기 감염은 바이러스가 시작하고 세균이 그 뒤를 따라가는 경우가 흔하게 일어난다. 이것이 이차 세균 감염인데 항생제 개발 이전에는 호흡기바이러스 감염의 가장 흔한 사망 원인이었다. 호흡기바이러스 감염에서는 바이러스 자체의 독성보다는 이런 선천면역의 부작용으로 인해 더 큰 피해가 발생한다. 그리고 선천면역에 영향을 받는 범위가 넓어질수록 피해도 비례해서 커진다. 이런 선천면역의 부작용과 바이러스 감염 억제의 딜레마를 해결하는 것은 적응면역이다. 항체를 만들어낸 이 해결사는 바이러스를 추적해 제거할 뿐 아니라, 광범위한 피해를 일으키며 날뛰는 선천면역도 진정시킨다.

26
항원

침입자의 표식

적응면역은 자신의 세포들과 구분되는 바이러스만의 특징을 찾는 것으로 시작된다. 침입자의 표식을 찾아내는 것이 좋은 항체를 만드는 시작이다. 이 표식이 바로 항원이다. 면역의 최전선에는 침입자를 잡아서 항원을 분석하는 기능을 수행하는 전문적인 세포들이 돌아다니고 있다. 이 세포들이 바이러스를 잡아서 잘게 쪼갠 뒤 다른 면역세포들에게 이 조각들을 보여준다. 그러면 항체를 만드는 세포들이 조각들을 뒤져서 바이러스에 특징적인 표식을 찾아낸다. 면역은 기가 막힌 방법으로 이 조각들을 이용해 바이러스 항원에 가장 잘 들어맞는 항체를 찾아낸다.

면역이 인체를 구성하는 30조 개가 넘는 자신의 세포들 사이에 숨어 있는 바이러스를 찾아서 제거하기 위해서는, 자기 세포의 특징을 먼저 파악하고 이와 차이가 나는 침입자의 특징을 찾아내야 한다. 앞서 설명한 선천면역에서 바이러스의 유전자 특징을 감지하는 센서 단백질 역시 기본적으로는 나와 차이나는 존재를 찾아내는 역할을 한다. 하지만 선천면역이 가진 몇 개의 센서만으로는 바이러스 증식을 방어만 하면서 끌려가는 상황에 놓이게 된다. 더구나 코로나 19처럼 선천면역을 농락하는 바이러스 때문에 수세에 몰린 면역이 반격을 시작하기 위해서는 항체가 반드시 필요하다. 항체가 있으면 바이러스 입자와 생산 공장이 된 감염세포를 찾아내어 제거하는 선제공격을 시작할 수 있다. 하지만 바이러스의 입자를 둘러싼 껍데기는 우리 몸의 세포에서 만들어진 단백질과 세포막으로 이루어져 있기 때문에 기본 구성 성분에는 차이가 없다. 따라서 바이러스의 유전 정보가 만들어내는 단백질들이 자신의 세포가 만들어내는 것이 아니라는 특징들을 찾아야 한다.

항체가 만들어지기 위해서는 먼저 항원이 존재해야 한다. 항원 중에서도 특히 면역 반응을 잘 유도하는 경우 '면역원immunogen'이라고도 한다. 즉 외부에서 들어온 물질이라고 모든 것이 항원이 되지는 않고 적응면역을 자극하는 것이 항원이 된다. 항원과 항체의 결합은 막연한 개념이 아니라 3차원 공간에서 단백질들의 구조가 상보적으로 결합하는 것이기 때문에 물리적인 제약이 있다. 그림 26-1을 보면, 코로나 바이러스의 스파이크에 항체가 결합한 모습이 있고, 동그라미의 안에는 결합한 지점에 있는 단백질들의 실제 모습을 보여주는 컴퓨터 그래픽이 있다. 위쪽의 주황색 단백질 덩어리가 바로 스파이크 단백질의 RBD, 즉 '수용체 결합 영역Receptor Binding Domain'이

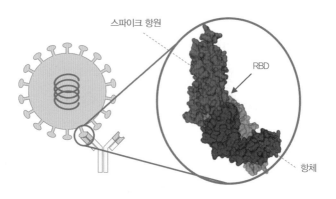

스파이크 항원

RBD

항체

그림 26-1 스파이크의 ACE2 수용체 결합부위 항원

고, 아래쪽의 분홍색과 초록색 덩어리들이 옆의 항체 모식도의 말단에 파란색으로 표시되어 있는 항원 결합 부위다. 코로나19는 RBD를 이용해 호흡기 상피세포의 표면에 있는 ACE2 수용체와 결합해서 세포 안으로 들어간다. 그런데 그림처럼 RBD에 항체가 결합하면 이 바이러스는 ACE2와 결합을 하지 못하게 중화neutralize된다. 이런 능력에 특화된 항체를 중화 항체라고 한다. 즉 RBD는 좋은 면역원인 것이다. 여기서 주의깊게 봐야 하는 것은 항체와 항원의 결합에는 일부 부위들만 관여한다는 것이다. 이렇게 항체에서 항원과 상보적으로 결합하는 부위를 파라토프paratope라 하고, 항원에서 항체의 표적이 되는 RBD 같은 부위를 에피토프epitope라고 한다. 그림에서 파랗게 표시되어 있는 항체의 파라토프 크기가 약 5nm 정도이기 때문에, 항원의 에피토프도 이와 비슷한 크기를 가지게 된다.

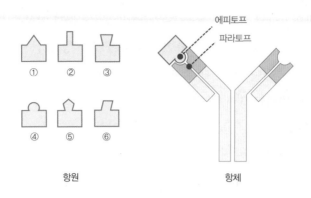

그림 26-2 항원과 항체의 특이적인 결합

그림 26-2는 하나의 항체가 여러 종류의 항원 중에서 자신의 짝하고만 특이적으로 결합하는 항원-항체의 결합 특이성을 보여주고 있다. 왼쪽에는 1번에서 6번까지 다양한 형태의 에피토프를 가진 항원들이 있는데, 오른쪽의 항체는 자신의 파라토프와 상보적으로 정확하게 결합하는 4번 에피토프를 가진 항원하고만 결합한다. 물론 이는 설명을 위해 간략화한 모식도를 보여주지만, 실제 3차원 단백질 구조에서도 동일한 개념이 적용된다. 항원-항체 결합에서 에피토프가 10개 정도의 아미노산 크기라고 해서 이것만 떼어낸다고 항원이 되지 않는다. 항원 단백질 전체가 있어야 에피토프 부위의 구조가 안정적으로 유지되기 때문이다. 즉 그림의 항원들에서 다양한 모양의 에피토프만 잘라내면 그 모양이 무너진다는 말이다. 만약 단백질의 구조가 계속 변화한다면 항체의 표적이 될 수가 없다. 좋은 면역원이 되는 항원 단백질의 조건은 대략 알려져 있다. 단백질을 구성

하는 아미노산의 개수는 많을수록 좋지만 최소 80개 이상은 되어야 하며, 외부로 노출된 부위에 특이한 삼차 구조를 형성하는 단백질이 좋은 항원이 된다. 바로 이 삼차 구조가 에피토프의 후보가 되며, 특이하다는 의미는 자신의 세포에서 자주 만들어지는 구조가 아니라는 의미다. 면역의 목표가 '나'와 다른 차이점을 찾는 것이기에 이는 당연한 조건이라 할 수 있다. 조금 까다로워 보이지만 코로나19의 스파이크 같은 바이러스들의 표면단백질 대부분은 이 조건들을 자연스럽게 만족시킨다.

바이러스의 단백질들이 갖는 특징적인 표식을 찾아내는 것이 적응면역의 시작이자 가장 중요한 작업이라고 했다. 문제가 명확해야 답을 빨리 찾을 수 있는 법이다. 이를 위해서는 먼저 코로나19를 포로로 잡아야 한다. 호흡기를 포함한 면역 방어의 최전선에는 바이러스를 잡아먹어서 항원을 분석하는 전문적인 면역세포들이 존재한다. 잡아먹은 바이러스는 산산조각을 내서, 적당한 조각들을 골라낸 뒤, 항체를 만드는 면역세포들에게 보여준다. 이런 세포들을 항원제시세포antigen presenting cell라고 하며 사방팔방으로 뻗은 가지 같은 수상돌기를 가진 수지상세포dendritic cell가 대표적이다. 이 세포는 수상돌기를 이용해 주변의 세균, 바이러스와 죽은 세포 등을 닥치는 대로 포식해서 분석한 뒤 그 조각을 항체를 만드는 세포들에게 보여준다. 외부와 접하는 면역 전선의 최전방에는 항상 일정한 수의 항원제시세포들이 보초처럼 상황을 살피며 돌아다니고 있다. 선천면역으로 염증 반응이 시작되면서 분비되는 사이토카인은 이 항원제시세포들을 감염이 시작된 부위로 모여들도록 유인한다.

　적응면역이 나와 남을 구분하는 기전을 살펴보기 위해서는 약간 복잡하지만 MHC(Major Histocompatibility Complex, 주요조직 적합유전자 복합체) 혹은 HLA(Human Leukocyte Antigne, 인간 백혈구 항원)라고도 불리는 단백질에 대해 먼저 알아야 한다. 면역에서 MHC는 '나', 즉 우리 편이라는 것을 알려주는 신분증 역할을 하는 세포막단백질이다. 이 단백질의 기본 형태는 비슷하지만 자세한 구조는 사람마다 차이가 난다. 장기 이식 수술을 할 때 나타나는 거부 반응은 바로 이식된 장기의 세포들에 있는 MHC 단백질이 환자의 면역이 검사하는 것과 호환이 되지 않아서 발생한다. 이식된 장기의 세포가 제대로 된 MHC를 제시하지 못하면 남으로 판단해 면역이 제거해버리는 것이다. 이 거부반응을 억제하기 위해 장기 이식 환자들은 평생 면역 억제제를 복용해야 한다.

항원제시세포가 항원을 분석한다는 의미는 단백질들을 조각내서 MHC에 결합시킨다는 의미다. 그림 26-3은 그 과정을 간략하게 표시한 것이다. 항원제시는 크게 세포의 내부와 외부의 단백질을 분석하는 과정으로 나누어진다. 일단 위쪽의 세포 외부 항원을 분석하는 경우를 먼저 살펴보면 포식을 통해 주변에 있는 바이러스를 잡아들인다(1 포식). 포식은 바이러스가 세포 내부로 숨어서 들어오는 내포 형성과는 다른 기전으로 일어난다. 포식으로 형성된 주머니는 다양한 종류의 분해 효소가 가득 들어 있는 내포와 결합하고, 잡혀 들어온 바이러

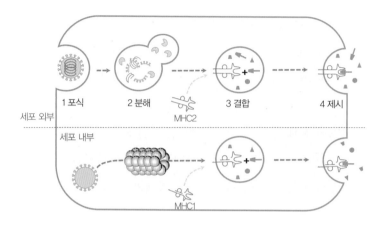

그림 26-3 항원제시세포의 내외부 단백질의 처리과정

스는 산산조각으로 분해된다(2 분해). 이때 단백질 사슬이 조각조각 끊어져 만들어지는 짧은 단백질 쪼가리를 펩타이드peptide라고 한 다. 그다음에는 분해된 펩타이드들이 있는 내포의 안쪽에 MHC2 단 백질들이 들어와서 박히게 된다. 그리고 펩타이드 중에서 적당한 특 성을 가진 것들이 MHC2의 끝부분에 결합하게 된다(3 결합). 이 내포 가 이동해 다시 세포막과 융합하면 MHC2에 결합된 바이러스의 펩 타이드들은 세포막의 바깥으로 달려 있는 형태로 노출된다(4 제시). 그리고 나머지 분해 산물들은 세포의 밖으로 쏟아져나간다. 이렇게 세포막에 전시된 MHC2에 붙잡힌 바이러스 펩타이드들은 마치 꼬치 끝에 고깃조각이 꽂혀 있는 모습과 유사한데, 이것이 바로 항원제시 다. 이렇게 포식세포가 외부 항원을 제시하는 과정 이외에도, 일반 세 포들도 내부에 있는 바이러스 단백질의 펩타이드를 제시할 수 있다.

242

인터페론에 의해 발현이 증가하는 단백질들 중에는 MHC1이 있는데, 이것은 세포 내부에서 만들어지는 단백질들의 펩타이드를 외부에 보여주는 데에 사용된다. 그림 26-3의 아랫부분에서 보면 세포 내의 바이러스 단백질들은 원통으로 표시된 단백질 파쇄기에 의해 펩타이드로 조각난다(2 분해). 그럼 그 조각들은 MHC1 단백질이 박혀 있는 내포의 안으로 이동하게 된다. 그리고 MHC1에 적당한 펩타이드들이 결합한다(3 결합). 그리고 MHC2와 동일한 과정을 거쳐 세포의 외부로 전시된다(4 제시). 이렇게 세포 내외부의 바이러스 단백질의 펩타이드들이 항원제시세포의 표면에 나란히 전시되면 가장 좋은 바이러스 항체를 골라낼 일차 준비가 끝난 것이다. 항원제시세포들이 배가 부르면 포식을 멈추고 가까운 림프절로 이동한다. 그리고 림프절 안에서 항체를 만드는 면역세포들을 불러들여 자신이 분석한 바이러스의 펩타이드들을 보여준다.

27
항체

한 개의 자물쇠와 천만 개의 열쇠

항체는 면역의 아이콘이다. 하지만 이 마법 같은 단백질을 만들기 위해서는 길고 힘든 과정을 거쳐야 한다. 사실 항체는 만들기보다는 골라낸다는 것이 정확한 표현이다. 흔히 항원은 자물쇠, 항체는 열쇠에 비유된다. 그런데 면역세포가 숙련된 열쇠 기술자처럼 자물쇠의 구조를 살펴보고 맞는 열쇠를 깎아낼 수는 없다. 이런 방식이 가능하려면 단백질의 정보를 유전 정보로 역으로 변환할 수 있는 방법이 있어야 하는데, 이는 생명의 중심원리 때문에 불가능하다. 그렇다면 남는 방법은 하나다. 가능한 구조의 항체를 모조리 만들어서 맞을 때까지 하나씩 맞춰보는 것이다.

여행 가방에 달려 있는 세 개의 숫자를 돌리는 자물쇠의 비밀번호가 생각나지 않았던 경험을 누구나 가지고 있을 것이다. 가방을 부수지 않고 여는 가장 간단한 방법은 다이얼을 하나씩 돌려 가능한 조합을 모두 시도해보는 것이다. 단순하고 무식해 보이지만 의외로 컴퓨

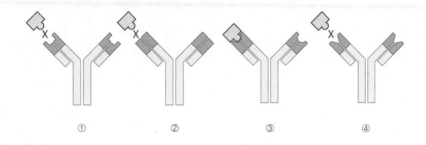

그림 27-1 항원과 결합하는 항체를 고르는 과정

터 해커들이 비밀번호를 풀기 위해 많이 쓰는 방법이다. '무차별 대입 알고리즘brute force algorithm'이란 멋진 이름도 가지고 있다. 적응면역에서 항원에 맞는 항체를 고를 때 이 알고리즘을 사용한다. 위의 그림 27-1에서 보면 동그란 에피토프를 가진 항원이 있는데 이것이 열쇠다. 그리고 파라토프의 모양이 다른 네 종류의 항체가 있는데 이것이 자물쇠다. 이 항체들을 하나씩 항원에 맞춰보면서 확인해가면 3번 항체가 잘 결합한다는 것을 찾아낼 수 있다. 이것이 적응면역이 작동하는 핵심 원리다. 물론 실제 면역에서는 수백수천만 개의 다양한 구조를 가지는 항체를 미리 준비한 다음, 항원에 맞춰본다. 이런 기전을 알고 나면 적응면역이 코로나19의 스파이크 단백질에 결합하는 항체를 생성하기 위해 일주일 정도 걸린다는 게 느리다는 생각은 전혀 들지 않을 것이다.

항체가 다양하게 준비된다는 것의 의미를 이해하기 위해 구조를 먼저 간단히 알아보자. 그림 27-2처럼 항체는 4개의 단백질 사슬이

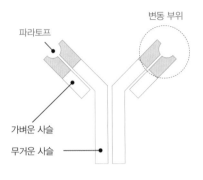

그림 27-2 항체의 구조

대칭으로 결합되어 있는 새총 모양으로 생겼다. 길고 무거운 사슬
heavy chain은 손잡이 부분까지 연결되고, 짧고 가벼운 사슬light chain
은 가지에만 달려 있다. 새총의 양쪽 가지 끝에는 무거운 사슬과 가
벼운 사슬에 의해 파라토프가 만들어지며 이 부위의 단백질 구조가
항체에 따라 차이가 나기 때문에 변동 부위라고 한다. 단백질 서열
에 차이가 나면 3차원 공간에서 접히는 단백질의 구조가 달라진다.
따라서 항체의 다양한 구조라는 것은 파라토프의 3차원 구조가 다
양하다는 의미다. 변동 부위의 아래에는 동일한 단백질 서열을 가지
고 있는 고정 부위가 있다. 동일한 서열은 구조도 동일하다는 의미
다. 무거운 사슬 2개는 새총의 가지가 갈라지는 부분에서 단단하게
결합되어 있다. 그리고 항체의 양쪽 가지에 있는 사슬들은 각각 서
로 동일하다. 즉 동일한 서열의 무거운 사슬 두 개와 역시 동일한 서
열의 가벼운 사슬 두 개가 하나의 항체를 만드는 것이다. 이렇게 만
들어진 항체는 완전한 좌우대칭 구조로 동일한 파라토프를 양쪽 가

지의 끝에 가지게 된다. 코로나19에 대한 항체의 경우는 스파이크 단백질의 에피토프에 결합하는 파라토프를 항체에 가지고 있는 것이며, 이 파라토프는 무거운 사슬과 가벼운 사슬의 변동 부위의 단백질 서열, 즉 유전자에 있는 서열 정보들에 의해 결정된다.

항체는 골수bone marrow에서 만들어진다고 해서 B세포라고 이름 붙은 면역세포가 만들어낸다. 하나의 B세포는 한 종류의 항체만 만들어내기 위한 무거운 사슬과 가벼운 사슬의 유전자를 가지고 있다. 따라서 항체의 종류가 조 단위라는 것은 변동 부위의 유전자가 다른 B세포들의 종류가 조 단위라는 의미다. 이런 어마무시한 다양성은 오래전 과학자들에게 유전자 크기의 딜레마를 안겨주었다. 이론적으로 적응면역이 만들어낼 수 있는 항체의 다양성이 약 50조에 달하는데, 이 정보를 모두 담기 위해선 사람의 유전자 크기가 어림없이 부족하기 때문이다. 항체를 만드는 데에 필요한 최소의 유전 정보를 2000염기로 계산하면, 50조의 항체 유전 정보를 담으려면 10경 개의 염기가 필요하다. 이 정보들을 30억 염기에 불과한 인간의 유전자에 모두 담는 것은 불가능하다.

이 딜레마는 B세포가 만들어지면서 일어나는 유전자 재조합 recombination이 규명되면서 풀릴 수 있었다. 재조합을 이용하면 몇 개의 유전자 기본 단위로 천문학적인 다양성을 쉽게 만들어낼 수 있다. 예를 들어 10가지 색상의 레고 블록을 연결해, 다양한 색상의 막대를 만든다고 하자. 막대에 포함된 블록이 1개면 10가지, 2개면 100가지, 3개면 1000가지, 그리고 12개면 1조 개의 다양한 색상의 조합 막대를 만들 수 있다. 만약 조합을 이용하지 않고 1조 개의 정보를 그대로 보관하려면 10조 개의 블록 정보가 필요하다. 하지만 조합을 이용하면 12개의 위치에 들어갈 10가지 색상을 지정하는 총 120개의 블록 정보만 있으면 이를 조합해서 1조 개의 막대를 언제든 쉽게 만들어낼 수 있다. 이렇게 10조의 정보를 120으로 압축하는 비밀은 조합combination이다. 이 조합 전략은 생명 현상의 여러 곳에서 활용된다. 항체의 정보를 보관하는 유전자만이 아니라 몇 종류의 전사 인자나 신호 단백질들의 조합으로 다양한 기능을 정교하게 조절하는 데에도 이용된다. 과거의 과학자들이 이런 유전자 조합의 가능성을 생각하지 못한 것은 수정란이 만들어지면서 결정된 태생 유전자germ-line gene는 불변이라는 고정관념을 가지고 있었기 때문이다. 하지만 B세포의 가변 부위 유전자는 재조합이라는 통제된 과정을 통해 태생 유전자를 재조합해서 만들어진다는 것이 밝혀진 것이다. 이렇게 유전자가 후천적으로 변화하기 때문에 적응면역 혹은 후천면역이라는 명칭이 붙은 것이다.

B세포에서 실제로 일어나는 항체 유전자의 재조합 과정에 대한 설명은 약간 복잡하다. 단지 유전자에서 정교한 조작이 일어난다는 것만 기억해두면 된다. 그림 27-3은 B세포가 가지고 있는 무거운 사슬의 태생 유전자가 재조합되어 항체의 가변 부위를 만드는 과정을 간단히 보여준다. 가장 위에 있는 태생 유전자의 가변 부위 선택 유전자는 세 개의 구역으로 구분되고, 각 구역마다 선택이 가능한 세 가지 블

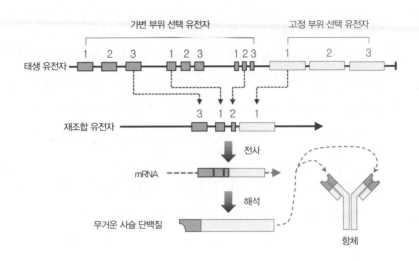

그림 27-3 항체의 무거운 사슬 부분 유전자의 재조합과 전사 및 해석 과정

록 정보를 가지고 있다. 그림에서는 블록을 세 개씩만 표시해놨지만, 실제로는 수십 개씩의 블록 정보가 있다. 사람의 경우는 각각 65개, 27개, 6개의 블록 정보가 존재하는 것으로 밝혀진 상태다.

골수의 조혈줄기세포hematopoietic stem cell에서 분화된 어린 B세포는 계속 분열과 분화를 하면서 성숙한 B세포가 되어간다. 이 과정에서 태생 유전자의 각 구역에 있는 블록 유전자를 재조합해서 앞으로 자신이 지니게 될 유전자를 만들어나간다. 그림의 재조합 유전자는 태생 유전자의 세 구역에서 순서대로 3번, 1번, 2번 블록을 뽑아서 재조합한 것을 보여준다. 이런 식으로 조합하면 그림의 간단한 예제에서도, 3x3x3=27개의 다양한 가변 부위 재조합 유전자를 만들어내는 것을 알 수 있다. 그리고 이 가변 부위 선택 유전자 뒤에는 고정 부위 선택 유전자가 연결된다. 이렇게 재조합된 유전자에서 전사가 일어난 뒤 블록 정보들 사이에 있는 불필요한 서열들을 날리면 최종 mRNA가 만들어진다. 이 mRNA가 해석되면 재조합된 정보를 담고 있는 무거운 사슬 단백질이 만들어지고, 동일한 재조합 과정을 거쳐 만들어진 가벼운 사슬 단백질과 결합하면 최종 항체가 만들어지는 것이다.

이렇게 두 사슬의 유전자가 각각 재조합되면 B세포 유전자는 대략 20만 가지 이상의 다양성을 가지게 된다. 여기에 재조합 과정에서 유전자의 추가 변형이 이루어지는데, 이때 발생하는 다양성이 약 3000만 가지가 된다. 여기에 최종적으로 가변 부위의 유전자들을 통제된 돌연변이를 이용해 가다듬는 작업이 일어난다. 이 다양성들을 모두 조합하면 B세포들은 총 50조에 이르는 엄청나게 다양한 항체의 유전자를 만들 수 있게 된다. 이 천문학적 다양성이 이기적 유전자들의 다양성과 맞서는 힘이다.

코로나19를 제거하기 위해 적응면역에서 유전자 재조합을 이용하는 것은 항체만이 아니다. 이 수용체도 항체와 같이 변화무쌍한 면역단백질immunoglobulin 가족의 일원이다. 항체가 면역의 아이콘이긴 하지만, 적응면역에는 항체의 다양성을 뛰어넘는 훨씬 더 정교한 바이러스 감별 면역단백질이 있다. 흉선Thymus에서 만들어진다고 해서 T세포라고 불리는 면역세포가 표면에 지니고 있는 T세포 수용체T cell receptor(TCR)다. 그림 27-4에는 항체와 T세포 수용체의 관

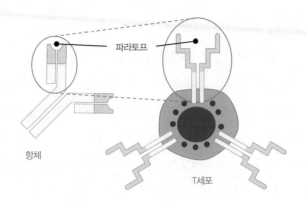

파라토프

항체

T세포

그림 27-4 T세포 표면의 면역 수용체와 항체의 비교(크기들은 정확한 비율이 아님)

계와 간략한 구조가 표시되어 있다. T세포의 표면에 박혀 있는 수용체를 보면 고정 부위와 변동 부위로 구성된 동일한 크기의 두 개의 사슬이 결합되어 있다. 각각 다른 유전자에서 만들어진 사슬들이 결합된 T세포 수용체의 머리에는 사슬들의 변동 부위가 위치하고, 이는 항원과 결합하는 파라토프를 형성하게 된다. 항체의 새총 구조와 비교해보면 가지 하나만 뚝 부러트려 세포막에 꽂아놓은 형태다.

표적에 대한 특이성을 가진 T세포 수용체 역시 항체와 마찬가지로 다양한 구조를 가진 T세포의 후보들 중에서 바이러스의 펩타이드와 결합하는 것을 고르게 된다. 따라서 T세포 수용체의 변동 부위에도 천문학적으로 다양한 유전자 서열이 필요하다. 이는 항체의 유전자 재조합과 동일한 과정을 거쳐 확보된다. 이 수용체를 구성하는 두 사슬의 태생 유전자는 각각 두 개씩 총 네 개가 있고, 항체의 사슬 유전자와 동일하게 가변 구역과 고정 구역으로 나누어져 있다. 이 태생 유전자가 재조합 과정을 거쳐 나가면 다양한 재조합 유전자로 만들어진다. 항체의 경우와 생기는 차이점은 1만 배 정도 다양성이 더 크다는 것이다. 항체의 다양성이 조의 단위라면 T세포 수용체의 다양성은 100경(10의 18승)의 단위다. 이렇게 무지막지한 다양성이 필요한 이유는 10개 정도의 아미노산 조각인 펩타이드를 꼼꼼히 구분하기 위해서는 더 많은 조합이 필요하기 때문이다.

모든 혈액세포의 고향은 골수다. 태생 유전자를 가진 미성숙 B세포는 골수에서 분열하면서 항체 유전자를 재조합한다. 이 과정을 거쳐 다양한 항체의 유전자를 가지게 된 B세포들은 우선 자가항체를 만드는지 먼저 검사를 받게 된다. 자기 세포가 만들어내는 단백질과 결합하는 자가항체를 생성하는 B세포들은 이 과정에서 모조리 폐기된다. 이 과정은 인간 사회에서 사용하는 인성 검사처럼 음성 선택 negative selection의 검증 과정이다. 여기서 자기 세포의 단백질과 결합하는 항체를 만드는 B세포가 걸러지지 않으면 자기 세포를 적으로 인식해서 공격하는 자가면역질환이 발생한다. 이 검증을 통과한 B세포들만 혈관으로 들어가 전신을 순환할 수 있는 자격을 얻게 된다. 전신을 순환하는 신입naive B세포들은 항체를 분비하지는 않고 세포막에 붙잡고 있는 상태다. 전신을 순환하던 B세포들은 염증 신호가 접수된 림프절로 빠져나가 바이러스의 항원과 만난다. 하지만 B세포 표면의 항체가 항원과 결합해도 바로 분비 상태로 전환되지는 못한다. T세포의 허락이 필요하기 때문이다.

면역의 전체 과정을 조율하는 지휘관이 될 T세포는 B세포보다 더 혹독하게 선발된다. T세포도 처음에는 골수에서 만들어지지만 바로 혈관으로 빠져나와 적응면역의 사관학교라 부를 수 있는 흉선으로 이동한다. 흉선에 도착한 어린 T세포들은 면역 수용체의 태생 유전자를 재조합하면서 분열한다. 이 과정을 거치면 다양한 면역 수용체의 유전자를 가진 T세포들이 만들어진다. 그다음은 세포들의 신분증에 해당하는 MHC 단백질과의 결합 능력을 두 단계에 걸쳐 테스트를 받게 된다. 첫 단계에서는 MHC와 결합이 가능한지를 검증받는다. 여기는 MHC와 제대로 결합하는 수용체를 만드는 T세포만 선택되는 능력 위주의 양성 선택positive selection 과정이다. 두 번째 단계에서는 자신의 세포가 만드는 단백질들의 조각을 붙잡고 있는 MHC와 결합하는지를 검증받는다. 또한 MHC와 지나치게 강하게 결합하는지도 동시에 검증받아야 한다. 이는 자가면역 문제를 일으킬 가능성이 있는 세포들을 골라내는 음성 선택 과정으로, 실전 면역에 투입되면 엉뚱하게 자가면역질환을 일으키게 될 T세포들을 탈락시키기 위해서다. 이렇게 양성 선택과 음성 선택의 과정을 모두 통과한 경우에만 현장에 투입될 자격을 얻는다. 선발 과정이 엄격한 만큼 미성숙 T세포의 98퍼센트가 폐기되고 나머지 2퍼센트만 성숙한 신입 T세포가 되어 혈관으로 빠져나간다. 온몸을 순환하던 신입 T세포 역시 B세포와 같이 염증 신호가 접수된 림프절로 투입된다.

자유롭게 떠돌아다니는 항체와 달리, T세포 수용체는 세포막에 단단하게 고정되어 있다. 이런 이유로 항체는 체액면역의 중심 역할을 하는 면역단백질이 되고, T세포 수용체는 세포면역의 중심 역할을 하는 면역단백질이 된다. 더 중요한 차이점은 항원의 에프토프를 인식해 결합하는 항체와 달리, T세포 수용체는 항원에 결합하지 않고 MHC 단백질이 붙잡고 있는 바이러스 단백질의 펩타이드에 결합하는 것이다. 항원에 직접 결합하지 않는 T세포 수용체의 필요성에 의문이 들겠지만, 이 결합을 통해 T세포는 적응면역 전체를 통제하고 조율하는 지휘관의 역할을 수행한다.

28
지휘

적응면역의 통제 사령관

⚹

림프절에 선천면역이 보낸 위험 경보와 활성화된 항원제시세포가 도착하여 사이토카인을 분비하면 다양한 재조합 유전자를 가진 B세포와 T세포가 혈관에서 림프절 안으로 들어오기 시작한다. 이 신입 세포들은 항원제시세포와 활발히 접촉하면서 자기가 만들어내는 면역단백질이 바이러스의 표식과 결합하는지 맞춰본다. 이 결합은 자기 세포가 아닌 코로나19의 단백질에만 결합해야 한다. 자기 세포와 결합하면 자신을 공격하게 되고, 코로나19와 결합하지 못하면 면역 전쟁에서 패배하기 때문이다. 이 과정에서 가장 먼저 선택되어 활성화되는 세포가 면역의 사령관인 도우미helper T세포다.

면역에서는 바이러스의 제거라는 목표를 위해 수많은 세포들이 사이토카인을 통해 소통하고 협력하고 희생한다. 하지만 지휘관이 없는 군대는 오합지졸이듯이 시간과 공간적 상황에 따라 면역에 참여하는 세포들을 적절하게 통제하는 세포가 필요하다. 적응면역에서 일어나는 항체 생산의 전반적인 과정을 지휘하는 면역세포가 바로 도우미 T세포다. 비록 '도우미'라는 부드러운 이름이 붙어 있지만 적응면역의 전체 과정을 통제하는 총사령관이다. 이 세포의 중요성은 악명높은 에이즈AIDS에서 확인이 가능하다. 에이즈의 원인인 인간 면역결핍바이러스는 특이하게 도우미 T세포의 표면에만 있는 수용체에 결합한다. 그래서 감염이 되면 나머지 면역세포들은 다 정상인데 도우미 T세포들만 계속 죽어나간다. 그럼 항체 생성의 전체 과정을 조율할 지휘관이 사라지는 상황이 되어 적응면역이 정지된다. 그 결과 정상인은 감염되지 않는 병원체에 계속 감염된다.

　바이러스가 증식해서 염증이 일어난 부위가 면역 전쟁의 최전선이라면 이 지역에 가장 가까운 림프절은 전진기지가 된다. 여기서 최전선에서 잡아낸 바이러스를 분석한 항원제시세포와, 전신을 순환하다 염증 위험 신호를 감지하고 혈관 밖으로 빠져나온 T세포가 만난다. 전신 면역 과정을 통제하는 T세포는 기능에 따라 다시 여러 종류로 나누어지는데, 바이러스 항원에 결합하는 항체의 선택을 통제하는 것은 도우미 T세포다. 항원제시세포들은 자기 세포와 바이러스의 단백질을 구분하는 능력을 가지고 있지 않다. 항체가 만들어지기 전인 선천면역 단계에서 활동하는 세포에게 그런 구분 능력이 있다면 항체를 만들 필요도 없을 것이다. 따라서 수지상세포의 표면에 제시된 대부분의 펩타이드는 자기 세포가 만들어낸 단백질의 흔적이며, 침입자인 바이러스의 펩타이드는 극소수에 불과하다. T세포들이 홍

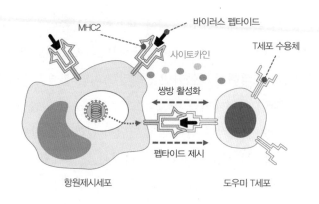

그림 28-1 항원제시세포와 도우미 T세포의 쌍방 활성화

선에서 혹독한 과정을 거쳐 선발된 이유가 여기에 있다. 실전에 투입된 T세포들은 면역 수용체가 MHC2와 아주 적당한 강도로 결합하는 것만 선발된 상태다. 여기서 적당한 강도라는 것은 MHC2에 결합되어 있는 펩타이드를 꼼꼼하면서도 빠르게 탐색할 수 있다는 의미다. 다양한 구조의 면역 수용체를 가진 후보 도우미 T세포들은 항원제시세포에 달라붙어서 탐색해나간다. 그러다 바이러스 펩타이드와 결합하는 도우미 T세포가 나타나면 그대로 '얼음' 상태가 되면서 탐색은 중지된다. 위 그림 28-1은 자물쇠와 열쇠처럼 짝을 찾은 두 세포를 보여준다. 이렇게 찾아낸 도우미 T세포의 면역 수용체와 결합하는 펩타이드는 무조건 바이러스 단백질의 부산물이다. 왜냐하면 흉선에서 이루어진 선발 과정에서 자신의 펩타이드와 결합하는 면역 수용체 유전자를 가진 T세포들은 모조리 탈락된 상태이기 때문에 결합되는 펩타이드는 무조건 자신의 것이 아니기 때문이다.

펩타이드의 받침대이면서 동시에 세포의 신분증이기도 한 MHC 단백질 중 도우미 T세포들은 MHC2만 선택적으로 확인한다. 즉 항원제시세포가 포식해서 만들어낸 단백질 조각만 집중적으로 확인하는 셈이다. 감염 지역에서는 바이러스 입자의 포식 확률이 크기 때문에 이는 아주 합리적인 전략이다. 단단히 달라붙은 항원제시세포와 도우미 T세포는 서로 신호를 교환하면서 동시에 활성화된다. 활성화된 도우미 T세포는 세포 분열을 시작해 바이러스의 단백질 조각을 인식하는 면역 수용체의 유전자를 가진 세포의 수를 늘리기 시작한다.

도우미 T세포가 선택되는 동안 림프절의 다른 쪽에서는 코로나19 스파이크 단백질의 에피토프에 결합하는 항체의 유전자를 가진 B세포를 골라낸다. 림프절로 유입된 후보 B세포들은 림프절로 흘러들어온 바이러스의 항원을 탐색한다. 그런데 여기서 의문이 들 수 있다. 코로나19를 중화시키기 위한 항체는 바이러스 입자의 표면에 있는 스파이크 단백질의 에피토프에 결합한다. 즉 3차원 공간에서 외부로 노출된 에피토프와 결합하는 항체가 선택되는 것이다. 그런데 항원제시세포는 바이러스 입자를 구성하는 단백질들을 완전히 쪼개서 MHC에 결합시켜 제시한다. 그런데 아미노산 열 개 정도 길이의 단백질 쪼가리인 펩타이드에는 에피토프의 3차원의 구조 정보가 포함될 수 없다. 그런데 어떻게 외부로 노출된 에피토프에 결합하는 항체가 만들어지는가 의문이 들었다면 당신은 훌륭한 과학자의 자질을 가지고 있는 것이다.

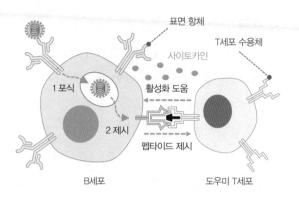

그림 28-2 도우미 T세포와 B세포의 상호작용

　이 의문은 림프절로 들어온 B세포도 활성화되기 전에는 항체 분비세포가 아닌 항원제시 세포라는 것을 알면 쉽게 풀린다. 위의 그림 28-2의 B세포를 보면 바이러스를 끌어들여 내포를 만들고(1 포식), 그 속의 단백질을 쪼개서 MHC2에 결합시켜 세포막으로 올리는 과정이(2 제시) 표시되어 있다. 수지상세포와의 차이점은 주변의 물질을 마구 잡아들이는 것이 아니라 세포막에 결합되어 있는 항체에 항원이 결합될 때에만 내포 작용이 일어난다는 것이다. 감염 지역에서 림프절로 흘러 들어오는 림프액에는 바이러스 입자들이 포함되어 있다. 그리고 자가항원과 결합하는 항체의 유전자를 가진 B세포들은 이미 골수에서 모두 탈락된 상태다. 따라서 전신 순환을 하다 림프절로 들어온 B세포의 표면에 달려 있는 항체에 무엇인가 결합한다면 이는 무조건 침입자다. 결국 림프절 안에서 B세포가 MHC2를 통해 제시하는 것은 자신이 만드는 항체에 붙잡힌 침입자를 끌어

들여 쪼갠 결과물인 셈이다. 수지상세포와 B세포가 단백질을 쪼개는 과정은 동일하다. 따라서 B세포와 수지상세포가 MHC2를 통해 제시하는 바이러스의 펩타이드는 동일한 구성을 가지게 된다.

림프절에 돌아다니는 B세포는 표면 항체에 염증 지역에서 흘러온 바이러스 입자가 붙잡히면 이를 쪼개서 제시한다. 그리고 이 과정을 거쳐 B세포가 제시하는 펩타이드가, 앞에서 활성화된 도우미 T세포의 면역 수용체와 결합하면 3차원 공간에서 바이러스 입자와 결합하는 항체를 만드는 B세포라는 것이 간접적으로 확인된다. 그 이유는 활성화된 도우미 T세포들의 면역 수용체들은 수지상세포의 바이러스 펩타이드와 결합이 확인된 것이기 때문이다. 즉 바이러스가 항체에 결합되어 처리된 B세포의 펩타이드와 감염 지역에서 수지상세포가 바이러스를 잡아들여서 처리한 펩타이드가 동일하다는 의미다. 이렇게 결합된 도우미 T세포와 B세포는 그림에서처럼 서로 신호를 주고받는다. 그러면 B세포는 활성화되어 분열을 시작하면서 자신의 재조합 유전자로 분비되는 항체를 만들어내기 시작한다. 이전까지 항체는 세포막에 붙어서 발현되었지만 도우미 T세포에 의해 활성화가 되면 분비 형태로 변환되어 발현된다. 이렇게 활성화된 B세포는 항체를 분비하면서 림프절을 빠져나온다. 이렇게 한 바이러스에 대해 선택되어 활성화되는 B세포는 수십 종류 이상이다. 바이러스가 만드는 모든 단백질에 대해 B세포가 선택되기 때문이다. 또한 하나의 단백질에서도 접근 가능한 에피토프에 대한 다수의 항체가 선택되어 활성화된다. 이를 모두 합쳐서 다클론 항체polyclonal antibody라

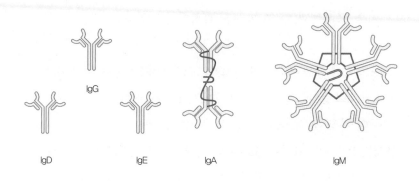

IgG

IgD IgE IgA IgM

그림 28-3 항체의 5가지 종류

고 한다.

　항체 생산을 허락받은 B세포에서는 종류변환과 항체를 다듬는 과정뿐만 아니라 단백질 생산 환경에 이르기까지 대대적인 변화가 일어난다. 항원과 결합하는 항체의 가변 부위 유전자가 결정된 상태에서 B세포는 이제 고정 부위 유전자를 선택해서 면역 전쟁이 벌어지는 상황에 적합한 항체를 만드는 작업을 시작한다. 항체라고 하면 일반적으로 새총 모양을 떠올리지만, 활동하는 위치에 따라 다섯 가지 형태의 항체가 있다. 위 그림 28-3에서 보이는 항체들은 앞의 '항체' 장의 그림 27-3에서 봤던 태생 유전자의 고정 부위 선택 유전자들에 의해 결정된다. 이 다섯 종류 항체의 가변 부위를 중복해서 다시 선택하는 것은 아주 비효율적이다. 따라서 적응면역은 항원과 결합하는 가변 부위의 유전자를 먼저 확정하고 그다음 무거운 사슬의 고정 부위를 재조합해서 상황에 적절한 최종 항체를 만들어낸다. 이를 '종류변환class switching' 과정이라고 한다.

B세포의 태생 유전자에 무거운 사슬의 고정 부위를 만드는 유전자들은 M, D, G, E, A의 순서로 놓여 있다. 골수에서 B세포의 항체 유전자가 재조합될 때 가장 처음 만들어지는 것은 M형 항체IgM다. 이 단계의 M형 항체는 B세포의 표면에 고정된다. 그래서 이 단계의 M형 항체는 B세포 수용체라고도 표현한다. 그리고 이 표면 항체들이 바이러스 같은 항원과 결합하면 포식 작용을 유도한다. 삼켜진 바이러스 입자는 쪼개어져 MHC2에 조각들이 결합되어 B세포의 표면에 전시되고 항체의 바이러스 항원 결합 능력을 도우미 T세포에게 확인받는다. 도우미 T세포에 의해 활성화가 이루어지면 M형 항체에서 세포막 고정 부위가 제거되어 외부로 분비되는데, 이때는 그림처럼 별 모양으로 뭉친다. 이때 D형 항체도 같이 만들어지기 시작한다. 이 항체들은 제대로 다듬어지지 않았지만 위급한 상황에서 바이러스 입자를 중화하기 위해 일단 분비가 시작된다. 이런 이유로 바이러스의 감염이 활발하게 진행되고 있을 때에는 가장 먼저 M형 항체가 등장한다.

그리고 림프절에서 빠져나온 활성 B세포의 고정 부위 유전자는 요구되는 상황에 따라 G, E, A형으로 유전자 재조합이 일어난다. 이 종류변환 과정이 진행되는 동안 항체의 가변 부위 유전자는 더욱 세밀하게 다듬어진다. 재조합이 끝난 가변 부위 유전자에서 정교하고 미세한 돌연변이를 유도하는 것이다. 그리고 돌연변이가 만들어내는 항체들 중 항원에 가장 잘 결합하는 유전자를 선택하는 과정이 반복된다. 비유를 하면 재조합된 유전자가 항체의 뼈대가 된다면 미세한 돌연변이를 통해서 살을 붙이고 빼는 마감을 해서 항원과 더 잘 결합하는 항체를 만드는 것이다.

가장 대표적인 형태인 G형 항체IgG는 골수와 비장에 자리잡은 형질세포가 분비한다. 혈액에서 가장 풍부한 면역의 주력 항체로 예방접종에 의해 생성되는 항체이기도 하다. 작은 크기의 G형 항체는 혈액의 흐름을 타고 인체의 구석구석을 돌아다니면서 바이러스를 찾아 중화시킨다. 약 23일의 반감기를 가지고 있기 때문에 분비세포가 사라진 뒤에도 혈액 내에 남아 활동을 계속한다. E형 항체IgE는 G형 항체와 유사한 형태이지만 후속 면역 반응을 유도하는 고정 부위의 서열 정보가 다르다. 이는 포유류에서만 만들어진다. 포유류에 빈번한 기생충에 대한 면역을 위해 가장 최근에 진화되었기 때문이다. 하지만 이제 기생충에 시달릴 일이 별로 없는 현대 문명에서는 알레르기 같은 부작용만 일으키고 있다. 구충제 때문에 할 일이 없어진 항체지만 진화의 기억을 가지고 있는 우리 면역은 계속 일정량의 항체를 만들기 때문이다. 호흡기 점막의 방어에 가장 중요한 것은 두 개의 새총이 연결된 모양을 한 A형 항체IgA다. 이들은 면역 전쟁의 최전방인 호흡기 점막으로 분비가 되는 형태로 바이러스 입자가 가장 많은 곳에서 중화 항체의 역할을 전문적으로 수행한다.

종류변환과 항체를 다듬는 돌연변이 과정을 거치면서 B세포는 다음 그림 28-4에서처럼 형질세포로 최종 분화한다. 형질세포가 되면 자

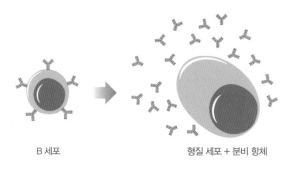

B 세포   형질 세포 + 분비 항체

그림 28-4 B세포와 형질세포의 차이점

신의 증식에 필요한 자원까지 몽땅 항체를 만드는 시스템에 할당을
해버린다. 그 결과 형질세포는 더이상 분화도 증식도 하지 않으며
세포의 수명이 다할 때까지 항체를 합성해 분비하는 항체 생산 공장
이 되는 것이다. 이 형질세포들의 수명은 상황에 따라 다양하다. 어
떤 세포들은 며칠에서 몇 주간 엄청난 양의 항체를 만들어낸 뒤 소
진되어버리고, 어떤 세포들은 골수에 자리잡고 10년 넘게 생존하면
서 소량의 항체를 계속 만들어낸다. 이처럼 새로운 바이러스 항원에
대한 항체를 선택하고 만들어내는 것은 많은 에너지와 세포 자원이
소모되는 과정이다. 하지만 어려운 과정을 거쳐 형질세포가 만들어
지면 이제 바이러스에 대한 반격의 준비가 된 것이다.

29

살해

세포를 죽이는 킬러 세포

형질세포가 뿜어내는 항체는 바이러스의 입자를 중화하면서 더이상 새로운 세포가 감염되는 것을 막는다. 하지만 이것은 면역 전쟁에서 절반의 승리에 불과하다. 우리의 몸속에는 바이러스를 계속 생산하고 있는 숙주세포가 남아 있기 때문이다. 바이러스 생산 공장을 없애기 위해서는 세포를 죽이는 특별한 능력을 가진 킬러 세포가 필요하다.

감염된 세포 속에서 활동하는 바이러스의 유전자는 살아 있는 상태이기 때문에 이것을 제거해야만 면역 전쟁이 완전히 끝나게 된다. 다세포생물이 자신의 세포를 죽인다는 것은 아주 위험한 일이다. 하지만 반드시 죽여야 하는 세포들이 있다. 대표적인 경우가 바이러스 감염세포나 암세포처럼 주변의 세포들과 소통 능력을 상실하고 이기적 유전자의 본능만 남아서 활동하는 세포들이다. 전체 세포 집단의 생존을 위험에 빠트리는 이런 위험한 세포들은 제거되어야 한다.

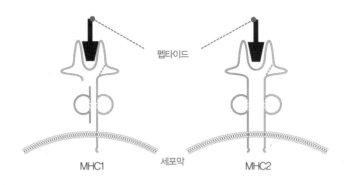

그림 29-1 세포의 신분증 MHC1, 면역세포의 신분증 MHC2

하지만 이 과정에서 멀쩡한 정상세포가 실수로 제거되는 것도 위험하다. 면역은 나와 다른 남을 제거하는 것이 기본이지만, 이처럼 비정상적인 자기 세포를 제거하는 정교한 업무도 수행한다. 이 목적을 위해 자신의 세포를 죽일 수 있는 특별한 면허를 가진 킬러 세포들이 세포독성cytotoxic T세포와 자연살해세포natural killer cell다.

세포독성 T세포가 감염된 세포를 찾아내기 위해서는 그 속에 숨어서 증식하는 바이러스를 외부에서 확인할 방법이 있어야 한다. 여기에 사용되는 것이 MHC1 단백질이다. 위에 간단한 구조를 보여주는 그림 29-1에서 확인할 수 있듯이 MHC1과 MHC2의 구조는 완전히 다르다. 지금까지 설명한 MHC2가 세포 외부에 존재하는 단백질의 펩타이드를 보여주는 역할을 했다면, MHC1은 세포 내부에 존재하는 펩타이드를 보여주는 역할을 한다. 두 MHC의 차이를 명확히 이해하기 위해 잠시 앞의 그림 26-3을 확인하자. 그림의 위쪽에 묘사되어 있는 대로 세포 외부의 바이러스는 포식 후 분해되는데, 여기에서 MHC2가 처리된 펩타이드를 골라 도우미 T세포에 보여준다. 하지만 세포 내부의 단백질을 조사하기 위해 소화효소를 사용하면 세포 내의 단백질들이 마구 쪼개지고 세포는 금방 죽을 것이다. 그래서 MHC1은 세포 내부의 단백질 조각 펩타이드를 단백질 재활용 공장proteasome에서 줍는다. 이 공장은 오래되거나 잘못 만들어진 단백질들을 잘게 쪼개서 새로운 단백질의 재료로 공급하는 곳이다. MHC1은 여기에서 흘러나오는 단백질 펩타이드를 주워 세포막으로 들고 가서 보여주는 활동을 항상 수행하고 있다. 감염세포에서 만들어지는 바이러스의 단백질 일부도 이 재활용 공장에서 조각이 나서 MHC1에 의해 펩타이드가 전시된다. 이 MHC1-바이러스 펩타이드 결합체를 세포독성 T세포가 확인하면 감염세포로 간주하고 죽이게 된다. 정리하면 MHC1은 모든 세포가 가지고 다녀야 하는 주민등록증이고 MHC2는 면역 업무를 수행하는 세포들이 사용하는 특수 신분증인 셈이다.

세포독성 T세포는 도우미 T세포와 동일한 T세포면역 수용체를 가진 형제다. 도우미 T세포는 MHC2를 탐색하도록 선발되지만, 세포독성 T세포는 MHC1을 탐색하도록 선발된다. 골수에서 흉선으로 들어온 세포에서 선발이 되는 과정은 비슷하게 일어난다. 처음은 태생 유전자의 재조합을 통해 다양한 면역 수용체의 유전자를 먼저 조합해낸다. 그다음 양성 선택 과정에서 MHC2에 결합하면 도우미 T세포가 되고, MHC1에 결합하면 세포독성 T세포로 선발이 된다.

그다음 음성 선택 과정에서 자신의 세포가 만드는 펩타이드와 결합된 MHC1에 결합하는 세포독성 T세포들은 대량으로 탈락된다. 만약 이런 면역 세포독성 T세포들을 제대로 걸러내지 못하고 혈액으로 내보내면, 자기 세포들을 죽이고 돌아다니는 최악의 상황이 벌어진다. 제대로 선발과정을 거친 세포독성 T세포는 자기 것이 아닌 단백질을 만들고 있는 세포를 찾아내어 죽이는 정교한 킬러 세포가 된다. 하지만 이런 검증을 거쳤다고 킬러 세포로 바로 활동하는 것은 아니다. 평소에는 예비군으로 존재하다가 바이러스 감염이 시작되면 림프절로 들어가 표적이 될 바이러스 펩타이드를 들고 있는 항원제시세포에게서 살해 면허를 받아야 한다.

그림 29-2는 발급 자격을 가지고 있는 활성화된 항원제시세포에게 킬러 T세포가 살해 면허를 받는 장면이다. 앞에서 도우미 T세포와 항원제시세포가 만나서 서로 신호를 주고받아 같이 활성화된다고 설명하였다. 이때 활성화된 항원제시세포는 세포독성 T세포에게 면허를 부여하는 능력을 가지게 된다. 항원제시세포의 표면에는 바이러스 단백질 펩타이드를 제시하는 MHC1 단백질도 존재한다. 다른 세포의 경우는 내부에 바이러스 단백질이 있어야 MHC1에 바이러스의 펩타이드를 올릴 수 있지만, 항원제시세포는 포식 작용을 통해 만들어진 펩타이드를 MHC2뿐 아니라 MHC1에 얹는 특별한 능력을 가지고 있다. 그리고 도우미 T세포의 활성화에 MHC2가 사용되었다면, 다음 단계인 세포독성 T세포의 활성화에는 MHC1이 사용된다. 세포독성 T세포는 림프절을 돌아다니다가 활성화된 항원제시

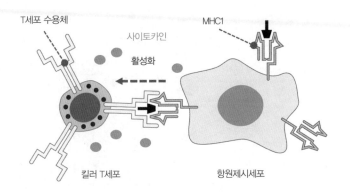

그림 29-2 항원제시세포의 킬러 T세포 살해 면허 발급

세포를 만나면 MHC1에 제시되고 있는 펩타이드에 자신의 재조합 유전자가 만드는 면역 수용체를 맞춰본다. 대부분은 맞지 않아서 다시 떨어져나가지만 들어맞는 수용체를 가진 세포독성 T세포가 나타나면 항원제시세포와 단단하게 결합하게 된다. 이 결합을 중심으로 활성화된 항원제시세포는 세포독성 T세포에게 살해 면허를 부여한다. 이처럼 복잡한 검증을 거치는 이유는 살해세포의 위험성 때문이다. 바이러스에 대해 발휘되는 면역은 생명을 살리지만 자신의 세포에 대해 발휘되는 면역은 생명을 갉아먹는다.

이런 절차를 거쳐 다른 세포를 죽일 수 있는 면허를 획득한 세포독성 T세포는 면역 전쟁의 최전선으로 이동해 바이러스에 감염된 세포만 골라서 제거하기 시작한다. 선천면역이 방어하고 있는 감염 지역에서 인터페론에 의해 자극받은 세포들은 MHC1의 발현이 더 활발해진다. 따라서 감염된 세포 표면에는 세포 안에서 만들어진 바

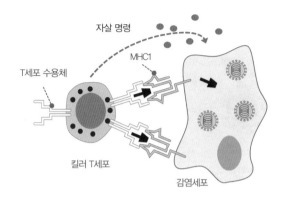

그림 29-3 킬러 T세포의 바이러스 감염세포 제거

이러스 단백질들의 펩타이드들이 MHC1에 의해 전시되어 있는 상태다. 여기에 도착한 세포독성 T세포들은 지역에 있는 세포들의 MHC1을 검사하면서 돌아다닌다. 그러다 자신의 면역 수용체에 결합하는 MHC1-펩타이드를 찾으면 그 세포에 강하게 결합한다. 내부에서 바이러스 단백질을 만들고 있는 감염세포를 찾아낸 것이다. 그림 29-3처럼 결합한 세포독성 T세포는 감염세포의 표면에 달려 있는 자살 스위치를 작동시킨다. 그리고 세포막에 구멍을 낸 뒤 소화효소를 대량으로 주입해서 확인 사살한다. 이렇게 세포독성 T세포는 감염세포를 능동적으로 찾아내면서 제거해나가기 시작한다.

감염세포를 찾아내기 위해 MHC1을 이용하는 것에는 한 가지 허점이 있다. 바이러스가 MHC1의 발현과 기능 자체를 방해하면 세포독성 T세포의 감시를 피해갈 수 있다는 것이다. 하지만 우리 면역은 그렇게 허술하지 않다. 자연살해세포가 MHC1 단백질이 표면에 없

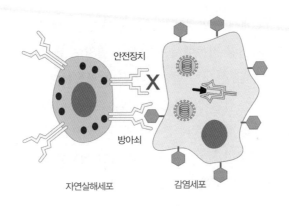

안전장치

X

방아쇠

자연살해세포   감염세포

그림 29-4 자연살해세포의 MHC1이 표면에 없는 바이러스 감염세포 감지

는 세포를 찾아다니면서 제거하기 때문이다. 이 특별한 킬러 세포는
신분증 역할을 하는 MHC1이 세포막에 없는 경우에 이를 무조건 비
정상세포로 간주하고 죽인다. 자연살해세포는 B세포와 T세포의 사
촌 세포라 할 수 있다. 하지만 유전자의 재조합은 일어나지 않기 때
문에 항체나 면역 수용체처럼 바이러스의 흔적을 직접적으로 확인
하는 기능을 가지고 있지 않다. 대신 주변의 상황을 빠르게 확인할
수 있는 다양한 수용체를 가지고 있다. 이를 이용해 선천면역과 적
응면역 모두에서 B세포와 T세포가 수행하지 못하는 빈틈을 메꿔주
는 만능 세포로 활동한다. 바이러스는 감염된 세포의 단백질 생성
시스템을 모두 자신의 단백질을 만들도록 유도한다. 또한 인터페론
의 분비를 억제하기 위해 세포의 정상적인 단백질 분비 시스템도 방
해한다. 이런 방해는 위 그림 29-4의 감염세포처럼 세포 표면에 있
어야 할 MHC1이 줄어드는 결과를 가져온다. 이런 비정상적인 세포

활동은 암세포에서도 발생하기 때문에 자연살해세포는 암세포도 처리할 수 있다. 이런 작동에서는 항체나 면역 수용체가 필요없기 때문에 자연살해세포는 선천면역 단계부터 활동한다. 물론 이런 특징만으로 바이러스 감염세포를 모두 찾아낼 수는 없다. 하지만 초기에 감염세포의 양을 줄이는 데 큰 역할을 수행한다. 세포독성 T세포가 검문을 통해 바이러스 오염의 흔적을 가진 세포를 죽인다면, 자연살해세포는 검문에 불응하는 세포를 죽이는 것이다.

자연살해세포는 항체가 만들어지기 시작하면 그것을 이용하는 적응면역 단계에서도 감염세포를 제거한다. 자연살해세포의 표면에는 항체의 손잡이 부분과 결합하는 수용체가 있다. 감염된 세포의 표면에는 바이러스 입자가 배출되는 과정에서 포장용 단백질이 표면에 남게 된다. 여기에 항체들이 결합하는데, 이것을 자연살해세포의 항체 수용체가 인식해서 감염세포를 죽인다. 즉 자연살해세포는 B세포가 만든 항체를 가지고 감염세포를 찾아내기도 하는 것이다. 또한 세포를 단순히 죽이는 것에 그치지 않고 두 번째 유형의 인터페론을 분비해 그 세포에 대한 항원 분석을 유도한다. 이 신호를 들으면 대식세포라는 또다른 유형의 항원제시세포가 와서 죽은 세포를 통째로 포식해 제거한 다음 추가적인 항원 분석 작업을 한다. 이처럼 자연살해세포는 면역의 전반적인 과정에서 발생하는 허술한 틈을 찾아서 메꿔주는 팔방미인이다. 세포를 죽이는 면허를 가진 자연살해세포와 세포독성 T세포가 협력하면 바이러스에 감염된 세포가 빠져나갈 구멍은 없다.

30
순환

면역세포의 이동과 유도

✳

형질세포와 세포독성 T세포가 준비되면 면역 전쟁은 반격의 순간을 향해 진행된다. 하지만 마지막으로 중요한 과정이 남아 있다. 전신을 순환하던 선천면역세포들은 감염의 위험 신호가 발생하면 그 지역으로 몰려가서 감염 지역을 봉쇄한다. 마찬가지로 적응면역에서 준비된 세포들도 선천면역이 바이러스를 봉쇄하고 있는 지역으로 정확하게 투입되어야한다. 전신 순환하는 면역세포들은 감염 지역을 지나가는 모세혈관의 내피세포들에 의해 유도되어 감염 지역으로 투입된다.

인체의 정상 활동이 유지되기 위해서는 순환이 필수적이다. 고인 물은 썩고 물고기가 죽는 것처럼, 순환이 제대로 이루어지지 않으면 세포들이 죽는다. 심장과 혈관 그리고 허파로 구성되는 순환계는 가장 기본적인 생명 유지 장치다. 다세포생물을 구성하는 개별 세포들은 자신이 담당한 고유 기능을 수행하는 대신 생존에 필수적인 기본 환경을 제공받는다. 기본적인 생존 환경의 유지까지 개별 세포가 책임져야 한다면, 고유 기능은 고사하고 다세포생물로 존재할 이유가 없다. 이기적 유전자 원리인 각자도생이 단세포생물의 생존 원칙인 반면, 다세포생물을 구성하는 세포들은 그들이 기본적으로 생존할 수 있는 환경을 제공받아야 한다.

심장의 힘으로 끝없이 순환하는 혈액은 전신의 구석구석을 지나가면서 세포들에게 산소와 영양분을 공급하고 이산화탄소와 노폐물을 제거한다. 동맥과 정맥이 모세혈관으로 연결된 혈관은 총 길이가 9만 6000킬로미터에 이른다. 이는 지구를 두 바퀴 반 돌 수 있는 거리로, 우리나라 고속도로의 총길이가 4800킬로미터인 것과 비교해보면 얼마나 방대한지 짐작할 수 있을 것이다. 혈관이라는 정교한 공급망을 통해 혈액이 막힘없이 흘러다니며 30조에 이르는 세포들의 환경을 유지해준다. 환경 유지에서 중요한 기능은 산소를 공급하고 이산화탄소를 제거하는 기체 교환, 영양분을 공급하고 노폐물을 제거하는 물질 교환, 그리고 면역세포 같은 특별한 세포들을 필요한 곳으로 이동시켜주는 배송이다.

피가 붉은 이유는 적혈구가 혈액세포의 대부분을 차지하기 때문이다. 혈액뿐 아니라 우리 몸에서 가장 많은 세포가 적혈구다. 그만큼 적혈구가 담당하는 기체 교환이 중요하다는 뜻이겠다. 다음 그림 30-1에서 보면 혈액의 흐름은 심장의 좌심실에서 시작한다(①). 심장이 수축하면서 발생시키는 강력한 압력에 의해 동맥을 타고 전신으로 퍼진 적혈구는 모세혈관을 지나면서 주변에 산소를 배출하고

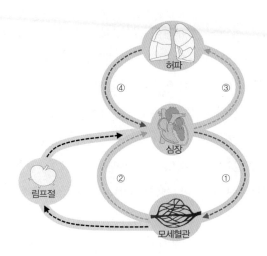

그림 30-1 혈액의 순환과 림프의 순환

이산화탄소를 받아들인다. 이렇게 기체 교환을 마친 적혈구는 혈액을 타고 정맥으로 모여 심장의 우심방으로 되돌아온다(②). 이 혈액은 판막을 건너 우심실로 들어가 다시 한번 강한 압력을 받아 폐동맥으로 들어간다(③). 이제 적혈구는 폐의 미세구조인 허파꽈리를 둘러싼 모세혈관을 통과하면서 이번에는 반대로 이산화탄소를 배출하고 산소를 받아들인다. 기체 교환을 마친 적혈구는 혈액을 타고 폐정맥을 거쳐 심장의 좌심방에 모인다(④). 산소를 공급받은 신선한 혈액은 판막을 거쳐 좌심실로 가서 다시 힘을 받아 동맥으로 분출되면서 새로운 순환을 시작한다. 이렇게 이루어지는 기체 교환은 허파로 숨을 쉬는 모든 육상동물의 기본능력이다.

혈액의 순환은 일방통행이다. 좌심실에서 시작해 좌심방으로 끝나는 혈액의 움직임에는 유턴이 없다. 모든 근육은 수축할 때만 힘이 발생한다. 근육 덩어리인 심장도 수축할 때만 온몸의 구석구석으로 혈액을 밀어내는 강력한 압력을 만들어낸다. 그리고 혈액의 역류를 막기 위해 심방과 심실 사이에는 판막이 존재한다. 이 판막에 이상이 생기면 역방향으로 압력이 새면서 순환의 효율이 떨어져, 중요 장기에 문제가 일어난다. 혈압계를 통해 측정되는 수축기 혈압이 바로 이 순간의 압력이다. 이 강력한 압력이 그대로 전해지는 대동맥은 다른 어느 혈관보다 튼튼하게 만들어져 있다. 또한 탄성이 뛰어나 수축기의 강한 압력을 분산시키는 역할도 수행한다. 그 덕에 수축기 사이에서도 혈액을 밀어내는 압력이 지속적으로 유지된다. 혈압계에 측정되는 이완기 혈압이 바로 이 순간의 압력이다. 한번 뛰면 약 70밀리리터의 혈액을 쥐어짜는 심장은 1분간 약 70번 박동해서 약 5리터의 혈액을 밀어낸다. 이는 혈관 속에 들어 있는 혈액의 총량과 동일하다. 즉 우리 몸의 혈액이 1분에 한 번 꼴로 순환하는 것이다. 이렇게 심장이 쉬지 않고 일을 해야 하는 이유는, 세포는 산소가 부족하면 곧 기능이 정지되고 죽어가기 때문이다. 특히 뇌는 단 몇 분 만에 돌이킬 수 없는 손상을 입게 된다. 심장과 함께 산소 공급에 중요한 또다른 장기는 허파다. 허파꽈리에서의 기체 교환이 제대로 이루어지지 않으면 심장이 아무리 열심히 뛰어도 산소 공급이 불가능하다. 폐렴이 위험한 이유가 여기에 있다.

면역세포도 골수나 흉선에서 나와 림프절이나 감염 지역으로 이동하기 위해 혈액의 흐름을 이용한다. 하지만 심장으로 되돌아오는 방법으로는 두 갈래의 길이 있다. 기체 교환은 세포 주변 환경의 확산을 통해 이루어지기 때문에 적혈구가 모세혈관 밖으로 빠져나올 필요가 없다. 하지만 물질 교환의 경우는 세포들에게 영양 성분을 직접 배달하고 노폐물을 제거해줘야 한다. 이를 위해 혈액의 액체 성분인 혈장plasma이 모세혈관의 틈새로 빠져나오게 된다. 이렇게 세포 사이를 적셔주는 것이 간질액interstitial fliud이다. 모세혈관 주변의 간질액은 압력이 낮은 정맥 모세혈관으로 흡수되어 다시 순환한다. 모세혈관에서 빠져나온 간질액의 90퍼센트 정도가 이렇게 재순환된다. 하지만 모세혈관에서 너무 멀리 흘러간 10퍼센트 정도의 간질액은 바로 정맥으로 재순환되지 못한다. 대신 이들은 다른 길로 되돌아간다.

림프lymph라는 용어는 이런 간질액이 모인 투명한 액체를 뜻하는 용어로 림프액을 말한다. 림프가 흐르는 통로가 면역의 주요 활동 무대인 림프계로, 림프관과 림프절 그리고 수없이 많은 밸브들로 이루어져 있다. 림프계는 세포 주변에서 시작해 쇄골 아래에 있는 대정맥까지 연결되어 있다. 그런데 림프계는 순환계와는 완전히 분리되어 있기 때문에 심장이 만들어내는 압력을 받을 수 없다. 따라서 림프관의 중간중간에 존재하는 밸브와 몸을 움직이는 근육의 힘으로 림프의 흐름이 만들어진다. 근육이 움직이면 림프관이 눌리게 되는데 중간에 있는 밸브 때문에 한 방향으로만 조금씩 이동하는 것이다. 나트륨이 많은 라면을 먹고 자면 아침에 얼굴이 퉁퉁 부어 있는 경험이 있을 것이다. 혈액의 나트륨이 모세혈관에서 빠져나갈 때는 삼투압 때문에 물도 같이 끌려나가서 간질액의 양이 늘어난다. 그런데 자는 동안에는 얼굴 근육의 움직임이 없기 때문에 빠져나간 간질액이 림프관을 통해 순환계로 돌아가지 못하게 되는 것이다. 이런 림프의 흐름은 1분에 30센티 정도의 굼벵이 같은 속도지만 적응면역을 작동시키는 원동력이 된다. 건강을 위해 몸을 움직이라는 식상한 조언에는 이런 과학적 근거가 있다.

세포 주변의 간질액이 모인 림프가 혈관과 별도의 통로를 이용하는 것은 면역의 관점에서는 아주 중요한 특성이다. 호흡기바이러스의 감염은 호흡기 상피세포에서 시작된다. 그리고 감염세포 주변의 간질액은 바이러스 입자가 가득하게 된다. 이 오염된 간질액이 혈관으로 바로 들어간다면 바이러스는 순식간에 전신으로 퍼지게 될 것이다. 따라서 감염이 일어나는 말초 지역의 간질액은 혈액의 순환과 구분된 림프관을 따라 이동시키는 것이다. 그리고 그림 30-2에 묘사되어 있는 림프계의 중간 지점에 박혀 있는 강낭콩 모양의 림프절은 오염된 림프를 거르는 필터의 역할을 수행한다.

면역은 인체를 구성하는 30조 개 세포들의 이상을 감시하고 발생하는 문제를 해결해야 한다. 이 광범위한 일을 효율적으로 수행하기 위해 림프가 흐르는 구역을 나누어 관리한다. 이런 관리 지역의 구분은 림프절에 의해 이루어진다. 병원체가 빈번하게 침입하는 지역의 주변에는 많은 림프절이 발달되어 있다. 또한 특별한 형태의 림프절도 존재한다. 비장도 혈관 내의 적응면역을 관리하는 거대한 림프절의 기능을 수행하며, 세균의 침입이 빈번한 위장관에는 장 점막속에 아예 림프절이 매립되어 있다. 소화기와 상부 호흡기가 공간을 공유하는 인후두에는 편도선tonsil과 콧구멍의 깊은 곳에 아데노이드adenoid라는 거대한 림프절이 존재한다.

　적응면역의 삼총사인 B세포, T세포, 자연살해세포들을 림프구lymphocytes라고도 하는데, 림프계를 중심으로 활동하기 때문에 붙여진 이름이다. 림프구는 혈관과 림프계를 오가면서 상황을 감시하고 위험 지역으로 이동한다. 골수나 흉선에서 나온 신입 림프구들은 혈관 순환계를 이용해 돌아다닌다. 그러다 선천면역의 위험 신호를 접수한 림프절의 모세혈관으로 빠져나와 조직에서 유입되는 림프액에 섞여 들어간다. 그런데 우리 몸에 존재하는 수많은 림프절 중에서 염증이 일어난 지역을 관리하는 림프절로만 빠져나온다는 것은 모세혈관에 이를 위한 특별한 기능이 있다는 의미다. 림프절의 모세혈관은 키가 큰 특별한 내피세포endothelial cell들로 이루어져 있다. 이 내피세포들은 감염 지역에서 달려온 수지상세포가 분비한 사이토카인에 반응해서, 빠르게 흘러가는 혈액에서 신입 림프구만 골라내서 혈관 밖으로 내보낸다.

　평상시에는 만져지지 않는 상부 호흡기의 림프절은 평상시의 부대와 유사하다. 가끔 새로운 면역세포들이 보충되고 늙은 세포들이 전출을 나가는 별 존재감이 없는 곳이다. 하지만 바이러스 감염이 일어나면 이 지역의 림프액이 흘러 들어가는 림프절은 적응면역의 전진기지가 된다. 바이러스의 항원을 채집한 항원제시세포가 도착하고, 바이러스와 염증에 의해 분비된 사이토카인들도 흘러 들어온다. 이제 림프절의 모세혈관 내피세포들은 이 위험 신호에 반응해

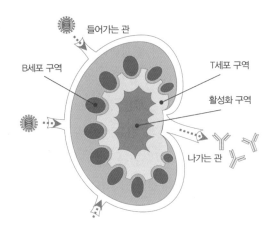

그림 30-2 림프절에 들어가는 림프관과 나가는 림프관

낚싯바늘 역할을 하는 단백질들을 표면에 발현시킨다. 그러면 혈액을 순환하고 있던 신입 B세포와 T세포들이 이 낚싯바늘에 걸려서 멈추게 되고, 내피세포 사이의 틈으로 빠져나오는 것이다. 엄청난 수의 신입 림프구들이 자기가 만든 항체와 면역 수용체들을 항원과 맞춰보기 위해 몰려들면서 한가하던 림프절은 크게 부풀어오른다. 감기에 걸리면 귀나 목 주변의 림프절이 손으로 만져질 정도로 커지면서 아파지는 것이 이런 현상 때문이다. 즉 이것은 적응면역의 활동이 시작되었다는 신호다.

위 그림 30-2에 묘사되어 있는 림프절의 미세구조는 적응면역을 개시하는 항원제시세포, T세포, B세포 들이 최대한 서로 접촉할 수 있도록 촘촘한 필터 구조를 가지고 있다. 항원제시세포와 바이러스 입자가 포함되어 있는 림프액은 들어가는 관을 통해 림프절로 흘러가 껍질 부위에서 안쪽으로 흘러가고, T, B 세포가 빠져나오는 모세혈관은 그 아래에 형성되어 있다. 혈관에서 빠져나온 신입 B세포와 T세포는 사이토카인에 이끌려 자신들이 검사를 수행할 지역으로 이동한다. 항원제시세포는 림프절의 T세포 구역의 필터에 달라붙는다. 그리고 지나가는 T세포들 중 항원제시세포와 결합하는 것이 있으면 달라붙으면서 서로 신호를 주고받는다. 그럼 각각 활성화된 뒤 도우미 T세포는 B세포 구역의 경계로 이동한다. 거기서 B세포가 제시하는 펩타이드를 확인하면서 바이러스 항원과 들어맞는 항체를 만드는 B세포를 고르기 시작한다. 활성화된 항원제시세포는 그 자리에서 다시 세포독성 T세포들과 접촉하면서 살해 면허를 부여하는 작업을 시작한다. 항원제시세포가 필터에 고정되는 이유는 항원 정보를 가진 세포를 고정시켜놓고 맞춰보는 세포들을 움직이는 게 훨씬 효율이 높기 때문이다. 이런 체계적인 전략 없이 세포들이 마구 뒤섞여서 서로의 짝을 찾는다면 아수라장이 벌어질 것이다. 짝을 찾아 활성화된 림프구들은 나가는 관을 통해 림프절을 빠져나온다. 그리고 전신에서 모여드는 림프들과 합쳐 쇄골 아래의 중심정맥으로 들어가 다시 순환계로 들어간다.

순환계에 다시 들어가 전신을 순환하는 활성화된 림프구들은 추가적인 분화를 거치면서 바이러스에 대항하는 최종 무기로 다듬어진다. 특히 B세포는 종류변환과 항체 마감이라는 과정을 거치면서 형질세포로 최종 분화된다. 응급 상황에 대처하기 위해 B세포들은 이런 과정이 끝나지 않아도 다듬지 않은 M형 항체를 일단 분비하기 시작한다. 이 항체들은 항원에 대한 결합력도 약하고 세포면역과의 협력도 제대로 하지 못한다. 하지만 바이러스를 중화하여 감염이 더 퍼지는 것을 막는 게 더 시급하기에 일단 투입하는 것이다. 이런 M형 항체를 만들던 세포는 나중에 제대로 된 형질세포들이 활동을 시작하면 사라진다. 선천면역이 지역을 성공적으로 방어하고 있다면 호흡기 점막으로 분비되는 A형 항체를 만드는 형질세포가 준비된다. 만약 전신 혈관에 바이러스 입자가 침입하기 시작했다면 G형 항체를 만드는 형질세포도 준비된다.

이제 혈액에 섞여 전신 순환을 하고 있는 최종 분화 림프구들은 코로나19와 선천면역의 전투가 계속되고 있는 최전선에 정확히 투입되어야 한다. 만약 이 세포들이 엉뚱하게 피부나 소화기로 투입된다면 말 그대로 삽질을 하는 것이다. 이 침투 과정 역시 감염 지역의 림프절 모세혈관이 신입 림프구들을 골라내는 것과 비슷한 방식으로 이루어진다. 참고로 림프절의 모세혈관은 활성화된 림프구들은 무시하고 흘려보낸다. 활성화가 되면서 신입 림프구라는 표식이 사라졌기 때문이다. 그림 30-3에서 보이는 것처럼 염증이 일어난 지역을 지나가는 모세혈관의 내피세포들은 염증 사이토카인에 의해 감염 지역이라는 표지판을 발현시키고 있으며, 내피세포 사이의 틈도 크게 벌어져서 활성화된 림프구들이 내릴 수 있도록 임시 정거장을 만들어놓는다. 이 표지판의 정체는 모세혈관의 내피세포가 염증

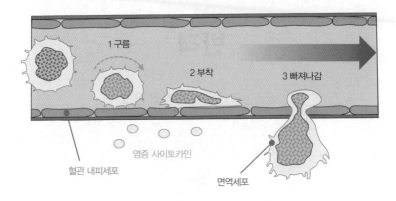

그림 30-3 혈관 속의 면역세포가 염증 부위로 빠져나오는 과정

신호에 반응해서 발현시킨 세포막 수용체다. 최종 분화된 림프구의 표면에는 이 수용체에 결합하는 단백질이 발현되어 있어 표지판을 만나면 일단 구르기 시작한다(1 구름). 그러다 접촉 신호에 의해 세포의 형태가 변하면서 완전히 멈추게 된다(2 부착). 모세혈관에서 혈액의 흐름은 상당히 빠르게 지나가기 때문에 표지판과 접촉하지 않는 다른 세포들은 순식간에 염증 부위를 지나쳐간다. 그리고 넓어진 내피세포의 틈 사이로 빠져나가게 된다(3 빠져나감). 이런 과정은 지하철 순환선에서 표지판을 보고 내리는 상황과 유사하다. 표지판을 놓치더라도 한 바퀴 더 돌면 된다. 이렇게 림프구들은 혈액 순환을 이용해 빠르게 움직여 필요한 곳에 정확히 투입된다. 이런 정교한 유도homing 시스템을 통해 면역세포들은 순환계 속을 빠르게 이동하면서도 필요한 곳에 정확하게 투입되는 것이다. 마치 유도 미사일이 목표 지점을 정확히 찾아가듯이 말이다.

31
반격

체액면역과 세포면역의 공조

✳

체액면역의 핵심인 항체와 세포면역의 핵심인 킬러 세포들이 감염 지역에 투입되기 시작하면 바이러스에 대한 협동 공격이 시작된다. 항체가 자유롭게 돌아다니던 바이러스 입자를 중화하여 새로운 세포의 감염을 막고, 킬러 세포들은 바이러스의 생산 공장인 숙주세포들을 찾아서 제거한다. 수세적으로 대응하던 상황이 공세적으로 반전된 것이다. 정밀한 적응면역의 반격이 시작되면 선천면역의 염증 반응은 억제되기 시작한다. 정밀한 스마트 유도무기가 있는데 눈먼 십자포화를 계속 퍼부어서 아군의 피해를 낼 이유가 없다.

코로나19의 증식이 감지되면 선천면역은 감염이 확산되는 것을 수단과 방법을 가리지 않고 막는다. 하지만 바이러스를 정확히 감별할 능력이 없기 때문에 교활한 코로나19의 확산을 완전히 막기에는 역부족이다. 그림 31-1의 가운데 있는 검은 화살표처럼 시간이 흐르

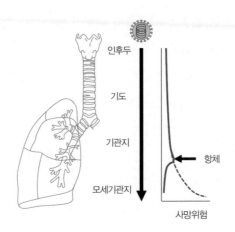

인후두

기도

기관지

항체

모세기관지

사망위험

그림 31-1 바이러스 확산과 위험의 상관관계

면서 비인두에서 시작된 감염은 인후두를 거쳐 기관지, 모세기관지, 그리고 허파꽈리까지 감염 지역이 확대된다. 감염 지역이 넓어질수록 선천면역의 부작용은 두 배로 커지고 적응면역이 항체를 만들어 내는 효율은 반비례해서 줄어든다. 그나마 다행인 것은 코로나19의 침범 지역이 호흡기 표면에 국한된다는 것이다. 무생물인 바이러스 입자는 상피세포층을 타고 수평으로 퍼진다. 물리적인 운동 능력이 없기 때문에 상피세포 아래로 결합 조직을 뚫고 수직으로 파고들지 못한다. 기관지를 지탱하는 결합 조직은 물리적인 장벽의 역할도 한다. 문제는 이런 물리적 장벽이 호흡기의 하부로 갈수록 얇아진다는 것이다. 특히 막장인 허파꽈리에서는 원활한 기체 교환을 위해 장벽이 아예 없어진다. 허파꽈리가 감염되면 혈관 내피세포의 틈만 통과하면 바이러스가 바로 전신으로 퍼지게 된다. 이렇게 되면 선천면역에 의한 죽음의 연쇄반응이 시작될 위험이 올라간다. 감염되고 시간이 흐를수록 사망 위험은 기하급수적으로 올라가는 것이다.

하지만 그림에 항체로 표시된 적응면역이 개입되면 이 위험은 순식간에 반전된다. 바이러스 입자와 감염세포들은 빠르게 제거되고, 부작용이 커져가던 선천면역 반응은 억제되면서 위험 상황은 종료된다. 따라서 감염의 운명을 결정하는 가장 중요한 요소는 적응면역의 개입 시점이며, 이는 빠를수록 좋다. 최소의 부작용으로 상황을 종료시킬 수 있기 때문이다. 하지만 앞에서 살펴본 대로 적응면역에서는 수많은 세포들이 이동하고 접촉하는 소통 과정이 있어야 바이러스 단백질에 대한 항체나 수용체를 확보하는데, 여기에 필요한 시간을 줄이는 것에는 한계가 있다. 적응면역의 데드라인은 시간으로 정확하게 특정할 수는 없다. 감염자의 상태에 따라 선천면역이 위험을 인지하는 시점도 다르고, 바이러스의 확산을 저지하는 능력도 다르며, 적응면역의 작동 속도도 다르기 때문이다. 하지만 해부학적인 데드라인은 비교적 명확하다. 바이러스 감염이 폐를 침범하는 것이다. 따라서 적응면역이 위험 상황을 반전시킬 수 있는 골든타임은 선천면역이 작동을 시작한 시점부터 폐렴 발생 전까지의 시간이다.

적응면역은 크게 체액면역과 세포면역으로 나눌 수 있다. 체액면역은 과거 항체에 대한 지식이 없던 시절에 혈장에서 관찰되는 면역 현상에 대해 붙여진 이름이다. 항체가 체액면역의 주인공이라는 것이 이후에 밝혀졌지만, 세포면역에 대한 상대 개념으로 적합해 현재에도 널리 사용된다. 체액면역에서는 혈장, 세포 간질액, 림프 등의

286

체액 속에 항체가 자유롭게 돌아다니면서 항원을 찾아다닌다. 항체의 크기는 바이러스보다 작기 때문에 구석구석에 숨어 있는 바이러스 입자에도 접근이 가능하다. 즉 바이러스가 가는 곳이면 항체도 가는 것이다. 항체에 둘러싸인 바이러스 입자는 감염력을 상실하고 중화된다. 세포면역은 킬러 세포, 즉 세포독성 T세포와 자연살해세포를 중심으로 이루어지는 면역이다. 체액면역이 바이러스 입자의 중화를 담당한다면, 이 킬러 세포들은 바이러스 입자를 배출하는 생산 공장을 찾아서 제거한다. 이렇게 체액면역과 세포면역이 합동 작전을 펼치면 바이러스는 도망갈 곳이 없다.

하지만 체액면역과 세포면역이 새로운 항원을 가진 바이러스를 구분하는 능력을 획득하기 위해서는 시간이 걸린다. 특히 신종 바이러스의 경우에는 적응면역이 처음 경험하는 새로운 구조의 단백질을 가지고 있기 때문에, 적합한 항체와 면역 수용체를 확보하는 데 더 많은 시간이 드는 것이 당연하다. 적응면역이 준비되는 과정을 다시 한번 종합적으로 정리해보자. 적응면역은 선천면역이 유도하는 염증 반응에서 시작된다. 피부에 상처가 나면 붓기, 붉어짐, 발열이 생긴다. 이 염증의 세 가지 대표적 증상은 호흡기나 다른 인체의 부위에서도 동일하게 나타난다. 선천면역이 위험 신호를 발생시키면 그 지역에 분포되어 있는 모세혈관의 내피세포가 반응한다. 모세혈관의 틈이 벌어지고 혈관의 내부에는 면역세포를 붙잡는 표지판 단백질들이 발현된다. 이는 모세혈관 내부를 지나가는 혈액세포들의 흐름을 느리게 만들고 혈관은 팽창되고 적혈구도 정체된다. 이는 그 주변을 붉게 보이게 만든다. 전신을 순환하던 선천면역세포들은 이 부위를 지나가다 밖으로 빠져나온다. 위험 지역은 모세혈관을 빠져나온 간질액과 세포들로 가득 차면서 부어오르게 된다. 그리고 빠져나온 선천면역세포가 활동을 하면서 주변보다 온도가 올라간다. 온도가 올라가면 정상세포와 감염세포의 활동이 모두 방해를 받는다. 염증에서 열이 발생하는 것은 바이러스 증식을 억제하는 가장 단순하면서 과격한 수단이다.

염증으로 지역을 봉쇄하는 선천면역세포들 사이에는 수지상세포와 자연살해세포들도 포함되어 있다. 자연살해세포들은 바이러스 감염으로 MHC1이라는 신분증을 제시하지 않는 세포들부터 제거하기 시작한다. 그리고 수지상세포들은 바이러스를 포획해 림프의 흐름을 따라 가장 가까운 림프절로 간다. 염증 반응이 일어난 지역의 림프에는 선천면역세포들이 분비하는 사이토카인들도 섞여 있다. 가까운 림프절에 있는 모세혈관의 내피세포들은 여기에 반응을 해서 전신 순환을 하고 있는 신입 림프구들이 빠져나오게 만든다. 림프절로 빠져나온 도우미 T세포들은 수지상세포가 들고 있는 바이러스 펩타이드에 자신의 면역 수용체를 접촉시켜보고 맞지 않으면 떨어져나간다. 이 과정이 수없이 반복되다가 바이러스 조각과 결합하는 면역 수용체를 가진 도우미 T세포가 골라지면 적응면역의 가장 중요한 첫 단계가 완료된다. 짝이 맞춰진 도우미 T세포와 수지상세포는 서로를 활성화시킨 뒤 각자 가야 할 길을 간다. 수지상세포와 도우미 T세포가 짝을 찾아 결합하는 것이 체액면역과 세포면역 모두를 시작하는 첫 단추가 된다.

활성화된 도우미 T세포들은 이제 B세포들이 제시하는 바이러스 펩타이드들이 자신이 가진 면역 수용체에 결합하는지 검사한다. 동시에 활발히 증식해서 자신의 면역 수용체와 동일한 유전자를 가진 클론clone의 수를 대폭 늘려 신입 B세포를 동시다발적으로 검증하고 작업 속도를 높인다. 생물학에서 클론은 같은 유전자를 가진 집단을 말한다. 수많은 신입 B세포 중 바이러스 펩타이드를 제시하는 경우에만 이 도우미 T세포 클론들과 결합할 수 있다. 이는 클론에 결합된 신입 B세포가 만드는 항체와 바이러스 항원이 결합해 포식 작용이 일어났다는 의미다. 따라서 도우미 T세포는 이 신입 B세포를 활성화시켜 바이러스 항원에 결합하는 항체를 만들도록 명령한다. 이 B세포는 증식을 통해 클론을 늘리면서 림프절 밖으로 빠져나간다.

도우미 T세포와 짝이 되었던 수지상세포는 살해 면허를 발급하는 기관이 된다. 하지만 수지상세포는 면허 발급 속도를 높이려고 클론을 늘릴 수는 없다. 생명의 중심원리 때문에 면허 발급의 기준인 바이러스 펩타이드를 복제하는 것이 불가능하기 때문이다. 이 펩타이드가 없으면 면허를 발급하는 기준이 없기에 증식의 의미가 없다. 대신 수지상세포는 수없이 뻗어 있는 수상돌기를 이용해 여러 개의 세포독성 T세포들과 동시에 접촉한다. 신입 세포독성 T세포들은 자신의 면역 수용체가 수지상세포가 제시하는 바이러스 펩타이드와 결합하는지 확인을 한다. 결합하지 않는 대부분의 세포들은 빠르게 떨어져나간다. 그러다 결합하는 세포가 나타나면 이것은 그 세포의 재조합 유전자가 만드는 면역 수용체가 바이러스의 단백질 조각을 인식한다는 의미다. 수지상세포는 결합된 세포독성 T세포에게 신호를 전달해서 살해 면허를 부여한다. 이렇게 활성화된 세포독성 T세포는 증식을 시작해 클론을 늘리면서 림프절을 빠져나온다.

도우미 T세포에게 단백질 조각을 보여줄 때 MHC2를 집게로 사용했다면, 세포독성 T세포에게 보여줄 때는 MHC1을 사용한다는 차이가 있다. 포식작용에 의해 분해된 펩타이드를 잡는 MHC2는 바이러스 입자에 대한 항체의 성능을 확인하는 것이 목적이다. 단백질 분해 공장에 의해 쪼개진 펩타이드를 잡는 MHC1은 세포의 내부에 어떤 단백질이 있는지를 확인시켜주는 것이 목적이다. 세포독성 T세포는 MHC1을 이용해 세포 내부의 단백질을 검사한다. 항원제시세포는 MHC1과 MHC2를 모두 사용해 바이러스 펩타이드를 제공한다. 하지만 먼저 MHC2를 통해 도우미 T세포와 만나 서로 활성화되는 인증 과정을 거치지 못하면 MHC1은 세포독성 T세포의 활성화에 사용되지 못한다. 이렇게 이중으로 복잡한 인증 과정을 거치는 이유는 살해 면허를 쉽게 발급하면 큰일나기 때문이다.

림프절을 빠져나온 활성화된 B세포는 증식과 분화를 거듭하면서 종류변환과 항체를 다듬는 작업을 거친 뒤 최종적으로 형질세포가 된다. 만약 혈관 내부에 바이러스 입자의 침입이 시작되었다면 형질세포는 비장이나 골수로 가서 자리를 잡고 G형 항체를 대량으로 생산한다. 만약 G형 항체가 세포에 결합하는 경우는 자연살해세포가 이를 인지하여 제거한다. G형 항체는 엄마에서 태아로 태반을 건

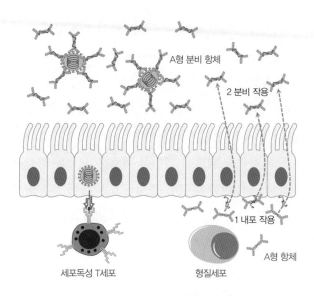

A형 분비 항체

2 분비 작용

1 내포 작용

A형 항체

세포독성 T세포

형질세포

그림 31-2 호흡기 점막에서 항체와 살해세포의 협동 작용

너갈 수 있는 유일한 항체인데, 그만큼 크기가 작아 바이러스가 가는 모든 곳에 접근이 가능하다. 이를 통해 구석구석에 숨어 있는 바이러스 입자를 찾아 중화시킨다. 하지만 이런 전신 감염이 일어나기 전이라면 바이러스 입자가 가장 많이 존재하는 곳은 호흡기의 점막이다. 그런데 혈액 속의 G형 항체는 상피세포층을 뚫고 인체의 외부에 해당하는 점막에 있는 바이러스로 접근할 수가 없다.

점막에 있는 바이러스를 중화시키기 위한 특별한 분비 능력을 가진 항체는 A형 항체다. 이 항체를 만들도록 종류변환이 일어난 형질세포는 림프와 혈액의 순환을 따라 순환하다가 염증 부위의 모세혈관에서 빠져나온다. 위의 31-2 그림에서처럼 감염이 진행되는 점막

아래에 자리를 잡은 형질세포는 엄청난 양의 A형 항체를 정해진 수명이 다할 때까지 만들어낸다. 분비된 A형 항체들은 호흡기 상피세포에 의해 흡수되어 점막 쪽으로 분비된다. 이 세포 내 이동 과정에서 점막이라는 외부 환경에서도 구조가 단단히 유지되도록 다듬어져 최종 분비 항체의 형태로 분비된다. 분비 항체는 점막에 존재하는 바이러스 입자들과 결합해 더이상 새로운 세포를 감염시키지 못하도록 중화시킨다. 이런 목적이 분명하기 때문에 A형 항체는 다른 면역 기능을 유도하지 않고 오직 중화 항체로서만 작용한다.

세포독성 T세포가 주인공인 세포면역은 감염세포를 찾아내서 제거시켜나간다. 활성화된 세포독성 T세포 역시 림프절을 빠져나와 전신을 순환하다가 염증 표지판이 있는 모세혈관에서 빠져나와 감염 부위로 투입된다. 그림 31-2의 왼쪽처럼 감염된 세포의 내부에서 만들어지는 바이러스 단백질들의 펩타이드는 MHC1 단백질에 결합되어 세포 표면으로 올라온다. 이런 바이러스의 흔적을 세포독성 T세포의 수용체가 인식하면 세포가 자살하도록 신호를 주는 세포 표면의 스위치를 누른다. 감염된 세포가 자살 명령을 안 들을 수도 있기 때문에 폭탄을 터트려 확인 사살을 한다. 세포막에 구멍을 만들고 그 속으로 파괴 단백질을 감염세포로 쏟아넣는 것이다. 폭파된 세포는 뒤처리를 담당하는 대식세포가 와서 먹어치워 정리를 한다. 이렇게 체액면역과 세포면역이 활동하기 시작하면 날뛰는 선천면역을 진정시키는 사이토카인들이 분비된다.

이 모든 과정들이 일주일 정도의 시간에 일어난다. 이렇게 면역은 진행되는 단계마다 필요한 세포들의 종류와 위치가 지속적으로 변한다. 적응면역의 초기에는 바이러스 항원과 맞춰볼 다양한 유전자 레퍼토리를 가진 신입 T세포와 B세포가 필요하다. 이들 중 적합한 세포들을 찾으면 이들을 분화시키고 증식시켜 바이러스에 맞서 싸울 기능 세포들을 대량으로 만들어야 한다. 염증 부위에서 기능 세포들이 작동하면 선천면역세포들의 활동을 억제해야 한다. 마지막으로 바이러스의 위험이 제거되고 나면 면역세포들의 활동을 정상으로 되돌려야 한다. 이렇게 면역이라는 것은 다양한 종류의 천문학적 수의 세포들이 바이러스 제거라는 하나의 목표를 향해 일사불란하게 협력하는 과정이다. 그리고 이런 엄청난 규모의 협력은 사이토카인을 통해서 이루어진다. 하지만 사이토카인은 앞서 살펴본 죽음의 연쇄반응에도 연관되어 있다. 이런 상반된 결과는 면역의 국지성 locality이 깨어지면 발생한다. 사이토카인은 면역이 진행되는 시간과 공간의 상황 변화에 따라 분비가 정교하게 조절된다. 하지만 적재적소에 분비되지 않는 사이토카인은 오히려 면역을 교란시키고 심지어 죽음에 이르게 만든다.

32

과잉

지나치면 아니함만 못하다

✳

바이러스 감염에 의한 사망은 바이러스가 아니라 선천면역의 부작용으로 일어난다. 선천면역에 저항성을 가진 코로나19는 적응면역이 작동하기 전까지 감염 지역을 계속 넓혀간다. 그러다 폐까지 감염되면 선천면역은 바이러스 봉쇄라는 원래의 목적보다 생명을 위협하는 부작용의 주범으로 탈바꿈한다. 폐에서 염증 신호들이 폭증하면서 허파꽈리를 둘러싼 모세혈관에서 삼출액들이 빠져나오면 침대에 누워서 물에 빠진 상황이 된다. 즉 선천면역은 과유불급이다.

면역의 기본 전략은 지역 방어다. 선천면역이 봉쇄하는 감염 지역이 좁을수록 효과적이며, 넓게 퍼질수록 혼란에 빠진다. 선천면역만으로 바이러스의 증식을 완전히 억제할 수는 없다. 하지만 대부분 호흡기바이러스의 경우는 적응면역이 완료되기 전까지 감염 지역이 상기도를 벗어나지 못하도록 선천면역이 막아낸다. 그러면 준비가 된 항체와 살해세포가 상황을 마무리한다. 하지만 교활한 코로나19는 선천면역을 속여가며 세포들을 감염시켜 나간다. 선천면역이 위험을 알아차렸을 때는 감염 지역이 너무 넓어져버리는 것이다. 이는 선천면역과 적응면역의 공조에 문제점을 발생시킨다. 첫째는 적응면역에 필요한 시간적 여유가 줄어드는 것이고, 둘째는 적응면역의 효율이 떨어지는 것이다. 감염 지역이 넓어지면 적응면역의 효율이 떨어지는 이유는 골수와 흉선에서 만들어지는 신입 림프구들이 무제한이 아니기 때문이다. 이 신입 림프구들은 자신이 만드는 수용체들을 항원과 맞춰보면서 선택된다. 그런데 감염 지역이 넓어 위험 신호를 접수한 림프절이 너무 많아지면 신입 림프구 자원도 여러 곳으로 분산된다. 사공이 많으면 배가 산으로 가는 것과 마찬가지 이치다. 그리고 활성화된 림프구들이 감염 지역으로 침투할 때도 지역이 넓으면 집중도가 떨어진다.

이런 악조건이지만 건강한 성인의 경우는 코로나19에 의한 선천면역의 늦은 출발을 적응면역이 충분히 극복해낸다. 하지만 기저질환이 있거나 나이가 많은 경우는 적응면역이 극복하기 어려운 상황이 발생한다. 만약 적응면역이 개입되기 전에 폐로 감염 지역이 확대되면 상황은 급격히 악화된다. 가장 큰 위험은 폐렴이 유발하는 호흡곤란이다. 다음 그림 32-1처럼 폐의 허파꽈리는 폐동맥과 폐정맥을 연결하는 모세혈관이 촘촘하게 감싸고 있다. 이 모세혈관을 지나는 적혈구는 허파꽈리 내부를 채우고 있는 공기에서 산소를 받아들이고, 이산화탄소를 내놓는다. 이런 기체 교환을 위해서 허파꽈리

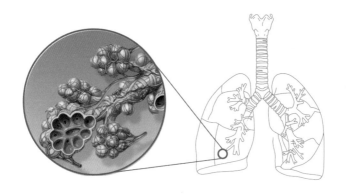

그림 32-1 기관지의 막장인 허파꽈리를 둘러싸고 있는 모세혈관

의 호흡기 상피세포와 폐 모세혈관의 내피세포 사이의 두께는 아주
얇다. 그런데 여기에 코로나19가 들어오면 선천면역의 사이토카인
들이 허파꽈리를 둘러싼 모세혈관의 내피세포에 직접 강력한 영향
을 준다. 그럼 모세혈관의 틈이 넓어지면서 허파꽈리 내부로 혈장,
즉 림프가 빠져나오게 된다. 허파꽈리는 막장이기 때문에 분비된 림
프는 점점 차오른다. 림프로 채워진 허파꽈리에서는 기체 교환이 불
가능해진다. 이 막장의 림프는 상피세포의 섬모 운동으로 잘 제거되
지 않는다. 이 림프를 퍼내는 방법은 림프관과 흉곽 근육이 만드는
폐의 수동적 움직임이다. 따라서 허파꽈리로 흘러나오는 림프의 양
이 퍼내는 양보다 더 많은 상황이 된다. 그럼 주변의 허파꽈리에도
림프가 흘러넘쳐서 차례로 잠기게 된다. 이 림프에는 아직도 중화
항체가 없기 때문에 바이러스의 감염도 따라 퍼지면서 걷잡을 수 없
이 상황은 악화된다.

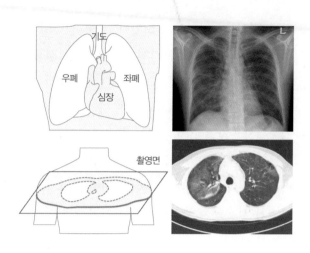

그림 32-2 바이러스 폐렴의 흉부 X선과 컴퓨터 단층 촬영 사진

    코로나19의 호흡기 내부 전파는 기관지의 분지를 따라 진행된다. 따라서 허파꽈리에 발생하는 염증도 기관지를 따라가면서 일어난다. 위 그림 32-2는 바이러스성 폐렴을 보여주는 흉부 방사선 사진이다. 엑스선은 뼈나 액체 같은 밀도가 높은 물질은 잘 통과하지 못한다. 그래서 방사선 사진에서 검은 것은 공기이고 하얀 것은 뼈 혹은 액체다. 원래 폐는 까맣게 보이는데 공기가 가득하다는 의미다. 여기서는 정상적으로 기체 교환이 이루어지고 있을 것이다. 하지만 위쪽 그림에서처럼 폐가 하얗게 보이는 것은 이 구역의 허파꽈리들이 액체로 차 있다는 의미다. 이렇게 하얗게 보이는 구역은 기체 교환이 일어나기 어려운 죽은 공간dead space이다. 이 상황을 컴퓨터 단층촬영(CT)을 통해 더 자세히 살펴보면 아래쪽 사진같이 하얗게

간질액이 찬 지역이 더 뚜렷하게 보인다. 폐렴이 진행되면서 이런 죽은 공간의 범위가 넓어질수록 기체 교환 능력은 점점 더 떨어진다. 폐의 기체 교환 용량의 최대치는 위험한 상황에서 최고 속력으로 도망갈 수 있을 정도로 진화되어 있다. 따라서 현대의 평온한 일상생활에서는 증상을 인지하지 못하는 상태에서 조용히 바이러스성 폐렴이 진행될 수 있다. 그러다가 한계에 도달하면 갑자기 호흡곤란이 발생하면서 죽음의 연쇄반응이 일어날 위험도 커진다.

이렇게 산소가 부족해지는 상황을 환자가 인지하지 못하는 이유는 뭘까? 이는 숨이 차다고 느끼게 만드는 원인은 산소의 부족이 아니라 이산화탄소의 증가이기 때문이다. 인체의 항상성을 유지하기 위해서 우리 몸에는 상황을 예민하게 감지하는 센서들이 존재한다. 그런데 단백질로 만들어진 센서들은 넘치는 것은 잘 감지하지만, 부족한 것을 감지하는 데에는 낙제생이다. 따라서 호흡 조절을 위해서는 산소 부족보다는 이산화탄소 과잉을 감시하는 것이 생물학적으로 더 합리적인 선택이다. 적혈구가 산소와 이산화탄소를 맞바꾸기 때문에, 이산화탄소 과잉은 산소의 부족과 '거의' 동일한 의미다. 이런 이유로 공기 중에 산소가 부족하면 머리만 살짝 멍해지는 정도지만, 숨은 몇 초만 참아도 혈액 내 이산화탄소 농도가 급격하게 올라가서 엄청난 고통이 몰려온다. 그런데 바이러스성 폐렴의 경우에는 이산화탄소 배출과 산소 공급의 반비례 상황에 불균형이 생긴다. 이산화탄소 배출은 충분하지만 산소가 부족한 상황이 발생하는 것이다. 이렇게 되면 삶과 죽음의 경계에 놓여 있어도 본인과 주변에선 알아차리지 못한다. 그리고 이산화탄소 배출까지 힘들어져 호흡곤란을 느끼는 순간에는 이미 산소 부족으로 인체의 중요한 기능들이 떨어지기 시작한 상태다. 이때부터는 조그만 충격에도 사망할 위험이 커진다.

코로나19에 의한 폐렴은 호흡곤란이라는 물리적 문제 이외에도 선천면역 과잉이라는 면역학적인 문제도 발생시킨다. 기관지에서 증식하는 바이러스 입자의 경우는 바로 혈관으로 들어가지 못하고 세포의 주변을 흐르는 림프에 섞이게 된다. 림프는 꼬불꼬불한 림프관과 림프절을 통과한 뒤 정맥으로 돌아간다. 따라서 바이러스는 국도를 타고 가다가 검문소에 걸려서 제거되는 셈이다. 그런데 허파꽈리의 상피세포와 모세혈관 사이에는 장애물이 없다시피 하다. 따라서 코로나19가 허파꽈리의 상피세포를 감염시키면 배출되는 입자가 모세혈관으로 바로 진입할 수 있다. 전신을 순환하는 혈관의 내부로 들어온 바이러스는 고속도로에 올라탄 셈이다. 바이러스가 인체의 외부인 호흡기 점막에 존재하는 것과, 인체의 내부인 혈관에 존재하는 것은 말 그대로 차원이 다르다. 혈관 내부에 감염을 일으키는 에볼라나 신증후군 출혈열 같은 바이러스들이 높은 치사율을 보이는 이유도 여기에 있다.

바이러스가 전신으로 퍼지면 선천면역도 전신에서 반응을 일으킨다. 바이러스 감염으로 인한 사망의 대부분은 전신적인 선천면역 과잉반응 때문에 일어난다. 지역 방어를 전제로 작동하는 선천면역이 전신에서 일어나면, 생명을 위협하는 연쇄반응이 일어난다. 국소적으로 작동하는 선천면역은 사이토카인들의 분비를 조절해 바이러스 감염이 퍼지지 않도록 억제한다. 하지만 혈관의 내부에서 일어나는 선천면역 반응은 이런 초점이 없다. 바이러스와의 전쟁에서 전선이 사라지고 온몸이 전쟁터가 된 상황인 것이다. 사이토카인들이 순환계 내부에서 직접 분비되면, 선천면역 반응들은 좌표를 잃어버리고 사방팔방에 포격을 퍼붓게 된다. 이는 더 많은 사이토카인의 분비를 일으켜 사이토카인 폭풍cytokine storm이라는 치명적인 현상이 발생한다. 여러 색의 잉크 방울이 물에 동시에 떨어지면 색의 구분이 불가능하다. 마찬가지로 사이토카인들이 혈관 순환계 내부에서 마구 분비되면 면역세포들은 서로의 신호를 제대로 구분할 수가 없다.

사이토카인 폭풍이 일어나면 그 영향으로 전신 혈관의 내피세포 간극이 벌어지게 되고, 대량의 혈장이 혈관 밖으로 빠져나간다. 전신을 순환하는 혈액의 양이 줄어들면 심장이 아무리 열심히 뛰어도 혈액에 압력이 걸리지 않게 된다. 급격히 혈압이 떨어지는 쇼크shock가 발생하는 것이다. 쇼크가 생기면 심장이나 폐로 가는 혈액의 양은 더욱 줄어들고, 폐렴으로 한계에 몰려 있는 산소 부족이 더욱 악화된다. 또한 혈관 내부에서 선천면역 반응이 일어나면 내피세포에 손상이 생긴다. 손상이 심해지면 모세혈관들이 터지면서 내부 출혈도 발생한다. 출혈이 생기지 않더라도 미세 혈전이 발생되기 시작한다. 혈관의 내피세포에 손상이 생기면 혈액응고 기전이 활성화되어 혈전이 만들어진다. 상처가 났을 때 출혈을 막고 외부의 균이 혈관 내로 들어오지 못하게 막아주는 피딱지가 이것이다. 유전적으로 혈액응고 기전이 손상된 혈우병의 경우는 상처가 나도 피가 멈추지 않는다. 이런 고마운 혈액응고 기전도 국소적으로 작동해야 고마운 기능을 발휘한다. 혈관 내부에서 혈액응고 기전이 작동하면 사망의 원인으로 돌변한다. 이런 현상을 파종혈관내응고증disseminated intravascular coagulation(DIC)이라고 한다. 혈관 내부에서 만들어진 미세 혈전들은 전신을 순환하면서 폐, 신장, 간, 뇌 등의 중요 장기로 가는 모세혈관들을 막아버린다. 이렇게 혈액 공급이 차단되면 가뜩이나 부족하던 산소 공급은 치명적인 수준으로 떨어진다. 그 결과 중요 장기의 세포들은 산소 부족으로 죽어가게 된다. 특히 폐의 모세혈관들이 막히면 간신히 유지되던 산소 공급은 결정타를 입는다. DIC는 일단 발생하면 계속 악화되는 연쇄반응이 반복된다. 결국 중요 장기들이 동시에 회복될 수 없는 손상을 입는 다발성 장기부전이 발생하고 환자는 사망한다.

이렇게 코로나19는 선천면역과 적응면역이 공수 교대를 할 타이밍을 어긋나게 만든다. 박쥐에서 건너온 코로나19는 선천면역 몰래 증식 영역을 금세 확대해나간다. 또한 적응면역의 기억세포가 없는 신종 바이러스이기 때문에 새로운 항체를 골라내는 데 시간이 걸린다. 적응면역이 바이러스가 폐에 도달할 때까지 항체를 찾아내지 못하면 정교한 사이토카인의 연주는 악몽의 난장판으로 변한다. 폐렴이 발생하면서 혈액 내의 산소 농도가 떨어지면 적응면역의 기능도 떨어진다. 혈압이 떨어지고 미세 혈전이 생겨서 혈액의 전신 순환에 문제가 발생하면 중요한 장기들과 함께 혈액 순환에 의존하는 적응면역도 타격을 입는다. 따라서 선천면역과 적응면역의 교대 타이밍은 다른 바이러스보다 훨씬 촉박하다. 안타깝게도 모든 사람이 이 타이밍을 제대로 맞추지 못한다. 타이밍이 어긋나면 죽음으로 달려가는 선천면역 반응이 시작된다. 이 경계가 폐렴이며, 코로나19 사망의 98퍼센트는 폐렴으로 시작되었다.

33
기억

면역의 성장과 노화

면역도 나이가 든다. 그리고 새로운 항체를 만드는 것이 점차 버거워진다. 하지만 일반적인 상황에서는 큰 문제가 되지 않는다. 적응면역에서 활성화되었던 림프구의 일부를 기억세포로 저장하기 때문이다. 만약 경험했던 바이러스가 다시 침입하면 해당하는 기억세포들이 즉시 활성화되어 빠르게 처리해버린다. 나이가 든 면역은 풍부한 경험을 기억으로 가지고 있다. 문제는 코로나19 같은 신종 바이러스다. 기억세포가 없기 때문에 항체와 세포독성 T세포를 처음부터 만들어야 한다.

선천면역이 빠르게 봉쇄를 하고 적응면역이 시기적절하게 개입하면 코로나19에 대한 면역 전쟁은 승리로 끝이 난다. 하지만 그대로 이전 상태로 되돌아간다면, 코로나19에 다시 감염되었을 때 길고 소모적인 면역 과정을 처음부터 다시 시작해야 한다. 바이러스 항원에 들어맞는 형질세포와 바이러스 단백질의 펩타이드 조각을 확인할 수 있는 도우미 T세포와 세포독성 T세포를 다양한 유전자 조합의 신입 림프구에서 골라내는 것은 시간은 물론 많은 세포 자원을 필요로 하는 소모적인 작업이다. 만약 코로나19에 감염이 될 때마다 이런 소모적인 작업을 반복한다면 사람이 말라죽을 것이다. 따라서 한 번 경험한 침입자의 항원은 면역이 기억을 해둔다. 물론 두뇌에 기억을 하는 것은 아니고, 항원에 맞도록 골라낸 B세포와 T세포를 기억세포memory cell의 형태로 장기 보존해두는 것이다.

체액면역과 세포면역의 주역인 형질세포와 세포독성 T세포들은 '작동세포effector cell'라고 한다. 짧은 수명을 가진 작동세포들은 바이러스의 위험이 사라지면 비장에서 파괴되어 최후를 마친다. 특정 항원에 대해 선택되고 활성화되어 림프절을 빠져나온 B세포와 T세포는 증식을 한다. 대부분은 작동세포가 되어 감염 지역으로 투입되지만, 그중 일부는 분화와 증식을 하지 않고 동면 상태의 기억세포가 된다. 이 기억세포들은 점막 부근이나 골수에 자리잡고 자신의 수용체와 들어맞는 항원이 다시 들어오는지 지속적으로 감시한다.

바이러스에 대한 면역에서 가장 흔한 오해는 면역을 획득하면 재감염이 일어나지 않는다는 것이다. 조직에 존재하는 특별한 기억세포와 바이러스가 우연히 접촉하는 아주 예외적인 경우가 아니면, 그림 33-1에서 확인할 수 있는 것처럼 기억세포가 있어도 재감염은 발생한다. 면역의 기억세포들은 적응면역의 준비 시간을 줄여주는 것이지 선천면역과는 연관이 없다. 그런데 바이러스의 특성 때문에 감염이 일

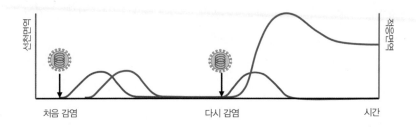

그림 33-1 처음 감염될 때와 다시 감염될 때 면역 반응의 차이

어나기 전에는 선천면역이 위험을 알아차릴 수가 없다. 따라서 동일한 바이러스라도 재감염 자체를 막을 수는 없으며, 인터페론이 분비되어 선천면역이 개시되는 과정까지는 동일하게 진행된다. 여기서부터 기억세포의 활약이 시작된다. 자신의 수용체와 일치하는 항원을 인지한 기억세포들은 즉시 활성화되고, 소량으로 존재했던 기억세포들은 폭발적으로 증식하면서 작동세포로 즉시 전환된다. 기억세포들 덕분에 적응면역의 준비 과정에서 가장 오랜 시간과 자원이 소모되는 선별 과정이 생략되는 것이다. 이 과정이 생략되면 적응면역의 개입 시기가 대폭 줄어든다. 그리고 깨어난 형질세포와 세포독성 T세포는 바이러스 감염 지역에서 더 정교하고 강력하게 작용해서 상황을 끝내게 된다. 특히 이전 감염이 일어났던 호흡기 상피세포의 주변에 재감염이 일어나면, 이곳에 머무르는 특별한 기억세포들이 바이러스를 감지해 순식간에 상황을 종료시킨다. 적응면역의 개입에 걸리는 시간이 줄어드는 것은 감염의 결과에 있어 엄청난 차이를 가져온다. 기억세포를 통해 적응면역이 빠르게 개입하면 선천

면역이 유발하는 염증 반응이 본격적으로 나타나기도 전에 감염이 종료된다. 증상을 느끼기도 전에 바이러스가 제거되는 것이다.

병원체 감염의 경험을 기억으로 보관하기 시작한 것은 고등동물의 진화를 가능하게 만든 중요한 변화라 할 수 있다. 고등동물로 진화할수록 유성생식이 가능할 때까지 성장에 필요한 시간이 늘어난다. 일정한 생활 영역을 가진 동물들은 성장 시간이 늘어날수록 동일한 병원체에 반복적으로 노출될 확률도 커진다. 만약 적응면역이 기억세포를 보관하지 않았다면, 반복되는 병원체와의 소모적인 싸움에 많은 에너지가 소모되어 제대로 성장하기 힘들었을 것이다. 따라서 경험한 병원체 정보를 기억하는 능력은 단순한 면역학적 의미를 넘어서, 더 복잡한 고등동물로 진화할 수 있는 가능성도 열어준 것이다.

고등동물 중에서도 인간은 유난히 미숙한 상태로 태어난다. 다른 동물은 태어나면 금세 일어나 어미를 따라갈 정도로 최소한의 생존 능력은 가지고 태어난다. 하지만 사람은 젖을 빠는 능력만 가지고 목도 제대로 못 가누는 상태로 태어나며 제대로 성장하기 위해서는 부모와 사회의 오랜 보살핌이 필요하다. 대신 길어진 성장 기간만큼 발달할 수 있는 두뇌의 잠재력을 가지고 태어난다. 그리고 주변 환경으로부터 다양하고 풍부한 자극을 받고 경험을 하면서 두뇌는 성장한다. 면역도 두뇌처럼 미성숙한 상태로 태어나 영유아 시기에 겪는 감염의 경험으로 성장하고 발달한다. 선천면역은 유전자에 기록된 정보대로 동작하기 때문에 태어나면 바로 활동을 한다. 하지만 적응면역은 경험을 통해서 발달되는 후천적인 능력이다. 오래전 과학자들이 성장기에 겪는 감염이 면역의 발달에 미치는 영향을 확인하는 동물 실험을 했다. 생쥐의 새끼를 태어나는 순간부터 완벽한 무균 환경에서 길러본 것이다. 병원균이 전혀 없는 깨끗한 환경에서 자랐으니 건강하게 성장할 것 같지만 결과는 정반대였다. 무균 환경에서 곱게 기른 생쥐를 평범한 사육 환경에 되돌려놓으면 심각한 감염으로 곧바로 죽어버렸다. 죽은 생쥐를 해부해보니 림프절 같은 적응면역의 구조물들이 제대로 발달되어 있지 않았다. 이처럼 성장기에 적절한 자극이 가해지지 않으면 기억세포는 고사하고 적응면역 자체가 제대로 발달되지 못한다.

고등동물의 정점에 서 있는 사람도 마찬가지다. 태어나 성장하면서 주변 환경의 수많은 미생물의 자극을 받으면서 적응면역을 발달시켜나간다. 적응면역의 관점에서 보면 이 과정에서 감염되는 모든 바이러스는 신종 바이러스다. 즉 어린 면역은 신종 바이러스의 감염에 익숙한 것이다. 그리고 골수와 흉선에서 림프구의 유전자 재조합과 증식이 활발하게 일어나는 시기이기도 하다. 이런 이유로 이 시기에 발생하는 암의 많은 부분을 백혈병이 차지하게 된다. 면역세포들의 다양성을 확보하고 확장시키는 과정에서 통제를 따르지 않는 세포가 하나라도 나오면 암세포가 되는 것이다. 이런 위험들을 겪으면서 적응면역은 경험했던 병원체에 대한 기억세포를 차곡차곡 저장해나간다. 아이가 성장하면서 활동 반경이 점차 넓어지면 기억세포의 종류도 다양해진다. 반대로 감염의 빈도는 점차 줄어들게 된다. 어려서 잔병이 잦으면 커서 건강하다는 옛말은 생활에서 관찰되는 면역 현상의 기술이라고 할 수 있다. 하지만 어렸을 때 바이러스의 감염이 면역을 성장시킨다고 일부러 위험에 노출시킬 수는 없는 노릇이다. 면역이 제대로 발달되지 못한 상태에서의 감염은 치명적인 결과를 가져올 위험이 더 크기 때문이다. 실제 과거에는 바이러스 감염이 아이들의 주요 사망 원인이었다. 이 문제를 해결하기 위해 현대 의학에서는 예방접종을 통해 아이들이 안전하게 바이러스 항원을 간접 경험할 수 있도록 도와준다. 예방접종은 백신이라는 인공적인 항원을 이용해 위험한 감염의 과정을 거치지 않고도 적응면역이 기억세포를 획득하도록 유도하는 것이다.

면역학적 경험은 무한정 축적되지 않는다. 나이가 들면서 새로운 항원에 노출되었을 때의 반응이 점차 무디어진다. 시간이 흐르면 인체의 다른 기능처럼 면역도 점차 기능이 떨어져간다. 노화가 면역의 전 과정에 영향을 미치는 것이다.

노화가 되면, 선천면역에서는 염증 반응을 조절하는 데 문제가 생겨 짧고 강력한 염증이 아닌 저강도의 만성 염증이 증가한다. 염증은 위기 상황에서 강력하게 작동하고 위기가 해결되면 즉시 멈춰야 한다. 하지만 만성 염증은 뚜렷한 시작과 끝 없이 약한 염증 반응이 계속 일어나는 것이다. 만성 염증은 감염의 확산을 저지하지 못한다. 또한 감염이 발생했을 때 충분한 강도의 염증이 일어나는 것도 방해한다. 적응면역의 기능은 더 크게 저하된다. 면역세포를 생산하는 골수와 흉선이 점차 말라간다. 호흡기 점막도 얇아지면서 기능이 떨어지고, 림프관과 밸브 구조도 약해진다. 비장과 림프절에는 섬유화가 진행되어 혈관과 림프관으로 섬세하게 짜여 있는 미세 구조가 무너진다. 이런 해부학적 변화와 더불어 면역세포들의 기능도 저하된다. 항원제시세포는 이동, 항원 포식과 처리, T세포 자극 등 전반적인 기능이 떨어진다. B세포의 경우 유전자 재조합 능력이 저하되어 항체 다양성이 떨어진다. 세포면역에서는 세포의 수와 사이토카인 분비 능력이 모두 떨어진다. T세포 역시 유전자 재조합 능력이 떨어지면서 면역 수용체의 다양성이 대폭 감소하고, 도우미 T세포의 능력이 저하되면 적응면역을 통제하는 능력도 떨어진다. 나이가 들면 감기에 걸려도 림프절이 붓지 않는데, 이는 항원에 대한 반응성이 떨어진다는 의미다. 자연살해세포의 경우도 미성숙한 세포가 늘어나고, 대식세포의 기능이 떨어지면서 비정상세포의 제거도 어려워진다.

연령에 따른 암의 발생도 이런 면역의 기능 저하와 관련이 있다. 암은 세포가 분열하면 일정한 확률로 발생한다. 앞서 이야기한 대로 어릴 때 혈액암이 많이 생기는 이유는 면역세포의 분열이 활발하기 때문이다. 다른 장기에 발생하는 암의 경우도 젊은 나이에 세포 분열이 활발하기 때문에 암세포 자체는 더 많이 발생한다. 하지만 이 암세포들을 활발한 세포면역이 계속 제거하기 때문에 암 덩어리로 자라지 못한다. 하지만 나이가 들면 암세포의 발생 확률이 낮아지더라도 면역의 제거 능력이 떨어지면서 암 덩어리로 자랄 가능성이 올

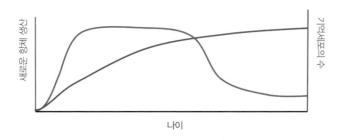

그림 33-2 나이에 따른 면역 기능과 기억세포의 다양성 변화

라가게 된다. 이런 이유로 전체적인 암 발생률은 나이가 들수록 높아지지만, 젊은 나이에 발생하는 암의 경우는 강력한 면역의 저지를 뚫고 자랐기 때문에 더 악성인 경우가 흔하다.

하지만 이런 면역의 기능저하에도 불구하고 나이가 든다고 감염의 위험이 크게 증가하지는 않는다. 그림 33-2의 빨간 그래프처럼 살면서 축적해온 기억세포들이 면역의 기능저하를 상쇄하기때문이다. 면역 기능의 저하를 경험이 보완하는 것이다. 이런 현상은 1918년 스페인독감에서 엿볼 수 있다. 당시 통계에서 특이한 점은 60세 이상이 그 이하의 연령보다 치사율이 훨씬 낮았다는 것이다. 현재 코로나19에 의한 연령별 치사율 분포와 반대인 것이다. 이 특이한 현상을 설명하는 가설 중 하나는 스페인독감 바이러스의 항원이 1890년대에 세계적으로 유행했던 러시아독감 항원과 유사했다는 것이다.

의학의 발달로 인간의 수명이 늘어나고 있지만 건강한 시간의 증가와 비례하지는 않는다. 만물의 영장인 사람은 환경을 지배하면서 문명을 이루어 살고 있지만, 성장과 노화라는 생물의 숙명을 피할 수 있는 방법은 아직 찾지 못했다. 노화에 의한 면역의 변화는 최근에 들어서야 본격적으로 연구되기 시작했기 때문에 여전히 연구해야 할 영역이 더 많다. 하지만 새로운 항체를 만들어내는 능력이 떨어지는 노인은 신종 바이러스가 발발하면 특히 조심해야 한다는 것은 명확하다. 스페인독감과 같은 예외적인 경우가 아니라면 신종 바이러스에 대한 기억세포가 없기 때문에 적응면역을 준비하는 데에 너무 오랜 시간이 걸려 면역 전쟁에서 패배할 위험이 높기 때문이다. 노화에 의해 면역학적 능력이 떨어지기 시작하는 시기는 평균 60세인데, 이번 코로나19의 치사율이 높아지는 연령과 일치한다. 신종 바이러스 감염은 젊은이에게는 기억세포를 늘려주는 경험이 될 수 있지만, 노인에게는 치명적인 위험이다.

제4부

방역

"예방 1온스는 치료 1파운드의 가치가 있다."

벤저민 프랭클린(1706~1790)

34
유사

면역과 방역

✦

코로나19는 인체 내부의 세포 사이에서도 퍼지지만, 집단 내부의 사람 사이에서도 퍼진다. 다세포생물로서 인간은 바이러스를 제거하기 위해 면역을 작동시킨다. 마찬가지로 문명 집단으로서 사회도 바이러스 유행을 종식시키기 위해 방역을 작동시킨다. 면역과 방역을 기능적인 측면에서 비교해보면 상당한 유사성을 발견할 수 있는데, 이 둘은 모두 바이러스 제거라는 같은 목적을 가지기 때문이다.

하늘을 날 수 있는 동물은 모두 날개가 있다. 새, 박쥐, 잠자리 모두 자세한 구조는 다르지만 공기를 밀어내어 날아오를 수 있는 날개가 있다. 바다로 다시 돌아간 포유류인 고래의 몸은 물고기와 유사한 유선형으로 바뀌었다. 이처럼 완전히 다른 유전자들이 같은 기능을 하게 되면 유사한 형태가 되는 것을 수렴 진화convergent evolution라고 한다. 비행기의 날개나 잠수함의 형태처럼 인류의 발명품도 이러한 자연의 유사성을 모방한다. 이처럼 동일한 기능을 수행하면 다양한 수준에서 유사성이 발생한다. 바이러스 제거가 목적인 집단의 방역도 인체의 면역과 유사한 특성을 가지게 된다.

생태계에서는 수많은 생물 종들이 유전자를 보존하기 위해 치열하게 경쟁한다. 그 결과 진화가 일어나는데, 단순화 혹은 복잡화 중한 방향으로 진행한다. 생명의 중심원리 때문에 진화는 유턴이 없는 일방통행이다. 따라서 방향이 정해지면 막다른 골목까지 계속 직진한다. 고래가 가진 지느러미는 팔과 다리가 진화해서 만들어진 것이다. 지느러미가 필요하다고 물고기로 역진화할 수는 없다. 만약 환경의 막다른 골목에 몰려서 탈출하지 못하면 멸종한다.

이기적 유전자 혹은 이타적 유전자라는 말을 들어봤을 것이다. 이기적 유전자는 집단이라는 개념이 없이 오직 자기 복제에만 집중한다. 반면에 이타적 유전자는 집단 내에서 소통하고 협력하는 것에 집중한다. 즉 바이러스의 증식은 이기적 유전자의 발현이고, 면역은 이타적 유전자의 발현인 것이다. 이타적인 유전자는 다세포생물에서부터 진화되기 시작했는데, 일방통행의 진화원리 때문에 다시 이기적인 유전자로 돌아갈 수가 없다. 만약 사람의 몸에서 이타적 유전자를 상실한 암세포가 자라면, 결국 사람을 죽이고 암세포 자신도 죽게 된다. 암적 존재라는 단어는 이런 상황을 은유하는 것이다.

이기적 유전자의 원리를 따르는 생물의 대표적인 예는 단순한 유전자와 빠른 증식 속도로 환경의 불리함을 종의 단위로 극복하는 세균이다. 이들은 같이 분열한 형제라도 각자도생으로 살벌하게 생존 경쟁을 한다. 여기서는 종의 유전자 보존이 중요하고 개별 개체의 생과 사는 큰 의미가 없다. 불리한 환경으로 개체들이 '거의' 몰살당해도 적응에 성공한 개체가 하나만 있으면 순식간에 증식해 집단이 회복된다. 생태계 진화의 기본 원리이기도 한 이기적 유전자의 힘은 원시적이지만 강력하다. 이타적 유전자의 원리를 따르는 생물의 대표적인 예는 사람이다. 사람을 구성하는 세포들의 기본 태생 유전자는 동일하다. 하지만 유전자들의 발현을 정교하게 조절해 전문적인 기능에 특화된 세포들이 만들어지고, 이들은 자신들이 속한 개체의 생존을 위해 서로 소통하고 협력한다. 그런데 다세포생물의 협력 과정에서는 세포가 스스로 희생해야 하는 상황이 항상 발생한다. 이런 이유로 다세포생물은 자살 유전자를 가지고 있다. 이 자살 유전자에 의해 발생하는 현상을 세포자멸사apotosis라고 하는데, 이기적 유전자의 본능 위에 진화한 이타적 유전자의 대표적인 특성이다.

하지만 세포의 유전적인 이타성이 개체의 행동에서 발휘되는 것은 별개의 문제다. 이타적 행동은 더욱 복잡한 요인들에 의해 발현이 된다. 이미 복잡하게 진화하는 길로 들어선 다세포생물은 환경의 변화가 일어난다고 역방향으로 진화할 수 없다. 그래서 일부 종은 환경의 압력에서 벗어나기 위해 개체들이 집단을 구성하기 시작했다. 개체 수준에서 다세포생물의 집단화 전략을 따르는 유사성이 나타난 것이다. 무리를 구성하는 것은 환경의 불리함을 극복하는 간단하면서도 효율적인 방법이다. 하지만 여기에는 이타적 행동의 발현이라는 전제 조건이 만족되어야 한다. 이는 같은 무리에 속한 다른 개체에게 공감을 하고 동질감을 느낄 수 있는 두뇌의 진화를 필요로 한다.

인류는 단순히 집단을 구성하는 수준을 넘어서 집단 내의 전문적 기능 분화를 통해 생태계의 지배종이 되었다. 문명사회에서도 세포의 기능 전문화와 유사한 현상이 재현되어 나타난다. 소화기와 유사한 농축산업, 심장순환기와 유사한 유통업, 혈관과 유사한 교통망, 신경계와 유사한 통신망, 두뇌와 유사한 정부 등이 그 예다. 이런 현상은 개체가 모인 집단을 효율적으로 유지하기 위해 유사한 기능을 발달시키는 수렴 진화와 유사하다고 할 수 있다. 국가에서는 위에서 예로 든 전문 기능들이 직업이나 시스템으로 존재하는데, 특히 방역 시스템은 면역과 유사한 기능을 수행한다. 다세포생물이 바이러스를 제거하기 위해 오랜 기간 시행착오를 거치며 진화시킨 면역의 구성과 기능들이, 사람이 모인 집단 환경에서도 가장 효율적으로 동작할 것이란 추측은 그리 어렵지 않다. 즉 효율적인 방역 체계일수록 우리 자신의 면역 시스템을 닮아 간다.

면역과 방역이 유사한 기능을 가지게 되는 이유는 바이러스 제거라는 동일한 목적을 가지고 있기 때문이다. 일반적으로 코로나19라고 묶어서 말하지만 이 바이러스는 엄청난 유전자의 다양성을 가지고 있다. 하나의 세포에 감염된 코로나19라도 증식을 거치면 유전적 다양성이 폭발적으로 늘어나기 때문이다. 이를 종의 한 단계 아래의 다양성이란 의미에서 준종quasispecies이라고 한다. 이 형제 바이러스들은 모두가 자기 유전자를 복제하기 위해 서로 경쟁하며 가장 효

면역	방역	
세포	감염 숙주	사람
확산	숙주 전파	비말
고정	숙주 위치	이동
절대적	숙주 협력	상대적
선천면역	초기 대응	봉쇄
적응면역	장기 대응	진단-추적-격리
도우미 T세포	통제 지휘	질병관리청
항체	감염 확인	진단
살해	숙주 처리	격리-치료
투명	감염 정보	불투명
기억세포	재감염 억제	집단면역

그림 34-1 면역과 방역의 비교

율적인 것만 살아남는다. 최소한 세균들은 환경이 불리해지면 주변 세균들과 최소한의 소통을 해서 증식 속도를 줄이기라도 하지만 이기적인 유전자의 화신인 바이러스는 무조건 각자도생이며 협력이란 개념은 존재하지도 않는다. 위의 그림 34-1에는 이런 특징을 가진 바이러스 제거를 위해서 면역과 방역에서 작동하는 기능과 특징들을 비교해놓았다.

　감염 숙주는 바이러스가 감염되어 증식을 하는 대상으로, 면역에서는 세포이며 방역에서는 사람이다. 숙주 전파는 증식을 한 바이러스가 다른 숙주를 재생산하는 기전을 말하는데, 면역에서는 밀집된 세포 사이에서 확산을 통해 일어나고 방역에서는 떨어져 있는 사람들 사이에서 비말을 통해 일어난다. 숙주 위치는 숙주들의 이동 유무를 말하는데, 면역의 대상인 세포는 한자리에 고정되어 움직이지 않지만 방역의 대상인 사람은 자유롭게 이동을 해서 위치가 계속 변한다. 숙주 협력은 바이러스 제거를 위한 숙주들의 협력을 말하는데, 면역에서 세포의 협조는 강제적이고 절대적이지만 방역에서 사람의 협조는 자발적이고 상대적이다. 초기 대응은 바이러스의 위험이 처음 인지되었을 때의 반응인데, 면역에서는 선천면역이 염증을 유도하고 방역에서는 사람들의 이동을 제한하는 봉쇄를 한다. 장기적인 대응에서는 바이러스 전파가 장기화될 때의 반응인데, 면역에서는 적응면역이 유도되고 방역에서는 진단-추적-격리가 시행된다. 통제 지휘는 바이러스 통제를 전체적으로 조율하는 주체를 말하는데, 면역에서는 도우미 T세포가 수행하고 방역에서는 질병관리청이 수행한다. 감염 숙주의 확인은 숙주가 바이러스에 감염된 상태를 확인하는 방법인데, 면역에서는 항체나 T세포 수용체가 수행하고 방역에서는 진단 검사법이 수행한다. 숙주 처리는 감염된 숙주를 찾았을 때의 처리방법인데, 면역에서는 숙주를 살해하지만 방역에서는 격리와 치료를 시행한다. 감염 정보는 개별 숙주가 이상을 감지하고 주변에 알리는 것을 말하는데, 면역은 투명하고 방역은 불투명하다. 재감염 억제는 재감염이 일어났을 때 진행을 막는 것을 말한다. 이는 면역에서는 기억세포에 의해, 방역에서는 예방접종으로 집단면역을 올려서 달성한다. 이렇게 면역과 방역은 동일한 목표를 달성하기 위한 유사한 기능들을 가지지만, 실제 구현의 난이도에 있어서는 큰 차이가 난다.

면역과 방역의 난이도 차이는 협력의 자율성, 숙주의 가치, 그리고 이동성에 기인한다. 인체의 세포는 바이러스에 감염되면 인터페론이라는 위험 신호를 발생시키고, 주변의 세포들은 그것에 반응해서 하던 일을 멈추고 스스로 자가격리 상태로 들어간다. 만약 세포들이 이런 신호와 약속을 무시하면 면역은 실패한다. 사회에서도 마찬가지로 개인의 협력이 없으면 방역은 실패할 수밖에 없다. 또한 면역과 방역의 숙주는 가치가 다르다. 면역에서는 감염된 세포를 살해세포가 죽여서 바이러스 입자 생산을 막는다. 하지만 문명사회에서는 절대로 개인을 이렇게 희생시킬 수는 없다. 대신 타인에게 전파가 되지 않도록 격리를 하고 치료를 한다. 그리고 방역은 바이러스 전파와 치사율이라는 두 개의 지표를 동시에 억제하기 위해 노력한다. 면역에서는 세포의 치사율이라는 개념이 없다. 또한 세포들은 고정 상태이고 면역세포들이 이동하면서 면역 활동을 수행하기에 더욱 효율적이다. 하지만 방역에서는 사람들이 움직인다. 따라서 아주 혼란스러운 상황이 일어나는 것이다. 이렇게 살펴보면 방역이 이기적인 유전자 영역에서 싸우면 바이러스보다 불리할 수밖에 없다는 것은 분명하다. 하지만 이타성의 영역으로 싸움을 끌고 오면 바이러스를 물리칠 수 있다. 즉 방역에서는 구성원들의 이타적 행동 발현이 목표 달성의 가장 중요한 요소가 된다.

35
방역

통제와 부작용의 균형

✳

선천면역의 염증과 마찬가지로 방역의 봉쇄나 사회적 거리두기도 범위와 기간이 늘어날수록 부작용이 커진다. 기계적으로 협력하는 세포와 달리 인간에 대한 통제는 반발이라는 능동적 부작용이 발생한다. 이것은 방역에 틈을 만들어 바이러스가 빠져나가게 만든다. 그렇게 되면 다시 통제가 강화되고 반발은 더 강해지는 악순환이 반복된다. 장기화되는 방역의 어려움은 자율성을 가진 인간을 대상으로 통제와 부작용의 균형을 잡아야 한다는 것이다.

방역의 현실적 목표는 집단면역의 확보다. 목표를 달성하는 전략들을 알아보기 전에 많은 혼동이 있는 집단면역herd immunity이라는 용어부터 정리하자. 인체에서 코로나19에 대한 기억세포가 만들어지는 것을 면역을 획득했다고 표현하는데, 집단에서 면역을 획득한 사람의 비율을 집단면역이라 한다. 면역을 가진 사람은 집단 내부에서 바이러스 전파를 차단하는 방화벽firewall의 역할을 하게 된다. 집단면역이 증가한다는 것은 방화벽이 점점 촘촘해진다는 의미다. 면역은 바이러스를 완전히 제거해야 활동이 종료되지만, 방역에서는 집단면역이 60퍼센트 대에 가까워지면 바이러스의 재생산지수가 1 이하로 떨어지면서 전파의 쇠퇴기로 접어든다. 감염자가 회복하면 면역도 획득되기 때문에, 집단면역은 감염자의 증가와 비례한다. 따라서 방역이 없어도 신종 바이러스의 전파는 '언젠가는' 멈추게 된다. 이것을 집단효과herd effect라고 한다. 즉 집단면역과 집단효과는 다른 의미다.

여기서 잘못 생각해서 집단효과를 빠르게 보려면 방역을 하지 않는 게 더 좋다는 결론이 나올 수 있다. 이것은 자연경과 전략이며, 이를 집단면역이라고 하는 것은 잘못된 표현이다. 집단면역은 방역의 목표 달성을 가늠하는 수치를 말한다. 자연경과 전략에서 고려하지 못한 요소는 전파의 속도다. 신종 바이러스의 방역에서는 집단면역의 증가 속도와 치사율이 비례한다. 감염자가 급증하면 의료 인프라가 붕괴되고 치사율이 올라가기 때문이다. 만약 우리나라에서 자연경과 전략을 취했다면 500만 명 정도가 사망해야 집단효과가 나타났을 것이다. 따라서 방역의 정확한 목표는 '의료 붕괴가 일어나지 않도록 전파 속도를 적절히 통제하면서 집단효과가 나타나는' 집단면역을 확보하는 것이다.

면역과의 유사성을 바탕으로 방역의 전략을 크게 분류하면 자연경과, 봉쇄, 진단-추적-격리, 이렇게 세 가지로 나눌 수 있다. 자연

경과는 선천면역도 작동하지 않는 상황과 유사하다. 봉쇄는 부작용을 감수하고 바이러스의 전파를 억제하는 선천면역과 유사하다. 진단-추적-격리는 항체를 이용해 바이러스를 정교하게 제거하는 적응면역과 유사하다. 이 전략들의 장단점도 면역의 장단점과 유사하게 나타난다.

이해를 위해 그림 35-1처럼 20명의 인구가 있는 초소형 국가를 상상해보자. 국민들 중 6명이 감염(오렌지색 점)된 상태라고 하면, 이들은 곧 면역을 획득할 사람들이기 때문에 집단면역은 30퍼센트가 될 것이다. 이 상황에서 3가지 방역 전략을 비교해보자. 자연경과 전략을 통해 70퍼센트가 되려면 앞으로 8명이 더 감염되어야 한다. 봉쇄는 정상인과 감염자의 구분 없이 획일적인 격리를 하게 된다. 가운데 위치한 그림에 표시된 사각형이 봉쇄 구역이라고 하면, 감염자 6명과 비감염자 6명이 격리된다. 따라서 현재 봉쇄 지역 내의 집단면역은 50퍼센트이며, 3명만 더 감염되면 75퍼센트가 된다. 자연경과 전략과 비교하면 훨씬 빠르게 집단면역의 목표 달성이 가능하다. 진단-추적-격리는 바이러스를 확인해서 처리하는 적응면역과 유사하다. 물론 면역처럼 숙주를 죽이는 것이 아니라 감염자를 격리해서 치료를 한다. 항체의 역할을 하는 진단법을 사용할 수 있기 때문에 봉쇄보다 더 세밀한 격리를 할 수 있다. 진단을 통해 감염자가 확인되면, 화살표로 표시된 것처럼 접촉자들을 추적해 검사와 격리를 취한다. 따라서 단순한 사각형이 아닌 더 복잡한 격리 형태라고 할 수 있다. 그림에서 보면 정상인은 접촉한 두 명만 포함되어 있기 때문에

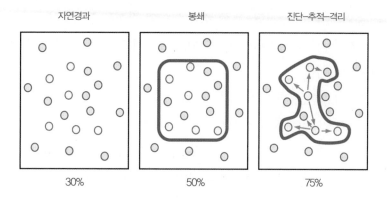

자연경과   봉쇄   진단-추적-격리

30%   50%   75%

그림 35-1 방역 전략에 따른 집단면역 달성도 비교

이미 집단면역은 75퍼센트인 상태다. 감염자들이 격리를 벗어나지 않도록 잘 유지하면, 이 초미니 국가가 바이러스 청정국이 되는 것은 시간문제다. 물론 현실의 방역 상황은 비교도 안 되게 복잡하지만 방역 전략들의 근본적인 차이는 분리의 범위라는 것을 확인할 수 있다. 자연경과, 봉쇄, 진단-추적-격리의 순서로 범위가 정교해지고 좁아진다. 이렇게 범위가 좁혀질수록 분리된 집단의 집단면역의 증가 속도는 빨라진다. 면역의 기본이 지역 방어 개념이며, 감염 지역이 넓어질수록 바이러스 제거가 어렵고 부작용만 증가하는 것과 동일한 원리가 적용되는 것이다.

자연경과 전략의 유일한 장점은 특별한 노력 없이 목표를 달성할 수 있다는 점이고, 많은 사람이 희생되어야 한다는 것이 최대의 단점이다. 봉쇄 전략의 장점은 바이러스 검사가 불가능해도 시행할 수 있지만, 개인의 자유를 심각한 수준으로 침해하기에 저항이 심하다는 것이 단점이다. 진단-추적-격리 전략의 장점은 봉쇄보다 사회적 부작용이 적다는 것이고, 많은 자원이 필요하고 비용 소모가 크다는 것이 단점이다.

코로나19는 전파가 빠르기 때문에 집단면역의 증가도 빠르다. 따라서 그냥 내버려두면 가장 빠르게 종식된다는 논리로 접근하는 것이 자연경과 전략이다. 집단면역의 자연스러운 증가를 기대하며 의료 인프라가 유지되는 선에서 최소한의 방역을 하는 것이다. 일부 국가에서 취한 이 전략을 언론에서는 집단면역이라고 언급하면서 아무런 방역을 하지 않는 것처럼 표현을 했지만, 사회적 거리두기 등 시민의 자발적인 참여를 유도하는 최소한의 캠페인은 진행하였다. 이런 캠페인도 엄연히 방역 전략의 일부이며 제대로 시행되면 결과에 영향을 미친다. 그런데 문제는 전파 속도였다. 코로나19의 전파 속도가 너무 빨라 감염자가 폭증하면 의료 인프라가 붕괴되고, 치사율이 10퍼센트까지 치솟는 것이 확인되었다. 특히 젊은이와 노인이 많이 섞여 거주하는 저소득층 지역에서 의료 붕괴가 쉽게 일어난다는 것이 역학 데이터로 관찰되었다.

봉쇄 전략은 제대로 시행된다면 전파를 막는 가장 간단하고 확실한 방법이다. 봉쇄의 범위는 개인, 가족, 지역, 국가의 순서로 커지면서 기간은 길어지고 효과는 반비례한다. 개인 수준의 봉쇄가 가장 효과적이다. 바이러스 감염에는 두 명의 접촉이 필요하기 때문이다. 따라서 모든 사람들이 동시에 일정 기간 자가격리를 한다면 바이러스는 빠르게 사라질 것이다. 하지만 한 명도 빠짐없이 모두가 참여해야 한다는 면에서 가장 비현실적이다. 가족 수준의 봉쇄도 비슷한 장단점을 가진다. 이렇게 봉쇄 단위의 집단이 커질수록 집단면역 목표를 달성하는 데 더 오랜 시간이 걸리기 때문에 부작용과 반발이 계속 증가한다. 그래서 대부분의 국가에서는 현실적으로 '사회적 거리두기social distancing'라는 느슨한 봉쇄 전략을 시행한다. 국가 범위의 봉쇄는 효과는 가장 떨어지면서 정치와 경제에 미치는 부작용은 가장 크다. 추가로 팬데믹 이후 국경 봉쇄의 목적은 새로 유입되는 바이러스의 차단이다. 따라서 국경 봉쇄는 팬데믹이 모두 끝날 때까지 유지해야 목표 달성이 가능하다.

바이러스에 대한 면역의 핵심이 적응면역인 것처럼, 진단-추적-격리는 방역의 핵심 전략이다. 3T(Test-Tracing-Treatment)로도 불리는 이 전략이 가능하려면 우선 항체의 역할을 하는 진단이 필요하다. 팬데믹 초기에 대부분의 나라가 이 전략을 적용하지 못한 이유는 현실적인 진단 방법이 없었기 때문이다. 하지만 감염 초기에는 항체가 없더라도 선천면역이 개입하는 것처럼, 당시 여러 나라들의 결과를 보면 진단법이 없었던 초창기라도 봉쇄가 중요했음을 알수 있다. 진단법이 이용 가능해진 이후에는 대부분의 국가들은 진단-추적-격리 전략을 적용하기 시작했다. 하지만 면역에 개인차가 있는 것처럼 국가들 사이에도 방역 수준에 차이가 존재한다. 이 전략이 제대로 작동하기 위해서는 잘 조직된 중앙통제 기구, 질적·양적인 면에서 모두 적절한 수준의 의료 인프라, 개인의 자발적 협조라는 삼박자가 맞아야 한다. 하지만 이런 조건이 모두 준비된 국가는 소수였다.

　다양한 방역 전략의 최종 목표는 동일하다. 집단면역이 집단효과를 나타낼 때까지 감염자의 발생 속도를 의료 인프라의 한계 이내로 유지하는 것이다. 코로나19 팬데믹은 이런 목표를 달성해나가는 각국의 방역 능력을 실시간으로 비교할 수 있는 실전 검증 무대가 되고 있다. 이렇게 방역의 전략을 구분하고 살펴본 목적은 방역의 원리를 이해하기 위해서다. 물론 개인이 방역 전략까지 깊게 이해할 필요는 없다. 하지만 그 기본 원리에 대한 이해조차 없으면 유연한 방역 전략을 우왕좌왕하는 것으로 잘못 생각하게 되거나, 봉쇄 기간이 길어지는 상황에서는 반발심만 생기게 된다. 세포와 다르게 자율성을 지닌 사람은 이해가 되지 않으면 희생을 감수하지 않는다. 힘으로 반발을 찍어 누를 수 있는 국가가 아니라면 국민의 반발은 방역 실패의 직행버스 예매권이다.

36

숙주

세포와 사람

✳

면역과 방역의 공통점은 바이러스 숙주의 재생산을 막기 위해 활동한다는 것이다. 차이점은 면역에서는 숙주가 세포이지만 방역에서는 사람이라는 것이다. 이러한 차이에서 방역의 장단점이 모두 발생한다. 장점은 전파를 차단하는 격리의 효율이 좋다는 것이다. 이것은 바이러스의 본질적인 특성 때문이며 개인만이 이 약점을 제대로 공격할 수 있다. 단점은 개인의 완전한 협력을 기대하기 어렵다는 것이다. 이타적 유전자가 필수적으로 발현되는 세포는 면역에 절대적으로 협력한다. 하지만 자유 의지를 가지고 있는 사람은 방역에 협력하기도 하지만 반발도 한다.

코로나19 같은 급성 호흡기바이러스는 감염자의 체내에 머무를 수 있는 시간에 한계가 있다. 감염자가 면역을 획득하거나 사망하면 증식이 불가능해지기 때문이다. 따라서 코로나19는 숙주의 적응면역이 작동하기 전에 다른 숙주를 감염시켜야 한다. 바이러스 입자는 무생물이기 때문에 마치 수건돌리기의 수건처럼 새로운 숙주를 계속 감염시켜야만 유전자가 유지되는 것이다. 이는 절대세포기생체인 바이러스의 본질적인 특성이다. 그리고 새로운 숙주를 재생산하기 위한 전파는 방역이 이용할 수 있는 바이러스가 지닌 취약점이기도 하다.

그림 36-1에 비교되어 있는 것처럼, 바이러스에게 사람 간 전파는 세포 간 전파와는 차원이 다른 문제다. 인체의 세포들은 밀집되어 있기 때문에 숙주에서 배출된 바이러스 입자는 즉시 주변의 세포를 감염시켜 숙주로 만들 수 있다. 따라서 면역에서는 입자의 재감염을 차단하는 중화항체의 역할이 아주 중요하다. 반면 사람 간의 전파는 공기라는 물리적 장벽을 뛰어넘어야 한다. 바이러스 입자의 외막 포장은 물이 없으면 망가지기 때문에 비말 속에 있을 때에만 감염력이 유지된다. 그런데 배출된 비말이 외부 공기에 노출되면 수분 증발이 일어난다. 따라서 다른 사람의 호흡기로 들어가 새롭게 감염을 일으키기 위해서는 몇 가지 조건들이 충족되어야 한다. 감염자의 비말에 바이러스 농도가 충분해야 하고, 다른 사람에게 일정한 거리 이내에서 비말을 내뿜어야 하고, 접촉 시간도 일정 시간 이상이 되어야 한다. 이런 조건들이 모두 만족되지 않으면 전파의 가능성은 급격하게 떨어진다. 기침이나 재채기 같은 증상이 있는 경우에는 서로 조심하기 때문에 위의 조건들을 모두 만족시키기 어렵다. 하지만 무증상 상태에서도 바이러스 입자의 농도가 높은 비말을 만들어내는 코로나19의 경우는 무증상 감염자와의 일상적인 대화에

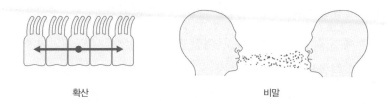

확산   비말

그림 36-1 세포와 사람 사이의 바이러스 전파 비교

서 이 조건들이 만족된다. 무증상이라는 조건 하나로 사람들의 방심을 파고든 것이다. 극단적인 예지만 만약 사람들이 수화로만 대화했다면 팬데믹은 일어나지 않았을 것이다.

격리가 전파를 차단하는 데 효율적이라는 것이 방역의 장점이라면 격리 시행이 어렵다는 것이 방역의 약점이다. 선천면역이 감염 지역을 좁게 유지할수록 면역이 효율적으로 작동하는 것처럼, 방역도 격리의 범위가 좁을수록 효율적이다. 하지만 면역에서 숙주인 세포는 제자리에서 움직이지 않지만, 방역에서는 숙주인 사람들이 돌아다닌다. 사람들은 서로 만나서 얼굴을 마주보고 이야기하며 살아간다. 움직일 수 없는 코로나19는 이런 사람의 습성을 이용해 전파된다.

면역이 바이러스를 제거하는 데에 세포들은 절대적으로 협력한다. 세포들은 바이러스의 잠재적인 숙주이기도 하지만, 전파를 억제하는 주체이기도 하다. 감염된 세포는 인터페론을 분비해 위험을 알린다. 그리고 인터페론을 감지한 이웃 세포들은 자기가 하던 일을 멈추고 바이러스의 감염에 대비한다. 일반 세포들이 가지고 있는 이런 선천적인 능력이 없다면 바이러스 증식은 적응면역이 제대로 작동하기도 전에 순식간에 폭발기로 들어갈 것이다. 방역에서는 개인이 이런 세포의 역할을 해야 한다. 증상을 느낀 개인은 주위 사람들에게 위험을 알리고 검사를 받고 자가격리를 해야 한다. 또한 바이러스 전파의 위험이 커져서 방역 단계가 올라갔다면 사회적 거리두기와 마스크로 각자가 감염되지 않도록 개인 방역을 해야 한다. 이런 숙주의 능동적 참여의 강제성이 면역과 방역의 큰 차이점이다.

이러한 개인 방역에서는 감염자와 피감염자의 관점이 다르다. 다른 사람에게 전파시키지 않는 것도 중요하지만 내가 걸리지 않는 것도 중요하다. 다른 사람을 감염시키지 않기 위해선 발열이나 마른기침 같은 코로나 감염 증상을 느끼면 스스로 자가격리를 해야 한다. 물론 무증상 감염은 불가항력이다. 하지만 대부분의 사람들은 가벼운 증상은 일단 부정한다. 증상이 확실함에도 고의적으로 숨기는 경우는 더 심각하다. 전파력이 높은 시기일 수 있기 때문이다. 이런 사람이 많아지면 방역은 시작부터 실패다. 조금이라도 증상이 의심되면 사회 활동을 최소화하고 마스크를 착용하는 자발적 개인 방역이 중요하다. 또한 사회적 인식의 변화도 필요하다. 감염자가 바이러스를 전파시켜 발생되는 비용은 감염자가 결근하는 비용보다 훨씬 크다. 하지만 팬데믹이 진행되는 중인데도 사회적 통념은 감기 증상으로 결근하는 것을 용인하지 않는 경우가 많다. 바이러스는 이런 통념의 구멍을 통해 퍼져나간다. 내가 걸리지 않기 위해선 바이러스에 노출될 확률이 높은 상황을 피해야 한다. 예를 들면 밀집된 장소, 환기가 안 되는 장소, 큰 소리가 나는 장소 등 비말이 많이 발생할 것으로 예상되는 장소나 상황이 여기에 포함된다.

코로나19의 경우에는 특히 무증상 전파의 비율이 높은 것이 문제다. 일상생활에서 감염자의 구분이 어렵다는 의미다. 따라서 무증상 감염의 가능성을 항상 염두에 둬야 한다. 특히 고농도의 바이러스 비말을 살포하는 무증상 감염자가 사회 활동까지 왕성한 경우에는 슈퍼 전파자가 된다. 이런 사람이 개인 방역의 원칙까지 무시하면 마른 들판에 불을 지르고 다니는 방화범이 되는 것이다. 반대로 증상의 유무에 상관없이 개인 방역을 하는 사람은 방화벽의 역할을 한다. 방화범은 일단 감염이 된 것이지만, 방화벽이 되기 위해 감염될 필요는 없다.

이처럼 감염자가 구분되지 않는 상황에서 힘을 발휘하는 것이 마스크다. 마스크는 원시적인 바이러스의 진화 과정에는 존재하지 않았던 엄청난 물리적 장벽이다. 인간만이 가진 개인 방어막인 마스크는 나를 보호하기도 하지만 타인을 보호하는 역할도 한다. 마스크는 집단면역과 동일한 방화벽의 역할을 수행한다. 특히 무증상 감염자가 마스크를 착용한 경우에는 바이러스 비말을 효과적으로 차단할 수 있다. 만약 국민의 70퍼센트가 '항상' 마스크를 착용하고 생활한다면, 70퍼센트가 집단면역을 획득한 것과 동일한 효과를 낼 수 있다. 물론 '항상' 마스크를 착용하는 것은 불가능하기에 써야 할 상황과 쓰지 않아도 될 상황을 잘 구분하는 것이 중요하다.

개인 방역이 가장 효과적이면서 가장 어려운 이유는 다양한 상황에 놓인 사람들에게 예방 수칙들을 일괄적으로 강제하기 어렵기 때문이다. 그래서 개인의 자발적 참여를 유도하는 캠페인을 꾸준히 시행하는 것도 방역의 중요한 요소다. 연구에 따르면 캠페인의 빈도와 방역의 효과 역시 비례하는 걸로 나타났다. 하지만 대중에게 보이지 않는 바이러스는 여전히 낯선 존재이기 때문에 바이러스에 대한 지식을 상식으로 만들기 위한 노력도 병행되어야 한다. 사람은 행동의 이유에 대해 합리화가 되어야 거부감이 없기 때문이다. 이해를 하지 않고 규칙만 따르는 경우는 금세 지치기 때문에 개인 방역이 꾸준히 유지되기 어렵다.

면역에서는 바이러스를 제거하기 위해 모든 세포들은 면역의 통제하에 서로 협동한다. 오직 암세포만이 이 통제를 따르지 않는다. 사회라는 집단의 울타리를 떠나서는 살 수 없는 개인 역시 방역 기관의 통제에 잘 협조해야 한다. 아무리 인프라가 훌륭하고 통제 기구가 효율적으로 조직되어 있어도 통제에 협조하지 않는 개인이 많은 집단의 방역은 실패할 수밖에 없다. 개인은 방역의 대상이자 주체다. 방역은 마지막 구령을 붙이지 않는 PT체조를 하는 것과 유사하다. 한 명이라도 마지막 구령을 외치면 체조를 처음부터 다시 시작해야 한다. 마찬가지로 개인 방역을 무시하는 사람이 많으면 힘들고 지루한 방역을 다시 계속할 수밖에 없다. 바이러스는 방역이라는 그릇에 담긴 물과 같아서 조그만 구멍이 있어도 흘러나오기 때문에 모두가 같이 노력해야만 상황을 빠르게 끝낼 수 있다.

37
진단

방역의 항체

✳

면역은 바이러스에 감염된 세포가 발생시키는 위험 경보로 시작되고, 항체를 이용해 바이러스에 감염된 세포를 찾아내면서 본격적으로 작동한다. 방역도 마찬가지로 이상 징후를 감지하면서 시작되고, 진단을 통해 감염된 사람을 찾아내면서 격리와 추적을 시행하고 감염자를 치료하면서 본격적으로 전개된다. 면역에서 숙주세포를 찾아내는 것이 바이러스를 박멸하는 적응면역의 핵심인 것처럼, 바이러스 감염자를 정확하게 진단할 수 있는 검사법의 활용은 성공적인 방역의 필수 요건이다.

면역의 핵심은 바이러스의 존재를 감지해내는 것이다. 선천면역 단계에서는 바이러스 유전자 센서 단백질이 존재를 감지하고, 적응면역 단계에서 항체를 이용해 특정 바이러스의 존재를 정확하게 찾아낸다. 신종 바이러스에 대한 방역에서도 이와 유사한 두 단계 기전이 있다. 첫 번째는 지수기의 후반부에 원인 불명의 감염 환자가 증가하는 것을 인지하는 단계이고, 두 번째는 원인 바이러스가 규명되고 특이적인 검사법이 개발되어 감염자를 정확하게 찾아내는 단계다.

발생 초기에는 감염자의 임상 증상이 있어도 신종 바이러스를 의심하기 어렵다. 또한 특별한 연구 목적이 아니라면 감기 증상에 대해 바이러스 검사를 수행하지는 않는다. 더구나 검사를 하더라도 기존의 모든 바이러스 검사에서 음성이 나와야 의심할 수 있기에, 신종 바이러스의 발생을 빠르게 감지하는 것은 상당히 어렵다. 그럼에도 특정 지역에서 심각한 증상의 원인 불명 환자가 급격히 증가한다면 이는 신종 바이러스의 아웃브레이크 신호가 된다. 이 위험을 심각하게 인식했을 때 방역이 시작된다. 해당 지역을 격리하고 원인 규명을 위한 역학조사를 시작한다. 그리고 다른 지역에서 대비할 수 있도록 위험 정보를 투명하게 공개한다. 선천면역이 바이러스 감염 초기에 하는 일과 동일하며, 방역도 빨리 시작될수록 팬데믹의 임계 전이를 막는 골든타임을 놓치지 않는다. 하지만 인간 사회에서 발생하는 착한 양치기 소년의 딜레마는 이런 위험의 인식을 어렵게 만든다. 만약 과감한 대응을 했는데 신종 바이러스가 아니라면 사회는 그 결정에 대한 책임을 요구하기 때문이다. 그만큼 면역과 달리 방역에서는 신종 바이러스의 출현을 빠르게 감지하기 어렵다.

방역에서 위험을 인식하면 발생 지역을 봉쇄하고 동시에 원인을 찾기 위한 역학조사가 시작된다. 최근에는 분자생물학의 발전으로 원인 바이러스를 규명하는 데에는 시간이 그리 오래 걸리지 않는다. 일단 정체가 확인되면 다양한 진단 방법들이 개발되어 방역에 본격적으로 적용된다. 이 진단 검사를 통해 바이러스에 감염된 사람들을 정확히 찾아내어 격리해서 치료하고, 감염의 전파 양상과 속도를 감시해서 방역의 전략과 강도를 결정하는 데 이용하게 된다.

바이러스를 진단하기 위해서는 배양 검사, 항원 검사, 그리고 유전자 검사 등이 대표적으로 이용된다. 각 검사법은 민감도와 특이도가 다르다. 간단히 설명하면 민감도는 얼마나 적은 양의 바이러스까지 찾아낼 수 있는지를 알려주고, 특이도는 바이러스의 존재를 얼마나 정확히 알려주는지를 말한다.

배양 검사는 바이러스의 감염 능력과 증식 현상을 직접 확인하는 방법이다. 절대세포기생체인 바이러스는 숙주세포에서만 증식된다. 따라서 바이러스가 지향성을 가진 숙주세포를 먼저 배양한 뒤 바이러스가 들어 있는 샘플을 접종해서 증식을 확인할 수 있다. 다음 그림 37-1처럼 바이러스 증식은 세포파괴현상이 일어나 세포가 죽어 구멍이 생기거나, 세포병리현상으로 세포의 형태가 변화되는 것을 광학현미경으로 확인한다. 즉 바이러스의 존재를 직접 확인하는 것이 아니라 바이러스에 감염된 세포의 변화를 보고 간접적으로 판단한다. 따라서 민감도와 특이도가 모두 낮은 검사라 할 수 있다.

또한 숙주세포의 배양이 필요하기 때문에 결과 확인에 걸리는 시간이 짧아야 하는 방역에서 활용하긴 어렵다. 하지만 바이러스 입자의 감염력을 확인하기 위한 유일한 검사이기도 하다. 또한 신종 바이러스가 처음 발생해 원인 규명이 안 된 상황에서도 미지의 바이러스가 환자의 샘플에 존재한다는 것을 확인할 수 있는 아주 중요한

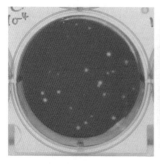
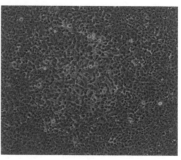

세포용해현상   세포병리현상

그림 37-1 바이러스에 의한 배양세포의 변화

검사이기도 하다. 이런 가치들 때문에 바이러스가 처음 발견되었을 때부터 사용된 고전적인 검사임에도 불구하고 아직도 중요한 검사 법으로 자리잡고 있다.

항원 검사는 항체의 특이성을 이용하는 검사 기법이다. 그림 37-2 에는 코로나바이러스의 스파이크 단백질에 특이적으로 결합하고 있는 항원의 손잡이 끝에 형광물질이 결합되어 있다. 이 형광항체를 바이러스에 감염된 세포에 뿌려주고 형광현미경으로 관찰하면 스파이크 단백질을 만들어내고 있는 감염세포들이 우측 사진처럼 밝게 빛이 나게 된다. 이런 형광염색은 항체를 이용하는 검사의 한 예고, 항체에 어떤 물질을 결합해서 어떤 방식으로 사용하는가에 따라 샘플에 들어 있는 항원을 현미경 같은 추가 장비 없이 바로 확인할 수도 있다. 흔하게 접하는 임신 테스트 키트가 그 예인데, 임신 시에 분비되는 호르몬에 대한 항체를 이용해 만든다. 항체는 세포의 외부에서

형광항체   형광항체염색 현미경 사진

그림 37-2 항원–항체반응을 이용한 형광면역법

작용하기 때문에 잘 변성이 되지 않는 단단한 구조를 가지고 있다. 그래서 이런 상온 유통이 되는 상품에도 활용 가능하다. 항원 검사는 간편하고 빠르기 때문에 신종 바이러스 방역에서 활용 가치가 높다. 하지만 문제는 품질이 좋은 항체가 대량으로 있어야 민감도와 특이도 같은 검사의 품질이 일정하게 유지된다는 것이다. 만약 품질이 들쑥날쑥한 항체 검사라면 아예 안 하니 만도 못한 결과를 가져온다.

검사에 사용되는 항체들은 동물을 이용해서 만든다. 정제된 항원을 동물에게 반복해서 주사하면 적응면역에 의해 항체가 만들어진다. 그러면 그 동물의 피를 뽑아 항체를 정제해서 사용한다. 한 동물에서 뽑을 수 있는 혈액의 양에는 제한이 있으며, 또한 혈액에는 여러 종류의 항체가 혼재하기 때문에 대량 검사에는 사용하기 어렵다. 팬데믹 초기에 나왔던 여러 항원 검사 키트에서 문제가 생긴 이유가 여기에 있다. 즉 빠르게 개발할 수 있고 검사 방법도 간단하지만 품질이 일정하지 않아 대량 검사에는 적합하지 않은 것이다. 고품질의 단일항원을 만들기 위해서는 복잡한 과정을 거쳐야 한다. 일단 동물의 형질세포들을 골라내서 암세포로 만들어 죽지 않게 만든다. 그 뒤 그 암세포들을 하나씩 분리해 배양하면서 원하는 항체를 만드는 형질세포만 골라내는 지루한 과정을 거친다. 성공적으로 형질세포를 골라낸 경우 세포배양을 통해 얻은 모든 세포는 딱 한 종류의 항체를 만드는 동일한 클론들이다. 그래서 이를 단일클론 항체 monoclonal antibody라고 한다. 이에 반해 동물의 피에서 뽑은 항체는 수많은 클론의 항체가 섞여 있어 다클론 항체라고 한다. 이렇게 불멸화된 단일클론 형질세포를 얻으면 동물을 사용할 필요가 없어진다. 세포배양만 하면 대량의 고품질 단일항체를 계속 얻을 수 있기 때문이다. 평상시에 우리가 접하는 상용화된 항원 검사 키트에는 대부분 이런 단일클론 항체가 사용된다.

항체 검사는 항원 검사를 반대로 응용하는 것이다. 바이러스의 항원을 사용해 사람의 혈액 속에 항체가 있는지를 확인한다. 따라서 항체 검사는 바이러스의 진단 검사가 아니라 검사 대상자의 면역 상태를 확인하는 검사다. 다섯 가지 항체 중 주로 M과 G형 항체의 존재 유무를 많이 검사하는데, 이를 통해 감염의 진행 상황을 파악하는 것이 가능하다. 두 가지 항체가 모두 없으면 감염된 적이 없다는 의미다. 특히 이 상황에서 항원 검사 결과가 양성이면 지금 막 바이러스에 감염된 상태라고 해석된다. 대부분은 항원 검사가 양성이면 M형 항체가 같이 양성으로 나온다. 그 이유는 이것이 림프절에서 활성화된 B세포가 처음 만드는 항체이기 때문이다. G형 항체는 적응면역이 본격적으로 활동하면서 만들어지는 항체다. 따라서 항원 검사에서 음성이 나오고 G형 항체만 양성이 나오면 얼마 전 감염에서 회복되었다는 의미가 된다.

최근에 이 항체 검사를 이용해 집단면역을 측정하는 연구 결과들이 언론에 몇 번 등장하였다. 하지만 항체 검사를 이용한 집단면역의 연구는 신중하게 해석해야 한다. 양성이 나오면 면역을 획득했다는 의미로 해석이 가능하지만, 음성이 나왔다고 면역이 없다는 해석은 가능하지 않기 때문이다. 첫째 이유는 모든 사람의 항체는 동일한 구조를 가지지 않는다. 동일한 바이러스 항원이라도 항원의 3차원 구조에서 다른 부위의 항체들이 만들어질 수 있다. 위에서 언급한 다클론 항체를 생각하면 된다. 따라서 검사에 사용된 특정한 조작을 가한 항원에는 결합하지 않지만, 자연 상태의 바이러스 항원에는 결합하는 항체를 가지고 있을 가능성이 있다. 둘째 이유는 항체 검사의 민감도 때문이다. 모든 검사는 측정 한계치가 있다. 항체 검사도 항체가 일정한 농도 이상일 때만 양성으로 나온다. 그런데 혈액 내 항체의 농도는 감염의 강도, 경과, 기간에 따라 계속 변하게 된다. 심각한 감염이 진행되어 대량의 바이러스에 노출된 경우에는 고농도로 존재하고, 무증상으로 진행된 경우에는 항체 역시 저농도로 존재하다 급격히 떨어진다. 셋째 이유는 호흡기 점막에서만 머물다 사라진 바이러스에 대해서는 주로 A형 항체가 생성되기 때문에 일반적인 M형과 G형 항체 검사로는 확인이 어렵다. 넷째 이유는 항체 검사로는 기억세포의 획득 유무를 확인할 수 없다.

면역이 저항성을 획득한다는 것은 선천면역과 적응면역의 복합적인 작용의 결과다. 그런데 우리가 하는 검사는 면역 반응의 극히 일부 결과만 확인하는 검사다. 따라서 항체 검사에서 양성이면 면역이 되었다고 해석할 수 있지만, 항체 검사에서 음성이 나왔다고 해서 면역이 없다고 이야기하기는 어려운 것이다. 간염 예방접종을 해도 항체가 계속 음성으로 나오는 경우가 이런 예라 할 수 있다. 바이러스에 대한 면역이 없다는 것을 정확하게 평가하기 위해서는 모든 검사 대상자에게서 다양한 종류의 항체 생성 여부와 기억 B세포와 기억 T세포의 반응 상태까지 종합적으로 확인해야 하는데, 이것은 아주 어렵고 비용이 많이 드는 일이다. 생물학 실험실에 떠도는 농담 중에 '양성은 양성이지만 음성은 음성이 아니다'는 것이 있다. 여기에는 생물학적 검사들은 양성과 음성을 상대적으로 해석할 수 없으며, 검사의 설계 의도대로만 해석할 수 있다는 의미가 들어 있다.

마지막으로 소개할 유전자 검사는 바이러스 유전자를 직접 확인하는 방법이다. 여기에는 현재 코로나19 방역 진단의 표준으로 사용되고 있는 PCR(Polymerase Chain Reaction)이 포함되어 있다. 중합효소 연쇄반응의 약자인 PCR은 세포에서 일어나는 유전자 복제를 시험관에서 재현하는 것이다. 1983년 달이 떠 있는 캘리포니아의 고속도로를 달리던 캐리 멀리스Karry Mullis의 머릿속에 번개처럼 PCR의 기본 아이디어가 떠올랐다. 그 아이디어의 가치는 현대 분자생물학의 수준을 한 단계 끌어올린 공로로, 10년이라는 이례적으로 짧은 시간 만에 수여된 노벨상이 증명한다. 노벨상을 떠나 PCR은 현대 분자생물학을 지탱하는 원천 기술이다. PCR을 이용하면 단 한 가닥의 DNA에서 원하는 부위만 골라 10억 개의 DNA 조각을 복제해낼 수 있다. 영화에 나온 것처럼 고대 모기의 화석에서 공룡의 DNA를 증폭할 수 있다. 현실에서도 범죄 현장에 떨어져 있는 털이나 작은 핏방울에서 범인의 유전자를 증폭하고 있다.

현대 분자생물학 실험에서 PCR을 사용하지 않는 경우를 찾는 게 힘들 정도지만 가장 큰 영향을 미친 분야는 바이러스 검사 분야다. 이전에는 바이러스 유전자를 확인하기 위해서는 많은 양의 바이러스를 배양을 통해 증식시켜 유전자를 뽑은 뒤 방사성 동위원소를 이용해서 확인해야 했다. 하지만 PCR을 이용하면 배양을 할 필요도 없이 샘플 속에 단 하나의 바이러스 유전자만 있어도 증폭시켜 빠르게 확인할 수 있다. 즉 민감도가 이론적 최대치에 근접하는 검사법이다. 거기에다 DNA 이중가닥의 상보성이라는 정교한 생명의 기본원리를 이용하기 때문에 특이도 역시 최대치에 이른다. 이런 이유로 코로나19 방역의 표준 검사법으로 활약하고 있는 것이다. 현실적으로 방역 목적의 검사에서 PCR 이외의 대안은 아직 없다.

바이러스 진단에서 PCR의 중요성을 보여주는 가장 단적인 예가 이 책에서 언급된 신종 바이러스들의 유행이 모두 2000년대 이후의 사건이라는 점이다. 즉 PCR이 널리 보급되기 이전에는 신종 바이러스의 출현과 경과를 모니터링할 방법이 없었다는 의미다. 그만큼 PCR은 이번 팬데믹의 상황을 이해하는 것에 있어서도 중요하기 때문에 조금 깊은 내용으로 한 걸음 더 들어가보자.

시험관에서 유전자 복제를 재현하려면 물, 중합효소, 핵산, 프라이머primer 그리고 증폭하려는 유전자, 이렇게 다섯 가지 기본 재료만 있으면 된다. 유전자는 바이러스의 유전자처럼 증폭할 부위를 포함한 원형 DNA다. 핵산은 DNA의 기본 블록인 A, T, C, G 분자들이다. 프라이머는 유전자에서 증폭을 원하는 부위와 결합해 복제의 시작점을 제공하는 짧은 DNA 조각이다. 중합효소polymerase는 유전자에 결합된 프라이머의 끝에서부터 상보적인 핵산을 차례로 붙여나간다. 물에는 중합효소가 제대로 활동할 수 있는 적절한 조건이 만들어져 있다. 이 재료들을 모두 시험관에 넣고 잘 섞은 뒤에 온도만 높였다 내렸다 반복하면 원하는 부위의 유전자만 마술처럼 증폭된다.

여기서 증폭하려는 유전자에 따라 바뀌는 재료는 프라이머뿐이며, 나머지는 어떤 PCR이건 상관없이 동일하게 들어간다. 만약 아데노바이러스를 검사하고 싶다면 이 바이러스 유전자의 특정 부위를 증폭할 수 있는 프라이머를 설계해서 넣어주면 된다. 이번 코로나19의 유전자가 공개되고 바로 다음날 PCR 검사가 가능해진 이유는 유전자 서열만 알면 프라이머 설계는 빠르게 진행 가능하기 때문이다. 프라이머를 설계한다는 것이 무슨 의미인지 이해하기 위해 그림 37-3 위쪽의 박스를 보자. 가운데 증폭하려는 DNA가 있고 상보적 방향의 짧은 프라이머들이 증폭 부위를 마주보고 표시되어 있다. 잘 살펴보면 정방향forward 프라이머는 해당 위치의 양성가닥 DNA의 4개의 염기서열을 가지고 있고, 역방향reverse 프라이머 역시 해당 위치의 음성 가닥 DNA의 4개의 염기서열을 가지고 있다. 이 짧은 DNA 조각들의 결합하는 중간 부위가 PCR을 통해 증폭되는 표적이다. 따라서 프라이머는 괄호 같은 문장부호처럼 항상 두 개가 한 세트로 사용된다. 프라이머를 설계한다는 의미는 증폭 부위를 결정한다는 것과 같은 의미다. 일단 증폭 부위가 결정되면 양쪽 말단의 염기서열이 프라이머의 서열이다. 이렇게 프라이머의 서열이 결정되면 고농도의 프라이머들을 인공적으로 합성하는 것은 어려운 일이 아니다.

37-3 아래쪽 그래프는 시험관 안에서 온도의 변화에 따라 무슨 일이 일어나는지를 보여주고 있다. 증폭의 시작은 DNA 이중가닥을 서로 분리하는 과정이다. DNA는 상보적인 서열들이 약한 수소 결합으로 붙어 있는 것이기 때문에, 온도가 94도로 올라가면 서로 떨어진다(분리). 그다음은 프라이머를 풀어진 가닥에 붙이는 과정이다. 온도를 60도로 낮추면 풀어진 DNA 가닥들이 상보성 때문에 다시 붙으려고 하는데, 반응 용액 속에는 프라이머가 수억 배 이상 높은 농도로 들어 있다. 따라서 확률적으로 풀어진 원형 DNA 가닥들에는 상보적 서열의 프라이머가 결합하게 된다(결합). 이 과정에서 온도를 통해 결합의 정확성을 조절한다. 대상과 상보적으로 정확하게 결합하는 온도를 결정하는 것은 프라이머의 길이와 구성이다. 이 그림에서는 4개 핵산의 프라이머들이 그려져 있지만, 실제 실험실에서는 보통 20개 핵산 길이의 프라이머를 사용한다. 그다음은 중합효소가 활발히 작동하는 온도인 72도로 올린다. 그러면 원판 DNA에 결

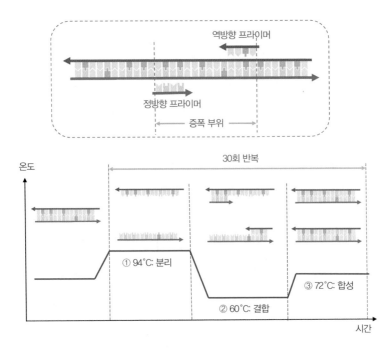

역방향 프라이머

정방향 프라이머

증폭 부위

온도

30회 반복

① 94°C: 분리

② 60°C: 결합

③ 72°C: 합성

시간

그림 37-3 중합효소 연쇄반응(PCR)의 기본적인 원리

합된 프라이머의 말단에서부터 시작해 중합효소가 상보적인 핵산을 원판 가닥에 맞춰 하나씩 연결해나간다(합성). 이 역시 모든 생명체의 유전자 복제와 동일하게 5'에서 3'이라는 방향으로 진행되며 평균적으로 1분에 1000개의 속도로 핵산들을 붙여나간다. 만약 500개의 표적 부위를 증폭한다면 30초가 필요한 식이다. 이 과정까지 끝나면 하나의 이중 DNA가 두 개의 동일한 이중 DNA 조각으로 복제된다. 이로써 PCR의 한 사이클이 완성되는 것이다. 이 사이클을 30번 반복하면 2의 30승, 즉 10억 개가 넘는 DNA 조각이 복제된다.

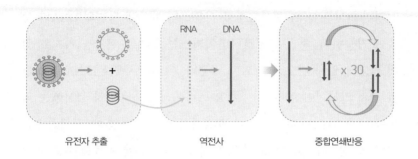

유전자 추출   역전사   중합연쇄반응

그림 37-4 코로나바이러스 유전자 검사 과정

물론 재료들이 무한정 공급되는 것이 아니기 때문에 PCR 증폭도 20 사이클이 넘어가면 증식 곡선을 따라 정체기에 들어간다. 처음 멀리스가 PCR을 개발했을 때는 대장균의 중합효소를 사용했었다. 이것은 온도가 94도까지 올라가면 파괴되기 때문에 사이클이 시작되기 전에 시험관을 꺼내어 매번 중합효소를 다시 넣어야 했다. 그래서 PCR을 시작하면 몇 시간 동안 화장실도 못 가고 꼼짝없이 붙어 있어야 했다. 이 과정이 너무 괴롭고 귀찮았던 과학자들은 온천에서 사는 세균들의 중합효소를 써보자는 아이디어를 생각해냈다. 펄펄 끓는 물에서 증식하는 세균의 중합효소는 당연히 열에 강하리라는 생각을 한 것이다. 이후 PCR은 손이 많이 가는 실험에서 완전 자동화된 실험이 되면서 날개를 달 수 있었다.

그림 37-4는 코로나19에 대한 PCR 검사 과정을 간단하게 보여준다. 먼저 바이러스 입자를 깨고 유전자를 추출한다. 그런데 위에서

설명한 PCR은 DNA 중합효소를 사용하기 때문에 당연히 DNA만 증폭이 가능하다. 하지만 코로나바이러스는 RNA 유전자를 가지고 있어 PCR에 의해 바로 증폭되지 않는다. 그래서 추출된 RNA로 DNA를 먼저 만들어야 한다. 이렇게 RNA바이러스의 유전자 검사에는 역전사(RT, Reverse Transcription) 과정이 들어가기 때문에 정확하게는 그냥 PCR이 아닌 RT-PCR이라고 해야 한다. 또한 유전자 추출 과정에서 바이러스의 껍질을 깨버리는 것에서 알 수 있듯이 이 검사의 목표는 유전자의 확인이지 바이러스 입자의 감염력을 확인하는 것이 아니다. 따라서 유전자 검사에서 양성이라고 해서 감염력이 있는 바이러스가 존재한다는 의미가 아니란 것을 꼭 기억해야 한다.

감염자의 면역이 바이러스를 통제하고 있음에도 감염세포 내에 있던 바이러스의 유전자들이나 면역에 의해 파괴된 바이러스의 부산물들이 RT-PCR에 의해 검출될 수 있다. 단 하나의 유전자만 있어도 증폭하는 민감도 극한의 검사이기 때문이다. 그 결과 바이러스가 완치되었음에도 오랜 기간 양성과 음성을 오가는 결과가 나올 수도 있다. 감염력이 있는 바이러스 입자의 배출을 확인하기 위해서는 처음 언급했던 세포배양을 이용해 검사해야 한다. 이것을 검사가 부정확하다고 하거나 바이러스가 재활성되었다고 결론을 내리면 불필요한 논란만 일어난다. 이런 문제에도 불구하고 팬데믹의 표준검사로서 PCR의 엄청난 민감도는 큰 장점이 된다. 전염병 발발 상황에서 방역망을 촘촘하게 만들기 위해서는 희박한 감염의 가능성에도 주의해야 하기 때문이다.

38
격리

방역의 취약점

✳

면역에서 위험 경보가 울리면 바이러스가 더이상 퍼지지 않도록 염증 반응으로 위험 지역을 봉쇄한다. 방역에서도 감염자가 확인되면 동선을 추적해서 방역망을 펼치고 격리를 시행한다. 면역은 국소적으로 작동할수록 효과가 크다. 마찬가지로 방역도 격리의 범위가 좁을수록 효율적이며, 넓어질수록 제대로 대응하기가 어려워진다. 따라서 가능한 한 전파 초기에 제대로 격리를 하는 것이 중요한데, 세포가 아닌 자율성을 가진 사람을 대상으로 완전한 격리를 달성하는 것은 불가능하다.

전 세계에서 방역 대상인 사람은 70억 명에 불과하지만, 인체의 면역 대상인 세포는 30조 개에 육박한다. 그럼에도 면역은 감염 시작에서 평균 2주 정도면 신종 바이러스를 모두 제거한다. 하지만 현대 과학기술로 무장한 인류의 방역은 1년이 되어가도록 바이러스를 통제조차 못하고 있다. 왜 방역이 면역의 효율성에 근접조차 할 수 없

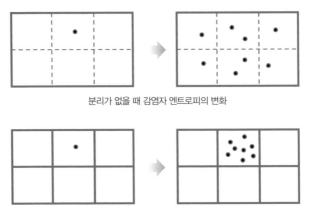

분리가 없을 때 감염자 엔트로피의 변화

분리가 있을 때 감염자 엔트로피의 변화

그림 38-1 봉쇄에 의한 엔트로피 감소효과

는지 살펴보면, 효율적인 방역에 대한 힌트를 얻을 수 있다. 면역이 효율적인 이유는 세포들이 고정되어 있어 전파의 엔트로피entropy가 낮고 감염된 세포를 죽이기 때문이다.

이공계의 여러 분야에서 엔트로피라는 용어가 사용되는데, 여기에서는 간단히 복잡도를 나타내는 의미로 사용한다. 엔트로피가 증가한다는 것은 무질서해져간다는 의미다. 물에 떨어진 잉크가 퍼져나가는 것이 엔트로피 증가의 한 예다. 세포는 엔트로피가 낮고 사람은 높다. 이 차이가 방역의 난이도를 올린다. 인체의 혈관과 림프관 속을 흘러다니는 세포들 이외의 다른 세포들은 한자리에 고정되어 있다. 이렇게 고정된 대상을 면역세포들이 움직이며 감시하기 때문에 효율적이다. 하지만 사회적 동물인 사람은 엔트로피가 높다.

사람은 다른 사람과 계속 접촉하면서 이동을 한다. 바이러스 입자는 무생물이기 때문에 스스로 숙주를 찾아 돌아다닐 수 없다. 인체에서 바이러스는 감염세포를 중심으로 전파 범위가 주변 세포로 천천히 넓어진다. 하지만 사람의 집단에서는 움직이는 감염자에 의해 전파가 된다. 특히 세계화 시대에서 사람들의 엔트로피는 엄청나게 높기 때문에 코로나19는 급속도로 확산되었다.

방역에서 확산의 엔트로피를 줄이는 방법에는 봉쇄와 격리가 있다. 격리는 감염자나 접촉자 같은 개인 단위, 봉쇄는 집단의 단위로 일괄적으로 행해진다. 봉쇄는 선천면역 단계의 염증 반응과 유사하다고 했다. 선천면역에서 감염이 감지되면 정상세포 활동을 중지시키고 염증 반응을 일으켜 그 지역의 세포들을 봉쇄한다. 각설탕 정도의 영역에서 염증이 일어나도 거기에는 70억 개의 세포가 존재한다. 즉 세계 인구에 해당하는 수의 세포가 영향을 받는 것이다. 이 염증 반응은 국지적으로 작동할 때에만 가치가 있다. 만약 폐렴으로 진행해 전신이 봉쇄의 대상이 되면 전파 차단의 이득보다 부작용이 더 커진다.

방역도 초기에는 적절한 봉쇄를 통해 선천면역과 동일한 효과를 얻을 수 있다. 방역에서의 봉쇄는 확산이 일어나는 지역의 전출입을 완전히 차단해 엔트로피를 낮추려는 시도라고 할 수 있다. 위의 그림 38-1에서 보면 분리가 없으면 한 지점에서 시작된 감염자는 전체 지역으로 빠르게 확산되어 엔트로피가 증가한다. 하지만 분리가 되면 감염자가 포함된 구역의 엔트로피는 늘어나지만 전체적인 엔트로피는 증가가 제한된다. 그리고 분리된 지역이 좁을수록 확산이 일어나면 집단면역도 빠르게 증가하여 정체기로 들어가게 된다. 즉 봉쇄는 국소적인 엔트로피 증가는 자연경과로 놔두고 전체적인 엔트로피를 감소시키는 선택적 차별화 방법이다. 이번 팬데믹 초기에 크루즈 유람선을 통째로 봉쇄한 적이 있었는데, 이것은 극단적인 봉쇄의 한 예다. 봉쇄 기간 동안 외부로는 감염이 확산되지 않았지만, 내부적으로는 한 명의 감염자에 의해 보름 만에 봉쇄 인원의 20퍼센트가 감염되었다. 크루즈 봉쇄는 감염자만 늘리고 어중간하게 해제되어 아무런 의미 없이 종료되었다. 염증 반응처럼 극단적인 봉쇄가 길어질수록 부작용도 심해졌기 때문이다.

바이러스의 확산이 지역의 범위를 넘어섰다면 봉쇄는 큰 효과가 없다. 이런 경우에는 격리 전략을 쓰게 된다. 격리도 역시 확산의 엔트로피를 줄이는 과정이지만 봉쇄처럼 지역단위로 이루어지는 것이 아니라 감염자와 접촉한 개인들을 찾아 집단에서 분리시켜나간다. 항체를 사용해 감염된 세포를 구분해낸다는 면에서 적응면역의 활동과 유사하다. 하지만 면역에서는 세포 자체가 움직이지 않기 때문에 격리 개념의 의미가 없으며 감염이 확인된 세포를 죽여서 문제를 해결한다. 하지만 방역에서는 이런 해결법을 쓸 수 없다. 대신 방역에서는 감염자의 바이러스 배출이 없어질 때까지 격리를 해서 타인에게 전파되는 것을 차단한다. 세포와 달리 사람은 움직이기 때문에 필요한 방역 전략이다. 감염자 혹은 접촉자의 이동만 제한해서 바이러스 전파와 관련된 엔트로피만 정교하게 감소시키는 것이다.

격리를 위해서는 독립된 건물, 인력, 방역 시설과 장비 등 확인된 감염자와 접촉자를 돌보는 인프라도 필요하다. 잉크가 퍼져나가는 예로 생각하면 격리는 잉크 분자를 하나씩 찾아내어 다른 보관 용기에 담아두는 과정이라 할 수 있다. 그만큼 제대로 수행하려면 많은 자원이 소모된다. 따라서 제한된 격리 인프라를 효율적으로 이용하기 위해 다단계의 격리를 시행한다. 첫째는 감염이 의심되는 경우 스스로 행하는 자가격리다. 둘째는 감염이 확인되면 격리 시설에 들어가는 것이다. 셋째는 중증으로 진행되면 격리 치료가 가능한 병원에 입원하는 것이다.

격리의 핵심은 감염자와 비감염자의 구분이다. 따라서 진단 검사가 제대로 준비되지 않으면 격리 전략은 시작할 수조차 없다. 격리의 효과는 감염자를 정확하게 찾아낼수록 커진다. 가장 이상적인 방법은 전 국민을 대상으로 정기적인 검사를 시행하는 것이지만, 현실적으로는 불가능하다. 대신 검사 대상자를 체계적으로 가려내야 한다. 감염이 의심되는 기준을 설정해 대상자를 선별하는 것이다. 당연히 발열, 기침, 호흡곤란 같은 감염 의심 증상이 있는 경우는 검사의 대상자가 된다. 하지만 이번 코로나19의 경우는 무증상 전파의 비율이 높다. 이는 증상만으로 검사를 하면 격리 효과가 떨어진다는 의미다. 이 때문에 추적 조사를 통해 전파 가능성이 높은 대상자를 선별해내는 작업이 중요해진다. 감염자의 사회 활동 동선을 파악해서 접촉한 사람들을 찾아내고, 이들 중 전파가 일어날 위험이 있는 기준 이상으로 접촉한 사람을 찾아내어 검사와 격리 대상에 포함시키는 것이다. 이 기준은 코로나19의 전파 특성을 바탕으로 설정된다. 감염자가 확인되면 감염 시점을 확인한 뒤 그 이후부터 격리 시점까지의 동선을 역추적해서 격리의 울타리를 설정한다. 특히 감염자가 다수의 인원이 모이는 장소를 거친 경우는 해당 지역을 소독하고 일정 기간 폐쇄한다. 이는 격리의 울타리 밖에서 전파의 고리가 다시 연결되는 확률을 낮추는 작업이다.

면역에서도 만성 염증은 여러 가지 부작용을 일으킨다. 하물며 사회에서 봉쇄를 위주로 방역을 하면 사회의 정상적인 기능에 심각한 피해가 일어날 수밖에 없다. 따라서 부작용을 최소화하면서 확산을 저지하는 유일한 방법은 진단-추적-격리다. 하지만 이런 정교한 접근 전략에도 불구하고 방역은 인간 사회에서 일어나기 때문에 여러 가지 한계에 부딪히게 된다. 신종 바이러스에 대한 방역의 결과는 성공과 실패만이 존재하고 중간이 없다. 감염자의 '거의' 대부분을 찾아서 격리시키더라도, 극소수의 무증상 감염자들이 방역망을 빠져나가면 다시 폭증이 시작된다. 따라서 전파 경로가 불확실한 감염자가 있어도 후행적으로 계속 추적해서 검사와 격리를 시행해 격리의 울타리를 계속 재설정하게 된다. 이 상황은 누군가 물속으로 잠수해서 그물의 구멍난 부분을 메우면서 물고기를 잡는 상황과 유사하다. 이번 팬데믹처럼 상황이 오래 지속되면 방역을 통해 전파의 엔트로피 증가는 억제되지만 방역을 수행하는 사람들의 피로도는 급격히 커지게 된다. 우리가 팬데믹 상황에서 전격적 봉쇄 없이 제한적인 사회생활이라도 할 수 있는 것은 누군가의 희생이 있기 때문이다. 그럼에도 장기 봉쇄를 경험하지 못한 사람들은 이런 최소한의 통제에도 불만을 가지는 경우가 발생한다.

이번 코로나19 팬데믹의 특징이 무증상 전파이기 때문에 추적 작업이 격리의 성패를 좌우하는 중요한 요인이 되었다. 하지만 현실에서는 수행하기 가장 어려운 작업이다. 감염자가 여러 이유로 추적에 협조하지 않는 경우가 있고, 협조를 해도 기억이 불확실한 경우가 많다. 이런 경우 핸드폰이나 신용카드 사용 정보 등과 CCTV를 이용해 추적 조사를 수행하게 된다. 하지만 이런 작업을 수행할 수 있는 사회적·법적 합의가 되어 있는 국가는 그리 많지 않다. 특히 서방에서 동선 추적은 개인 정보 침해라는 인식이 강하기 때문에 아예 시도하는 것조차 불가능했다. 면역이나 방역이나 결국 그 본질은 집단의 안전을 위해서 개인의 권리를 희생시키는 냉혹한 작업이다. 따라서 개인의 자유와 방역의 통제가 충돌하는 것은 불가피하다. 이전에는 무증상 전파에 대한 추적의 필요성이 적었기에 이런 문제가 없었다. 하지만 코로나19는 이런 사회적 합의의 빈틈을 파고들어왔다.

39

의료

치사율의 결정 요소

＊

방역에서는 중증 감염자를 적극적으로 치료한다. 이를 위해서는 격리된 공간과 전용 장비 그리고 독립된 의료진이 필요하다. 감염 환자들은 일반 환자들과 의료 인프라를 공유할 수 없기 때문이다. 하지만 방역에 동원 가능한 의료 인프라에는 한계가 있으며, 중증 감염자의 발생이 인프라의 한계를 넘게 되면 치사율은 급격히 높아진다. 한 국가의 치사율은 의료 자원과 감염자 발생 속도에 의해 결정된다.

면역은 격리가 불가능한 감염세포를 죽여서 숙주 재생산을 차단한다. 자신의 세포를 죽여서 전체 집단의 안전을 확보하는 것이다. 하지만 방역에서는 감염된 개인이 회복될 때까지 최선을 다해 치료를 한다. 치료라는 행위는 인간을 다른 동물과 구분하는 문명의 중요한 특징 중 하나다. 감염자 치료는 적응면역이 코로나19에 대한 항체와 살해세포를 만드는 데 걸리는 시간을 벌어준다. 적응면역이 바이

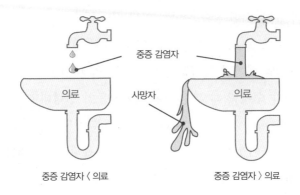

중증 감염자 〈 의료   중증 감염자 〉 의료

그림 39-1 중증 감염자 증가로 인한 의료 인프라 부족

러스를 제거하기 시작하면 환자의 건강은 회복이 가능하다. 구체적인 목표는 적응면역이 완료될 때까지 죽음의 경계를 넘어가지 않도록 심폐기능을 유지해주는 것이다. 감염의 치료cure는 환자의 면역이 하는 것이고 의료는 환자의 면역을 돕는 것care이다.

감염자 치료에 동원할 수 있는 의료 인프라는 제한적이다. 그래서 감염자의 발생 속도가 중요하다. 위의 그림 39-1처럼 아래에 트랩이 달려 있는 세면대를 의료 인프라라고 가정하자. 그리고 수도꼭지에서 떨어지는 물은 치료가 필요한 중증 감염자이고, 트랩을 통해 나가는 물은 치료를 통해 완치되어 퇴원하는 환자들이다. 만약 수도꼭지를 너무 많이 열면 떨어지는 물이 트랩으로 빠지는 물보다 많아 세면대에서 넘친다. 넘치는 물은 의료의 도움을 받지 못하는 중증 감염자를 의미한다. 의료의 손길 밖으로 떨어지는 감염자는 원시시대의 상황에 놓이는 셈이고, 코로나19가 원래 가지고 있는 치사율의 희생자가 된다. 이런 상황을 막기 위해서는 수도꼭지를 조절해 떨어지는 물의 속도를 조절하거나, 더 큰 세면대를 준비해야 한다.

　코로나19의 국가별 치사율은 의료 인프라 바깥으로 흘러넘치는 중증 감염자 수에 의해 결정된다. 감염자들의 연령대별 중증 진행 비율은 어느 나라나 비슷하다. 하지만 중증 환자들이 흘러넘치기 시작하면 치사율이 10퍼센트까지 치솟는다. 의료의 도움이 없을 때 발생하는 치사율이 코로나19의 진짜 치사율이라고 할 수 있다. 더 큰 세면대를 준비하면 되겠지만 의료 인프라는 돈이 있다고 급하게 살 수 있는 물건이 아니다. 경증 감염자에게 필요한 격리 시설은 비교적 수월하게 확보할 수 있지만, 중증 감염자의 경우는 격리와 치료가 같이 이루어져야 하기 때문에 팬데믹의 시급한 상황이라고 해서 유연하게 대응할 수 있는 게 아니다. 따라서 세면대가 넘치지 않도록 물이 떨어지는 속도를 조절하는 것이 유일한 해결책이며 이것이 방역의 역할이다. 감염자를 치료할 수 없는 방역은 의미가 없다.

　병원에는 다양한 질병을 가진 환자들이 치료를 받기 위해 입원한다. 결국 신종 바이러스에 취약한 기저질환을 가진 사람들이 많이 모여 있을 수밖에 없다. 따라서 중증 감염자의 치료에 사용되는 의료 자원은 일반 환자와 공유될 수 없고 격리가 되어야 한다. 특히 의료진이 전파의 매개체가 되면 병원은 순식간에 치료하는 곳이 아닌 바이러스 전파의 새로운 진앙지로 돌변한다. 따라서 감염 환자만 전문적으로 돌보는 의료진과 별도의 장비들이 필요하다. 또한 감염자의 치료 공간을 완전히 격리하기 위해서는 해당 구역이 음압으로 유지되어야 한다. 이는 주변보다 공기 압력을 낮게 유지해서 바이러스가 포함된 공기가 일반 환자가 있는 구역으로 흘러나가지 않도록 막아주는 환경이다. 그런데 병원에서는 평상시에 수요에 맞춰서 장비와 시설을 운영하기 때문에, 팬데믹이 일어났다고 이런 자원들을 급하게 확보하기가 어렵다. 더구나 중증 감염자들은 치료 기간도 길어지기 때문에 인프라의 회전율이 떨어진다. 따라서 확보된 의료 인프라의 한계를 넘지 않도록 감염자의 발생 속도를 정교하게 통제하는 것이 방역에 있어 중요하다고 이야기하는 것이다. 치사율은 의료가 결정한다.

제한적인 의료 자원을 효율적으로 사용하기 위해서는 호흡기 증상의 위험도에 따라 단계를 분류해 치료해야 한다. 의료 자원을 여러 개의 양동이로 나눠서 가장 작고 중요한 양동이에 가해지는 부담을 덜어내는 전략이다. 첫째는 바이러스가 검출되었지만 증상은 없는 무증상 단계다. 이 단계의 감염자들은 의료기관을 스스로 방문하지 않기 때문에 역학 추적을 통해서 확인이 가능하다. 하지만 타인에게 전파를 일으키는 가능성이 높은 단계이기 때문에 추적과 격리가 중요하다. 둘째는 발열, 기침, 인후통, 식욕부진, 두통, 근육통 같은 감염 증상을 보이는 경증 단계다. 감염자들은 최소한 걸어서 의료기관을 방문할 수 있을 정도이며 역시 격리가 필요하다. 이 두 단계까지는 특별한 의료적 처치가 필요하진 않기 때문에 치료를 위해 입원시키지 않고 철저한 격리를 유지한다.

셋째는 증상 유무에 상관없이 폐렴이 확인된 중증 단계다. 이 단계부터는 적극적인 대응 치료가 요구된다. 호흡기바이러스 감염의 중증 분기점은 폐렴이며 코로나19의 치료 기준 역시 여기에 맞춰져 있다. 신종 바이러스가 유행하지 않을 때는 세균성 폐렴이 대부분이며 심각한 증상을 동반한다. 하지만 코로나19처럼 선천면역을 억제하는 바이러스는 특별한 자각 증상 없이도 폐렴을 유발할 수 있다. 심지어는 혈액 내의 산소 농도가 심각하게 떨어졌는데도 큰 불편을 느끼지 못하고 침대에 누워 핸드폰을 만지는 '행복한 저산소증 신드롬'도 보고되었다. 하지만 이 환자들은 언제라도 급격한 호흡곤란이 발생할 수 있다. 또한 이 단계부터는 대량의 바이러스 비말이 배출되기 때문에 철저한 격리가 필요하다. 격리된 치료실에는 최소한의 전담 인원만 접근해야 하며 치료 과정에서도 바이러스에 오염된 에어로졸이 만들어지기 때문에 의료진은 적절한 보호장구를 반드시 착용해야 한다. 넷째는 호흡곤란이 동반되는 위중 단계다. 일반적으로 폐의 반 이상에서 폐렴이 발생되고 1분당 호흡 횟수가 30회 이상이면 호흡곤란이 발생한다. 만약 환자의 적혈구 내 산소포화도가 94퍼센트 아래로 떨어지면 산소마스크를 사용하기 시작한다.

마지막 다섯째는 심각한 호흡부전이 발생한 위험 단계다. 심폐 기능이 떨어지면 저혈압 쇼크, 미세 혈전, 다발성 장기부전으로 이어지는 죽음의 임계전이가 언제라도 진행될 수 있다. 이 상황까지 가더라도 적응면역을 획득한다면 극적으로 회복이 가능하기 때문에 치료를 포기하지 않는다. 폐의 운동 기능이 떨어지면 기도 속으로 직접 관을 삽입해서 인공호흡기로 강제 호흡을 유지한다. 만약 심장의 기능까지 떨어지면 폐와 심장의 기능을 완전히 대신하는 체외순환기계를 사용해 인공적으로 혈액에 산소를 공급해서 순환시킨다.

이렇게 단계가 올라갈수록 고가의 의료 장비와 특별한 의료 인력이 필요하다. 따라서 증상에 따른 체계적인 분류를 하지 않으면 제한적인 의료 인프라를 효율적으로 사용할 수 없다. 그리고 모든 단계의 공통적인 목표는 산소가 풍부한 혈액이 순환되도록 해서 중요한 장기의 손상을 막고 적응면역이 계속 작동하도록 도와주는 것이다. 간단한 목표지만 환자의 상태를 계속 주시하면서 부족한 자원을 최대로 이용해 치료하기 위해서는 경험이 풍부한 의료진이 필요하다. 이런 의료진은 대체 불가 자원이며 만약 치료 과정에서 의료진이 감염되면 치명적인 인프라의 손실이 발생한다.

현대 의학은 민간의료와 공공의료라는 두 개의 기둥이 떠받치고 있다. 둘 다 중요하지만 목표와 성격은 완전히 다르다. 보통 현대 의학이라고 하면 줄기세포 치료, 표적항암제 치료, 정교한 로봇수술, 혹은 인공지능의 활용 같은 첨단 의학이 떠오른다. 이런 첨단 의학은 대부분 민간의료 영역에 속한다. 민간의료 영역은 수요에 의해 발전되는 시장경제 논리가 적용된다. 의학의 발전을 앞서서 이끌어나가기 때문에 이것이 잘못된 현상은 아니다. 문제는 첨단 의학에 쏟아진 스포트라이트가 눈이 부셨던 만큼 공공의료에 드리워진 그림자는 어두웠다는 것이다. 난치병의 치료에 도전하는 첨단 의학은 개인별 맞춤화가 이뤄지는 추세로 집단의 건강을 책임지는 공공의료와는 반대 방향으로 진행된다. 역사적으로 인류의 평균수명이 극적으로 늘어난 것은 위생 개념의 정착과 공공의료의 발전 덕분이다. 하지만 공공의료는 시장 논리로는 발전할 수가 없었다.

특히 바이러스에 대한 방역은 공공의료 중에서도 가장 취약한 부분이다. 바이러스를 연구하기 시작한 역사가 짧기도 하지만 결정적으로 방역의 수요가 일정하지 않기 때문이다. 평상시에는 수요가 거의 없다가 전염병이 창궐할 때만 수요가 폭증한다. 바이러스는 흐르는 물처럼 방역의 가장 취약한 틈을 귀신같이 찾아내서 퍼진다. 그런데 촘촘한 방역 체제를 유지하는 것은 공짜가 아니다. 인력, 장비, 시설 등의 기본 방역 인프라를 유지하기 위해서는 돈이 필요하다. 방역은 돈을 쓰기만 하고 벌지는 않기 때문에 평상시에는 관심 밖으로 저 멀리 밀려나게 된다. 이런 면에서 방역 시스템은 평화로운 시절에는 돈만 쓰는 군대와 유사하다. 하지만 군대가 없으면 안전이 위협받게 된다는 것을 모두가 알고 있기 때문에 군대를 없애는 나라는 없다. 마찬가지로 방역도 전염병 발발이라는 위기 상황에서 국민의 안전을 지키는 역할을 한다. 그럼에도 지금까지 방역 인프라의 가치는 평가절하되어왔다.

최근까지 의료의 발전도 자본주의의 속성을 따랐다. 하지만 코로나19의 습격으로 첨단 의료의 선두를 달리던 선진국들이 유린당하는 것을 목격했고, 이는 공공의료의 균형잡힌 발전이 중요하다는 것을 새삼스럽게 일깨워주었다. 특히 이익이 발생하지 않는 방역은 민간의료가 감당할 수 있는 것이 아니기에 국가의 기본 인프라로 관리되는 것이 필요하다. 역사적으로 신종 바이러스의 유행은 반복되어왔다. 하지만 코로나19 팬데믹은 바이러스의 전파 경로와 특성이 자세하게 추적 가능해진 이후 처음으로 경험하는 대규모의 신종 바이러스 유행이다. 고통스러운 경험과 과학적인 자료들은 앞으로 공공의료, 특히 방역의 중요성과 방향 설정에 대한 귀중한 근거 자료가 될 것이다. 이렇게 당하고도 바뀌는 게 없다면 앞으로 발생할 신종 바이러스는 더 감당하기 어려운 재난으로 나타날 것이다.

40

본부

방역의 중앙통제 기구

면역세포들은 도우미 T세포의 지휘 아래 서로 긴밀하게 소통하면서 바이러스 제거라는 최종 목표를 달성해간다. 마찬가지로 집단에서도 방역을 지휘하는 본부를 중심으로 정확한 정보와 통제를 주고받아야 바이러스 소멸을 달성할 수 있다. 물론 중앙통제 기구가 존재하기만 한다고 방역이 저절로 이루어지는 것은 아니다. 상황을 정확히 파악하고, 신속한 결정을 내리고, 방역 정책을 집행할 수 있는 권한이 있어야 도우미 T세포 같은 중심 기능을 제대로 수행할 수 있다.

오케스트라는 고유의 음역과 음색의 악기를 담당하는 여러 개의 파트들로 구성된다. 그리고 각 파트들은 필요한 음량을 위해 한 명에서 수십 명에 이르는 연주자들이 참여한다. 가장 큰 구성의 오케스트라에는 120명의 연주자들이 참여한다. 이렇게 많은 인원이 같이 연주해서 최상의 결과물을 만들기 위해서는 일단 실력이 뛰어나야 할 것이다. 하지만 연주자들의 실력에서 조화를 이끌어내 아름다운 음악을 만들기 위해서는 포디움에 서 있는 지휘자의 역할이 가장 중요하다. 아무리 실력이 뛰어난 연주자들이 모여 있어도 지휘자가 없거나 지휘를 따르지 않는다면 공연장은 불협화음으로만 가득 차게 될 것이다.

면역에서도 천문학적 숫자의 면역세포들이 각자 맡은 역할을 충실히 수행한다. 면역의 작동을 시공의 예술이라 표현하기도 한다. 선천면역과 적응면역의 조화, 항원 채집, 항체의 선별 등 전반적인 과정에서 수많은 세포들이 필요한 위치와 시간에 맞춰 정확하게 협력하기 때문이다. 이 세포들의 활동을 일사불란하게 통제하는 도우미 T세포는 면역의 지휘자라 할 수 있다. 만약 도우미 T세포가 없다면 다른 세포들이 아무리 노력해도 항체를 만들지 못한다.

방역에서도 지휘자가 필요하다. 국가 단위로 수행되는 방역에는 진단의 분자생물학, 상황 파악의 역학, 치료의 의료, 추적과 격리의 행정, 그리고 치료제와 백신 개발의 기초의학 등등 다양한 분야의 연구소, 정부, 기업 들이 참여한다. 그리고 무엇보다 방역의 대상이 되는 국민들의 참여가 중요하다. 말 그대로 각계각층이 방역에 참여하는 것이다. 물론 각 분야의 기술과 능력 그리고 자발적 참여가 기본이다. 하지만 효과적인 방역을 위해선 지휘자 역할을 수행할 중앙통제 기구가 있어야 한다. 예를 들어 한국의 질병관리청이나 미국의 질병통제예방센터(CDC)가 방역의 지휘자 역할을 하는 기관이다. 여기에 객관적 과학에 근거하지 않은 정치적 압력이 가해지면 어떤 상황이 전개되는지는 미국의 지난 상황을 통해 확인할 수 있었다. 이기적 유전자의 정수인 바이러스는 인간사에 관심이 없고 취약한 지점을 뚫고 퍼질 뿐이기 때문이다. 또한 여러 가지 고려를 하느라 방역 정책의 결정이 늦어지면 어떤 결과가 따라오는지를 우리는 팬데믹의 임계전이에서 충분히 목격했다.

적어도 이번 코로나19에서 신중한 의사 결정 시스템은 방역의 방해 요소로 작용하였다. 국민의 자유와 생활에 큰 영향을 미치는 정책의 결정이 신중해야 함은 당연하다. 하지만 바이러스는 원초적인 위협이며, 끊임없이 바뀌어가는 상황에 맞는 신속한 대응이 실시간으로 이루어져야 한다. 사람들이 완벽한 결정을 내릴 때까지 바이러스가 시계를 보면서 기다려주지는 않기 때문이다. 사공이 많으면 배가 산으로 간다는 말처럼 실시간 대응이 중요한 팬데믹 상황에서 비전문가의 신중한 의견은 방역을 산으로 끌고 간다. 신속하고 합리적인 판단을 할 능력이 있는 소규모의 전문가 집단이 방역의 전체 과정을 결정하는 것이 중요하다.

방역의 중앙통제본부는 전파 상황의 변화에 따라 사회적 비용과 전염병 억제의 균형을 유연하게 잡아나가야 한다. 만약 평상시에도 면역이 일정한 강도로 계속 작동한다면 자가면역질환 등의 부작용이 발생한다. 면역은 위험 상황이 발생했을 때만 짧고 강력하게 작동하고, 위기를 넘어가면 강도를 낮춰 부작용을 줄이는 유연성을 가지고 있다. 팬데믹의 방역도 마찬가지로 전파 상황에 따라 방역의 강도가 실시간으로 유연하게 변해야 한다. 이를 위해서 방역통제 기관에는 일관성이 아니라 유연성이 더 중요하게 요구된다. 어제 내린 정책 결정이 오늘 무용지물이 되고, 오늘 내린 결정이 너무 늦어버린 상황이 빈번히 발생하는 것이 방역이다. 그 기준은 재생산지수를 1 이하로 유지하는 것이다. 물론 면역처럼 진짜 실시간으로 대응하는 것은 불가능하다. 하지만 실시간에 근접할수록 부작용을 최소화하면서 전파도 억제하는 것이 가능해진다.

대응의 강도가 실시간으로 유연하게 변하기 위해서는 몇 가지 조건이 필요하다. 첫째, 바이러스의 전파 상황이 정확하게 파악되어야 한다. 둘째, 대응의 결정이 신속해야 한다. 셋째, 결정된 대응은 강력하게 집행되어야 한다. 이 조건들이 모두 만족되지 않으면 실시간 대응은 불가능하다. 정확한 상황 파악과 신속한 대응은 대응 조직의 효율성을 개선하면 가능하다. 하지만 나름의 사정과 자율성을 가진 개인들을 대상으로 방역 정책을 집행하는 것은 현실의 난관이다. 따라서 상황과 대응의 변화를 투명하게 국민들에게 알리는 것은 물론이고, 국민의 눈높이에서 이해하기 쉽게 설명하는 캠페인도 지속적으로 병행해야 한다.

방역 전개에는 개인의 희생이 요구되기 때문에 기간이 길어지면 필연적으로 부작용이 발생한다. 방역의 강도를 평상시로 돌릴 수 있는 상황은 팬데믹이 종식되거나 집단면역의 효과가 나타나거나 둘 중 하나다. 팬데믹 상황에서의 방역은 엔데믹과는 다른 차원의 상황이다. 세계를 한 집단으로 봤을 때는 중앙통제 기구가 존재하지 않아 효율적인 방역이 불가능하다. 강제력이 없는 WHO는 방역통제 기구라고 할 수 없다. 그럼에도 팬데믹은 전 세계 사람들의 공동 문제이며, 종료 전에는 어떤 나라도 방역을 종료할 수가 없다. 따라서 국가의 방역은 장기화되고 바이러스의 소멸인 아닌 상황 통제에 집중하게 된다. 그리고 국지적 감염자 폭증이 반복적으로 일어나기 때문에, 강력한 대응을 하였다가 강도를 낮추는 식으로 방역 강도가 계속 변하게 되는 것이다. 이런 상황을 이해하지 못하면 일관성에 대한 반발이 늘어난다. 하지만 오히려 일관적인 방역 정책은 전파를 막지 못하거나 부작용이 너무 심하거나 둘 중 하나의 결과를 가져오게 된다.

방역이 장기화되면 사람들의 비난과 반발은 커질 수밖에 없다. 그리고 실시간 변하는 방역의 중간 결과를 근거로 정책 결정에 압력이 들어가기 시작한다. 하지만 결과론적 비난은 방역을 방해만 하고 도움은 되지 않는다. 방역의 특성상 성공한 결과는 드러나지 않고 실패한 결과만 도드라지기 마련이다. 야구팬들이 경기를 볼 때면 모두가 명감독이다. 경기가 진행되는 동안 팬들은 감독의 작전을 평가한다. 작전 결과는 성공 아니면 실패이기 때문에 평가가 맞을 확률은 항상 반반이다. 즉 100명이 경기를 보면 작전이 벌어질 때마다 50명은 그 결과를 맞히게 된다. 이는 동전 던지기와 같은 확률로, 만약 10번의 예측에서 8번을 맞히는 사람이 있다면 그는 팬이 아니라 감독을 해야 한다. 물론 스포츠에서는 이런 것이 재미의 요소다. 하지만 방역은 사람들의 생명이 걸린 문제가 아닌가. 바이러스는 감정이나 인격이 없기에 대응할 때도 가능한 한 냉정하게 접근해야 한다. 특히 방역 그 자체가 아닌 다른 목적을 가지고 행해지는 결과론적 비난은 불필요한 압력으로 작용한다. 이는 방역의 유연한 전개에 대한 방해에 그치지 않고, 잘못된 인식을 전파시켜 개인을 위험에 빠트리기도 한다. 다시 한번 강조하지만 방역이 싸우는 바이러스는 인간의 이해관계에는 관심이 1도 없는 철저한 비인격체다.

41

신약

항바이러스제 개발의 어려움

✲

바이러스 입자는 무생물이라 죽인다는 개념 자체가 적용되지 않는다. 따라서 항바이러스제는 감염세포의 내부에서 일어나는 바이러스의 증식 활동을 차단해야 한다. 이는 세포가 약물의 표적이 된다는 의미이며, 부작용과 효과의 균형을 찾기가 어렵다는 의미다. 이 때문에 항바이러스제 개발은 현대 질병의 제왕으로 군림하고 있는 암을 치료하기 위한 항암제 개발과 동등한 난이도를 가지고 있다.

코로나19의 증식을 억제하는 항바이러스제가 개발된다면 중증 감염자의 생명을 구하는 것은 물론이고 의료 인프라에 가해지는 압력도 손쉽게 완화할 수 있다. 하지만 팬데믹이 시작되고 오랜 시간이 지났지만 이에 대한 희망적인 소식은 들리지 않는다. 항바이러스제를 항생제와 혼동하면 이런 어려운 상황을 이해하기 어렵다. 항생제는 말 그대로 생명체의 증식을 억제하는 약이며, 최소한의 생명체인

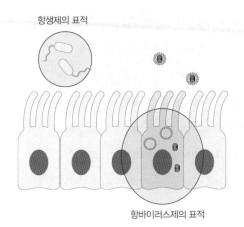

그림 41-1 항생제와 항바이러스제의 표적

세균이 표적이다. 항생제가 사용되기 전 인류의 압도적인 사망 원인은 세균 감염이었다. 지금은 약국에서 팔지도 않는 신세지만 페니실린은 인류의 평균수명을 32년 연장시킨 기적의 약이었다. 페니실린은 세균에게 치명적이지만 사람에겐 부작용이 거의 없다. 세균이 만드는 세포벽이 표적이기 때문이다. 세포벽은 세균 고유의 물질로 사람의 세포에는 필요 없는 물질이다. 따라서 페니실린은 사람 세포에는 영향이 없다. 세균과 사람의 세포 사이에는 이런 차이점이 수없이 존재하기 때문에, 페니실린 이후로도 많은 항생제들이 성공적으로 개발되어왔다.

　바이러스 입자는 무생물이기 때문에 항생제의 표적이 될 수 없다. 항바이러스제의 개발이 어려운 것은 무생물 입자가 아니라 그림 41-1처럼 숙주세포 안에서 생명 활동을 하고 있는 바이러스 단백질이 주요 표적이기 때문이다. 바이러스는 세포의 대사를 훔쳐서 증식하기 때문에 모든 성분이 세포에서 유래한 것이다. 만약 바이러스의 단백질과 정상세포 단백질을 구분할 수 없다면 그것은 독약이 된다. 정상과 비정상의 구분은 모든 치료의 중심원리다. 항체를 이용하는 적응면역에 비해 선천면역이 많은 부작용을 동반하는 것도 바이러스를 구분하는 감별 능력이 떨어지기 때문이다.

정상세포와 감염세포를 구분할 수 있는 확실한 차이점은 바이러스의 증식 활동 자체이며, 바이러스가 만들어내는 중합효소나 단백질 분해효소 같은 것이 표적이 된다. 항바이러스제는 바이러스 단백질의 중요한 작동 부위에 결합해서 기능을 방해한다. 마치 톱니바퀴 사이에 끼어든 작은 돌처럼 작동을 하는 것이다. 어떤 화합물이 항바이러스제가 되기 위해서는 다음과 같은 조건을 만족시켜야 한다. 첫째, 세포막을 통과해 내부로 들어갈 수 있어야 한다. 둘째, 바이러스의 특정 단백질에 결합해 그 기능을 방해해야 한다. 셋째, 세포의 다른 단백질에는 결합하지 않아야 한다. 넷째, 인체의 중요 장기에서 독성이 나타나지 않아야 한다. 다섯째, 혈액에서 치료 농도가 안정적으로 유지되어야 한다. 이 조건들 중 하나라도 충족되지 않으면 후보조차 될 수 없다. 그래서 항바이러스제의 개발 난이도가 항암제의 개발 난이도와 비슷하다고 이야기들 하는 것이다.

첫 번째 조건에서 항바이러스제는 바이러스 증식이 일어나는 세포의 내부로 들어갈 수 있어야 한다고 했다. 즉 세포막을 쉽게 통과해야 한다는 것이다. 세포막은 물질 이동을 엄격하게 통제하기 때문에 여기를 통과할 수 있어야 세포 내부에서 일어나는 바이러스 증식을 억제할 수 있다. 그다음 두 번째 조건은 바이러스 단백질의 기능을 억제하는 것인데, 이런 두 조건을 만족시키는 화합물을 찾는 것은 그리 어려운 작업은 아니다. 실험실에서 바이러스의 증식을 억제하는 화합물은 무더기로 찾아낼 수 있다. 그리고 이들은 일단 후보물질 리스트에 올라간다.

세 번째 조건부터 본격적으로 탈락이 시작된다. 세포의 내부에는 바이러스 단백질만 있는 게 아니다. 세포 자체의 기능을 수행하는 단백질들이 천문학적인 숫자로 존재한다. 그리고 실험실에서 사용하는 세포들은 실제 인체 내의 세포가 아니라 시험관에서 배양이 가능한 일종의 특별한 암세포이기 때문에 발현되는 단백질의 종류와 특성에 많은 차이가 난다. 따라서 여러 종류의 세포에서 부작용이 없는지 확인을 해야 한다. 후보물질이 바이러스의 증식을 아무리 강력하게 억제해도 세포의 정상 기능까지 억제된다면 이것은 독약이지 항바이러스제가 아니다. 이 세 가지 조건을 만족시키는 것이 어려운 이유는 화합물의 크기가 작아질수록 단백질과의 결합 특이성이 줄어들기 때문이다. 항체가 항원과 특이적인 결합을 하는 다양한 형태를 가질 수 있는 것은 크기가 큰 고분자 화합물이기 때문이다. 하지만 항체는 세포막을 통과해 내부로 들어가진 못한다. 대신 바이러스가 세포막에 결합하는 것을 방해해서 세포를 감염시키는 것을 막는 것이다. 그래서 이런 기전을 이용해 새로운 항바이러스 약물을 찾는 시도도 이루어지고 있다. 지금까지의 조건들을 모두 만족시키는 물질을 찾으면 항바이러스제의 가능성을 확인하는 시험이 본격적으로 시작된다.

이제부터는 생체 실험을 통해 확인이 시작된다. 사람의 체내에 약물이 투입되는 상황은 세포를 배양해서 실험해보는 것과는 차원이 다른 문제다. 인체의 세포들은 자기 기능에 따라 다양한 단백질을 발현하고 이용한다. 그리고 약물은 혈액 순환계를 타고 전신을 순환하며 세포들에 영향을 주고, 간에서 변형되고, 신장을 통해 배설이 된다. 이런 복잡한 상황에서도 후보물질이 세 가지 조건을 계속 만족시켜야 하는 것이다. 물론 이런 실험을 사람을 대상으로 바로 할 수는 없다. 그래서 동물 실험을 통해 부작용을 확인한다. 이와 동시에 효과, 용량, 반감기, 투여 방법 등을 확인하게 된다. 이 단계에서 후보물질에서 부작용이 나타나거나 효과가 확인되지 않으면 탈락한다. 여기서 숨어 있는 복병은 사람의 바이러스는 종간 장벽 때문에 아무 실험동물에게나 감염되지 않는다는 것이다. 그래서 적합한 감염 동물을 찾거나, 그것도 안 되면 유전자 조작을 통해 바이러스가 결합하는 사람의 수용체를 동물 세포의 표면에서 강제로 발현하는 키메라chimera 실험동물을 만들어서 테스트를 해야 한다. 여기까지 통과한 후보물질만이 임상시험에 들어갈 자격을 얻게 된다.

모든 약은 독약이라는 말처럼, 독약과 명약의 경계에는 안전마진safety margin이 존재한다. 만약 안전마진이 0이라면 그냥 독약이다. 안전마진이 넓을수록 안전한 약이 되고, 좁을수록 위험한 약이 된

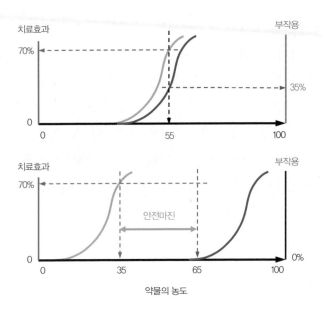

그림 41-2 안전마진이 결정하는 독약과 명약

다. 그림 41-2 그래프의 아래쪽 약물은 농도가 35에서 치료 효과가 70퍼센트이고 부작용은 없다. 농도를 계속 높여 65까지 될 때도 부작용이 없다. 그럼 이 약은 안전마진이 아주 넓은 명약이 되는 것이다. 하지만 위쪽 그래프의 약물은 농도가 55일 때 치료효과가 70퍼센트이지만 부작용도 이미 35퍼센트가 나타난다. 이런 약물은 치료제로 사용할 수가 없는 것이다. 항바이러스제의 개발을 어렵게 하는 것은 안전마진이 아주 좁은 경우가 대부분이라는 것이다. 따라서 부작용의 문제는 항바이러스제 개발의 시작부터 끝까지 연구자들의 혼을 빼놓는다. 인체에서 후보물질을 검증해보는 임상시험은 안전을 위해 세 단계로 나누어 진행된다. 첫 번째 단계에서는 부작용을 확인하는 것이 주요한 목적이다. 소규모의 건강한 지원자를 대상으로 약물을 투여하면서 여러 검사를 통해 부작용의 발생을 세밀하게 관찰한다. 만약 여기서 부작용이 확인되면 무조건 탈락이다. 비록 전 임상에서 동물 실험을 완료했어도 인체에서 부작용이 나타나는 경우는 흔하다. 두 번째 단계 임상시험에서는 항바이러스제의 효과를 확인하는 것이 주요 목적이다. 첫 번째 단계를 통과하면 일단 안전은 확인되었기에 실험 대상자가 늘어나고 약물을 용량별로 투여해 최적의 효과 용량도 정하게 된다. 만약 적정 용량에서도 효과가 나타나지 않으면 역시 탈락이다. 아무리 부작용이 적어도 맹물을 약으로 쓸 수는 없기 때문이다. 최종 관문인 세 번째 단계에서는 이전까지 확인되지 않은 예외적인 부작용과 약효를 가능한 한 대규모로 실제 상황에서 확인한다. 이 단계에서는 여러 병원에서 지원자를 모아서 진행되며 참여자의 수가 크게 늘어난다. 시험 대상이 늘어난다는 것은 예상치 못한 상황이 발생할 확률도 커진다는 의미다. 이 최종단계에서 충분한 약효를 증명하지 못하거나 예상치 못한 부작용이 나오면 또 탈락이다. 이 단계까지 통과해야 이름이 주어지고 상표 라벨을 달 수 있는 자격이 주어진다. 믿기 어렵겠지만 많은 신약들이 약국 판매대의 문턱까지 갔다가 탈락한다.

신약 개발의 딜레마는 단계를 지날수록 성공의 확률만 올라가는 것이 아니고 시간과 비용도 급격하게 늘어난다는 점이다. 그런데 성공

인지 실패인지는 마지막까지 완주해야 확인이 가능하다. 만약 임상 3
상까지 갔다가 실패하면 제약회사는 엄청난 손해를 보게 된다. 이렇
게 신약 개발에서는 성공 가능성이 높아질수록 위험도 같이 커지는
묘한 상황이 벌어진다. 최근 개발되는 신약의 가격이 엄청난 이유는
제조 원가가 비싸기 때문이 아니다. 그 약의 개발 과정에서 탈락했던
후보물질들의 비용까지 성공한 신약이 모두 덮어쓰기 때문이다.

　꼼꼼하게 반복되는 검증을 거치며 진행되는 신약 개발의 복잡한
절차를 알면, 전문가들이 왜 코로나19에 대한 항바이러스제가 당장
개발되기 어렵다고 딱 잘라 말했는지 이유를 알 수 있을 것이다. 그
대신 기존의 다른 바이러스를 목표로 개발되었던 약물을 코로나19
에 시도해보는 경우들이 있었다. 이를 약물 재창출repositioning이라
고 한다. 임상시험을 마친 기존의 약물이 코로나19에 통하는지 한번
시도해보는 것이다. 언론을 통해 유명해진 렘데시비르, 아비간, 클로
로퀸 같은 약물들이 바로 이것이다. 이런 시도의 가장 큰 장점은
임상 2상까지 끝난 약물이기에 환자 치료를 시도하면서 동시에 임
상 3상을 진행할 수 있다는 것이다. 그리고 단점은 성공하기 위해서
는 운이 아주아주 좋아야 한다는 것이다. 속된 말로 밑져야 본전이
라는 논리의 신약 개발 전략이다. 물론 그렇다고 아무런 근거도 없
이 이것저것 마구 시도해보지는 않는다. 렘데시비르와 아비간은 원
래 에볼라바이러스의 치료제로 개발되었다. 에볼라도 코로나와 같
은 RNA바이러스이기 때문에 이 치료제들이 코로나의 중합효소도
억제할 가능성이 있다는 가설에 근거를 두고 시도하였다. 클로로퀴

닌은 세포 내 기생원충인 말라리아를 치료하는 약인데, 바이러스의 세포 내 증식도 억제할 가능성이 있다는 가설로 시험을 수행한 것이다. 결론은 우리가 모두 알듯이 운이 없었다. 팬데믹 초기 이 과정에서 일어났던 혼란스러운 상황을 기억할 것이다. 하루는 효과가 있다고 했다가 다음날은 효과가 없다고 언론에 보도되었고, 사람들의 희망과 실망이 널을 뛰었다. 현대 의학에서는 환자 몇 명이 치료가 되었다고 효과에 대한 증거로 인정하지 않는다. 가설 검정이라는 통계적인 검증을 통과해야 효과가 인정된다는 것을 기다리지 못하고, 성급하게 결론을 내리고 보도한 것이다.

제약회사의 입장에서 보자면, 신종 바이러스에 대한 항바이러스제는 가장 위험한 신약 개발 영역이다. 특히 코로나 같은 RNA바이러스는 유전자의 변이가 심해서 표적 단백질의 구조도 쉽게 변한다. 어렵게 개발한 항바이러스제의 효과가 한두 번의 돌연변이로 무용지물이 될 가능성이 크다. 특히 신종 바이러스에 대한 억제제의 개발을 시작하는 것은 위험 관리라는 측면에서 보면 아주 무모한 시도이기도 하다. 신약 개발에는 비용 문제를 떠나서도 최소 10년 이상의 시간이 소모된다. 엄청난 비용을 투입하고 기간을 반으로 단축해서 개발에 성공해도 팬데믹 상황은 종료된 뒤일 가능성이 높다. 그때 개발된 약의 수요가 어떻게 될 것인지 예측하지 않는다는 것은 아주 무모한 일일 것이다.

제약회사들의 항바이러스제 개발의 대상은 지속적으로 문제를 일으키는 C형 간염바이러스 같은 것이 선택된다. 전 세계 인구의 약

2억 명이 감염되어 있는 이 바이러스는 평균 20년 가까이 만성 간염을 일으키다 간암을 발생시킨다. 그런데 예방 백신도 없고 치료도 아주 어려운 상황이었다. 제약회사에게는 수요가 보장된 시장이었던 것이다. 이런 이유로 1996년 바이러스의 단백질 구조가 규명되기 시작하자 많은 회사들이 항바이러스제 개발에 뛰어들었다. 그리고 2011년 처음 항바이러스제가 임상 3상을 통과한 뒤로 지금은 치료에 사용 가능한 항바이러스제가 10여 종에 달하고, 이제는 치료가 문제가 아니라 개발된 C형 간염바이러스 표적 항바이러스제들을 어떻게 조합해서 더 효율적으로 치료할 것인가를 고민하는 상황이 되었다. 이 치열했던 개발 경쟁에서 알 수 있는 것은 항바이러스제 개발의 걸림돌은 기술이 아니라 시간이란 것이다. 하지만 그럼에도 코로나바이러스에 대한 항바이러스제의 개발은 이제 본격적으로 시작되어야 한다. 다음 팬데믹의 주인공 역시 코로나바이러스일 가능성이 높고, 지금 시작된 개발은 다음 습격에서 큰 힘을 발휘하게 될 것이기 때문이다. 이런 위험성이 큰 개발이 진행되기 위해서는 국가적인 수준의 개발 의지가 필요하다.

약물을 이용해 세포 내 바이러스의 증식을 억제하는 치료제는 개발이 어렵지만 항체를 이용해 바이러스의 입자를 중화하는 항체 치료제의 경우는 개발 속도가 비교적 빠르다. 약물 치료제처럼 세포 내부로 들어갈 필요가 없기 때문에 앞서 이야기한 치료제의 제약조건에서 자유롭기 때문이다. 예방접종의 백신이 항원을 주입해 적응 면역에서 항체를 만들도록 자극하는 능동 면역active immunity이라면, 항체치료제는 미리 만들어진 바이러스 항체를 주입해 바이러스 입자를 중화하는 수동 면역passive immunity이다. 가장 흔한 수동 면역의 예는 신생아가 엄마의 모유를 통해 A형 항체를 공급받는 경우다. 신생아는 면역 기능이 발달되어 있지 않기 때문에 엄마의 항체는 주변 환경에 흔한 바이러스 입자를 중화시켜준다. 인공적으로 수동 면역을 이용하는 경우는 동물이나 곤충의 독에 대한 항혈청이다. 여기에는 독에 대한 항체가 들어 있어 뱀에 물려 응급실에 실려온 사람의 혈관에 있는 독을 중화시킨다.

이렇게 자신의 면역이 직접 만들어낸 항체가 아니어도 체내 항원을 중화시킬 수 있다. 코로나19 같은 바이러스도 동일하게 중화가 가능하다. 감염되었다가 회복한 사람의 피를 뽑아서 처리를 하면 항체가 농축이 된 혈장을 얻을 수 있다. 이 혈장을 바이러스 감염이 진행되고 있는 환자에게 주면 혈장의 항체가 바이러스 입자를 중화시켜 감염이 전파되는 것을 억제한다. 이런 개념으로 접근하는 것이 혈장치료제다. 그런데 생각해보면 치료를 위해선 누군가 계속 피를 공급해줘야 한다. 독사에게 물리는 경우는 아주 드물게 일어나지만 지금 코로나19 감염자는 계속 늘어나는데 이런 식으로는 수요를 감당하기가 어렵다. 이런 항체 공급 문제를 현대 분자생물학 기술로 해결한 것이 항체치료제다.

감염이 되었다가 회복한 사람의 혈액을 이용하는 것은 혈장치료제와 동일하지만, 항체치료제를 만들기 위해서 항체가 아니라 형질세포의 정보를 얻는다. 이 형질세포에는 코로나19에 대한 항체의 재조합 유전자가 들어 있다. 이 유전 정보를 알아내면 분자생물학 기술로 항체를 인공적으로 만들어낼 수가 있다. 하지만 사람의 항체와 동일한 구조로 만드는 데에는 시간도 오래 걸리고 효율이 떨어지기 때문에, 대량 배양이 가능한 대장균을 이용해 인공 항체를 만들어낸다. 대장균은 사람의 세포와는 다른 단백질 합성체계를 가지고 있기 때문에 항체와 유사한 구조를 만들려면 유전자에 조작이 필요하다. 이 과정을 마친 유사 항체 유전자를 대장균에 주입하면 빠른 증식 속도로 대량의 유사 항체를 만들어낸다. 이를 정제해서 환자의 치료에 사용하는 것이다.

항체치료제는 약물 치료제와 비교하면 개발이 용이하다는 장점이 있지만 단점도 존재한다. 가장 큰 단점은 첫 번째로 코로나19 항원의 변이로 무용지물이 될 가능성이 있으며, 두 번째로 바이러스가 생성되는 감염세포를 제거하는 데에 한계가 있다는 것이다. 인체의 면역은 항체가 바이러스 입자를 중화하고 세포독성 T세포가 감염된 세포를 제거한다. 하지만 항체치료제는 세포면역 효과를 별로 기대할 수 없기 때문에 투여 시기와 용량에 따라 효과에 큰 차이가 발생한다. 또한 제작 과정이 복잡하고 대량 생산도 쉽지 않아 가격이 비싸다. 하지만 투여 방법을 표준화하고 선별 사용한다면 의료 인프라에 가해지는 압력을 완화할 수 있기 때문에 방역 측면에서 장점이 있다. 따라서 가능한 모든 방법을 동원해야 하는 현재 상황에서는 충분히 활용 가치가 있다.

42
백신

희망의 시작

백신은 현재 코로나19에 대항할 수 있는 가장 현실적이고 강력한 무기다. 감염이 일으키는 위험 없이 집단면역을 증가시킬 수 있는 백신은 항바이러스제에 비해 비교적 빠른 개발이 가능하다. 이런 이유로 개념 증명 단계에 있던 신기술을 응용한 백신들이 대거 실험실 밖으로 끌려나오게 된다. 새로운 백신들의 성공적인 임상시험 결과는 지친 사람들에게 희망의 불씨가 되고 있다. 하지만 전례 없이 빠르게 진행된 개발과 신기술의 대규모 실전 투입에 대한 우려의 목소리도 공존하는 상황이다.

코로나19에 면역이 생겼다는 말은 바이러스에 대한 기억세포들을 획득했다는 의미다. 면역을 획득한 사람은 코로나19와 다시 접촉해도 빠르게 바이러스를 제거하기 때문에 숙주 재생산의 막다른 골목이 된다. 집단의 측면에서 보면 전파를 차단하는 방화벽 역할을 하는 것이다. 따라서 집단면역의 수치는 바이러스에 대한 방화벽의 밀도로 생각할 수 있다. 이 방화벽의 밀도가 일정 수치에 도달하면 집단효과, 즉 전파의 불길이 사그라드는 현상이 나타난다. 집단효과라는 목표는 이렇게 간단하지만 달성 과정에서는 심각한 딜레마가 발생한다. 집단면역의 증가 속도를 올리기 위해 방역의 고삐를 느슨하게 하면 중증 환자가 제한적인 의료 인프라 바깥으로 순식간에 흘러넘친다. 그렇다고 방역의 고삐를 강하게 조이기만 하면 집단면역은 증가하지 않고 사회적인 부작용만 계속 누적된다.

 방역 강도의 딜레마는 예방접종에 의해 간단히 해결될 수 있다. 예방접종은 인위적으로 항원을 인체에 주입해 적응면역을 자극해서 기억세포의 획득을 유도하는 방법이다. 그리고 사용되는 항원을 백신vaccine이라 한다. 바이러스에 대항하기 위해 수십억 년 시행착오를 거치며 진화해온 인간의 면역을 이용하는 것이다. 인류가 가진 세균에 대한 가장 강력한 무기가 항생제라면, 바이러스에 대한 가장 강력한 무기는 백신이다. 항바이러스제가 바이러스의 증식 속도를 늦춰서 항체 생성에 필요한 시간을 벌어준다면, 백신은 바이러스 감염 전에 미리 항체를 준비시켜놓는 것이다. 근육주사를 하는 예방접종의 특성상 코로나19의 감염 자체를 완전히 막지는 못한다. 대신 감염이 일어나면 면역의 기억세포가 바이러스를 초기에 진압하고, 중증으로 진행하는 것을 차단한다.

 면역의 개념은 오래전부터 존재했을 것으로 생각되지만, 최초의 예방접종 기록은 15세기 중국의 인두법variolation이다. 이것은 천연두 환자의 고름을 말린 뒤 코안에 바르거나 상처에 문지르는 접종법이다. 미리 면역을 획득하기 위한 시도였지만 병원성이 있는 천연두 바이러스를 그대로 사용하였기 때문에 진짜 천연두에 걸릴 위험이 높았다. 결국 매를 먼저 맞는다는 의미 정도라서 널리 사용되지는 않았다. 하지만 한번 천연두에 감염되면 재감염이 되지 않는다는 기초적인 면역의 개념은 이미 오래전부터 경험적으로 인지되고 있었다는 것을 알 수 있다.

백신의 어원은 라틴어로 '소'를 뜻하는 'vacca'다. 항원에 이런 뜬금없는 이름이 붙은 이유는 에드워드 제너Edward Jenner가 예방접종을 할 때 사용된 항원이 우두에 걸린 소의 고름이었기 때문이다. 그의 무모한 실험 이야기를 들으면 연구 윤리 위반으로 감옥에 가야 한다는 생각이 들지도 모르겠다. 하지만 감염으로 열이 나면 치료를 한다고 피를 한 동이씩 뽑다가 쇼크로 환자가 죽기도 하던, 1796년에 벌어진 일이라는 것을 고려하자. 당시는 천연두로 많은 어린이가 사망하던 시절이었다. 어느 날 스코틀랜드의 시골 의사 제너에게 소젖을 짜다가 손에 우두 종기가 생긴 환자가 찾아온다. 세균과 바이러스에 대한 개념조차 없던 시절이었지만 종기 고름에 전염성이 있다는 것은 알려져 있었다. 조심스럽게 종기를 짜던 제너는 우두에 걸리면 천연두에 걸리지 않는다는 속설이 생각났다. 그는 뽑아낸 우두 고름을 버리지 않고 잘 보관해둔다. 그리고 어떻게 설득했는지는 모르겠지만 다음날 정원사의 아들을 데려오게 한다. 당시는 주사기도 없었기 때문에 그림 42-1처럼 여덟 살 제임스 핍스James Phipps의 팔에 칼로 상처를 살짝 내고 우두 고름을 나무 막대기로 문질러

그림 42-1 제임스 핍스에게 최초의 백신접종을 하는 제너

바른다. 다음날 핍스는 미열이 나고 상처가 부어올랐지만 열흘 후
깨끗하게 회복된다. 소가 걸리는 우두의 고름을 사람에게 접종해도
괜찮다는 확신은 일단 얻었다. 남은 궁금증은 천연두 예방이 되는가
하는 점이었다. 한 달 반이 지난 뒤 천연두 환자의 종기에서 고름을
얻은 제너는 이것을 회복된 핍스에게 다시 바른다. 예상대로 핍스에
겐 아무 일도 일어나지 않았다. 우두 접종의 천연두 예방 효과를 확
인한 제너는 자신감에 넘쳐 논문을 작성해 영국왕립학회로 보내지
만 단박에 거절당하고, 자신의 11개월 된 아들을 포함해 20명 이상
의 아이들에게 우두 접종을 시행하여 충분한 데이터를 얻은 뒤 논문
이 통과된다. 하지만 권위 있는 논문의 출판 여부와 상관없이, 예방
접종vaccination은 의사들 사이에서 급속히 퍼져나간다. 천연두로 죽
는 아이들이 많았기에 불안한 부모들에게는 인두법처럼 위험하지
않은 종두법은 기적의 예방법으로 여겨졌을 것이다. 지금의 기준으

로 보면 임상시험 절차가 반대로 이루어진 셈인데, 통계의 개념조차 없었던 시절이지만 예방접종을 한 아이와 안 한 아이의 운명이 나눠진다는 것은 누가 봐도 뻔했기 때문이다.

핍스에게 시도했던 인류 최초의 예방접종 임상시험은 단 한번에 성공하였다. 현대 과학의 관점에서 보면 실패하지 않은 것이 행운이다. 시대적 한계로 실험 설계와 수행 방법이 허술해 보이는 것이지, 제너의 과감한 도전은 면역이라는 새로운 학문 분야의 출발점이 된다. 면역immune이라는 단어는 '면제'라는 의미의 라틴어인 'immunis'에서 기원한다. 역병으로부터 면제된다는 의미로, 백신의 의도가 그대로 담겨 있는 단어가 면역이다. 이후 백신은 의학, 면역학, 분자생물학 들의 발전으로 눈부시게 발전해왔다.

그림 42-2에 현대의 백신들이 개념별로 정리되어 있는데, 이들은 생백신, 사백신 같은 고전적인 것과 첨단의 분자백신으로 크게 분류할 수 있는데, 이것은 적응면역에 항원을 제시하는 방법의 차이에 따른 것이다. 최초의 백신인 우두바이러스는 생백신에 속한다. 숙주세포에서 증식 능력을 가지고 있는 온전한 바이러스를 백신으로 사용하는 것이다. 물론 인두법처럼 독력을 지닌 바이러스를 그대로 사용하면 예방접종의 의미가 없다. 따라서 약독화attenuation라는 과정을 거쳐 질병을 일으키는 독력을 줄여서 백신으로 사용한다. 장점은 바이러스가 실제로 증식하기 때문에 자연 감염 경과와 동일하게 면역 자극을 확실하게 줄 수 있다는 점이고, 단점은 면역이 약한 사람의 경우 오히려 심각한 감염을 일으킬 수 있다는 점이다. 이런 위험

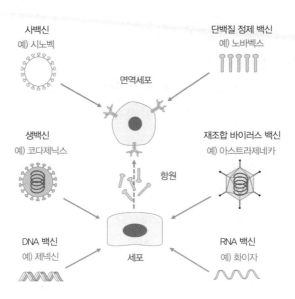

사백신
예) 시노벡

단백질 정제 백신
예) 노바벡스

면역세포

생백신
예) 코다제닉스

재조합 바이러스 백신
예) 아스트라제네카

항원

DNA 백신
예) 제넥신

세포

RNA 백신
예) 화이자

그림 42-2 바이러스 항원 제시 방법에 따른 백신의 종류와 예

성을 줄이는 것이 사백신이다. 바이러스의 유전자를 완전히 파괴해 증식 능력을 완전히 없애버린 바이러스의 껍데기를 백신으로 사용한다. 장점은 증식이 되지 않기에 안전하다는 것이고, 단점은 면역 자극이 약해 반복 접종을 통해 면역 자극을 강화boosting해야 한다는 것이다. 최근에는 더 안전하고 효율적으로 항원을 적응면역에 제시하는 분자백신들이 개발되고 있다. 장점은 생백신보다 안전하고 사백신보다 면역 자극이 뛰어나다는 것이고, 단점은 아직 제대로 검증되지 않았고 비싸다는 것이다. 백신의 가격이 비싸다는 것은 집단면역의 증가라는 측면에서는 큰 단점으로 작용한다.

신종 바이러스의 백신 개발에서 가장 중요한 고려사항은 개발에 걸리는 시간이다. 바이러스의 입자를 그대로 이용하는 생백신이나 사백신은 안전성과 효과를 검증하기까지 시간이 많이 걸린다. 그래서 이들에 비해 개발 속도가 빠른 분자백신이 집중적인 주목을 받고 있으며, 역시 빠른 개발 성과를 보이고 있다. 여기에는 단백질 백신, DNA 백신, RNA 백신, 그리고 재조합 바이러스 백신 등이 있다. 백신에 의해 만들어진 항체가 실제 바이러스의 방어에 효과적이려면 바이러스의 껍데기 단백질, 특히 외부로 돌출되는 부분이 에피토프로 작용할 수 있도록 해야 한다. 바이러스 입자의 내부나 세포 내부에 있는 바이러스 단백질에 대해서는 항체가 만들어져도 실제 바이러스의 감염 상황에서는 접근이 어렵기 때문에 중화효과가 크지 않다. 또한 같은 외부 단백질이라도 항체가 접근하기 쉽고 강하게 결합하는 항원 부위, 즉 좋은 에피토프가 존재한다. 분자백신은 생명정보학을 이용한 다양한 분석을 통해 이런 에피토프를 선택해서 제작한다. 이렇게 복잡해 보이는 방법을 이용하는 이유는 바이러스 입자 전체를 주입하는 경우보다 항원으로 작용할 가장 효율이 높은 것만 발현시켜서 면역 반응의 집중을 유도할 수 있고, 안전성도 뛰어나게 만들수 있기 때문이다.

코로나19 경우는 스파이크 단백질의 수용체 결합 부위, 즉 RBD가 가장 매력적인 에피토프 후보가 된다. 이 면역원을 면역세포에게 전달하는 방법에 따라 분자백신의 종류가 달라진다. 단백질 백신은 설계된 단백질을 실험실에서 미리 대량으로 만들어서 정제한 뒤에 그것을 주사하는 방식이다. 개념적으로는 사백신과 가장 유사하다고 할 수 있다. 유전자 전달 백신은 선택된 에피토프 부위의 발현 유전자를 만들어서 주사하는 방식이다. 그러면 주사된 유전자는 인체의 세포 내로 들어가서 발현되면서 계속 면역을 자극하기 때문에 생백신과 유사한 개념을 가지고 있다고 할 수 있다. 이렇게 가공된 백신의 유전자를 재조합recombinant 유전자라고 하는데, 그냥 주사를 하면 세포에 들어가기도 전에 혈액 내의 효소들에 의해 파괴되기 때문에 바이러스처럼 적당한 포장을 해서 주사한다. DNA 백신의 경우는 DNA 유전자를 미세한 전기충격기로 세포에 바로 주입하거나, 인지질 복합체 같은 인공의 세포막 유사 물질과 결합시켜 주입한다. 이 전달체carrier는 DNA가 파괴되는 것을 방지하고 세포막을 쉽게 통과하도록 도와준다. 세포로 들어간 DNA는 내부의 수송 시스템에 의해 핵 내부로 들어간다. 그 유전자에서 mRNA가 만들어져 해석 시스템으로 가서 설계된 백신 단백질이 만들어진다. 그리고 이것이 적응면역을 자극하게 된다. DNA 백신의 장점은 DNA의 안정성이 뛰어나 백신의 보관과 유통이 용이하다는 것이고, 단점은 발현되기 위해 위와 같은 복잡한 과정을 거치기 때문에 백신의 발현 효율이 떨어진다는 것이다.

이런 한계를 극복하기 위해 최근 연구되기 시작한 것이 현재 코로나19 백신으로 많은 관심을 받고 있는 RNA 백신이다. 이 경우는 백신의 재조합 유전자를 RNA의 형태로 사용한다. 코로나바이러스 유전자와 동일한 양성 RNA 형태이기 때문에 세포 내로 들어가면 즉시 해석되어 백신을 발현시킨다. 하지만 약점도 있는데, RNA는 불안정한 물질이라는 점이다. 이를 극복하기 위해 재조합 RNA를 포장하는 새로운 물질들을 개발하고 있지만 아직 바이러스의 껍데기만큼 좋은 포장 재료는 만들지 못하고 있다. 최근 언론에서 백신의 냉장 유통cold chain에 대한 문제가 자주 언급되는 이유가 여기에 있다. 이렇게 보관과 유통이 어렵다는 것이 대량 접종이 필요한 팬데믹 상황에서 RNA 백신의 가장 큰 단점이다. 하지만 다른 백신에 비해 개발과 생산에 요구되는 시간이 짧기 때문에, 코로나19의 항원 변이가 일어나도 빠르게 대응할 수 있는 아주 중요한 장점을 가지고 있다.

재조합 바이러스 백신은 오랫동안 진화된 바이러스의 포장 재료를 이용해 유전자를 전달하는 방법이다. 바이러스는 유전자에 자신의 껍질을 만들기 위한 정보를 가지고 다닌다. 하지만 이 껍질을 만드는 유전 정보와 백신을 발현시키는 유전 정보를 분리해서 새로운 바이러스를 만드는 것이다. 이런 재조합 바이러스에 감염이 되면 백신의 유전 정보는 발현이 되지만, 껍질과 중합효소의 정보가 없기 때문에 증식은 일어나지 않아 안전하다. 즉 원하는 유전자만 주입하는 벡터vector로 이용하는 것이다. 원하는 유전자를 세포에 효율적으로 전달하기 위해 바이러스 포장을 이용하는 방법은 유전자 치료gene therapy 분야에서 오랫동안 연구되던 기술이다. 재조합 바이러스의 포장지로는 가벼운 감기를 일으키는 아데노바이러스의 껍질을 가장 많이 사용한다. 배양세포에 포장지를 만드는 유전자와 포장이 되도록 조작한 백신 유전자를 같이 넣어주면, 아데노바이러스의 껍데기 속에 백신 유전자를 가진 재조합 바이러스가 만들어진다. 이를 접종하면 원래 바이러스의 감염과 동일한 과정을 거쳐 세포 안으로 재조합 유전자를 집어넣게 된다. 이렇게 들어간 유전자는 백신 단백질을 계속 만들어낸다. 재조합 바이러스는 백신 유전자를 전달만 하고 복제는 일어나지 않기 때문에 안전하다. 또한 자신의 유전자를 효율적으로 표적 세포에 전달하기 위해 수십억 년을 거쳐 다듬어진 바이러스 껍데기를 이용하기 때문에 백신 유전자의 전달 효율이 가장 좋다. 그리고 바이러스의 껍데기를 이용하기 때문에 백신이 상온에서 유통되어도 변질될 가능성이 적다. 이 점은 대량접종이 필요한 팬데믹 상황에서의 큰 장점이다. 하지만 이 재조합 바이러스에도 단점이 존재한다. 아데노바이러스 자체가 흔한 감기를 일으키는 바이러스이기 때문에 이미 여기에 대한 면역을 가진 사람이 많다는 것이다. 이런 경우는 접종이 어려운 상황이 발생한다. 이를 극복하기 위해 사람이 아닌 침팬지의 아데노바이러스 껍데기를 이용해 개발한다. 또한 재조합 바이러스의 대량 생산에는 고도의 품질관리가 요구된다는 것도 현실적인 단점이다.

코로나19 팬데믹이라는 사태의 시급성 때문에 현재 가능한 모든 백신 개발 전략이 총동원되고 있다. 특히 실험실에서 개념 증명 단계로 연구되고 있던 유전자 백신들이 모두 동원되고 있다. 설명한 대로 다양한 백신들은 장단점이 모두 다르기 때문에 어떤 백신이 가장 성공적일지 단정적으로 말하기는 어렵지만, 현재는 RNA 백신이 선두를 달리고 있다. 하지만 어떤 백신이 가장 뛰어난지 줄을 세우는 것은 아무런 의미가 없다. 다양한 접근법의 백신이 개발되어야 예측 불가의 팬데믹 상황 전개에도 유연한 대처가 가능하기 때문이다. 현재로서는 어느 것이 미운 오리새끼일지 모르기 때문에 백신은 다다익선이다.

예방접종이 시작되어도 걱정해야 할 위험요소는 존재한다. 전문가들이 개발된 백신에 대해 우려를 하는 것은 희망에 초를 치기 위함이 아니다. 원래 제대로 개발하기 위해선 평균 15년 정도의 시간이 걸린다. 지금 가장 빠른 경우는 8개월 만에 개발이 완료되어 접종이 시작되고 있다. 이런 상황에서 우려를 하지 않는 것이 더 이상한 일이다. 따라서 우려의 목소리에도 귀를 기울이고 돌발 상황이 발생하는지 주의를 기울여야 한다.

최근 개발된 백신의 기대 효과에 대해 전문가들이 언급할 때 중증 진행을 막는 것과 전파를 막는 것을 분리해서 말하는 이유는 알아둘 필요가 있다. 현재 개발되고 있는 백신들은 대부분 근육주사로 접종한다. 이 경우는 혈액 내에 G형 항체가 만들어지며 해당 기억세포도 혈액 내에 주로 머무른다. 하지만 실제 코로나19의 감염은 호흡기의 점막에서 시작되며 이것을 막기 위해서는 A형 항체와 이 부위의 기억세포가 필요하다. 따라서 감염 초기부터 점막에서 고농도로 증식하는 특성을 가진 코로나19의 전파 차단 효과를 확신하기 어려운 것이다. 특히 무증상 전파의 경우는 결과를 지켜보는 수밖에 없다. 변이가 풍부한 RNA바이러스 특성상 힘들게 만들어놓은 백신의 항원 부위에 변이가 발생할 위험도 공존한다. 작년에 감기가 걸렸다고 올해 감기가 안 걸리는 것은 아니다. 그 이유는 작년 감기의 항원과 올해, 내년에 걸릴 감기의 항원이 다르기 때문이다. 독감바이러스나 코로나바이러스처럼 외부 막을 가진 RNA바이러스일수록 항원의 변화antigenic drift가 빈번하다. 현재까지 코로나19에는 백신이라는 선택압력이 본격적으로 가해진 적이 없다. 백신의 접종은 선택압력으로 작용하며, 이것은 항원 부위의 변이를 촉진할 가능성이 있다. 이런 항원의 변이 발생을 최대한 억제하기 위해서는 가능한 한 백신을 동시에 접종해야 한다. 이것은 수요를 감당할 만큼 대량 생산을 하는 것과는 또다른 차원의 현실적인 문제다.

　코로나19의 항원 변이의 발생을 억제하는 것은 백신이 개발되고 나서 가장 신경써야 할 문제다. 백신을 동시에 접종하는 것은 현실적으로 불가능하기 때문에 접종이 시작된 이후의 방역이 더욱 중요해진다. 바이러스가 폭발적으로 전파된다는 것은 엄청난 수의 증식과 변이가 일어난다는 의미다. 이렇게 다양성이 폭증하는 상태에서 백신을 장기간에 걸쳐 접종하면 항원의 변이가 일어날 확률이 점차 높아진다. 따라서 백신의 접종과 방역은 계속 함께 진행되어야 한다. 백신의 성공적인 개발은 팬데믹 종식을 향한 희망의 시작이다. 하지만 팬데믹의 게임 체인저는 백신이 아니고 사람이다. 아무리 좋은 최첨단 백신도 제대로 사용해야 빠르게 상황을 끝낼 수 있다. 여기에는 우리 모두의 노력이 필요하다.

43
진화

바이러스의 변이, 선택, 적응

✴

백신의 개발이 끝이 아니라 종식을 향한 첫걸음이라는 말의 의미를 이해하기 위해서는 바이러스의 진화를 먼저 이해해야 한다. 생물과 무생물의 경계에 있는 작은 유전자 쪼가리들이 진화 과정에서 도태되지 않고 끈질기게 인류를 괴롭히고 있다. 그 원리를 이해하는 것이 코로나19의 종식과 앞으로 발생할 신종 바이러스의 예방을 위해 중요하다. 바이러스는 이기적 유전자의 화신으로 원초적 진화의 원리를 최대한 이용한다. 빠른 증식과 빈번한 돌연변이로 다양성을 확보하고, 선택압력에서 최적의 돌연변이가 즉각 선택되고, 그것이 증식해서 적응하는 과정이 몇 시간이면 완료된다. 진화의 한 사이클이 순식간에 일어나는 것이며 이 과정을 끝도 없이 반복하며 인류와 같이 수십억 년을 진화해온 것이다.

진화는 오랜 시간에 걸쳐 일어난다는 선입견이 있다. 그래서 바이러스의 유전자 변화에 대해서는 변이라는 용어를 흔히 사용한다. 하지만 용어에 상관없이 모든 유전자의 변화는 진화의 결과다. 바이러스에게 숙주세포는 유전적 다양성을 늘리는 장소이며, 복제의 결과물인 바이러스 입자는 선택압력의 시험에 즉시 놓인다. 박쥐의 코로나19가 종간 장벽을 넘어 사람으로 건너온 것도 진화다. 감염자의 체내에서 관찰되는 변이는 면역에 저항하면서 일어난 진화다. 집단에서 관찰되는 변이는 방역에 저항하면서 일어난 진화다. 이런 바이러스 유전자의 변이는 우리가 직접 관찰할 수 있는 가장 짧은 진화의 과정이다.

진화의 목표는 유전자 보존이다. 이를 달성하기 위해 다세포생물인 인류는 유전자가 점차 복잡해지는 방향으로 진화해왔다. 반대로 바이러스는 유전자가 점차 단순해지는 방향으로 진화해왔다. 그 방향의 극한에 도달해, 필수적인 중합효소와 증식과 전파에 필요한 껍데기 단백질들의 유전 정보가 극한으로 다듬어진 상태다. 나머지 증식에 필요한 재료는 숙주세포의 것을 훔쳐서 사용한다. 이기적인 유전자의 정수가 바이러스인 것이다.

진화는 중력의 법칙처럼 간단한 자연의 작동 원리임에도 많은 오해를 받는 개념이다. 진화에는 중심원리, 종의 다양성, 선택압력이라는 세 가지 원칙이 적용된다. 중심원리는 앞에서 설명한 생명 정보의 일방통행을 이야기한다. 단백질은 3차원 구조를 통해 생명 현상을 구현한다. 단백질은 유전자에 담긴 유전 정보가 해석되어 만들어진다. 그런데 반대로 단백질의 정보가 유전자로 변환되는 방법은 존재하지 않는다. 이렇게 유전자에서 단백질로만 생명 정보가 전달되는 일방통행 현상이 생명의 중심원리다. 이 때문에 생명 현상을 구현하는 단백질에 변화가 일어나려면 유전자의 변화가 먼저 일어나야 한다. 바이러스의 경우는 유전자의 복제과정에서 무작위의 변이가 발생한다. 그리고 그 변이에 의해 바이러스 단백질들이 즉시 만들어져 전파에 유리하면 선택되고 불리하면 도태된다. 이렇게 변이가 일단 선택되면 다시 되돌릴 수도 없다. 그래서 진화에는 유턴이 없다고 말한다.

종이란 다양성을 허용하는 유전자 집단을 말한다. 고등생물에서는 다양성의 허용 범위가 유성생식이다. 유전적 다양성이 유성생식의 범위를 넘어가면 새로운 종으로 분기된다. 예를 들어 오래전에는 말과 당나귀가 같은 종이었지만 지금은 다른 종으로 분기가 된 것이다. 생물도 아니고 천문학적인 유전적 다양성을 가지는 바이러스의 경우에는 종의 정의가 간단하지 않다. 하지만 최근에 규정된 정의는 '한 유전자에서 복제가 시작된 중요한 특징을 공유하는 집단'이다.

이 정의에 따르면 코로나19는 ACE2 수용체에 결합하여 무증상 전파를 빈번하게 일으키는 특징을 가진 종이다. 만약 ACE2가 아닌 다른 수용체에 결합하는 변이가 나오면 새로운 종으로 분기되는 것이다. 우리가 편의상 코로나19라고 말하는 바이러스는 사실 천문학적 숫자의 유전적 다양성을 묶어서 말하는 것이다. 이것이 앞서 이야기한 준종의 개념이다. 만약 종의 유전자가 100퍼센트 동일하다면 진화는 일어나지 않는다. 반대로 유전적 다양성이 커질수록 진화의 확률도 커진다. 코로나19는 숙주세포에서 복제될 때 무작위 돌연변이가 빈번하게 생기기 때문에 유전적 다양성이 순식간에 늘어난다.

　진화에 적용되는 원칙 중 선택압력은 진화의 원동력이라 할 수 있다. 압력이란 유전자가 복제되기 어렵게 만드는 상황을 말하며, 선택이란 그 압력에 저항하는 변이를 가진 유전자만 살아남는다는 의미다. 43-1 그림에서는 선택압력이 바이러스 유전자의 변화를 일으키는 상황을 보여주고 있다. 위쪽의 그래프처럼 선택압력이 없는 상황에서는 가장 안정적인 발현형의 유전자가 대세를 이루고 있다. 이 대세에서 벗어나는 변이는 경쟁에 밀려 계속 도태된다. 하지만 선택압력이 가해지면 그 영향 범위 안의 유전자들은 도태되고 범위를 벗어난 발현형을 가진 유전자들만 선택되어 새로운 대세가 된다. 이것의 바이러스의 변이, 곧 진화가 되는 것이다. 동물에서는 생존 경쟁과 짝에게 선택받기 위한 경쟁이 선택압력이고, 바이러스에서는 면역이나 방역 등이 선택압력이 된다. 고등생물에서는 유전자의 선택과정이 복잡하고 오래 걸린다. 일단 유성생식이 가능할 때까지 성장을 해야 하고, 그다음은 짝에게 선택을 받아야 유전적 다양성을 실험할 기회가 생긴다. 그리고 그 실험의 결과는 자손이 성장해 다시 유성생식에 성공해야 확인이 가능하다. 즉 사람의 경우 진화의 사이클이 한번 돌아가는 데 한 세대가 걸리는 것이다. 하지만 바이러스의 경우에는 숙주세포를 하나만 감염시켜도 단 몇 시간 만에 수백수천 개의 변이 유전자들이 만들어진다. 그중에서 제대로 기능하는 수천 개 정도가 자식 바이러스 입자로 배출된다. 그리고 이 입자들은 즉시 선택압력에 놓이고, 전파 능력이 가장 뛰어난 유전자가 순식간

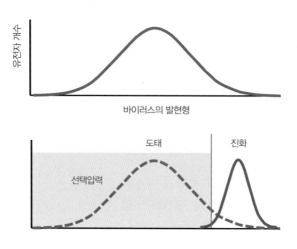

그림 43-1 선택압력에 의한 바이러스 유전자의 진화

에 선택된다. 이렇게 선택된 변이를 바탕으로 더 유리한 변이가 선택되는 사이클을 끝없이 반복한다. 따라서 바이러스의 진화 사이클은 시간 단위다. 여기에 수많은 감염자의 수많은 세포에서 일어나는 진화 시도는 인간의 기준으로는 엄청난 규모다.

신종 바이러스의 정의는 아직 애매모호하다. 하지만 면역의 관점에서 신종 바이러스를 정의하면 명확해진다. 신종 바이러스는 항원 구조에 대규모 변화가 일어나 집단면역이 0인 상태에서 시작된 바이러스의 집단을 의미한다. 이 정도로 집단면역이 접하지 못한 새로운 항원 구조의 바이러스가 등장하는 경우는 보통 다른 동물 바이러스가 사람으로 건너온 경우가 대부분이다. 면역결핍바이러스처럼 아예 새로운 바이러스가 건너오는 경우가 있고, 코로나19처럼 스파이크 단백질이 표적으로 삼는 수용체의 차이가 있는 바이러스가 건너오는 경우도 있다. 신종 독감바이러스 역시 항원 유전자가 재조합되어 집단면역이 0인 상태로 시작된다. 신종 바이러스는 기존 면역이 효과가 없다는 것을 뜻한다. 그리고 전파되면서 집단면역이 올라가면 신종이라는 타이틀을 잃어버리게 된다.

진화는 목적성이 있는 것이 아니라 다양한 유전자의 변화가 먼저 일어나고 생존압력에서 선택이 되는 방식으로 진행된다. 시간이 거꾸로 흐를 수는 없기 때문에, 유전자의 변화는 선택압력과 상관없이 무작위로 먼저 일어난다. 유전자 변이가 단백질의 중요한 기능을 망가트리는 것인지 새로운 기능을 획득하는 것인지에 상관없이 아무 위치에서나 일어나는 것이다. 고등생물의 경우는 이런 유전자의 무작위 변이는 악몽에 가깝다. 정교하게 다듬어진 유전자에 무작위로 돌연변이가 생기면 새로운 기능을 획득할 확률보다는 망가질 확률이 훨씬 높기 때문이다. 그래서 안정적인 이중가닥 DNA가 유전자로 선택된 것이다. 또한 고등생물에서는 유전자 복제에서 발생하는 변이를 수정하는 정교한 기전도 가지고 있다. 하지만 바이러스의 경우는 진화의 방향이 고등생물과는 반대다. 코로나가 가지고 있는 RNA 중합효소는 구조가 간단한 만큼 복제 오류도 빈번하게 발생한다. 하지만 바이러스의 진화에서는 이러한 복제 오류가 오히려 유리하게 작용한다. 물론 바이러스에서도 무작위 돌연변이는 치명적인 결과를 가져오는 경우가 더 많다. 하지만 워낙 많은 수가 복제되기 때문에 돌연변이들 중 단 하나라도 제대로 기능을 해서 선택압력을 뚫어내면, 성공한 변이는 금방 다시 복제되어 늘어나게 된다. 바이러스들은 유전 정보의 안전한 보존보다는 다양성을 확보해 유전자를 없애려는 선택압력에 저항하는 전략을 발휘하는 것이다.

세포 하나가 감염되어 바이러스의 돌연변이가 한 개만 일어난다고 가정해도, 한 사람의 인체에 감염된 세포들에서는 엄청난 개수의 돌연변이가 일어나는 것이다. 현재 코로나19의 경우에는 돌연변이와 선택압력 적응이라는 진화가 전 세계에서 천문학적인 수준으로 일어나고 있다. 방역도 백신도 치료제도 모두 바이러스에 주어지는 선택압력이다. 이런 압력이 주어졌을 때 어떤 식의 바이러스 진화가 일어날지는 예측 불가능하다. 변이가 빈번한 바이러스에 의한 팬데믹에서 빠르게 백신이 개발되어 대량 접종하는 것은 인류가 처음 경험하는 상황이기 때문이다.

돌연변이들 중에서 기존의 수용체가 아닌 새로운 세포 수용체와 결합하는 변이가 발생하면 새로운 신종 코로나가 출현하는 것이다. 만약 이런 돌연변이가 발생하면 팬데믹 초기에서 지금까지 겪어온 과정을 처음부터 다시 되풀이하는 악몽 같은 상황이 벌어진다. 백신이나 치료제가 개발되었다고 방역을 늦출 수 없는 이유가 여기에 있다. 전파 속도가 느려졌다는 것은 백신이나 치료제가 효과를 발휘한다는 의미도 있지만 선택압력이 가해지고 적응진화가 일어날 가능성이 커진다는 의미이기도 하다. 즉 바이러스의 다양성이 선택압력에 저항하는 진화가 진행되는 상황일 수도 있는 것이다. 이런 가능성을 제거하기 위해서 방역을 낮출 수가 없는 것이다.

44

결말

코로나19의 엔딩 시나리오

✳

코로나19의 선배인 사스는 스스로 지구상에서 그 존재가 사라졌다. 인간의 노력으로 지구상에서 존재가 사라진 천연두바이러스도 있다. 극성을 부리는 코로나19의 상황도 언젠가는 막을 내릴 것이다. 하지만 스스로 사라질 것인가, 아니면 인류의 노력으로 사라질 것인가는 단순한 엔딩 시나리오의 종류가 아니다. 종막의 전개 과정에서 얼마나 많은 사람이 희생될 것인지가 달라지기 때문이다.

1980년 5월자 WHO 소식지의 표지는 천연두바이러스의 사망소식이 장식했다. 그림 44-1 우측은 1979년 10월 26일 이후로 천연두가 박멸된 것을 기념하는 로고다. 우리 모두가 원하는 코로나19 뉴스도 바로 이런 것이다. 감염된 세 명 중 한 명이 죽을 정도로 악명 높았던 천연두바이러스는 역사의 흐름까지 바꿀 정도로 인류를 괴롭혔다. 그리고 인류 최초의 백신에 의해 멸종된 최초이자 현재까지

그림 44-1 WHO의 천연두 예방접종 사업과 천연두 박멸 기념 로고

는 최후의 바이러스이기도 하다. 천연두바이러스 이후로 다른 바이러스의 부고 소식은 아직 나오지 않고 있다. 천연두바이러스는 백신으로 박멸되기 위한 다음 조건들을 모두 만족시키는 경우였다. 이 조건들에 대해 알아보면, 백신을 통한 코로나19의 결말이 어떻게 진행될지 가늠할 수 있을 것이다.

첫째는 천연두바이러스 자체의 특성이다. 이것은 이중가닥 DNA를 유전자로 가지고 있었다. 안정적인 이중나선 구조의 DNA는 생명 정보의 안정적인 보관에 특화되어 있으며, 복제되는 동안 돌연변이의 발생 빈도가 낮다. 또한 유전자가 길고 복잡해 복제와 증식에 시간이 걸린다. 이런 특성들은 바이러스의 유전적 다양성 확보를 방해하기 때문에 바이러스의 유전자로서는 불리한 점이다. 이런 이유로 제너가 정원사의 아들에게 접종했던 백신을 200년 가까이 사용하는 동안 저항성이 있는 변이가 나타나지 못한 것이다. 또한 같은 이유로 종간 장벽을 쉽게 건널 수가 없었다. 만약 천연두가 인수공통 zoonostic 바이러스였다면 아무리 예방접종을 해도 동물에서 사람으로 계속 건너왔을 것이다.

둘째는 최고의 백신이 존재했다는 것이다. 천연두바이러스의 먼 친척인 우두바이러스는 소에 지향성을 가지고 있다. 사람에게 감염된 우두바이러스는 증식을 하면서 면역을 자극하지만 가벼운 증상으로 그치며, 감염자는 종말 숙주가 되어 타인에게 우두를 전파하지는 않는다. 무엇보다 중요한 점은 우두바이러스에 대해 획득된 기억세포들은 천연두바이러스에도 교차 반응cross reaction을 한다는 것이다. 이것은 두 이종 바이러스들의 항원 부위가 동일하다는 의미다. 간단히 정리하면 최고의 약독화 생백신인 것이다. 다른 바이러스에 대한 백신 개발의 험난했던 과정들과 비교해보면, 제너가 소젖을 짜던 동네 사람의 손에서 얻은 우두 고름을 백신으로 한번 사용해본 것이 얼마나 큰 행운이었는지 알 수 있다.

셋째는 국경을 초월한 국제적인 협력이다. 제너의 백신은 이후 150여 년간 계속 접종되었으나 예방접종을 받지 못한 아이들 사이에서 천연두는 간헐적으로 유행하면서 사라지지 않았다. 그러다 인류의 공동 문제라는 인식이 생기면서, 1966년부터 WHO의 천연두 박멸 캠페인이 시작되었다. 20세기에 들어서 연달아 벌어진 두 번의 세계대전은 국제 협력의 중요성을 일깨워 다양한 국제기구들의 창설로 연결되었는데, WHO도 이 과정에서 탄생하였다. 창립된 지 얼마 되지 않았을 때 열정이 넘치는 젊었던 WHO는 인류의 위협에 대한 공동대응의 의지가 강했다. 좋은 백신에도 불구하고 여전히 사람들을 괴롭히던 천연두바이러스를 박멸하기 위해서는, 세계의 모든 사람이 다 같이 예방접종을 맞아야 한다는 결론을 내리고 행동으로 옮기기 시작한 것이다. 강대국들은 자금을, 회사들은 저렴한 백신을 제공했고, 자원 봉사자들은 그림 44-1처럼 정글과 사막을 가리지 않고 사람들을 찾아가 예방접종을 하였다. 이런 노력의 결과로 10년 뒤에 천연두바이러스가 박멸된 것이다. 결국 최고의 백신이 있어도 제대로 이용하기 위해서는 사람들의 협력이 가장 중요하다는 것을 직접 증명한 셈이다.

인류가 멸종시킨 천연두바이러스의 경우와 비교해보면 코로나19 상황은 유리한 점이 하나도 없다. 일단 바이러스 자체의 특성에서도 코로나19는 돌연변이의 발생빈도가 높은 한 가닥 RNA를 유전자로 가지고 있다. 이런 유전자는 팬데믹 상황에서 천문학적인 다양성을 보유하게 된다. 또한 조류부터 포유류까지 광범위하게 숙주로 삼아 감염시키며 뛰어난 유전자의 변이 능력으로 종간 장벽을 쉽게 건너다닌다. 코로나19 이전에 인간으로 건너온 많은 코로나바이러스 사촌들이 이 사실을 증명하고 있다.

방역의 개념이 없었을 때 건너온 코로나바이러스들은 현재 코감기 정도의 약한 증상을 일으키며 사람들 사이를 돌아다니고 있다. 자기 유전자의 복제가 바이러스의 목표라는 관점에서 보면 성공한 바이러스들이다. 하지만 이것들도 건너온 처음에는 신종 코로나바이러스들이었다. 사람들 사이에서 전파되면서 서서히 약독화 과정을 거쳐 유전자의 복제와 유지에 가장 유리한 현재의 모습으로 정착한 것이다. 하나의 유전자로 시작된 신종 바이러스가 계속 전파된다는 것은 유전적 다양성이 기하급수적으로 늘어난다는 의미다. 다양한 유전자들은 좀더 빠른 전파를 위해 서로 경쟁한다. 감염이 된 사람은 면역을 획득하기 때문에 늦게 퍼지는 유전자는 경쟁에서 도태된다. 집단면역의 증가 현상이 선택압력이 되는 것이다.

호흡기바이러스의 경우는 전파 속도와 숙주의 증상이 반비례한다. 숙주의 증상이 심하지 않아야 잘 돌아다니면서 더 많은 사람에게 바이러스를 전파할 수 있기 때문이다. 그렇게 되면 점차 증상이 약하고 전파가 빠른 유전자가 반복적으로 선택되면서 약독화 과정이 일어난다. 하지만 이것은 자연 경과에서 일어나는 현상이다. 현대 과학의 진단 기술이 없던 과거에 신종 코로나의 약독화가 진행되는 동안 얼마나 많은 사람이 희생되었는지는 알 수가 없다. 또한 처음 등장했을 때 이 바이러스들의 치사율도 정확히 알 수가 없다. 이렇게 코로나 팬데믹에 대한 과거의 데이터가 없기 때문에, 현재 방역이 전개되는 상황에서 이미 무증상 전파를 일으키고 있는 코로나19의 약독화가 일어날지, 진행된다면 얼마나 걸릴지는 정확히 예측할 수 없다.

팬데믹 상황을 빠르게 종식시킬 수 있는 것은 치료제나 백신이다. 특히 치료제에 비해 개발 속도가 빨랐던 백신은 이미 접종이 시작되었기 때문에 많은 기대를 모으고 있다. 백신이 제대로 사용되면 치사율을 걱정하지 않고 집단면역을 빠른 속도로 증가시킬 수 있다. 백신이 개발되었지만 불안 요소도 존재한다. 천연두의 경우는 항원이 변하기 어려워 우두의 예방접종 효과가 계속 지속되었지만, 코로나바이러스는 항원 구조가 변하기 쉬운 RNA 바이러스이기 때문이다. 물론 백신을 개발할 때에는 이런 구조의 변화가 일어날 확률이 가장 적은 부분을 선택해서 제작한다. 하지만 확률이 희박하다는 것과 확률이 없다는 것은 다르다. 로또 1등 당첨 확률은 814만 5060분의 1로 걸어가다가 번개 맞을 확률보다 희박하지만, 로또를 814만 5060개 사면 무조건 1등에 당첨된다. 로또를 사는 시행 횟수가 많아지면 아무리 희박한 확률도 현실이 되는 것이다. 코로나19 감염자가 폭증한다는 것은 희박한 확률을 가진 백신 저항성 변이 발생의 시행 횟수가 많아진다는 의미다.

이런 악몽 같은 일이 당첨되지 않게 하려면 백신을 잘 사용해야 한다. 더구나 코로나19를 통제하기 위해 힘들게 개발된 소중한 백신들이기에 더욱 제대로 사용해야 한다. 항생제 내성이란 말을 들어 봤을 것이다. 세균에 항생제를 어중간한 농도로 사용하면 내성을 가지는 유전자가 생겨난다. 항생제는 세균에게는 선택압력이다. 여기에 적응 진화가 일어나는 것을 막으려면 확실하고 강력하게 선택압력을 가해야 한다. 어중간한 선택압력은 오히려 내성 진화를 촉진한다. 의사들이 항생제는 시간 간격을 잘 지켜서 꾸준히 복용하라고 강조하는 것이 강한 선택압력을 세균에게 지속적으로 가해 순차적으로 변이가 축적되어 내성이 획득되는 상황을 막기 위해서다. 중요한 점은 항생제라는 선택압력이 가해지기 전에는 내성 변이가 생기지 않는다는 것이다. 현재 브라질, 남아공, 영국 등지에서 출현한 변이들은 집단 면역의 증가라는 선택압력에 의해 등장한 것으로 추정된다. 마찬가지로 백신이 코로나19의 전파에 선택압력으로 작용하기 시작하면 어떤 일이 생길지 예측 불가능하다.

전문가들이 백신 개발 성공은 끝이 아니라 시작이라고 강조하는 이유가 여기에 있다. 코로나19에게 백신은 선택압력으로 작용한다. 백신이 사용되고 있지 않을 때는 코로나19의 스파이크 항원에 대한 선택압력이 없기 때문에 큰 변화 없이 유지된다. 하지만 백신이 적용되기 시작하면 여기에 대한 면역이 전파에 대한 선택압력으로 작용하게 된다. 백신이 흉내내는 코로나19의 항원은 최적의 면역원으로 고정되어 있다. 하지만 코로나19가 이용할 수 있는 호흡기 상피세포의 표적은 ACE2만 있는 것이 아니다. 스파이크의 RBD가 결합할 가능성이 있는 수많은 수용체가 세포의 표면에 존재한다. 만약 백신의 구조와 다른 항원을 가진 코로나19가 출현하면 힘들게 개발한 백신의 효과가 없어지는 정도로 끝나는 것이 아니라, 어렵게 올라가던 집단면역이 0으로 리셋되는 악몽 같은 일이 일어나는 것이다. 즉 코로나19가 아닌 새로운 신종 바이러스가 등장하는 것이며, 우리는 그동안 겪었던 어려움을 다시 반복해야 한다. 물론 언급한 대로 현재 개발된 백신들은 이런 가능성을 최소화하도록 설계되어 있다. 하지만 문제는 이렇게 급하게 개발된 백신을 이렇게 대량으로 접종을 한 적이 없었다는 것이다. 즉 상황을 예측할 수 있는 데이터가 전무한 상황이다. 누구도 최악의 시나리오가 절대로 일어나지 않는다고 확신할 수 없다. 코로나19가 종간 장벽을 건너 인간에게 건너왔다는 것 자체가 일어나기 힘든 희박한 확률이 일어났다는 의미이기 때문이다.

이런 불길한 시나리오의 가능성을 확실히 제거하기 위해서는 선택압력이 강력해야 한다. 백신은 가능한 한 동시에 접종해야 강한 선택압력으로 작용을 한다. 너무 장기간에 걸쳐 예방접종이 이루어질 경우 선택압력은 약해지고 백신의 구조와 다른 변이가 발생할 수 있는 확률도 올라간다. 백신의 임상시험이 완료되어 사용이 가능해진 것과, 현장에서 예방접종을 수행하는 것은 완전 별개의 문제다. 개발할 때는 임상시험에 필요한 소량만 만들면 되고, 품질관리나 접종 오류를 통제하기가 쉽다. 하지만 사람들의 집단면역을 올리기 위해 대량의 예방접종을 수행할 때는 생산, 유통, 가격, 품질, 안전성, 안정성, 거기에 백신에 대한 불신과 접종 거부들의 온갖 문제들이 발생하기 때문이다. 따라서 전 세계는 고사하고 한 국가 내에서도 짧은 시간 내에 예방접종을 완료하는 것조차 쉽지 않은 도전이다.

하지만 하늘이 무너져도 솟아날 구멍은 있다고, 동시 접종이라는 불가능한 목표를 가능하게 만드는 방법은 있다. 바로 방역이다. 흔히 백신을 방역의 대체제로 여기지만 백신과 방역은 보완제다. 방역으로 전파의 고리를 끊어 코로나19의 다양성 확보가 일어나는 것을 막으면서 순차적으로 예방접종을 시행하면, 백신의 항원과 다른 변이가 출현하는 것을 억제하면서 집단면역을 순조롭게 증가시킬 수 있다. 천연두의 박멸에 성공한 것은 바이러스의 특성, 좋은 백신, 공감과 협력이라는 삼박자가 맞아떨어졌기 때문이다. 코로나19의 경우는 바이러스의 특성도 고약하고, 아직은 개발된 백신의 신뢰도 역시 불확실하다. 유일하게 남는 것은 사람들의 공감과 협력이다. 아무리 좋은 백신도 사람들이 예방접종을 맞아야 효과를 발휘할 수 있다.

코로나19 팬데믹은 시작부터 지금까지 우리가 겪어보지 못한 미증유의 상황이며, 상황 전개에 대한 정확한 예측도 불가능하다. 변이가 빈번한 바이러스의 유전자, 팬데믹으로 인한 다양성 증가, 편차가 큰 각국의 방역 능력, 집단면역의 달성 속도, 백신과 치료제의 개발 시점, 백신을 이용하는 전략 등 결말에 영향을 미치는 변수가 너무 많다. 그럼에도 팬데믹을 끝내기 위한 노력을 포기할 수는 없다. 팬데믹을 가능한 한 빨리 끝낼 수 있는 열쇠는 첨단 의학이 아니라 사람들의 협력에 있다. 아무리 과학적인 해결책이 나오더라도 팬데믹을 단숨에 해결해주지는 않는다. 현재 백신의 확보에 있어서도 국가주의가 판을 치고 있지만 코로나19는 인류 공동의 문제다. 한 국가의 예방접종이 완료된다고 다른 나라에서 내성 변이가 일어날 가능성이 없어지는 것이 아니다. 팬데믹을 끝낼 수 있는 것은 인류 공동의 문제라는 인식과 협력이다. 팬데믹의 게임 체인저는 언제나 사람이다.

제5부

과거 현재 미래

"배우지 않는 역사는 반복된다."

에드먼드 버크(1729~1797)

45
숙명

이타적 유전자의 진화

✴

만물의 영장이라는 인간도 생태계의 입장에서는 수많은 종의 하나에 불과하다. 지구 생태계의 역사에 등장했던 지배종들은 도태압력에 멸종되는 운명을 맞이해왔다. 이기적 유전자들의 무한 생존 경쟁이 벌어지는 생태계에서 신종 바이러스가 단일 지배종인 인간으로 계속 건너오는 것은 물의 흐름처럼 자연스러운 현상이다. 천문학적 다양성을 무기로 습격해오는 이기적 유전자는 인류가 감당해야 할 숙명이다.

진화의 시계로 보면 인류 문명의 역사는 찰나에 불과하다. 인류가 생태계의 지배종이 되는 과정에서 이타성이 자리잡는 과정을 살펴보기 전에 시계를 먼저 맞춰보자. 지구가 탄생해서 현재까지를 하루로 잡는다면 생명의 흔적이 나타난 것은 새벽 3시 44분이다. 핵을 가진 세포는 오후 2시 8분에 등장하고, 다세포생물이 등장해 바이러스와 공진화를 시작한 것은 오후 2시 56분이다. 항체를 이용하는 적응면역이 등장한 것은 저녁 9시 20분이다. 그리고 자정이 되기 3.84초 전에 현생인류가 등장한다. 그리고 자정을 0.1초 앞두고 문명이 탄생한다. 우리가 써온 역사는 찰나의 기록인 것이다.

지구 생태계는 반복되는 멸종과 진화의 역사를 가지고 있다. 고생대의 양서류, 중생대의 파충류, 신생대의 포유류는 이전 시대를 지배한 생물들의 멸종을 기회로 삼아 비연속 진화quantum evolution를 하였고, 폭발적으로 늘어난 새로운 종들이 생태계를 지배하는 역사를 반복하였다. 환경 변화로 이전 환경을 지배했던 종이 멸종하면 살아남은 생물에게는 새로운 기회가 열린다. 살아남은 종들은 이전 지배종이 독식하던 생태계 자원을 차지하려는 치열한 진화 경쟁을 벌이고, 여기서 새로운 지배종이 다시 탄생하는 것이다. 특정 시대의 생태계 환경을 지배하는 종들은 그 환경에 최적의 적응을 하였기에 선택압력을 받지 않는다. 그 결과 새로운 변이는 도태되고 유전적 다양성은 사라진다. 그러다 변덕스러운 지구 생태계의 환경이 다시 변하면 극심한 선택압력에 시달리게 된다. 하지만 지배종에겐 선택압력을 극복할 유전적 다양성이 사라진 상태다. 결국 지배종은 멸종을 맞이하고 주인이 없어진 무주공산을 차지하기 위한 진화의 경쟁이 다시 시작된다. 진화는 일방통행이며 환경 변화는 변덕스럽다. 이전 환경에서 지배종을 만들어줬던 성공적인 진화는 변화된 환경에선 멸종의 원인이 된다. 결국 멸종은 생태계 지배종의 숙명인 셈이다. 현재 생태계의 절대 지배종은 인간이다. 인류는 이타성의 힘으로 지배종의 숙명에 저항하면서 번영하고 있다. 이런 강력한 힘을 가진 인류의 이타성은 어디서부터 시작된 것인지 알아보기 위해 공룡이 지배하던 시대로 돌아가보자.

공룡이 지배하던 중생대의 생태계는 산소가 풍부하고 강렬한 태양에너지가 활력을 불어넣는 환경이었다. 이런 풍족한 환경에서 생물들은 힘의 원리가 지배하는 진화 경쟁을 하였다. 더 크고 더 강해야 살아남을 수 있는 시대였다. 중생대 생물들의 거대한 화석들이 당시 환경에서 유리한 진화의 방향을 잘 보여준다. 공룡은 알을 많이 낳아서 강한 놈만 살아남게 만드는 자연선택으로 번식했다. 알에서 깨어나자마자 던져지는 가혹한 생존압력은 원시적인 진화 경쟁에서 앞서 나갈 수 있는 원동력이었다. 풍족한 환경에서 일어나는 적자생존의 경쟁에서 공룡의 유전자들은 더 크고 더 강하게 진화하면서 생태계의 주인이 된다.

파충류의 조상은 고생대의 바다에서 육지로 쫓겨난 양서류다. 진화 경쟁으로 육지로 밀려났지만 그 덕분에 나중에 바다가 끓어오르며 일어난 대멸종을 피할 수 있었다. 대멸종이 지나고 다시 진화의 도약이 시작되었을 때 포유류가 초기 파충류에서 분기되어 나왔다. 포유류는 공룡과 힘의 경쟁에서 패배한 작고 힘없는 존재였다. 쥐와 비슷한 모양과 크기의 이 생물들은 어둡고 구석진 곳에 숨어살면서 공룡이 잠든 밤에만 돌아다니며 먹이를 찾아다녔다. 이렇게 힘없는 초기 포유류가 공룡처럼 새끼를 길렀다면 금방 멸종했을 것이다. 이들은 알을 낳는 대신 새끼가 태어날 때까지 배 안에 품고 다니기 시작했다. 그리고 태어난 새끼가 험난한 환경에서 살아남을 준비가 될 때까지 젖을 먹이고 보호하였다. 임신을 하고 양육을 하는 것은 알을 낳고 내버려두는 것에 비해 엄청난 희생을 요구한다. 모성애는 포유류의 두뇌에서 변연계를 중심으로 감정을 조절하는 정밀한 구조와 호르몬 시스템이 발달하면서 생겨났다. 두뇌에서 본능을 관장하는 원시적인 핵을 변연계가 둘러싸면서 본능을 초월하는 모성애가 진화된 것이다. 이 모성애는 포유류가 가지는 감정, 공감, 그리고 이타성의 근원이 된다. 종에 상관없이 포유류의 새끼는 귀엽다고 느끼지만 파충류의 새끼에겐 거부감이 드는 것은 이런 모성애의 흔적이 우리에게 남아 있기 때문일 것이다. 이런 공감 능력의 진화는 환경의 위험을 집단으로 극복하는 원동력이 되었다.

중생대의 포유류는 포식자 공룡의 선택압력 때문에 지능도 진화하게 되었다. 위험을 감지하고 안전하게 먹이를 찾기 위해서는 두뇌의 학습과 예측 능력이 필요하다. 이를 위해 대뇌의 피질이 진화하기 시작했다. 중생대 포유류에게 지능이 낮다는 것은 곧 죽음을 의미했다. 살벌한 생존 환경에서 포유류가 이타성과 지능을 조금씩 발달시켜가던 중 지구에 거대한 운석이 떨어진다. 다시 환경이 급변하고 생태계는 대량 멸종의 혹독한 겨울로 들어간다. 태양이 차단되면서 생태계에 에너지를 공급하던 거대 식물들이 사라지기 시작했다. 생태계에 공급되는 에너지가 줄어들자 거대한 덩치를 가진 공룡들은 생존이 불가능했다. 또한 척박한 환경에서 알에서 막 깨어난 새끼가 제대로 성장하기는 불가능했다. 결국 일부 작은 파충류와 날아다니며 새끼를 돌보던 파충류를 제외한, 중생대를 지배하던 거대한 공룡은 멸종하게 되었다. 시간이 흘러 생태계의 혼란이 가라앉자 공룡이 사라진 땅에서 포유류는 폭발적인 도약 진화를 한다. 어떤 종은 강력한 힘, 어떤 종은 날카로운 이빨, 어떤 종은 빠른 속도, 그리고 어떤 종은 뛰어난 두뇌를 진화 경쟁의 전략으로 삼았다.

고생대의 양서류가 바다에서 벌어진 치열한 생존 경쟁으로 인해 육지로 밀려난 것처럼, 치열한 진화 경쟁에서 밀려난 한 무리가 나무 위로 쫓겨나게 된다. 나무 위의 새끼가 생존하기 위해선 어미의 행동을 관찰하고 따라하는 학습 능력이 중요했기에 두뇌는 더욱 발달했다. 또한 나무를 탄다는 것은 예측 능력과 팔의 운동 능력이 동시에 필요한 일이다. 원하는 곳으로 가기 위해선 어떤 나무를 순서대로 잡아야 하는지 미리 결정을 해야 하기 때문이다. 나무 위에서 구할 수 있는 먹이인 과일의 풍부한 당분은 엄청난 에너지를 소모하는 대뇌피질에 풍부한 에너지를 공급하였다. 그리고 잘 익은 과일을 구분할 수 있는 적색과 녹색을 구분하는 시각세포도 진화하였다. 시간이 갈수록 지능이 높아진 유인원들은 나무 아래에서 벌어지는 일들을 호기심 어린 눈을 반짝이며 관찰하였다.

2억 년 전 한 덩어리로 뭉쳐 있던 초대륙 판게아Pangea가 갈라지면서 지금의 대륙이 생기기 시작했다. 이 지각의 움직임으로 지금의 아마존과 비슷했던 밀림이 아프리카에서 사라지기 시작하였다. 결국 무성한 나무 위에 안전하게 살던 아프리카 지역의 유인원들은 땅으로 내려가 다시 생존 경쟁에 참여해야 했다. 하지만 그들에겐 높은 지능과 서로를 보살피고 협력하는 이타적인 능력이 있었다. 인간

그림 45-1 집단으로 사냥하는 모습이 그려진 동굴 벽화

의 육체적인 능력은 다른 동물에 비하면 열등한 경우가 대부분이다. 하지만 유일하게 뛰어난 것이 휘두르고 던지는 능력이다. 인간 이외에 그 어떤 동물도 온몸의 근육을 이용해 야구공을 시속 100킬로미터 이상으로 목표하는 곳에 정확하게 던질 수 없다. 이것은 그림 45-1의 동굴 벽화에 그려진 것처럼 집단 사냥을 할 때 창이나 돌을 던지거나 몽둥이를 힘차게 휘두르기 위해 진화된 결과다. 인류의 조상은 무리를 지어 도구를 이용해 사냥을 하고 밤이면 모닥불에 둘러앉아 자연 현상과 사냥의 전략에 대해 이야기했다. 소통을 통한 집단지성이 발휘되기 시작한 것이다. 이 단계에 들어서자 인류에게는 자연 진화의 원리가 통하지 않게 되었다. 다른 동물은 근육이나 날카로운 이빨을 얻기 위해서는 수백만 년을 진화해야 했지만, 인간은 동료에게 날카로운 창을 만드는 법을 금방 배울 수 있었다. 지능이 진화의 힘을 압도하기 시작한 것이다.

어느 인류학자의 강의 도중 학생 한 명이 최초 문명의 증거가 무

그림 45-2 부러졌다 붙은 대퇴골 화석

엇인지를 물었다. 교수는 부러졌다 붙은 흔적이 있는 사람의 다리뼈 화석이라고 대답하였다. 약육강식의 원리가 지배하던 원시시대에서 다리가 부러진다는 것은 죽음을 의미한다. 먹이를 구할 수도, 스스로를 지킬 수도 없기 때문에 다리뼈가 다시 붙기 전에 죽는 것이다. 그런데 그림 45-2의 사진처럼 부러졌다 붙은 흔적이 있는 뼈의 화석은 누군가 부목을 대주고 다시 붙을 때까지 돌봐주었다는 의미다. 이렇게 문명은 타인에 대한 공감과 이타성이 발현되면서 싹트기 시작했다. 그리고 타인을 돌보는 의료라는 행위도 인류 문명과 같이 탄생한 것이라고 할 수 있다.

문명이 발전하면서 소통 능력과 지식 습득 능력은 점차 복잡하게 진화되었고, 이를 따라가지 못하는 유전자는 도태되었다. 대뇌피질이 폭발적으로 진화하기 시작한 것이다. 소통 능력이 확장되면서 기능과 지식을 자손에게 물려주기 위해서 유전자는 더이상 필요하지 않게 되었다. 그리고 언어를 통해 세대에서 세대로만 전해지던 지식은, 문자를 통해 세대를 초월해 전해질 수 있었다. 말 그대로 문명이 탄생한 것이다. 인간의 호기심과 세대를 초월한 지식의 축적은 과학 문명을 탄생시킨다. 이제 자연은 예측할 수 없는 공포가 아니라 극복의 대상이 되었다. 인류는 생물학적 다양성이 아닌 생각의 다양성으로 자연의 선택압력을 이겨내기 시작한 것이다.

호모 사피엔스는 인간 속family의 현존하는 유일한 단일종으로, 전 세계 사람들의 유전적 차이는 0.1퍼센트에 불과하다. 이것의 과학적 의미는 1000명이 안 되는 사람들이 현대인의 선조였다는 것이다. 아프리카의 살벌한 약육강식의 환경에서 20만 년 전부터 걸어나오기 시작한 인류는 지구의 여러 대륙을 차례로 차지하며 생태계에서 유례없는 단일 지배종이 되었다. 생물학적으로 사람은 연약하다. 그럼에도 지배종이 된 힘은 뛰어난 두뇌와 함께 진화하기 시작한 타인과의 소통과 공감 능력이다. 이 공감 능력이 없었다면 서로를 보호하고 보살피며 자연의 압력을 이겨낼 수 없었을 것이다.

그런데 이 인간의 공감 능력은 범위가 분명하다는 특성이 있다. 생존을 위한 오랜 투쟁의 영향으로 자신이 속한 집단 내에서는 강력한 공감과 이타성이 나타나지만, 집단의 범위를 벗어나면 혐오와 적대감으로 돌변한다. 이렇게 우리는 보호하고 남들은 적대하는 인간의 상대적인 이타성은, 나와 남을 구분하는 면역을 닮아 있다. 인간의 공감이 집단 내부로만 향하는 것은, 진화를 거치는 동안 집단 내부에서 적대감을 표출하는 개체는 때려 죽여서 그 유전자를 도태시켰기 때문이라는 가설도 있다. 원인을 떠나서 이런 공감과 혐오의 이중성은 인류가 생태계에 유례없는 단일 지배종이 되는 결과를 가져온다. 인류는 형제관계에 있는 유사종이 존재하지 않는 외로운 존재다. 똑똑한 머리와 강력한 단결력으로 공감의 범위 밖에 있는 유사종을 모조리 멸종시키며 영역을 확장했기 때문이다. 이처럼 인류는 생태계에서 찾아보기 힘든 호전적인 종이기도 하다.

이런 과정을 거쳐 지구 생태계를 지배하게 된 자부심은 만물의 영장이라는 단어로 표현된다. 하지만 이것을 생물학적인 관점에서 해석하면 멸종의 위험을 암시하는 섬뜩한 단어다. 생태계의 단일 지배종은 멸종이라는 숙명을 가지기 때문이다. 인류의 유전적 다양성이 적다는 것은 반대로 말하면 생물학적 다양성이 필요가 없다는 말이다. 즉 현재의 환경에서는 선택압력을 극복하기 위한 진화가 필요없는 상태인 것이다. 하지만 생태계가 눈에 보이는 동식물만 진화 경쟁을 벌이는 곳은 아니다. 먹이사슬의 피라미드 정점에 있는 인간은 다시 미생물의 먹이가 된다. 생태계에는 우리 눈에 보이지 않는 수많은 미생물들이 있다. 미생물들은 다양성을 무기로 다세포생물들과 경쟁한다. 인간도 생태계를 벗어나서는 생존할 수 없기에 이 싸움에서 벗어날 수 없다. 인간의 유전적 다양성의 부재는 이기적 유전자들과의 싸움에서 치명적인 약점이다. 이렇게 생태계를 미생물의 영역까지 확장하면 인류가 치러야 할 대가가 분명해진다. 단일 지배종은 이기적 유전자들에게는 아주 매력적인 증식 숙주다. 특히 바이러스에게 인류는 당연히 감염시켜야 할 숙주 집단인 것이다. 즉 인간의 관점이 아닌 생태계의 관점에서는 균형을 회복하는 자연스러운 과정이 신종 바이러스의 습격인 것이다.

아래로 흐르는 물을 거꾸로 퍼올리려면 노력이 필요하다. 마찬가지로 노력하지 않으면 사람에게 계속 흘러드는 이기적 유전자의 습격을 제대로 막아내기 어렵다. 우리가 환경에 대해 고민하고 지구촌의 먼 구석에서 발생하는 신종 전염병에 대해 촉각을 곤두세워야 하는 것은 단일 지배종의 숙명이자 대가다.

46
역사

흩어지면 살고 뭉치면 죽는 역병

과거는 미래를 엿볼 수 있는 수정 구슬이다. 미래의 팬데믹을 예측해보려면 과거의 역사를 살펴봐야 한다. 팬데믹의 위협은 단일 지배종인 인류가 생태계를 독점하기 위해 지불해야 할 대가다. 팬데믹에 시달리는 지금은 누구라도 과거의 실수에 관심을 가지고 예방의 중요성에 동의한다. 하지만 시간이 흘러 경계심이 허물어지면, 그 틈을 비집고 신종 바이러스는 다시 건너올 것이다. 배우지 못한 역사는 반복된다.

숙주와 기생체는 생태계 환경을 공유해왔으며 감염병은 인간의 역사 훨씬 이전부터 존재했다. 문명이 발전하면서 전염병 유행의 규모와 속도는 더 커져왔다. 인간의 면역은 일정한 영역 안에서 생활하고 번식하면서 동일한 병원체에 반복적으로 노출되는 상황에 맞게 진화하였다. 하지만 진화의 속도를 압도하는 문명의 발전은 집단의 규모를 키우고 생활 영역을 급속도로 확장시켰다. 그리고 사람들은 계속 새로운 신종 병원체와 접촉하게 되었다. 이처럼 문명은 인간의 면역이 감당할 수 있는 한계를 계속 몰아붙였고, 역사의 페이지가 넘어갈 때마다 대규모 역병의 기록이 등장하게 된다.

기록이 아닌 고고학을 통해 파악할 수 있는 가장 오래된 전염병의 흔적은 약 5000년 전 중국 내몽골의 하민망하哈民忙哈 유적에서 확인되었다. 수렵과 채집에 종사했던 이 선사시대 마을은 조그만 움막 29개로 이루어져 있고 인구는 200명 정도로 추정된다. 그런데 이곳의 한 움막터에서 엉켜 있는 유골 무더기가 발굴되었다. 100여 구의 남녀노소 시체를 여섯 평의 좁은 움막에 우겨넣고 불을 질러 태웠던 것이다. 이는 작은 마을에 치명적인 전염병이 덮치고 난 참혹한 상황의 흔적에 다름 아니다.

이처럼 전염병에 희생된 불행한 마을도 있었지만, 대부분의 농경 집단은 안정적인 식량 공급을 바탕으로 그 규모가 점차 확장되기 시작한다. 농업에 의한 식량혁명이 시작된 것이다. 농경 집단의 확장으로 경작지나 사냥터가 겹치게 되고 집단 간의 충돌이 일어났다. 패싸움의 승패는 머릿수가 결정하고, 농경 집단의 머릿수는 식량 공급 능력에 달려 있다. 따라서 농사가 잘되는 풍족한 땅을 차지한 집단이 선사시대 경쟁의 우위를 차지하였다. 시간이 지나자 큰 강 주변에 정착해 퇴적물이 쌓인 기름진 땅을 차지한 집단이 절대 강자의 자리를 차지한다. 이들은 강력한 청동기 무기를 이용해 돌 무기로 맞서던 주변의 작은 집단들을 정복해서 농사에 필요한 노동력을 확보해나갔다. 이 과정에서 지배계급과 피지배계급으로 나뉘고, 늘어

그림 46-1 기원전 1200년경의 이집트 농경 활동

나는 집단은 도시를 형성하게 된다. 그리고 지배계급은 늘어나는 노동력과 세금을 효율적으로 관리하기 위해 문자를 만들어 기록하기 시작한다. 이로써 문자에 의한 역사, 즉 문명이 시작된 것이다.

이렇게 탄생한 문명은 인류에게는 발전의 계기를, 병원체에게는 대규모 유행의 기회를 제공한다. 생활 영역을 공유하는 집단의 규모가 커진다는 것은 병원체의 입장에서는 숙주 집단이 커진다는 의미다. 또한 도시를 중심으로 인구가 밀집되면서 전파의 효율도 높아진다. 가뭄이나 홍수가 발생하면 규모가 큰 집단 구성원들에게 필요한 식량이 부족해지고, 집단의 면역 상태도 극도로 불량해지기 때문에 병원체가 쉽게 확산되는 계기를 제공하였다. 또한 그림 46-1에서 보이는 것처럼 가축을 사육하기 시작하면서, 야생동물과 사람 집단 사이의 병원체의 연결고리도 연결이 되었다. 문명의 충돌에서는 뭉치면 살고 흩어지면 죽었지만, 전염병의 역사에서는 흩어져야 살고 뭉치면 죽는 이상한 아이러니가 시작된 것이다.

문명의 탄생과 함께 시작된 대규모 전염병의 기록은 역사의 초기부터 등장한다. 서양에서는 '휩쓸어버린다'는 뜻의 'plague', 동양에서는 몽둥이('몽둥이-수殳')로 내쳐 몰아내야 하는 질병이라는 의미에서 '전염병-역疫'을 썼다. 힘든 노역에 시달리는 사람들에게서 자주 발생하였는데, 제대로 음식을 제공받지 못하고, 비위생적인 환경에서 집단으로 지내면 전염병이 쉽게 전파될 수밖에 없었을 것이다. 역병도 전염병에 포함되지만 빠르게 전파되고 치사율이 높다는 특징을 가지고 있다. 즉 현대의 관점에서 역병은 신종 전염병이었으며, 낮은 집단면역이 창궐의 원인이었다.

옛날 우리나라 사람들에게도 역병은 공포 그 자체였다. 『삼국유사』에 기록된 「처용가」는 천연두를 옮기는 역신을 물리치는 이야기다. 밤늦게 산책을 다녀온 처용에게 혼이 난 역신은 그의 얼굴만 봐도 도망치겠다고 다짐하고 물러난다. 이후로 역병이 돌면 문 앞에 처용의 얼굴을 그려서 붙이고 역신이 들어오지 않기를 기원하거나, 처용의 탈을 쓰고 굿을 하는 풍습이 생겼다고 한다. 갑자기 많은 사람들이 죽어가는데 원인을 모른다면 신이 내리는 벌이거나 귀신의 장난으로 여길 수밖에 없었을 것이다.

기록으로 남아 있는 최초의 대규모 역병은 기원전 430년 그리스 아테네를 휩쓸었던 역병이다. 물론 기록이 최초라는 것이지, 다른 문명에서도 다양한 병원체에 의한 역병들이 창궐했을 것이다. 이 역병은 그리스를 양분했던 아테네와 스파르타 사이의 펠로폰네소스전쟁을 배경으로 창궐하였다. 역사는 반복된다는 말을 남긴 당대의 역

그림 46-2 역병으로 신음하는 아테네의 시민들

사가 투키디데스는 이 역병에 대해 다음과 같이 묘사한다. "건강하던 사람의 머리에서 갑자기 심한 열이 나고, 눈이 붓고 충혈되며, 혀와 목구멍에서 피가 나고, 불결한 숨을 내뿜다가 죽어갔다." 이 역병의 원인에 대해서는 티푸스, 천연두 혹은 흑사병으로 의견이 분분하지만, 유입 경로는 아프리카 에티오피아의 토착 병원체가 병력의 이동을 따라 이집트를 거쳐 지중해의 전쟁 지역으로 유입된 것으로 추정된다. 아테네의 시민들은 위 그림 46-2처럼 좁은 장벽 안에 갇혀 식량부족과 불결한 위생에 시달렸기에 전염병이 퍼지기 적합한 상황에 놓여 있었다. 그리고 출정과 귀향을 반복하던 군인들 중 일부가 신종 병원체에 감염되어 역병을 퍼트리기 시작했을 것이다. 이후 3~5년간 아테네를 초토화시킨 이 역병으로 전체 인구의 25퍼센트, 약 10만 명이 사망한 것으로 추정되며, 찬란한 아테네의 황금시대는

그림 46-3 로마의 문들을 두드리는 죽음의 천사

막을 내리게 된다.

그리스 다음으로는 로마가 서구 문명의 주인공으로 등장한다. 그리스 문명의 적자인 로마는 잘 정비된 법령과 제도, 촘촘한 교통망을 바탕으로 강력한 군대를 조직하고 이웃과의 전쟁에서 차례로 승리하며 제국의 영역을 확장해나갔다. 모름지기 세계 제국의 탄생이었다. 하지만 제국의 범위가 확대되면서 역병의 위험도 같이 커지게 된다. 그리고 서기 165년 페르시아와 전쟁을 치른 병사들이 고향으로 개선하면서 승리와 함께 역병도 가져온다. 홍역이나 천연두가 원인으로 추정되는 이 역병은 잘 발달된 교통망을 따라 15년간 로마를 휩쓸고, 두 명의 황제를 포함한 500만 명을 사망하게 만든다. 당시 로마인들은 위 그림 46-3에서처럼 죽음의 천사가 집집마다 찾아다니는 것으로 생각했다. 그때 사망한 황제의 성을 따라 '안토니우스

역병'이라고도 하는데, 그가 바로 『명상록』으로 유명한 현제 마르쿠스 아우렐리우스다. 전쟁에서 승리한 대가가 영광의 시대를 접는 불쏘시개가 된 셈이다. 이로부터 한 세기가 지나기도 전인 서기 250년부터 20여 년간 역병이 다시 로마를 휩쓸었다. 당시의 참상은 대규모로 화장된 유골들이 보여주고 있다. 설사, 구토, 입 주변의 궤양과 발열, 손발 괴사 등의 증상이 기록으로 남아 있는데, 다양한 병원체가 동시다발적으로 유행한 것으로 추정된다. 당시 주교였던 키프로스가 세상의 종말이라고 서술한 이 역병으로 로마는 서서히 몰락한다. 이것이 유명한 키프로스 역병이다.

로마가 쇠락하면서 게르만족의 대이동이 일어나고 중세가 시작된다. 중세에 접어들면서 사막과 산맥으로 분리되어 있던 동서양의 문명이 만났다. 이로써 역병의 전파 범위는 아프리카, 유럽, 아시아가 포함된 구대륙 전체로 확대된다. 중세 역사의 페이지마다 기록되어 있는 전염병의 주인공은 그 이름 자체가 역병의 대명사인 페스트pest였다. 동서양의 교류가 본격적으로 이루어지면서 주기적으로 창궐하기 시작한 페스트의 원인은 바이러스가 아닌 세균이다. 페스트균은 다른 세균과는 다른 특이한 전파 기전을 가지고 있는데, 이는 전 세계를 휩쓰는 역병이 되기에 적합하다. 페스트균이 원래 기생하는 숙주는 쥐 같은 설치류다. 사람을 피해 도망다니는 쥐가 지니고 있는 세균이 사람을 바로 감염시킬 수는 없다. 이 끊어진 감염 경로를 연결하는 것은 쥐벼룩이다.

교활한 페스트균은 쥐벼룩의 창자를 막아 배고픔을 유발해 다른

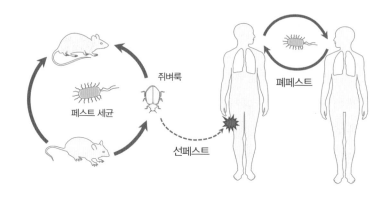

그림 46-4 페스트의 전파와 흑사병 유행 기전

동물로 옮겨다닌다. 감염된 쥐의 피를 빨아먹은 쥐벼룩의 뱃속에서 페스트균이 증식하면서 위장을 막아버린다. 위장이 막힌 쥐벼룩은 배고픔이 심해지고 주변의 동물에게 닥치는 대로 달라붙어 피를 빤다. 하지만 막힌 위장 때문에 빨았던 피를 다시 혈관으로 계속 토하게 되는데, 이때 위장을 막고 있던 페스트균도 새로운 숙주의 혈관 속으로 들어간다. 페스트에 감염된 쥐벼룩은 굶어 죽기 전까지 미친 듯이 세균을 퍼트리는 것이다.

쥐벼룩은 면역의 일차 방어벽인 피부를 바로 뚫어버리기 때문에 물린 사람은 대부분 감염된다. 위 그림 46-4에 묘사된 것처럼 인체의 내부로 들어온 페스트균은 악랄하게 선천면역의 전진기지인 림프절을 증식의 본거지로 삼는다. 이로 인해 림프절이 괴사하는 증상이 나타나기 때문에 이를 선페스트 혹은 림프절 역병이라고 부른다. 림프절이 감염되면 전신 혈액 내로 페스트균이 쏟아져 들어간다. 이렇게 되면 감염자의 사망은 시간문제다. 하지만 이게 전파 과정의 끝이라면 페스트는 쥐와 세균과 벼룩이 모두 존재하는 지역의 풍토병에 그쳤을 것이다. 하지만 사람으로 옮겨간 페스트균은 사람의 피를 빨아먹는 이와 벼룩에 의해 다시 옮겨지기도 했고, 최악의 경우는 비말 전염이 시작되기도 하였다. 감염자의 혈관으로 들어간 세균이 허파까지 침범하면 호흡기를 통해 배출이 된다. 감염자의 비말을 통해 주변 사람들에게 전파가 되는 것이다. 페스트균의 기괴한 여행은 쥐벼룩이 필요했던 간접 전파로 시작해 사람 사이의 직접 전파로 양상이 전환되는 것이다. 호흡기 전파가 시작되면 대도시에 밀집된 사람들 사이에서 순식간에 페스트균이 퍼져나간다. 폐페스트로 불리는 이 형태의 감염은 증상이 나타나고 6시간 만에 사망할 정도로 빠르고 치명적이었다. 이런 변화무쌍한 전파 기전 때문에 동서양의 충돌과 교역을 따라 세균을 가진 쥐와 벼룩이 퍼지고, 다시 사람 사이에 페스트가 전파되는 상황이 계속 반복된 것이다.

이러한 페스트의 반복 중 특히 두 번의 대유행이 역사의 방향을 바꿔버렸다. 첫 번째 대유행은 서기 541년 동로마제국의 콘스탄티노플에서 창궐한 '유스티니안 역병'이다. 교역의 중심지였던 이집트 수에즈에서 시작된 페스트는 무역로를 따라다니며 곡식을 훔쳐먹던 쥐에 의해 전파되었다. 이후 8세기 중반까지 산발적으로 발생하며 당시 유럽 인구의 절반에 해당하는 1억 명을 죽음으로 몰아넣은 것으로 추정된다. 희생자들을 묻을 자리가 부족해 거리마다 시체가 쌓인 도시에는 썩는 냄새가 가득 퍼졌다고 한다. 그럼에도 유스티니아

누스 황제는 죽은 사람의 몫까지 살아 있는 사람들에게 세금을 매겨서 거둬들였다. 중동에서 서유럽까지 지배하던 비잔틴제국은 역병과 폭정에 의해 내리막길을 걷게 된다. 두 번째 대유행은 1346년부터 7년간 유럽을 휩쓸면서 시작되었다. 이것이 역병의 대명사로 불리는 흑사병Black Death이다. 이것은 페스트의 증상에 대해 붙은 이름이다. 페스트균에 의해 혈관 내 감염이 생기면 혈관이 터지면서 출혈이 생겼고, 이로 인해 전신의 피부가 까맣게 멍이 들면서 죽어갔기 때문에 흑사병이라는 이름이 붙었다. 그 시작에 대해서는 여러 가지 설이 있는데 몽골제국이 전쟁을 할 때 흑사병으로 죽은 시체를 던져서 발생했다는 설과 실크로드를 따라 유럽으로 전파되었다는 설이 가장 대표적이다. 하지만 청동기시대부터 이미 유럽에는 페스트균이 존재했다는 증거가 현대 분자생물학적 분석으로 제시되었다. 전 세계적으로 약 2억 명이 갑자기 사망한 것으로 기록되어 있는데, 이는 흑사병의 영향으로 추정된다. 유럽에서만 전체 인구의 최소 3분의 1에서 절반이 사망했다. 그래도 당시 전염성에 대한 개념을 가지고 대처하는 도시들도 있었다. 대표적으로 이탈리아 밀라노는 격리의 개념을 도입해 인구의 15퍼센트만 사망한다. 하지만 대부분의 도시들은 인구의 50~70퍼센트가 사망하는 막대한 피해를 입게 된다. 그림 46-5에는 17세기에 등장한 흑사병 전문의가 묘사되어 있다. 이들은 2차 대유행 이후에도 산발적으로 발생하던 흑사병 환자들을 돌보기 위해서 고용된 의사들이었다. 이들의 모습은 흑사병으로 죽어가는 사람의 눈에 비친 마지막 모습이라는 이유로 흑

그림 46-5 방역 장비를 착용한 흑사병 전문의

사병의 아이콘이 되었다. 기괴하고 우스꽝스러운 모습이지만 온몸을 덮은 가운은 방호복의 역할을 했고, 마스크의 새부리에는 약초나 짚을 채워 나쁜 공기를 정화하고자 했던, 당시로서는 나름 합리적인 방역 장비였다.

이 흑사병으로 굵직한 역사의 흐름이 바뀌게 되는데, 가장 상징적인 것은 고대 문명들 중 마지막까지 번성하던 이집트의 몰락이다. 이집트는 이른바 금수저를 물고 탄생한 문명이다. 나일강은 영양 풍부한 흙들을 하류에 쌓아서 광대한 델타 지역을 형성시켜 풍족한 농경지를 만들었고, 사람과 물건을 운반하는 교통망도 제공하였다. 지리적으로도 이집트는 아시아, 유럽, 아프리카 대륙들을 이어주는 해상 무역의 중심에 놓여 있었다. 특히 거대한 항구도시 알렉산드리아는 고대부터 중세까지 세계 교역의 중심지이자 문명들의 도서관이었다. 하지만 미생물학의 관점에서 보면 이집트는 역병 이동의 길목에 자리잡고 있었다는 의미이기도 하다. 이집트는 역사적으로 크고 작은 역병에 시달리면서도 문명을 유지했지만 흑사병에 의해 치명적인 타격을 입는다.

중세시대가 막을 내리게 된 것도 흑사병의 간접적 영향이었다. 고대에서 중세까지의 문명을 지탱하는 원동력은 농업이었다. 그런데 인구의 거의 절반이 사라지자 중세사회를 지탱하던 농노제가 붕괴된다. 인구가 줄어들면서 노동력의 가치가 치솟았고 사람의 노동력을 대체하기 위한 여러 방법들이 시도되었다. 이는 나중에 18세기 영국에서 시작된 산업혁명의 도화선이 된다. 그리고 14세기 이탈리아에서 시작된 르네상스운동도 본격적으로 가속화된다. 이로 인해 영원히 지속될 것 같았던 중세의 암흑기도 막을 내린다.

중세시대가 저물면서 유럽 국가들은 새로운 패권 경쟁의 시대로 돌입했다. 인구 감소로 인한 노동력 부족에 시달리던 국가들은 아프리카와 아시아 대륙에서 식민지를 개척하기 시작한다. 그리고 초기 경쟁에서 밀린 국가들은 새로운 식민지를 찾아내기 위해 바다를 뒤지고 다닌다. 그리고 1492년 스페인의 지원을 받은 콜럼버스가 바다로 오랜 시간 격리되어 있던 신대륙을 발견한다. 이로써 인류는 전 세계의 모습을 처음으로 보게 되었고, 구대륙과 신대륙의 모든 문명이 연결된다. 초기의 식민지 확보 경쟁에서 뒤처진 국가들은 새롭게 열린 신대륙에서 기회를 잡기 위해 앞다투어 신대륙으로 정복자들을 보냈다. 당시 신대륙에는 아즈텍과 잉카 문명이 번성하고 있었다. 아즈텍의 인구는 500만 명에 달했지만, 1519년 스페인의 코르테스와 550명의 군인에 의해 점령당한다. 더 규모가 컸던 잉카의 인구는 1600만 명에 달했지만, 1532년 포르투갈의 피사로와 180명의 소수 병력에 의해 더 허무하게 점령당한다. 이후 식민지 지분을 차지하기 위해 유럽의 여러 나라들이 신대륙으로 달려들었다. 문명이 쇠퇴하더라도 언어로 그 흔적이 남는 법이다. 하지만 현재 남미 국가의 대부분은 초기 침략자들이 사용하던 스페인어와 포르투갈어를 사용한다. 신대륙의 문명들은 식민지로 점령당하는 수준이 아니라 절멸된 것이다.

　서구 중심의 역사에서는 이 과정을 신세계를 향한 용감한 도전으로 기술하지만, 멸망한 문명은 말이 없기 때문에 승리한 약탈자의 관점일 뿐이다. 이렇게 신대륙의 문명 전체가 몇 년 만에 초토화된 상황을 한줌도 안 되는 정복자들의 용맹함과 몇 자루의 총칼만으로 설명하는 것은 무리다. 다양한 원인이 복합적으로 작용했다고 설명하는 것이 가장 안전하지만, 초기 정복자들에게 묻어간 구대륙의 병원체들이 신대륙 문명이 몰락한 결정적인 원인을 제공했다는 것이 전염병 전문가들의 공통된 견해다. 구대륙의 문명들이 서로 병원체를 주고받으며 주기적으로 몰아닥치는 대역병과 회복의 과정을 통해 집단면역을 획득하는 동안, 신대륙은 안전하게 격리되어 있었다. 하지만 안전한 격리는 구대륙의 병원체들이 몰려들어오자 순식간에 대재앙의 원인이 된다. 신대륙에 살던 사람들은 구대륙의 병원체에

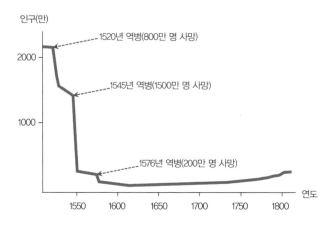

그림 46-6 스페인 침략 이후 아즈텍의 인구 감소

대한 집단면역이 '0'이었기 때문이다.

신종 전염병의 파괴력을 엿볼 수 있는 기록이 남아 있는 멕시코의 인구 변화를 위의 그림 46-6 그래프에서 살펴보자. 구대륙의 사람들이 병원체와 함께 상륙한 아즈텍은 현재 멕시코의 중앙 지역이다. 당시 멕시코의 인구는 2000만 명이 넘었다. 다음해 천연두로 추정되는 전염병이 휩쓸고 지나가고 나서 800만 명이 사망하고, 다음 25년 뒤에 코코리즐리라고 불린 대역병으로 1500만 명이 사망한다. 구대륙과 접촉하고 25년 만에 인구의 90퍼센트가 사라져버린 것이다. 당시 신대륙으로 건너가 식민지를 확장하던 유럽인들은 돼지, 닭, 염소, 말 등도 데리고 갔으며, 당연히 쥐들도 따라서 신대륙으로 건너갔다. 여기에서 다양한 인수공통전염병이 퍼졌으며, 당시 심각한 가뭄과 수탈로 영양실조에 걸려 있던 신대륙 사람들의 불행한 처지는 구대륙의 역병들이 들불처럼 날뛰는 환경을 만들었다. 천연두, 페스트, 홍역, 황열병, 티푸스, 살모넬라 등 온갖 전염병들이 신대륙을 휩쓸고 지나갔다. 지킬 사람이 없는 땅에서 구대륙의 정복자들은 쉽게 세력을 확장해나간 것이다.

47
과학

인류 문명의 반격

✳

정체를 알 수 없었던 역병은 사람들에겐 공포 그 자체였다. 천연두를 옮기는 역신을 상상하거나 타락한 인간에 대한 신의 벌로 여기는 것이 최선이었다. 원인을 어떻게든 생각해내 합리화를 해야 공포가 조금이라도 해소되는 것은 인간의 습성이다. 하지만 자연의 원리를 탐구하는 과학이 발전하면서 역병의 정체가 서서히 드러난다. 역병은 귀신의 장난도, 신의 벌도 아닌 세균과 바이러스가 원인이었다. 과학의 다음 목표는 치료와 예방이 된다. 이기적 유전자의 습격에 속수무책이던 인류의 반격이 시작된 것이다.

중세에 드리운 흑사병의 야만성은 인간의 본질에 대한 고민으로 연결된다. 이로 인해 고대 그리스 문명이 재조명되는 르네상스가 시작되는데, 거기에는 자연철학도 포함되어 있었다. 중세에 공부를 하던 사람들은 주로 신학자들이었다. 그들에게 인간의 본능과 자연의 원리에 대한 호기심은 엄격히 금지되었다. 하지만 흑사병으로 교회의 권위가 타격을 받자 자연 현상에서 신의 섭리를 찾기 위해 자연철학이 주목을 받게 된 것이다. 종교와 자연철학이 충돌한 상징적인 사건이 갈릴레오의 지동설 재판이었다. 모두가 알다시피 갈릴레오는 유죄를 받았지만 지적 호기심에 이끌린 과학의 수도자들은 계속 늘어났다. 그리고 갈릴레오가 사망한 다음해에 마지막 르네상스인이자 최초의 물리학자, 특이점singularity 과학자로 불리는 아이작 뉴턴Isaac Newton이 태어난다.

이런 역사가 진행되는 중에도 페스트는 산발적으로 계속 발생하고 있었다. 하지만 격리와 사회 활동 금지 같은 방역의 중요성을 값비싼 교훈으로 얻은 뒤였기 때문에 대규모의 확산은 일어나지 않는다. 그러던 중 1665년에 영국 런던에서 대규모의 페스트가 발생한다. 모든 대학들이 방역 조치로 폐쇄되고, 케임브리지의 대학생이던 뉴턴도 고향으로 돌아가야 했다. 그는 고향에서 시간을 보내며 미적분, 천체의 운동, 빛의 성질 등에 대해 깊이 고민한다. 그는 머리를 식히기 위해 가끔 사과가 떨어지는 정원을 산책하기도 하였다. 흑사병으로 강제된 이 대학생의 휴학 시기는 이후 인류 문명을 견인할 과학을 탄생시키는 치열한 지적 활동의 시기로, 후세에 의해 기적의 해years of wonders라는 대명사로 불리게 된다. 이 시기의 지적 활동의 결과물은 이후 30년이나 묻혀 있다가, 『자연철학의 수학적 원리』, 일명 '프린키피아'로 출판되었다. 이 책은 물리학 최초의 교과서일 뿐 아니라 현대 과학의 시작이기도 하다. 이 책을 계기로 과학

그림 47-1 『자연철학의 수학적 원리』 초판본

은 자연철학에서 완전히 분리된다. 그리스의 자연철학이 형이상학, 즉 우리가 보기에는 뜬구름 잡는 소리가 논리 전개의 근거로 제시되었다면, '프린키피아'는 자연 현상의 관찰, 가설 설정, 수학을 통한 증명, 이론 확립과 예측이라는 과학의 기본 논리 구조로 전개된다. 뉴턴이 현대 과학의 선구자로 꼽히는 이유는 과학 연구의 기본 구조를 제시했다는 것과 함께 모든 자연 현상에는 원리가 존재한다는 믿음을 전파한 최초의 사람이었기 때문이다.

이러한 뉴턴의 평생 라이벌이었던 로버트 훅Robert Hooke은 영국의 다빈치로 불릴 만큼 다방면에서 두각을 보였다. 그도 뉴턴 못지않은 불우한 어린 시절을 보냈으며 천연두까지 걸려 죽다가 살아났다. 옥스퍼드대학에 진학한 훅은 특히 광학 분야에 관심이 많았다. 하지만 더 큰 세상을 보기 위해 망원경을 만들었던 뉴턴과 반대로 더 작은 세상을 보기 위해 그림 47-2의 현미경을 만들었다. 그리고 자신의 관찰을 기록한 책을 출판했는데, 거기에는 수도원의 작은 방

그림 47-2 로버트 훅의 현미경과 그가 관찰한 코르크의 세포

을 닮았다고 이름 붙인 '세포cell'라는 용어가 처음으로 등장한다. 이 책은 네덜란드의 안톤 판 레이우엔훅Antonie Van Leeuwenhoek에게 영향을 주었다. 손재주가 뛰어난 섬유공이었던 그는 섬유의 짜임새를 관찰하기 위해 사용하던 확대경을 개량하여 현미경을 만든다. 그의 현미경은 기존의 현미경을 뛰어넘었을 뿐만 아니라 현대의 현미경에 필적할 수준이었다. 이를 통해 인류 역사상 처음으로 세균의 실체를 관찰할 수 있었다. 아무리 깨끗한 물속이라도 수많은 미생물이 존재한다는 사실은 당시의 상식을 깨는 발견이었다. 물론 존재만 관찰하였지 그 의미에 대해서는 전혀 알지 못했다. 눈에 보이지 않는 작은 미생물의 관찰은 오히려 아리스토텔레스가 주장했던 생명의 자연발생설의 증거로 받아들여졌다. 그러는 와중에도 1720년 프랑스 마르세유에서는 중동에서 들어온 화물선으로 페스트가 유입되어 인구의 30퍼센트가 사망하고, 1770년 러시아 모스크바에서도 페스트가 창궐해 10만 명이 사망한다. 하지만 이후로 위생 개념이 정

착되면서 유럽에서는 페스트가 자취를 감추었다.

1831년 영국 플리머스항에서 출발한 탐사선 비글호에는 신학과를 졸업한 찰스 다윈Charles Darwin이 생물 조사원으로 타고 있었다. 오랜 항해 끝에 갈라파고스제도에 도착한 다윈은 30종의 핀치새를 조사하면서 진화에 대한 아이디어를 얻는다. 고향으로 돌아온 다윈은 오랜 시간 자료를 수집하고 연구를 진행하여 진화론을 완성한다. 하지만 신학을 전공한 그는 자신의 연구 결과가 어떤 의미인지 너무나 잘 알고 있었기에 발표하지는 못하고 오랜 시간을 보낸다. 그러다 두려울 것이 없는 나이가 되어서야 『종의 기원』을 출판한다. 역사상 가장 많은 논란에 휩싸인 이 책은 유전자의 다양성과 자연선택이라는 현대 생물학의 핵심원리를 제공한다.

과학이 자연 현상의 인과관계를 규명하며 여러 분야들이 태동되는 와중에도 전염병에 대한 지식은 여전히 그리스의 과학철학 수준에서 벗어나지 못하고 있었다. 하지만 『종의 기원』이 출판되고 2년 뒤인 1861년 루이 파스퇴르Louis Pasteur의 '백조 목 플라스크 실험'을 통해 미생물의 자연발생설은 완전히 부정된다. 이로써 세균학이라는 분야가 시작되는데, 물리학의 아버지가 뉴턴이라면 세균학의 아버지는 로베르트 코흐Robert Koch다. 독일 시골의 개업의였던 그는 일상이 무료했다. 하지만 부인에게 현미경을 선물받고 나서 마이크로의 세계로 빠져든다. 살균부터 배양 동정에 이르는 기초적인 세균 실험에 필요한 모든 것을 스스로 만들었을 뿐 아니라 이를 이용해 탄저병, 결핵, 콜레라의 원인 세균들을 차례로 규명해나간다. 특히 결핵균을 찾으면서 정립한 기준은 현재까지도 감염의 원인 병원체 확인의 표준으로 사용된다. 코흐를 기점으로 인류를 괴롭히던 감염성 질환의 원인 세균들이 차례로 규명되기 시작했다. 나쁜 공기, 귀신의 장난, 신의 분노를 전염병의 원인으로 생각하던 오랜 관념은 깨지고 세균과 전염병의 인과관계가 밝혀지기 시작한 것이다.

서구 열강들이 식민지 침탈에 열을 올리던 20세기 문턱에서 마지막이자 세 번째인 페스트의 대유행이 발생한다. 발원지는 페스트균과 쥐와 벼룩이라는 삼박자가 다 갖추어진 중국 남서부의 한적한 시골이었다. 근대화로 광산 개발이 시작돼 많은 노동자들이 이동하면서 페스트는 홍콩까지 퍼졌다. 당시 영국의 식민지였던 홍콩은 건조한 날씨, 인구 이동, 비위생적인 주거 환경 등으로 페스트가 급격히 퍼져 많은 사망자가 나왔다. 그리고 아시아의 물자를 영국으로 실어나르는 중계 기지였던 인도의 항구로 페스트가 번진다. 이후 일본, 하와이를 거쳐 미국과 남미로 퍼져나간다. 하지만 과학지식에 기반한 방역 조치들에 의해 이전처럼 대유행을 일으키지는 않는다. 그런데 인도만 약 1000만 명이 사망하는 큰 피해를 입게 된다. 당시 식민 지배에 시달리던 인도의 국민들은 영국의 방역 조치를 자유를 억압하는 통제로 받아들였고, 사람들이 모여 시위를 하고 저항하면서 피해가 커진 것이다.

역사에 기록된 이 마지막 페스트의 대유행은 망각된 역병이다. 서구 사회가 아닌 먼 식민지에서 발생한 일이었기 때문이다. 하지만 홍콩으로 달려간 과학자들은 페스트의 원인균을 찾아내고, 쥐와 벼룩과 페스트의 상관관계를 규명해낸다. 중세의 시작부터 역사의 물줄기를 바꾸며 오랫동안 인류를 괴롭혀온 페스트의 정체가 마지막 대유행에서 드디어 밝혀진 것이다. 이후 위생 개선, 백신 개발, 항생제 발견 등으로 페스트는 역병의 반열에서 끌어내려진다. 하지만 숙주인 쥐를 없애지 않는 한 페스트가 완전히 사라질 수는 없기에 현재까지도 지구촌의 구석에서 가끔씩 발생하고 있다.

인류를 괴롭히던 세균의 정체는 규명되었지만, 여전히 치료는 어려웠다. 외부의 상처를 소독하는 설파제가 최선의 치료제였다. 하지만 인류의 세균과의 전쟁 판도는 어느 해 여름 갑자기 반전된다. 바로 스코틀랜드의 세균학자 알렉산더 플레밍Alexander Fleming에 의해서였다. 실험은 열심히 했지만 뒷정리에는 게을렀던 그는 어느 해 여름휴가를 다녀와서 세균의 배양접시에 곰팡이가 핀 것을 발견했다. 실험 후 치우지 않은 배양접시가 공기 중의 곰팡이 포자에 오염된 것이다. 보통 과학자라면 누가 보기 전에 얼른 치워버렸을 것이다. 하지만 그는 접시를 한참 들여다봤다. 세균으로 가득 찬 배양접

그림 47-3 배양접시를 관찰하는 플레밍과 푸른곰팡이

시에서 곰팡이 주변만 깨끗했기 때문이다. 곰팡이가 세균을 죽이는 물질을 만들었을 것이란 생각이 번개처럼 떠올랐다. 아래층에서 실험하던 항생물질을 만드는 특별한 종류의 곰팡이 포자가, 공기를 타고 휴가를 떠나면서 치우지 않은 세균 배양접시에 떨어지고, 한참이나 내버려져 있다가, 세균을 죽이는 현상이 한눈에 보일 만큼 적당히 자란 순간, 그 의미를 알아차릴 수 있는 사람의 눈에 뜨인 순간은 과학 역사상 최고의 '세렌디피티serendipity'로 꼽히기에 부족함이 없다. 기회의 신인 카이로스Kairos는 그림 47-4처럼 보통의 대머리와는 달리 앞머리가 길고 뒷머리는 없다. 이 기회의 신은 다가왔을 때 바로 앞머리를 움켜잡지 못하면 순식간에 지나쳐간다고 한다. 뒤늦게 알아차리고 뒤돌아서 잡으려면 뒷머리가 없어서 잡을 수가 없다. 준비가 된 사람만 기회를 잡을 수 있다는 오랜 교훈의 화신인 것이다. 플레밍은 세균에 대한 지식이 있었을 뿐 아니라 세균을 죽이는 방법에 대해 오랫동안 고민을 해왔기에 희박한 확률로 찾아온 기회를 바로 알아본 것이다. 재미있는 것은 플레밍이 카이로스의 앞머리

그림 47-4 몰래 지나가는 기회의 신 카이로스

를 잡아챈 것은 이번이 처음이 아니란 것이다. 이보다 오래전 감기에 걸린 채 실험을 하다 세균 배양액에 콧물을 빠트리는 실수를 했는데, 거기에서 세균이 자라지 못하는 것을 보고 리소자임lysozyme을 발견한 것이 카이로스와의 첫 만남이었다.

푸른곰팡이를 따로 배양한 용액을 세균에 접종하는 실험을 통해 플레밍은 자신의 생각을 확인할 수 있었다. 그리고 이 마법의 물질을 곰팡이의 이름을 따서 페니실린이라고 한다. 하지만 과학자들은 페니실린의 발견에 심드렁했다. 발견 이후 네 편의 논문을 발표했는데도 별 관심을 받지 못하였다. 당시에는 인체에 감염된 세균을 죽이면 세포도 죽는다는 패러다임이 있었기 때문에, 세균만 골라 죽이는 물질을 진짜라고 믿기엔 너무 환상적이었기 때문이다. 가장 큰 문제는 곰팡이 배양액을 바로 약으로 사람에게 쓸 수가 없기 때문에 순수한 페니실린을 정제해야 하는데, 플레밍 혼자서 해결하기 어려웠다. 페니실린이 발견되고 7년이나 지난 뒤 옥스퍼드의 화학자가 플레밍의 논문을 보게 되면서 이 문제가 해결된다. 공동 연구를 시작한 지 반 년 만에 페니실린이 정제되고 동물 실험을 한 결과는 놀라웠다. 그리고 다음해에 인류 최초로 항생제 임상시험이 이루어진다. 그 결과는 기적과 같았다. 패혈증으로 치료를 포기하고 죽어가던 환자가 페니실린을 투여받고 하루도 지나지 않아 회복되기 시작한 것이다. 하지만 안타깝게도 이 환자는 결국 사망한다. 효과가 없어서가 아니라 정제한 페니실린이 떨어졌기 때문이었다.

놀라운 결과를 본 제약회사들이 달려들어 즉시 페니실린을 대량 생산하기 시작하고 1943년부터 상용화된다. 그리고 제2차 세계대전의 부상자 수백만 명이 페니실린으로 목숨을 건질 수 있었다. 페니실린을 정제한 플로리, 체인과 함께 플레밍은 1945년 노벨상을 수상한다. 더운 여름날 곰팡이가 핀 배양접시를 보고 깨달았던 사실이 17년이 지나서 인정을 받은 것이다. 사실 페니실린은 곰팡이가 세균을 제압하기 위해 만드는 면역 물질이다. 마법 같은 페니실린은 사람의 눈에만 안 보였던 것이지 생태계에서 끝없는 전쟁을 벌이는 미생물의 무기였던 것이다. 이후 페니실린의 기전이 연구되면서 다른 유용한 항생제들이 차례로 발견되고 사용되기 시작했다. 페니실린이 인류의 건강에 미친 영향은 간단히 확인 가능하다. 페니실린 도입 이후 인류의 평균수명은 47년에서 79년으로 늘어난 것이다. 질병의 양상도 바뀌는데, 가장 흔한 사망 원인이 세균성 감염 질환이었다가 수명이 늘면서 암, 고혈압, 당뇨병 같은 만성 질환이 차지하게 된 것이다. 무더운 여름날 플레밍이 카이로스의 머리채를 움켜잡은 순간은 인류의 축복이었던 것이다.

48

부상

보이지 않던 위험의 등장

✱

문명이 발전하면서 생활환경이 변하고 전염병의 양상에도 변화가 일어났다. 과거에는 사람의 다리가 팬데믹의 발이었다. 대항해시대에는 배가 팬데믹의 발이었다. 이제는 비행기가 팬데믹의 발이다. 지역적으로 창궐했다가 사라지던 신종 바이러스에게 현대 문명이 날개를 달아준 셈이다. 이제는 깊은 정글이나 어두운 동굴에 있던 바이러스가 반나절이면 뉴욕의 센트럴 파크에 떨어지는 바이러스의 세상이 된 것이다.

역사에 기록되어 있는 전염병들의 증상을 살펴보면 바이러스와 세균이 원인으로 의심되는 경우가 비슷하게 나타난다. 하지만 문명의 발전으로 두 병원체가 일으키는 전염병의 양상에 차이가 나기 시작한다. 세균과 바이러스 모두 병원체이지만 전파의 특성에는 큰 차이가 난다. 세균의 경우는 완전한 독립 생명체이기 때문에 외부 환경에서도 물과 영양분만 있으면 증식이 가능하다. 즉 사람 간 직접 전파가 아니더라도 주변 환경을 통해서 전파된다. 이런 이유로 과거에는 세균성 전염병의 발생이 더 빈번하게 일어났다. 게다가 도시의 확장과 인구 밀집은 전염병이 퍼지기 좋은 환경을 만들었다. 하지만 세균성 전염병은 공공 위생의 정착으로 점차 줄어들게 된다. 특히 상하수도가 정비되면서 깨끗한 물이 공급된 것은 대도시의 안정적 확장을 가능하게 하였다. 감염자의 배설물에 오염된 물 때문에 발생하는 수인성 전염병의 전파 경로가 차단된 것이다. 냉장고도 세균성 질환의 위험을 줄이는 데 기여한 숨은 공로자다. 냉장고의 발명 덕에 대도시의 수많은 인구가 안정적으로 신선한 음식물을 공급받을 수 있게 되었기 때문이다. 그리고 항생제의 개발로 세균은 전염병의 단골 리스트에서 삭제된다. 대신 그동안 세균에 가려져 있던 바이러스가 새로운 문제로 떠오르게 되었다. 호랑이가 사라지면 여우가 왕이 된다는 말처럼, 인류를 괴롭히던 세균이 수그러들자 바이러스가 문제로 떠오르기 시작하였다.

독자 생존이 가능한 세균과 달리 바이러스는 끝없이 숙주를 감염시켜야 유전자가 유지된다. 따라서 집단면역이 높을수록 바이러스 전파는 억제된다. 인류가 처음 정착 생활을 시작했을 때에는 집단의 규모가 작고 집단 사이의 거리도 멀었기에 다른 집단에서 유행하는 바이러스에 노출될 가능성이 적었다. 하지만 농경문화가 시작되면서 바이러스성 전염병의 역사도 본격적으로 시작되었다. 특히 가축을 통한 바이러스의 흘러넘침 감염이 빈번해지기 시작한다. 그리고 집단이 확장되고 주변 집단과 싸우거나 교류하기 시작하면서 신종 바이러스가 유행하는 범위가 점차 늘어나기 시작한다. 다른 집단이 가진 바이러스에 대해서는 집단면역이 전무하기 때문이다. 경쟁에서 승리하건 패배하건 상관없이 바이러스는 새로운 숙주 집단에서 유행하고, 한 집단을 전멸시키거나 적응하는 과정을 반복하게 된다. 그러다가 로마제국을 기점으로 대륙 규모의 전쟁과 민족 이동이 발생하면서 신종 바이러스 유행도 그 규모가 커지기 시작한다. 대도시일수록 피해가 컸으며, 오히려 인구밀도가 낮은 시골은 전염병 유행이 비껴갔다.

바이러스가 감염을 일으키는 대표적인 두 가지 경로는 위장과 호흡기다. 위장관 감염으로 전파되는 바이러스는 세균성 감염과 유사한 경로로 전파되기 때문에 과거에도 빈번하게 유행되었다. 하지만 급성 호흡기 감염을 일으키는 바이러스에 의한 유행이 대규모로 일어나는 경우는 드물었다. 사람 간에 전파되어야 하는 급성 호흡기 감염의 특성상 먼 거리까지 전파되기가 어려웠기 때문이다. 요즘 상황으로 보면 코호트 격리가 저절로 되는 상황이었던 것이다. 하지만 문명이 발달하면서 위장관 감염 바이러스 유행은 점차 그 빈도가 줄어든 반면 호흡기 감염 바이러스는 그 빈도가 점차 늘어나게 되었다. 문명의 발전에 따라 물이나 음식에 대한 위생은 점차 개선되었지만 반대로 공기의 질은 점차 나빠졌기 때문이다. 이런 이유로 도시가 확장되고 문명이 발전할수록 호흡기바이러스의 위험이 계속 커지게 되었다. 산업혁명과 교통의 발달은 급성 호흡기바이러스인 독감의 주기적인 팬데믹이 일어나는 환경을 제공하였다. 그 최초는 1889년 러시아에서 전 세계로 퍼져 100만 명이 사망한 것으로 추정되는 신종 독감이었다. 당시에 비행기는 발명되지 않았던 상황임에도 불구하고 발생 5주 만에 전 세계로 퍼지는 놀라운 전파 속도를 보여주었다. 그리고 앞에서 설명한 1918년 제1차 세계대전 당시 군대의 이동과 함께 퍼진 스페인독감은 더욱 큰 파괴력을 보였는데, 전쟁으로 인한 환경 악화와 식량 부족까지 겹쳐 엄청난 희생자를 발생시켰다. 이후에도 1957년 싱가포르와 홍콩에서 시작된 아시아독감은 100만 이상의 사망자를 발생시켰다.

독감바이러스의 대규모 유행 이외에 지역적으로도 여러 가지 바이러스들이 문제를 일으키고 있었는데, 특히 면역이 제대로 발달되지 않은 아이들의 희생이 컸다. 그나마 천연두의 경우는 제너의 종두법 이후로 발생이 현격하게 줄어들었지만 소아마비, 홍역, 볼거리 등은 지속적으로 어린아이들을 희생시키고 있었다. 20세기에 들어와서는 예방접종으로 감염성 질환을 막을 수 있다는 면역의 개념이 확립되었다. 하지만 바이러스의 경우는 세균처럼 쉽게 배양하기 어려워 백신을 만들기가 어려웠다. 특히 1916년 뉴욕에서 유행하기 시작한 소아마비바이러스polivirus는 매년 여름마다 미국 전역에서 산발적으로 발생하게 된다. 이름처럼 감염이 되면 운동신경이 손상되어 신체가 마비되기 때문에 공포의 대상이었다. 당시 소아마비의 상징적인 인물은 루스벨트 대통령이다. 젊은 정치인으로 승승장구하던 그는 소아마비에 감염되어 남은 여생을 휠체어에서 보냈다. 그가 설립한 국립소아마비재단(NFIP)은 백신 개발을 위해 조너스 소크

그림 48-1 루스벨트 대통령과 소아마비 백신 개발에 성공한 소크

Jonas Salk에게 연구비를 장기간 지원한다. 1950년대에 들어서면서 소아마비의 감염 규모가 커지자 대중의 공포는 극에 달했다. 이 무렵 백신 개발에 매진하던 소크는 바이러스의 배양을 통한 사백신을 만들어냈는데, 그는 백신에 대한 특허권을 행사하지 않았다. 덕분에 저렴한 백신이 급속도로 보급되고 소아마비는 더이상 유행하지 않게 된다. 소크백신의 성공은 위험한 바이러스 하나를 예방했다는 단순한 의미 이상이다. 바이러스를 대량으로 증식시킬 수 있는 세포배양기술의 확립과 안전하게 항원으로 제공할 수 있는 백신의 제작이 본격화된 것이다. 이후 아이들의 주요 사망 원인이었던 홍역measles, 풍진rubella, 볼거리mumps 등에 대한 백신이 차례로 개발된다. 한때 아이들의 생명을 위협했던 이 바이러스들은 백신이 개발된 이후로 거의 사라졌다.

　두 번의 세계 전쟁에서 승리한 연합국에게 1950년대는 자신감이 흘러넘치는 시기였다. 이제 인간의 전쟁뿐 아니라 전염병과의 전쟁에서도 완전한 승리가 다가온 것으로 보였다. 세균만 골라 죽이는 기적과도 같은 효과를 보이는 페니실린, 안전한 소아마비 백신의 개발, 그리고 면역학 연구의 발전은 사람들을 크게 고무시켰다. 노벨상을 수상한 저명한 면역학자 프랭크 맥팔레인 버넷Frank Macfarlane Burnet은 앞으로 반세기 내에 사람에게 감염을 일으키는 모든 병원체를 정복할 수 있을 것이라고 예측할 정도였다. 하지만 세균들은 항생제에 대한 내성을 획득하기 시작했으며, 예방접종으로 막을 수 없는 바이러스가 더 많다는 사실이 점차 확인되었다. 이기적 유전자들의 다양성은 예상보다 훨씬 강력한 힘을 지니고 있었다.

바이러스의 관점에서 보면 문명의 급격한 발전은 팬데믹의 새로운 기회다. 그만큼 전파가 쉬운 환경으로 변했기 때문이다. 신종 바이러스는 인간에게 꾸준히 건너왔지만 발생 지역을 넘기는 힘들었다. 하지만 항공 산업의 발전은 세계를 말 그대로 지구촌으로 만들었다. 과거에는 바이러스가 대륙을 건너기 위해선 배를 타고 건너가야 했다. 그사이에 감염자가 죽거나 면역을 획득하면 전염은 차단된다. 하지만 이제는 무증상 잠복기일 때도 지구 반대편으로 날아갈 수 있다. 비행기는 사람뿐 아니라 호흡기바이러스에게도 날개를 달아준 셈이다. 특히 밀폐된 공간인 비행기 내부에서 오랜 시간 있는 동안 승객들 사이에서 전파의 위험도 올라간다. 이런 위험성이 현실화된 것이 이번 코로나19다.

49
지구

생태계 균형과 교란

✻

바이러스가 숙주를 떠나 존재할 수 없는 것처럼 인류도 생태계를 떠나 생존할 수 없다. 숙주가 죽으면 사라지는 바이러스처럼, 인류도 지구의 생태계에서 분리될 수 없다. 하지만 문명이 발달하고 인구가 기하급수적으로 늘어나면서 생태계의 균형이 무너지고 있다. 지구의 생태계는 유한하기 때문에 한 종이 자원을 독식하면 다른 종들이 멸종에 몰리게 된다. 신종 바이러스는 이 생태계 교란의 틈에서 발생한다.

1990년 2월 14일 토성을 지나가던 보이저 1호는 카메라를 틀어 지구의 모습을 찍는다. 전송된 그림 49-1의 사진을 보며 칼 세이건Carl Sagan은 "창백한 푸른 점pale blue dot"이라고 이야기한다. 이렇게 우주에서 우리가 살고 있는 지구를 바라보면 티끌에 불과하다. 그 속에서 수많은 생물을 품고 있는 생태계는 티끌에 불과한 행성을 푸른색으로 물들이고 있다. 지구가 푸른 것은 물 때문이다. 물속에서 유

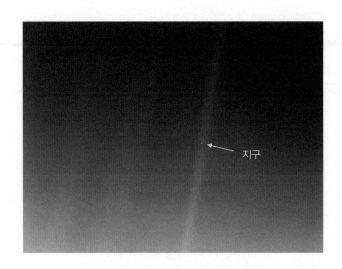

그림 **49-1** 토성에서 촬영한 '창백한 푸른 점'

전자가 복제되고 단백질이 만들어지고 세포는 분열을 한다. 물이 없으면 어떤 생명 현상도 존재하지 않는다. 우주에서 지구 이외에는 액체 상태의 물을 품고 있을 만큼 적절한 중력과 온도를 가진 곳은 아직 발견되지 않았다. 지구 표면의 75퍼센트를 덮고 있는 바다를 보면 착각하기 쉽지만, 지구 부피의 0.15퍼센트, 지구 질량의 0.03퍼센트밖에 되지 않는 물은 지구에서도 희귀한 자원이다. 태양계가 형성될 때 우주에서 떨어진 물을 지구의 중력이 단단히 붙잡고 있는 것이다. 생태계는 소중한 물을 끝없이 순환시켜 생명을 적셔준다. 생명이 존재하는 온도의 범위도 까다롭다. 생명 현상은 단백질의 구조에 의해 구현되기 때문에 온도가 너무 낮거나 높아도 안 된다. 생태계의 에너지는 태양이 공급한다. 태양이 방출하는 빛에너지를 고분자 유기물로 전환시키는 광합성 식물은 생태계의 농부라 할 수 있다. 이들이 없으면 생태계는 굶어 죽는다. 육식을 하건 채식을 하건 인간도 태양에너지로 살아가는 것이다. 그런데 태양에서 지구에 비추는 빛에너지는 무한대가 아니다. 일상생활에서는 인식하기 어렵지만 생태계는 이렇게 공간과 에너지의 한계가 있다. 공간과 영양분이 제한된 시험관 속에 있는 세균의 운명은 증식 곡선을 따른다. 한계가 정해진 생태계 속에서 살아가는 인간의 운명도 마찬가지다.

인류의 증식 곡선은 그림 49-2에 그려진 세계 인구 변화를 보면 된다. 세계 인구가 증가하는 데에는 세 번의 계기가 있었다. 첫 번째는 수렵에서 농경문화로 전환되면서 1500만 명 정도로 늘어난다. 두 번째는 산업혁명으로 10억 명에 도달한다. 세 번째는 항생제나 백신 같은 의학의 발전으로 평균수명이 늘면서 인구 증가도 본격적으로 시작되어 현재 75억 명을 넘었다. 그리고 30년 뒤에는 100억 명을 넘어설 것으로 예상된다. 현생인류가 아프리카에 처음 집단을 이뤘을 때의 인구가 1000명에서 1만 명 사이로 추정된다. 이를 시간을 기준으로 보면 인구가 1000만 명이 되기까지 6만 5000년이 걸렸고, 1억 명까지는 5000년, 10억 명까지는 1000년, 그리고 100억 명까지는 250년이 걸린 것이다. 인류가 폭발기에 들어섰다는 것을 분명히 알 수 있다. 인류는 문명과 과학의 힘으로 생태계의 선택압력을 극복하고 더 많은 자원을 독식해왔다. 생태계가 언제까지 인류의 폭증을 감당할 수 있을지는 아무도 모르지만 한계 상황이 온다는 것은 확실하다. 그래도 다행인 것은 정체기와 쇠퇴기 중에서 어디로 갈

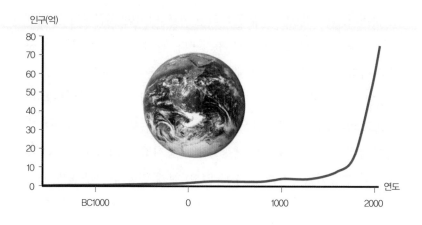

인구(억)

그림 49-2 지구라는 닫힌계에서 증식하는 인류

것인지를 결정할 선택권을 아직 인류가 가지고 있다는 것이다.

문명이 탄생하고 과학기술이 발전하면서 인류는 인구 증가를 억제하던 생태계의 선택압력을 극복하는 힘을 가지게 되었다. 그 결과 폭발적으로 늘어나는 인구의 식량 공급을 위해 숲과 초원을 밀어 농경지로 만들고, 가장 효율성이 좋은 작물을 골라서 재배하였다. 이런 농경의 산업화 때문에 1900년대 이후에 존재하던 곡식 품종의 75퍼센트가 사라졌다. 현재 세계적으로 재배되는 곡식의 43퍼센트가 쌀, 밀, 옥수수 3대 작물이다. 이러한 다양성의 파괴는 병충해에 취약한 상황을 만들고, 그러면 더 많은 농약이 사용된다. 농약은 곤충이나 주변 생태계에 영향을 미친다. 바이러스보다 무서운 것이 배고픔이다. 조금이라도 기후 변화가 일어나거나 3대 작물을 감염시키는 병충해가 퍼지면 엄청난 혼란을 동반하는 식량 위기가 닥칠 것이다. 인구가 100억을 돌파하는 2050년이면 지금보다 75퍼센트의 식량이 더 필요할 것으로 추정된다. 과연 식량 생산이 이 요구량을 따라갈 수 있을지 고민해야 할 시기가 온 것이다.

숲이 개간되어 경작지로 바뀌면 식물의 다양성과 함께 동물의 다양성도 파괴된다. 야생동물은 경작지에서 생존할 수 없기 때문이다. 이 과정에서 인류는 수많은 생물들을 멸종시켰다. 과거에 얼마나 많은 종이 멸종되었는지는 알 수도 없고, 현재 멸종 위기에 몰린 것만 100만 종 정도로 추정된다. 또한 인류는 동물성 단백질의 보급을 위해 가축을 길렀다. 축산업 역시 품종 개량을 통해 고기나 우유 등을 가장 많이 얻을 수 있는 닭, 오리, 소, 돼지, 염소, 양 같은 가축들만 골라서 길러왔다. 현재 포유류의 몸무게를 모두 더해보면 사람과 가축이 전체 무게의 95퍼센트에 이를 정도로 포유류의 다양성은 줄어들었다. 유전적 다양성이 사라진 가축은 환경과 인간을 연결하는 중간 연결고리가 된다. 특히 현대의 공장식 사육은 축산업의 혁명을 가져왔지만 밀집된 환경은 바이러스가 쉽게 전파되고 변이되는 기회를 제공한다.

가축들은 집단면역을 획득할 기회가 없다. 조류독감이 유행하면 닭을 살처분stamping out한다. 구제역이나 돼지열병이 발생해도 가축들을 살처분한다. 다른 지역의 가축으로 퍼지는 걸 막기 위해 방역을 하는 것이다. 하지만 이것을 면역학적 관점에서 보면 가축들의 집단면역을 리셋시키는 것이다. 면역을 획득할 기회가 없는, 밀집되어 사육되는 가축은 바이러스의 좋은 숙주가 된다. 그러면 다시 바이러스가 가축들에게 퍼지게 된다. 같은 포유류인 가축과 사람의 종 간 장벽은 높지 않다. 따라서 가축이 감염되고 살처분되는 과정을 계속 반복하면 신종 바이러스가 발생할 확률도 높아진다.

인간의 영역이 넓어지면 야생동물의 영역과 겹쳐지면서 새로운 바이러스와 접촉할 확률도 점차 커진다. 현재 생태계를 지배하는 것 은 사람이지만 개체수가 가장 많은 것은 바이러스 저장고인 쥐와 박 쥐다. 설치류는 2277종이 있어 전체 포유류 종의 40퍼센트를 차지 한다. 그다음이 박쥐로 1400종, 20퍼센트를 차지한다. 숨어서 살아 가는 이들의 전체 개체수는 정확히 추정하기 어렵다. 이것은 그만 큼 다양성이 많다는 뜻이고 선택압력에 저항하는 능력이 뛰어나다 는 의미다. 자연 생태계에서 이들은 다른 상위 포식자들에 의해 그 수가 조절된다. 하지만 문명은 상위 포식자들을 멸종시켰고, 이들은 문명의 그늘에 숨어서 개체수를 늘려나가고 있다. 결국 문명의 발전 은 신종 바이러스가 배양되는 쥐와 박쥐의 다양성이 늘어나도록 유 도해온 것이다.

다음 팬데믹의 후보는 누구일까? 이미 많은 바이러스가 리스트 에 올라가 있는데, 이들은 대부분 박쥐와 쥐가 고향인 바이러스들이 다. 일이 등을 다투는 것은 역시 세계화 맞춤형 호흡기바이러스인 코로나와 독감바이러스다. 사스, 메르스, 코로나19의 경우는 박쥐가 고향이라는 것을 이미 우리는 알고 있다. 이외에도 계절성 코감기 를 일으키는 코로나바이러스들도 박쥐에서 출발해 말이나 소를 거 쳐 오래전에 인간으로 건너온 것으로 추정된다. 독감바이러스의 경우는 조류가 고향이며 돼지를 거쳐 사람으로 건너온다. 이 유전자는 종간 장벽을 건너기 쉬운 재조합에 특화되어 있기 때문에 다음 팬데믹의 강력한 후보로 꼽힌다.

호흡기바이러스 이외에도 인류로 건너오는 신종 바이러스들이 있다. 아프리카 에볼라강 주변에서 자주 유행하는 에볼라바이러스도 박쥐에서 건너온다. 에볼라바이러스에 감염되면 전신의 핏줄이 감염되어 터진다. 과거의 흑사병처럼 온몸이 까맣게 변하면서 죽어가는 것이다. 한번 창궐하면 마을 사람들이 다 죽어 다른 곳으로 퍼져나가지 않았을 정도로 치사율이 높다. 다행히 공기 전염은 되지 않으며 체액을 통해서만 전파가 된다. 과학자들이 우려하는 것은 치사율이 떨어지면서 전파력이 높아지는 식으로 계속 변이가 일어나고 있다는 것이다. 치사율이 떨어진다고 안심할 일이 아닌 것이 그나마 떨어진 치사율이 66퍼센트다. 최초 발생 시에는 90퍼센트에 육박했다. 에볼라와 비슷한 출혈열hemorrhagic fever을 일으키는 라싸바이러스Lassa virus는 1969년 나이지리아에서 처음 발견되었는데, 쥐에서 사람으로 건너와서 체액을 통해 전파된다. 이것도 치사율이 70퍼센트에 달한다.

말레이시아 농장에서 1998년 처음 발견된 니파바이러스Nipah virus는 과일박쥐가 가지고 있는 바이러스다. 박쥐가 오염시킨 사료나 과일을 먹은 돼지가 감염되고, 다시 사람으로 건너와 뇌신경을 공격하는데 치사율이 75퍼센트에 육박한다. 이와 유사한 헨드라바이러스Hendra virus의 경우, 1994년 오스트레일리아에서 말을 거쳐 사람으로 건너왔다. 사람 간의 전파 효율이 떨어짐에도 이 바이러스 들을 주목하는 이유는 사람의 바이러스 중 가장 높은 전파력을 가진 홍역과 같은 종류의 바이러스이기 때문이다. 홍역도 11~12세기의 어느 시점에 이런 식으로 사람으로 건너왔을 것으로 추정된다. 이 런 바이러스가 반복해서 사람에게 건너오다가 변이를 통해 전파력 을 획득하면 치명적인 팬데믹을 일으킬 가능성이 있다. 우리나라라 고 이런 인수공통감염바이러스의 습격에서 예외가 아닌 것이 한탄 강 주변에서 발견되어 이름 붙은 한타바이러스Hantavirus가 쥐에서 사람으로 가끔 건너온다.

 벼룩, 진드기, 모기 등은 페스트, 말라리아뿐 아니라 바이러스도 옮긴다. 곤충들이 원숙주의 피를 빠는 동안 바이러스에 감염되고, 이후 사람의 피를 빨면 바이러스를 옮기는 것이다. 이 경우는 인체 의 면역 방어 전선이 두텁게 펼쳐져 있는 호흡기나 소화기의 점막을 통하지 않고 바로 혈관을 뚫고 들어오기에 소량의 바이러스만 들어 와도 치명적인 감염이 일어난다. 모기가 옮기는 바이러스는 일본뇌 염Japanese encephalitis, 지카Zika, 황열Yellow fever, 뎅기Dengue 바이 러스 등이 대표적이다. 진드기가 옮기는 것은 아프리카, 중동, 아시 아에서 광범위하게 퍼진 크리미안콩고출혈열바이러스Crimean-Congo Hemorrhagic Fever (CCHF) virus로, 이것 역시 치사율이 높다. 이들은 벡터 역할을 하는 곤충에 의해 옮겨지고 감염자는 종말 숙주로 끝 이 난다. 사람 간 전염이 일어나지 않기 때문에 곤충이 있는 지역에 만 유행한다. 하지만 과학자들이 이들을 무시하지 못하는 이유는 페스트처럼 사람에게 전염된 뒤 호흡기를 통해 사람 간 전파를 일으킬 가능성도 희박하지만 있기 때문이다.

팬데믹 후보에는 바이러스X도 포함되어 있다. 아예 새로운 바이러스가 인류로 건너오는 것이다. 원숭이에서 사람으로 건너온 면역결핍바이러스가 여기에 해당한다. 지구 자연 생태계에 얼마나 많은 바이러스가 있는지는 추정조차 불가능하다. 하지만 범위를 좁혀서 인간이 속한 포유류에는 약 32만 종의 바이러스가 있는 것으로 추산되며, 이 가운데 약 4만 종이 확인되었다. 그리고 여기서 약 4분의 1이 인수공통감염을 일으켜 사람으로 건너올 가능성이 있는 것으로 확인된다. 그중 현재 우리가 확인한 인간 감염 바이러스는 219종에 불과하다. 즉 현대 과학은 팬데믹을 일으킬 가능성이 있는 바이러스의 99.9퍼센트에 대해서는 감도 잡지 못하고 있는 상황이다. 인간의 생활 영역이 넓어질수록 야생에 숨어 있던 미지의 바이러스와 접촉할 확률은 점차 커지게 된다.

균형을 좋아하는 지구 생태계는 일등을 싫어한다. 다양성을 상실한 지배종은 천문학적 다양성을 가진 미생물들의 습격에 시달리게 된다. 인류는 문명과 과학의 힘으로 이런 압력을 이겨내며 번영하고 있다. 하지만 인구의 증가와 세계화로 환경이 변하면서 새로운 바이러스 시간이 시작되고 있다. 사람들이 파괴하는 생태계의 다양성은 고등생물에 집중되어 있다. 바이러스 세계는 고등 동식물의 세계와는 비교가 안 될 만큼 압도적인 다양성이 존재한다. 자연 생태계에서는 바이러스와 숙주의 다양성 균형이 종간 장벽에 의해 저절로 이루어져왔다. 면역과 방역에서 살펴봤던 격리와 분리 현상이 생태계에서는 생물 다양성에 의해 유지되는 것이다. 그런데 공격하는 바이러스의 다양성은 그대로인데, 방어하는 고등생물의 다양성이 줄어들면 어디가 불리할지는 명확하다. 다양성이 줄어들면 이기적 유전자의 공격에 취약해지는 것은 자연의 섭리다. 농축 산업은 우리의 주변을 둘러싸고 있는 동식물의 다양성을 파괴하고 있다. 단일종인 인간을 둘러싼 환경이 단일종들로 채워지고, 바이러스를 배양하고 전파하는 쥐나 박쥐의 다양성이 증가하고 있는 것이다. 가축들은 돼지열병, 구제역, 조류독감 같은 전염병에 시달리고, 사람들은 신종 바이러스의 주기적인 습격에 시달린다. 코로나19는 생태계 교란이 만들어낸 바이러스다. 이제 생태계의 균형에 대해 고민을 시작하지 않으면 바이러스의 시간이 본격적으로 시작될 것이다.

50
방향

복습과 예습

✳

팬데믹 시대의 사회 변화에 대한 많은 예측이 이루어지고 있다. 코로나19로 팬데믹의 파괴력이 확인된 이상 변화의 목소리가 커지는 것은 당연하다. 변화의 진통으로 제자리에 멈춘다면 다시 신종 바이러스가 등장하고 팬데믹이 되는 일이 반복될 것이다. 변화에서 노력보다 중요한 것은 방향이다. 초점 없는 면역이 부작용만 일으키는 것처럼, 방향이 없는 변화의 노력은 불필요한 진통만 일으킬 것이다. 필요한 변화에 대해 예습을 하려면 먼저 이번 팬데믹에서 무슨 일이 일어났는지를 복습해야 한다.

코로나19 팬데믹은 인류의 자존심에 상처를 입혔을 뿐 아니라, 쉬지 않고 맞물려 돌아가던 세계 경제의 톱니바퀴도 멈추게 만들었다. 제2차 세계대전 이후 의학 분야에서는 치명적인 전염병들을 차례로 정복해왔고, 경제 분야에서는 세계화가 진행되며 이윤의 극대화가 추구되어왔다. 세계화란 세계 여행이 쉬워졌다는 단순한 의미가 아니라, 체제 경쟁에서 승리한 자본주의의 확산과 이에 기반한 국가별 분업화를 의미한다. 산업혁명에서는 노동자의 공정 분업화로 생산력을 올렸다면, 세계화에서는 식량, 에너지, 상품, 금융, 지식산업 등의 전 산업 분야에서 국가 단위의 분업화가 진행되어왔다. 공산품을 예로 들면 지적 재산권이 있는 나라에서 제품을 설계하고, 인건비가 싼 나라의 공장에서 물건을 생산하고, 물류를 통해 전 세계의 소비자에게 대량으로 판매하는 식으로 분업이 이루어진다. 이 세계화의 중심에는 정교한 물류 산업이 있다.

기획, 설계, 대금 지불 등은 지리적 거리에 상관없이 통신망을 통해 실시간으로 가능하다. 하지만 재료를 생산지로 공급하고, 생산지에서 소비자에게 상품을 이동시키는 것은 물리적인 이동이 반드시 필요하다. 따라서 물류는 세계화의 병목 지점이자 투입 자본의 최종 이윤을 결정하는 중요한 요소라 할 수 있다. 최대의 이윤을 위해서는 수요의 변화에 따라 공급이 유연하게 대응할 수 있어야 한다. 그런데 해외에서 물건이 오기까지는 시간이 걸리기 때문에 완충을 위한 재고를 확보해놓는 수밖에 없다. 이 재고가 넘치면 보관비용 등으로 인해 손해가 발생하고, 재고가 부족하면 물건을 팔지 못해 손해가 발생한다. 따라서 물류가 톱니바퀴처럼 빈틈없이 맞아떨어질수록 이윤이 늘어나며, 세계화는 상품 재고의 최소화로 유통 비용을 극한까지 절감하였다. 국제적인 물류 산업은 최고의 이윤을 낼 수 있도록 일주일 이내의 재고 관리가 이루어질 정도로 정교하게 발전했다.

혈액의 순환이 잠시라도 멈추면 치명적인 결과가 생기는 것처럼, 코로나19로 정교한 물류가 멈추자 세계화의 심각한 부작용들이 잇따랐다. 방역을 위해 각국은 서로 국경을 높이고 상품의 생산과 이동을 중지시켰다. 적시적소를 사명으로 아슬아슬하게 유지되던 재고는 순식간에 바닥이 났다. 가장 치명적인 상황은 팬데믹 초기 의료 물자의 부족이었다. 이 때문에 많은 나라에서는 초기 방역의 골든타임에 제대로 대응하기 어려운 상황이 벌어졌다. 시간이 흐르면서 이런 상황은 서서히 해결되었지만 이미 바이러스는 전 세계로 퍼져나갔고 방역은 끝없이 장기화되고 있다.

 방역이 장기화되면서 각국의 경제적 타격은 심화되었다. 공급 쇼크와 소비 감소가 겹쳐 세계 각국의 경제 지표는 다 같이 추락하고 있다. 더 무서운 것은 추락의 바닥이 어디인지 아직 알 수 없다는 것이다. 일부 경제학자들은 두 번의 세계대전이 발생한 계기가 된 세계 대공황을 뛰어넘는 상황이 발생할 수 있다고 경고하고 있다. 특히 3차 서비스, 항공, 관광업의 고통은 점점 커지고 있다. 하지만 차라리 이렇게 드러나는 문제는 해결의 실마리를 찾을 수는 있다. 생필품이나 의료 물자의 경우는 일정 수준의 재고를 유지하거나, 자국 내 생산을 유도하면 된다. 바이러스의 경우는 사람을 통해서만 옮겨지기 때문에, 상품에 대한 적절한 방역 절차를 도입하면 물류의 정체도 해결이 가능하다. 코로나19 팬데믹에 의해 표면에 드러난 더 본질적인 문제는 세계화를 추진하던 국가들의 공동체 의식의 부재였다.

팬데믹은 인류에게 일어난 생물학적 재난으로, 신종 바이러스는 인종이나 국적에 상관없이 퍼져나간다. 면역에서 도우미 T세포가 없으면 바이러스를 통제할 수 없듯이, 팬데믹의 방역을 위해서는 중앙통제 기구가 필요하다. 즉 지금처럼 국가 단위가 아닌 세계의 방역통제 기구가 있어야 한다. 한 국가가 아무리 방역을 전개하더라도 단독으로 신종 바이러스의 전파를 막을 수는 없기 때문이다.

그릇에 담긴 물이 조그만 틈으로 새어 나가듯이, 바이러스는 방역이 가장 취약한 부분을 뚫고 퍼진다고 했다. 선진국이냐 후진국이냐를 따지지 않고 퍼지고 있는 코로나19가 모든 국가에서 통제될 때까지 장기화된 방역에서 자유로울 나라는 없다. 신종 바이러스에게 세계화 시대는 팬데믹 시대와 동일한 의미다. 과거에는 전염병이 발발해도 지역적 문제였으며 전파 속도가 느려서 방역의 골든타임에 여유가 있었다. 하지만 세계화 시대에 바이러스는 순식간에 전 세계로 퍼진다. 그리고 신종 바이러스는 공항이 있는 대도시를 거점으로 주변 지역으로 퍼져나가며, 숙주가 밀집되어 있는 곳이면 증폭된다. 이런 원시적이고 단순한 바이러스를 막아내기 위해 국가들 간의 투명한 정보 교환, 그리고 비상 대응과 통제를 위한 자세한 기준과 조약들이 필요하다는 목소리가 커질 것이다.

세계화는 기술과 경제가 앞장서고 제도와 관습이 따라가는 식으로 진행되어왔다. 그 결과 세계는 서로 복잡하게 얽혀 있는 거대한 공동운명체가 되었지만, 국가라는 집단은 여전히 강력하게 존재한다. 다양한 정치, 이념, 종교로 운영되는 국가들이 공동체 의식을 발현하기 위해서는 상호 신뢰가 필요하다. 하지만 국가들이 탄생하고 발전하는 동안 서로가 겪었던 전쟁과 반목의 역사는 길었고, 상호 신뢰가 자라기 위해 필요한 세계화의 시간은 너무 짧았다. 그 결과 언제라도 깨질 수 있는 불확실한 신뢰를 바탕으로, 경제적인 공생관계는 더욱 심화되는 기묘한 동거가 지속되어온 것이다.

이번 팬데믹은 위기가 닥쳤을 때도 국가 간 신뢰가 계속 작동할 것인지에 대한 본질적인 의문을 제기하였다. 개인 간의 협력도 신뢰가 없으면 일단 자기부터 살고 나서의 일이다. 인류 공동의 위기가 닥쳤을 때 이번에 각국이 보여준 각자도생의 모습은 바로 세계화의 맨 얼굴이라 할 수 있을 것이다. 솔직히 이번 코로나19 팬데믹은 세계화 시대에 인류가 겪을 생태계의 재난 중에서 가장 파괴력이 약한 편이라고 할 수 있다. 적어도 언젠가는 끝이 난다는 것은 확실하기 때문이다. 하지만 지구 생태계 자체의 균형을 뒤흔드는 재난이 일어난다면 그 시련의 끝이 어디가 될지는 예상이 불가능하다. 만약 생태계의 변화가 일어나고 식량이나 기름 같은 중요 자원이 국가 간 다툼의 무기가 된다면, 바이러스 팬데믹과는 비교할 수 없는 혼돈과 고통이 벌어질 것이다. 이번 팬데믹은 인류 공동의 문제에 대한 국가 간 신뢰의 필요성을 인식시키는 예방접종이 될 수도 있다. 하지만 냉정하게 돌아가는 상황을 보면 희망의 기미는 전혀 보이지 않는다. 박쥐에서 건너온 하나의 바이러스가 인류 역사에서 1년을 통째로 삭제하고 있는 상황인데도 국가 간의 긴밀한 협조는 고사하고 기본적인 상호 신뢰조차 확인되지 않고 있다. 오히려 반대로 백신 확보경쟁 같은 국수주의의 입김이 더욱 거세지고 있는 것이 현실이다.

팬데믹 시대를 대비하기 위해 국가 간 신뢰를 쌓는 데에는 오랜 시간이 필요하다. 그렇다면 현실의 답은 선택과 집중이다. 지금 가장 필요한 일을 하나만 꼽으라면 신종 바이러스의 출현을 감시하는 시스템이다. '호미로 막을 것을 가래로 막는다'는 말은 모든 재난에 적용되는 교훈이다. 팬데믹이 일어나면 얼마나 큰 피해가 발생하는지 지금 생생히 겪고 있기에 신종 바이러스는 출현 단계에서 막는 것이 최선이라는 데에 동의하지 않는 사람은 없을 것이다. 원인 미상의 감염병이 확산되는 국가는 인터페론을 분비하는 세포처럼 즉각 세계를 향해 경보 신호를 올려야 한다. 그리고 초국가적인 기구는 위험 지역을 지속적으로 감시하다가 발생한 감염병의 원인을 분석하는 포식세포의 기능을 해줘야 한다. 그리고 상황 파악에 협조하고 기민하게 지역 봉쇄를 시행할 수 있는 해당 국가의 협력도 필요하다. 초기에 제대로 봉쇄만 성공하면 골든타임 내에 팬데믹을 막을 수 있다. 백신 개발이나 항바이러스제가 필요한 단계로 넘어가기 전에 신종바이러스를 차단하는 것이 최상의 대응이다. 이런 초기 방역에 성공하기 위한 전제 조건은 투명한 정보 공개다. 이상 신호의 발생을 숨기는 것은 코로나19가 선천면역의 위험 신호를 차단하는 것과 동일한 일이다. 투명한 정보야말로 팬데믹 시대에 국가들이 추구해야 할 가장 중요한 가치다.

바이러스 유행, 나아가 방역에 대한 정치적 의미 부여는 정보를 숨기게 만든다. 신종 바이러스의 출현과 팬데믹 발생은 태풍, 홍수, 해일, 가뭄 같은 자연 재해다. 신종 바이러스 발생의 책임을 묻는 것은 개기일식이 일어났다고 인신 공양을 하던 고대의 주술사와 크게 다를 바 없는 행동이다. 태풍의 피해를 제대로 수습하지 못하면 책임을 묻지, 태풍이 상륙했다고 책임을 따지는 사람은 없다. 마찬가지로 신종 바이러스는 인류가 단일 지배종이기 때문에 치러야 하는 대가일 뿐이다. 하지만 현실은 코로나19 팬데믹이 끝나지도 않았는데 벌써 책임을 물을 대상을 찾으려 노력하고 있다. 물론 원인을 규명하는 것이 예방 대책을 세우기 위해서는 필요하다. 하지만 이런 노력이 과학에 기반한 객관적 접근이 아니라 비난을 위한 접근이 된다면, 그 어떤 국가나 집단도 투명한 자료를 공개하지 않을 것이다. 비난이 일시적 분풀이는 될 수 있겠지만 바이러스를 막을 수는 없다. 전염병의 결과론적인 비난은 데이터를 숨기게 만들고, 신종 바이러스는 이 틈을 찾아 다시 비집고 들어올 것이다. 안타까운 건 이런 경고들은 이미 사스가 지나간 이후부터 많은 전문가들이 반복적으로 지적했다는 것이다. 이렇게 배우지 않는 역사는 반복된다.

생태계의 관점에서 인류의 건강을 생각하고 신종 바이러스를 감시하는 아이디어는 이미 오래전부터 관련 분야의 과학자들 사이에서는 깊은 공감을 얻고 있었다. 단지 사람들의 관심이 없었을 뿐이다. 몇 년 전부터 생태계 속의 인류에게 다가오는 문제들의 심각성을 인지하고 시작된 '원-헬스One Health'라는 패러다임이 있다. 인류의 건강은 생태계에 달려 있다는 것을 개념화한 단어다. 즉 생태계와 인류의 건강은 하나라는 것이 원-헬스다. 이런 개념과 함께 이를 달성하기 위한 시스템을 제시한다. 모든 생명체는 생태계 환경을 공유하며 밀접하게 연결되어 있음에도 각각을 다루는 전문 분야들은 서로 독립적으로 발전되며 심화되어왔다. 이런 것을 사일로 효과silo effect라고 한다. 하지만 사일로에 갇혀 있는 학문 분야들이 긴밀히 소통하지 않으면 생태계의 균형 문제를 해결하기란 불가능하다는 것이 명확해졌다. 이제는 의사, 간호사, 역학 전문가, 과학자, 공중보건 종사자, 수의사, 농업 연구자, 생태환경 전문가, 야생동물 전문가 등등 수많은 전문가들이 같이 소통하고 협력해야 인류의 건강을 지킬 수 있는 팬데믹의 시대가 된 것이다. 다양한 전문가들은 제도, 정책, 법률 들을 각각의 학문적인 관점에서 분석하고 통합해서 팬데믹에 대비할 수 있도록 수정해야 한다. 학문이나 제도의 통합뿐 아니라 지역이나 국가도 초월해야 한다. 생태계에는 국경이 없기 때문이다.

원-헬스를 가로막는 것은 역시 비용이다. 비용대비 효율이 절대가치가 된 현대 사회에서는 안전과 비용의 균형을 극한까지 추구한다. 문제는 '인간 오류human error'의 완충에 대한 비용도 같이 줄여버렸다는 것이다. 그 결과 과학기술이 발전하면서 사람의 조그만 실수가 커다란 재난으로 연결되는 위험이 점점 커졌다. 하지만 사람은 기계가 아니라서 언제나 실수를 한다. 긴장했던 사람들도 익숙해지면 방심하게 된다. 신종 전염병의 예방도 몇 명의 전문가에게만 의존하면 위험하며, 오랜 시간 안정적으로 운영될 수 있는 견고한 시스템이 필요하다. 이런 시스템은 비용대비 효율에서 보면 낙제점이다. 앞에서 살펴봤던 대로 예방에는 착한 양치기 소년의 딜레마가 생기기 때문이다. 팬데믹 예방에 성공한 시스템의 가치는 정확한 수치로 확인이 불가능하다. 하지만 안전한 세상은 공짜가 아니다.

원-헬스의 구체적인 활동 목표는 신종 전염병 출현 감시, 인수공통감염병 통제, 그리고 식품안전 확보다. 신종 바이러스는 아무 지역에서나 발생하지 않으며 자주 발생하는 지역이 정해져 있다. 주로 적도 근처의 지역들이다. 기후적인 특성으로 이곳에서는 사람과 가축뿐 아니라 많은 야생동물들도 붐비는 곳이다. 이런 지역에서 신종 바이러스의 출현이 빈번한 것은 당연한 일이다. 따라서 국제적인 협조를 통해 이 지역들을 집중적으로 감시해야 한다. 그리고 인수공통감염병을 막기 위해 가축의 예방접종을 체계화하고 사육 환경의 위생을 개선하려는 노력을 해야 한다. 마지막으로 식품과 신종 바이러스가 무슨 상관인지 의문이 들겠지만, 선진국이 음식물 쓰레기 문제로 골치아플 때, 지구 반대편에서는 영양실조로 아이들이 죽어간다. 그리고 다섯 살도 안 된 아기들이 먹을 수 없는 상한 음식을 먹고 일 년에 12만 명씩 식중독으로 사망한다. 역사적으로도 기근과 영양실조는 역병의 기름이었다. 면역이라는 것은 많은 에너지를 필요로 하는 활동이다. 영양실조에 시달리는 사람들은 다른 동물에서 건너온 신종 바이러스가 사람 간 전파 능력을 획득하는 교두보가 된다. 특히 영양실조에 시달리는 지역이 야생동물과의 접점이 많은 지역이면 신종 바이러스 출현의 위험은 더욱 커진다. 집단의 내부로만 향하는 이타성이 만들어내는 균열의 틈새로 신종 바이러스가 흘러들어와 선진국에 부메랑으로 돌아간다. 진정한 세계화는 이런 이타성의 균열도 봉합해야 할 것이다.

가족의 안전을 위해서는 누구라도 자신을 희생한다. 하지만 먼 아프리카에서 굶고 있는 아이들의 문제에 공감을 느끼는 사람은 그리 많지 않다. 인간의 공감은 한계를 가지고 있으며 사랑도 공감의 범위를 넘으면 혐오가 된다. 이런 이중적인 특성을 가진 인간의 공감 능력은 문명의 발전과 더불어 그 범위도 점차 확장되어왔지만 여전히 가족, 지역, 인종, 국가로 범위가 확대될수록 공감의 강도는 약해진다. 과학과 문명의 발전은 진화의 시간에 비하면 말 그대로 눈깜짝 할 사이에 일어났지만, 공감을 느끼는 범위의 확장은 그 속도를 따라가지 못하고 있는 것이다. 이는 팬데믹 시대의 인류가 가진 약점이다.

팬데믹의 시대라고 해서 인류가 신종 바이러스로 멸종할 가능성은 없다. 집단면역이 존재하기에 누군가는 살아남고 종은 유지될 것이다. 하지만 이건 종의 관점이고 인간성의 관점에서는 이야기가 달라진다. 인류는 개인에게 냉혹한 자연의 원리에 저항하면서 발전해왔다. 인류가 지구 생태계의 지배종이 된 것은 인간성을 바탕으로 수많은 멸종의 위기를 극복한 결과라 할 수 있다. 지금 인류는 피할 수 없는 숙명과 맞서고 있지만 과거에 그랬던 것처럼 언젠가는 답을 찾을 것이다. 하지만 가능한 최소의 희생으로 답을 찾아야 우리 스스로를 '지혜로운 인간Homo sapiens'이라 부를 수 있을 것이다.

51
난제

개인과 집단의 가치 충돌

✹

선진국의 저조한 방역 결과들의 내면을 들여다보면 개인의 자유와 집단의 안전이라는 핵심 가치관이 충돌하고 있다. 개인의 자유를 위해 수많은 희생을 겪었던 역사를 생각하면 쉽게 포기할 수 있는 가치관이 아니다. 하지만 모든 개인의 총합인 집단의 위기를 막으려는 가치관도 역시 포기하기 어렵다. 집단을 위해 개인의 치료를 포기하는 것도 용납되지 않지만, 반대로 개인의 자유를 위해 집단의 안전을 위험에 빠뜨리는 것도 용납되기 어렵다. 자신의 복제에만 관심이 있는 이기적 유전자는 팬데믹 시대에 접어든 우리에게 풀어야 할 어려운 문제를 강요하고 있다.

팬데믹 시대에 변화할 국제적 상황은 변수가 너무 많아서 예측이 쉽지 않다. 대신 방역의 실질적인 주체인 국가의 내부, 즉 사회에서는 어떤 변화가 필요한지 예측해보는 것이 더 가치가 있을 것이다. 아직 코로나19 팬데믹이 진행되는 상황에서 이후의 변화를 예측하는 것은 너무 이르다고 할 수도 있다. 하지만 상황이 종료되면 안도할 것이고 변화를 주저하는 동안 기억은 흐려질 것이다. 바이러스가 생존 압력에 노출되면 진화하는 것처럼, 전염병에 노출된 사회 역시 변화가 불가피하다. 변화의 예측에는 시간과 방향 두 가지 측면이 있다. 변화가 일어나는 시점을 정확히 예측하는 것은 불가능에 가깝지만, 방향은 어느 정도 예측이 가능하다. 전문가들이 예측하는 것은 비대면 인프라의 강화, 공공의료의 재정비, 방역의 통제 기구 강화, 언론의 역할 강화, 그리고 방역 관련 제도나 법령의 재정비 등등이 있다. 이런 예측은 현재 코로나19 방역에 어려움을 겪는 국가들이 보여주는 사회 제도적인 한계에 근거를 두고 있다.

현재 국가별 방역 성적을 살펴보면 전통적인 관료제의 한계를 확인할 수 있다. 관료제는 사회에 영향을 미치는 정책 결정에 대해 신중하게 접근한다. 방역에 의한 피해 발생은 눈에 보일 듯 뻔하고, 바이러스의 확산은 확률의 문제이기 때문이다. 유연한 결정을 더욱 어렵게 하는 문제는 방역이 성공하면 아무 일도 일어나지 않는다는 것이다. 관료는 정책 결정에 책임을 져야 하기 때문에 결과론적 비판에서 자유로울 수 없다. 즉 '착한 양치기 소년의 딜레마'가 극명하게 나타나는 직업인 것이다. 이런 이유로 방역 전문가와 의견 교환을 할 때 보수적으로 접근하는 경향이 생긴다. 이런 경향을 방지하려면 최소한 방역에 한해서는 정책의 성공과 실패를 다르게 평가하는 공감대가 형성되어야 한다. 코로나19의 팬데믹 초기 단계에서는 예방적 선제 조치가 중요한데 관료제의 특성 때문에 신속한 결단이 어려웠던 것이다. 그리고 상황을 제대로 파악하지 못하거나 정치적 이유로 정보를 빠르게 공개하지 않는 경우는 피해가 더욱 커졌다. 방역에서는 상황 변화에 대한 정확한 정보의 공개가 아주 중요하다. 상황을 숨기거나 보여주기식 방역은 자연 현상인 바이러스 전파 앞에서는 무의미하다. 그 결과가 감염자의 증가로 금방 드러나기 때문이다. 정보의 투명한 공개가 이루어서야 상황 변화에 따른 방역 강도의 가변적 운용에 국민들의 호응도 늘어난다.

인포데믹의 부작용을 방지하기 위해서는 주류 언론의 신뢰 회복과 바른 정보 제공이 중요하다. 신종 바이러스의 발생 초기에는 명확한 사실 확인이 어렵다. 하지만 대중의 관심과 공포는 극도에 달해 있기 때문에 언론은 불확실한 정보를 속보의 형식으로 보도하는 경향이 있다. 이런 선정적이고 자극적인 보도는 방역에 도움이 되지 않는다. 오히려 대중의 피로감을 불러와서 정작 제대로 된 정보가 나왔을 때 대중 홍보를 어렵게 만드는 역효과를 가져온다. 잘 모르는 것은 모른다고 정확하게 알려주는 것도 속보만큼 중요한 언론의 역할이다. 언론의 불확실한 정보 보도는 개인 미디어의 불확실한 정보 유통을 부채질한다. 개인 미디어의 정보는 전혀 검증이 되지 않으며 사실보다는 사람들의 입맛에 맞는 루머를 유통시킨다. 심지어 과학적 논리도 없는 선정적인 음모론이 진실처럼 퍼진다. 이렇게 다양한 정보가 쏟아지면 대중은 어느 것이 사실인지 받아들이기 힘들다. 특히 바이러스에 대한 대중의 상식이 충분하지 않은 경우에는 위험한 음모론이 더 널리 퍼지는 경우가 생긴다. 이런 인포데믹 현상은 대중에게 신뢰를 받는 언론이 정제된 정보를 제공해야 막을 수 있다.

사회제도나 언론 변화의 구체적인 방향을 설정하는 것은 정치인이나 전문가 집단이 고민할 문제이지만, 그 이전에 사회 구성원 모두가 같이 고민해야 할 문제가 있다. 개인의 자유와 집단의 안전 사이의 충돌 문제다. 방역에서는 개인과 집단의 이익이 극명하게 충돌할 수밖에 없기 때문이다. 이 어려운 문제에 대한 사회적 합의는 팬데믹 시대를 맞이해 반드시 풀어야 할 숙제다. 개인은 방역의 대상이자 주체이기 때문이다.

코로나19가 개인의 자유를 중시하는 국가에서 활개를 치는 것은 자연스러운 현상이다. 바이러스는 개인 사이에서 전파되기 때문이다. 특히 무증상 전파의 빈도가 높은 코로나19의 특성상 감염이 되어도 스스로 인지하지 못하는 경우가 많다. 이 경우는 방역의 통제를 따르는 것에 거부감을 느끼게 된다. 하지만 바이러스의 감염 여부에 상관없이 일괄적으로 자유에 제한을 가하는 상황이 생긴다. 접촉자의 격리, 감염이 발생한 영업장 폐쇄, 감염자가 늘어나는 지역의 봉쇄, 이동을 제한하는 록다운 등 다양한 수준에서 개인의 자유에 제한이 가해진다. 또한 진단-추적-격리의 전략은 개인의 프라이버시를 침해한다. 개인의 이동 범위가 크지 않던 과거에는 감염 경로의 추적이 중요하지 않았다. 바이러스는 개인의 움직임에 따라 퍼지기 때문에 이동 범위가 제한적이면 지역 봉쇄의 효과가 크기 때문이다. 하지만 교통의 발달은 이런 지역 봉쇄의 효과를 크게 떨어뜨렸을 뿐 아니라 감염 경로의 확인도 어렵게 만들었다. 지방에서 서울의 큰 병원에 와서 진료를 보고 돌아가는 것이 하루 안에 가능한 세상이다. 이동이 많은 상황에서 발생지 중심의 방역 정책은 큰 효과가 없다. 특히 선진국일수록 감염병 전파 추적은 어렵다. 공항, 도로, 지하철, 철도 같은 이동 수단을 고려해야 하고 사람들의 생활 패턴, 인구 비율, 종교 시설이나 학교 등의 집단 활동 상황 등을 모두 고려해야 하기 때문이다. 이렇게 동선이 복잡해지면 추적 과정에서 개인 정보를 침해하는 범위가 커지는 문제가 발생한다.

개인과 집단의 가치 충돌은 역사에서 끝없이 반복되어왔던 난제다. 코로나19는 팬데믹 시대에 우리가 풀어야 할 기출변형 문제를 던진 것이다. 방역이라는 것은 근본적으로 집단의 안전을 위해서 개인의 자유에 제한을 가하는 행위다. 이런 이유로 아시아 국가들의 방역 성적이 좋은 이유는 전체주의 성향 때문이라고 분석하는 사람들도 있다. 코로나19에 피해가 적은 이유가 경찰국가이거나 집단에 순종하는 국민성 때문이라는 것이다.

이는 서구 중심 사고방식이다. 오리엔탈리즘의 색안경을 끼고 있으면 아시아의 다양성이 보이질 않는다. 성숙한 시민의식의 존재 가능성을 아예 배제하는 편향된 시각으로, 통제와 참여를 동일시하는 오류를 범하고 있다. 한편으로는 전체주의에서 개인의 자유를 피로 쟁취해온 서양의 역사를 보면, 개인의 자유는 절대선이고 집단의 통제는 절대악이라는 이분법이 배경에 깔리는 것도 이해할 만하다. 하지만 방역은 개인과 집단의 이익이 충돌하는 것이 아니라 일치하는 문제다. 바이러스라는 이기적 유전자는 가치관에 상관없이 퍼지면서 개인에게는 감염, 집단에게는 전파라는 문제를 동시에 일으킨다. 즉 개인과 집단의 안전 문제이지 자유와 통제의 대립 문제가 아니다. 개성과 생각의 다양성을 생물학적 다양성과 혼동하면 문제가 복잡해진다. 개인의 생각이 아무리 다양해도 생물학적으로 인간은 단일종이다.

인류를 단일 지배종의 위치에 올려놓은 문명은 자유와 진보의 원리로 발전하였다. 이 자유와 진보는 생물학에서 말하는 다양성과 자연선택의 원리와 유사하다. 하지만 인간 문명의 진보는 생각의 변화이며, 그 바탕에 인본주의가 깔려 있다. 인본주의는 모든 사람의 가치는 동일하며 나의 자유만큼 타인의 자유도 소중하다는 이타성의 발현과 맞닿아 있다. 이는 개인주의의 한계와 연결되는데, 내가 특별하다는 것은 다른 사람도 모두 특별하다는 것이다. 결국 나만 특별하지 않다는 것이다. 바이러스가 나를 특별하게 취급해줄 것이라는 생각도 틀린 것이다. 사실 이런 인본주의가 없다면 방역은 필요 없다. 코로나가 날뛰게 내버려두면 알아서 집단효과가 나타나고 상황은 빠르게 해결될 것이다. 단 우리나라에서만 최소 250만 명이 죽고 나서 말이다. 치사율이 높은 신종 바이러스가 발생해 많은 사람이 죽어도 인류가 멸종할 일은 없다. 하지만 이것은 자연의 선택압력에 저항해온 인류 문명의 작동방식이 아니다.

생물학에서 종의 진화는 개체들의 자유로운 무한 경쟁으로 달성된다. 무한 자유는 곧 개인의 무한 책임이며, 이는 집단에서 재난이 발생하더라도 생존은 개인의 책임이 된다. 이는 신자유주의로 구체화되어, 세계화 시대에 국가를 발전시키는 원초적이고 효율적인 방식이 되었다. 종의 진화에 생존 경쟁이 가장 효율적인 것처럼 국가의 발전에는 개인들의 무한 경쟁이 가장 효율적이기 때문이다. 아이러니하게 문명이 발전하면서 생태계와의 원초적 유사성이 발현되는 것이다.

심지어 바이러스로 인한 희생을 자유를 위한 대가라고 하는 사람도 있다. 하지만 자유는 살아난 자들이 누리는 것이지 죽은 자들의 것이 아니다. 타인의 죽음을 대가로 누리는 자유가 정당하다면 영화 〈어벤져스 인피니티 워〉에서 타노스가 손가락을 튕긴 것을 정의의 구현이라고 해야 할 것이다. 집단을 숙주로 하는 바이러스의 팬데믹에서는 자신의 자유가 타인을 감염시키고 면역이 약한 사람들을 죽음으로 몰아넣는다.

법치 국가에서는 자유를 허용해도 타인에게 해를 가하는 행위를 범죄로 규정한다. 범죄의 경우는 판단이 비교적 명확하기에 감옥에 가두어 자유를 구속하는 것을 전체주의라고 비난하지 않는다. 바이러스 유행에서는 누가 감염자인지 검사를 하기 전에는 알 수가 없다. 따라서 감염자와 비감염자의 구분 없이 전체 집단을 대상으로 자유의 제약이 가해지는 상황이 발생한다. 하지만 자유와 자유 의지는 다르다. 자유가 주어졌지만 자유 의지가 없는 사람도 있고, 자유는 없지만 자유 의지를 가지는 사람도 있다. 방역을 자유에 대한 통제로 받아들이느냐 아니면 나와 타인을 위한 협조로 생각하느냐를 결정하는 것은 개인의 자유 의지에 달려 있다.

사실 방역에 협조해야 하는 이유에 대해 이런 철학적 근거까지 생각할 필요는 없다. 방역에 대해 자유와 통제를 대립시키는 데 대한 이분법적 논리의 맹점을 지적하기 위한 설명이 길어진 것뿐이다. 방역에서는 집단과 개인의 목표가 일치한다는 것을 이해하기만 하면 거창하게 자유 의지를 들고 나올 필요도 없다. 개인이 방역에 능동적으로 참여할수록 바이러스 확산은 빠르게 제압되고 자유에 대한 통제는 빨리 풀리게 된다. 방역에 협조하지 않을수록 더 넓게 확산되고 자유에 대한 통제는 길어진다. 방역에서 발생하는 문제에 대한 철학적·윤리적 고민을 내려놓고, 단일종에서의 바이러스 전파라는 생물학적 관점으로 한 계단 내려가서 보면 개인과 집단의 이해가 충돌할 이유가 전혀 없다.

하지만 개인들이 자유 의지로 잘 협조한다고 해서 이를 국가가 당연하게 생각하면 곤란하다. 개인의 자유를 제한하는 것은 모두에게 공평한 고통을 가져오지 않기 때문이다. 바이러스는 사회의 가장 취약한 지점을 파고든다. 방역이 효과적이려면 이런 취약계층에 대한 고려가 필요하다. 사회의 구성원들은 인체의 세포처럼 적정한 산소와 영양분을 공평하게 공급받지 않는다. 세포는 생존하기 위해 돈을 내지 않지만, 사람은 생존하기 위해서는 돈을 내야 한다. 그래서 자유의 제한은 경제적 상황에 따라 다른 결과를 가져온다. 여유가 있는 사람에게는 방역 통제가 가벼운 불편 정도이지만 오늘 일을 하지 않으면 내일 굶어야 하는 사람에게는 생존을 위협하는 문제다. 이들에게는 바이러스보다 배고픔이 더 심각한 문제인 것이다. 이런 개인별 상황을 고려하지 않고 획일적인 통제와 희생을 강요한다면 그것이 바로 전체주의 국가의 모습일 것이다.

현재 코로나19에 의해 여러 사회문제가 표면에 드러나고 있다. 그 중 가장 시급한 일은 방역이라는 특수 상황에서 개인과 집단의 균형에 대한 사회적 합의다. 방역 상황에서 기존의 윤리체계로 개인 행동에 대한 판단이 충분한지, 통제와 안전의 균형은 어디에 둘 것인지, 위험한 행위의 범위는 어디까지인지, 개인 행위의 적절성을 판단하는 법적인 근거에 보완할 점은 없는지 등등이 이번 코로나19가 우리에게 던진 사회적 합의의 구체적인 문항들이다. 이는 잠시만 생각해도 만만한 일이 아니며, 합의에는 많은 진통과 시간이 필요한 일들이라는 것을 알 수 있다. 따라서 신종 바이러스에서 안전한 사회를 만들기 위해서는, 팬데믹이라는 특수 상황에서 개인의 자유와 집단의 통제의 균형에 대한 사회적 합의를 이끌어내는 것이 가장 시급하면서 어려운 일이라 할 수 있다.

52
개인

방역의 주인공

✳

솔직히 지배종의 숙명이나 사회적 합의 같은 이야기는 일상의 삶이 바쁜 우리에게 너무 거창하다. 우리가 가장 관심이 있는 것은 자신과 주변 삶의 변화다. 팬데믹의 유행에서 발표되는 집단의 통계 수치들은 개인이 겪어야 하는 위험 확률과는 의미가 다르다. 치사율 90퍼센트의 신종 바이러스가 등장하더라도 인류라는 집단이 멸종될 가능성은 없다. 하지만 치사율이 0.1퍼센트의 신종 바이러스라도 내가 죽으면 끝이다. 팬데믹 시대의 개인은 스스로를 지켜야 한다. 그리고 이런 개인이 많을수록 그 사회는 안전해진다. 팬데믹 전파의 매질이 개인이기 때문이다.

인구 증가, 생물 다양성의 파괴, 기후 변화, 식량 위기…… 인류의 위기에 대한 경고들이 늘어날수록 개인에게 다가오는 의미는 점점 더 무디어진다. 위기에 대응하기 위한 개인의 역할은 제한적이기 때문이다. 하지만 신종 바이러스 팬데믹은 개인이 위기 대응의 주역이라는 점에서 차이가 있다. 절대세포기생체인 바이러스는 개인을 계속 감염시켜야 존재하며, 모든 사람이 개인 방역에 신경을 쓰면 팬데믹은 저절로 해결되기 때문이다. 하지만 각자의 앞에 해결되기를 기다리는 일상 문제의 종류와 강도에는 차이가 있다. 이렇게 상황과 이해가 다른 수많은 개인들이 인체의 세포처럼 일사불란하게 협력하는 것은 불가능하다. 수많은 이해관계의 충돌로 상황이 악화되고 상기화되는 코로나19의 전개 상황을 보면 개인의 무기력함마저 느껴진다. 그럼에도 개인 방역의 중요성이 사라지는 것은 아니다.

팬데믹 시대에 개인적 관점에서 감염은 사고의 일종으로 정의할 수 있다. 학문적 관점에서 사고는 위험 요인이 존재하는 환경에서 일어나는 의도치 않은 손실로 정의된다. 이 정의를 확장하면 팬데믹은 위험이 존재하는 환경으로, 감염은 의도치 않은 손실의 발생으로 규정된다. 뻔한 일에 학문적 정의까지 들먹이는 이유는 두 가지가 있다. 첫째는 감염은 '그냥 재수가 없어서 생기는 일'이 아니라는 것을 명확히 하려는 것이고, 둘째는 감염 예방에 대해 체계적으로 접근하기 위해서다. 이렇게 엄밀하게 접근하지 않으면 감염을 단순한 운명의 장난으로 여기거나, 정반대로 감염자에 대한 비난의 감정이 먼저 앞서게 된다. 비난과 혐오는 문제가 해결된 듯한 착각을 주지만, 사실은 오히려 상황을 더 악화시키는 원인이 된다. 감염자에 대한 비난이 일상이 된다면, 개인은 증상을 느껴도 부정하거나 숨길 것이다. 따라서 감염을 사고로 정의해야 그 특성을 해부하는 작업을 할 수 있다.

일반적으로 사람들이 사고에 대해 관심을 가지는 것은 손실의 크기다. 하지만 이것이야말로 우연의 영역이기 때문에 여기에 초점을 맞추면 본질이 흐려진다. 사고에서 가장 중요한 핵심 단어는 비의도성이다. 스스로를 위험한 상황에 노출한 개인에게 발생된 감염은 사고가 아니다. 감염은 반드시 피해야 할 '의도치 않은' 사고로 분명하게 인식하는 것이 개인 방역의 시작점이다. 당연한 사실을 새삼스럽게 강조하는 이유는 실제로 많은 사람들이 코로나 감염을 사고로 인식하지 않기 때문이다.

역설적이지만 이번 팬데믹이 장기화되면서 천문학적인 손실이 발생한 원인 중 하나는 낮은 치사율이다. 만약 치사율이 50퍼센트였다면 모든 사람은 감염을 피하기 위해 필사적으로 노력했을 것이다. 하지만 2퍼센트에서 오르내리는 애매한 치사율 때문에 감염의 위험보다는 개인의 일상 문제가 더 중요한 사람들이 많아진 것이다. 치사율과 전파력이 반비례하는 경향은 바이러스 변이가 주된 이유이지만, 전파의 환경 측면에서도 이런 애매한 치사율이 지속적인 전파를 가능하게 만든다. 애매한 치사율은 개인적 합리화로 실제 위험을 과소평가하게 만들기 때문이다. 여기에 그치지 않고 감기와 비슷한 수준이라고 주변을 설득하거나, 방역을 빌미로 자유를 통제한다는 음모론을 유포하는 경우도 발생한다. 이런 안타까운 상황은 위험 확률과 치사율을 혼동하기 때문에 벌어진다.

확률은 미래의 사건에 대한 예측으로 0에서 1 사이의 값을 가진다. 한 개인이 감염되었을 때 무조건 죽는다면 사망 확률은 1, 무조건 산다면 0이다. 하지만 치사율은 확률이 아니라 비율이다. 이는 과거에 일어난 일에 대한 통계적인 값으로 0에서 100퍼센트 사이의 값을 가진다. 감염자 100명 중 100명이 죽으면 치사율 100퍼센트, 0명이 죽으면 0퍼센트인 것이다. 판돈을 건 뒤, 1에서 6 사이에서 숫자를 선택하고, 주사위를 던져 그 숫자만 나오지 않으면 판돈의 두 배를 돌려주는 도박이 있다고 하자. 참가자가 질 확률은 6분의 1, 이길 확률은 6분의 5다. 판돈이 1억이라도 이길 확률이 5배나 높기 때문에 사람들이 이 도박을 하기 위해 줄을 설 것이다. 참가자가 절대적으로 유리한 이 이상한 도박과 확률적으로는 완전히 동일한 러시안룰렛이라는 치명적인 도박이 있다. 여섯 발이 들어가는 리볼버 권총의 회전식 탄창에 총알 한 발만 넣고 돌린 뒤, 자기 머리에 대고 방아쇠를 당긴다. 살아남으면 판돈을 따게 된다. 이 게임의 사망 확률은 6분의 1인 0.167이다. 만약 10명이 참여해 2명이 죽었다면 치사율은 20퍼센트가 된다. 그리고 참여하는 사람의 수가 많아질수록 치사율은 사망 확률의 기대값인 16.7퍼센트에 점점 가까워질 것이다. 사실 총이라는 섬뜩한 상황을 제외하면 확률적으로는 여전히 참가자가 5배나 더 유리한 게임이다. 하지만 목숨이 판돈이라면 참가자는 극소수에 불과할 것이다.

이렇게 확률의 게임에서는 판돈, 즉 치러야 할 대가에 의해 주관적인 판단이 달라진다. 죽음은 사람이 치를 수 있는 가장 큰 대가다. 이런 이유로 전염병이 발생하면 죽을 확률에 관심이 집중된다. 하지만 개인이 죽을 확률은 계산이 불가능하기에 치사율이 대신 사용된다. 하지만 치사율은 전체 집단의 위험과 방역의 성과를 가늠하기 적합한 결과적 '통계'다. 치사율 2퍼센트는 100명이 감염되어 2명이 죽었다는 결과론적 의미이지, 자신이 감염되면 죽을 확률이 2퍼센트라는 예측의 의미는 아니다. 감염에 의한 사망의 위험 확률은 개인마다 다르다. 특히 신종 바이러스의 감염에서는 면역에 영향을 미치는 나이, 음주, 흡연, 비만, 혹은 당뇨병 등이 위험 확률을 변화시킨다. 또한 감염이 일어났을 때의 영양 상태, 스트레스, 접촉한 바이러스의 양 등에 의해서도 영향을 받는다. 이런 개인적 요인을 벗어나 진단과 치료 같은 방역 차원의 요인들도 영향을 미친다. 이처럼 감염된 개인이 가진 다양한 위험 확률에 의해 결과가 나오면, 그 결과들을 모아서 하나의 수치로 만든 것이 치사율이다. 이 치사율은 전염병의 심각성을 판단하는 훌륭한 지표이지만 자신이 감염이 되었을 때의 위험성은 알려주지 않는다.

코로나19 위험 확률에 가장 큰 영향을 주는 단일 요인은 개인의 연령이다. 집단면역이 0인 상태에서 퍼지는 신종 바이러스의 감염은 개인의 새로운 항체 생성 능력에 따라 결과가 정해진다. 적응면역도 노화가 되기 때문에 감염자의 나이가 많을수록 위험 확률도 높아진다. 간접적으로 연령별 치사율을 보면 40세 이전인 경우는 0.2퍼센트에 그치지만, 40세 이상이면 점점 올라가서 80세 이상에서는 15퍼센트에 육박한다. 이런 데이터를 보고 젊다는 이유로 코로나를 감기 정도로 가볍게 여기는 경우가 있다. 하지만 젊은 사람이라도 독감에 비하면 치사율이 20배나 높다. 바이러스 감염은 자신의 생명을 건다는 점에서 러시안룰렛과 유사하다. 개인마다 사용되는 탄창의 크기가 다를 뿐이다. 젊은 사람은 200발, 나이 든 사람은 6발짜리 탄창을 사용하는 셈이다. 사람의 심리는 비교에 익숙하다. 특히 기준이 애매한 감염의 경우는 나이 든 사람의 높은 치사율을 보면서 젊은이는 상대적으로 안전하다고 느낀다. 그런데 러시안룰렛은 살아나면 판돈이라도 따지만, 바이러스 감염은 살아야 본전인데 이 게임에 참여할 이유가 없다. 더구나 본인이 감염되면 멀리 있는 양로원에 있는 얼굴도 모르는 노인에게 전파가 되는 것이 아니다. 서로 격리가 불가능한 소중한 가족들도 강제로 러시안룰렛에 참여시키는 것이다.

집단, 가족 혹은 개인, 그 어떤 관점에서 판단하든 바이러스는 안 걸리는 것이 최상의 대응이다. 일단 감염되면 사망 확률은 무조건 0보다 크다. 바이러스는 외부 환경에 입자로 존재할 때가 가장 취약한 상태이며, 감염자의 주변에 있을 때에만 감염의 확률이 생긴다. 따라서 개인 간의 전파는 바이러스의 약점이 노출되는 결정적인 순간이며, 개인만이 이 약점을 제대로 공격할 수 있다. 무생물에 불과한 바이러스 입자가 몸속에 들어와 하나의 세포라도 감염이 되면, 주변의 세포들은 차례로 숙주세포로 변한다. 바이러스 입자와 숙주세포를 모두 제거하기 위해 면역은 길고 힘든 싸움을 해야 한다. 따라서 바이러스 감염은 치료보다는 예방이 정답이다. 깨끗한 물에 떨어진 잉크를 제거하기 위해 노력하는 것보다는 떨어뜨리지 않게 조심하는 것이 훨씬 쉽다. 바이러스 감염은 꽝이 나와도 홀홀 털어버릴 수 있는 로또가 아니다. 감염은 손실을 동반하는 사고다.

53

위생

머리로만 보이는 더러움

✳

깨끗한 더러움이라는 모순의 표현이 바이러스 세계에서는 통한다. 먼지 하나 없는 하얀 식탁을 보면 기분이 좋아진다. 투명한 유리컵에 담긴 물을 보면 위생적이라고 느낀다. 하지만 거기에는 바이러스 비말이 오염되어 있을 수 있다. '아는 만큼 보인다'는 말처럼 이 상황을 잘 설명하는 말은 없을 것이다. 인간의 감각은 바이러스를 감지하기엔 너무 무디다. 바이러스의 위험은 눈이 느끼는 것이 아니라 머리가 생각하는 것이다. 팬데믹 시대에는 감각을 넘어서는 위생 개념의 확장이 필요하다.

사고는 다층적인 원인 요소들이 도미노처럼 붕괴하면서 일어난다. 사고의 도미노는 배후원인, 근본원인, 직접원인, 사고, 손실의 순서로 무너져간다. 감염 사고에서의 배후원인은 코로나19 팬데믹이고, 근본원인은 무증상 전파라고 할 수 있다. 배후원인은 이미 무너진 상황이고, 근본원인을 방역으로 막는 것은 불가능하다는 것이 이

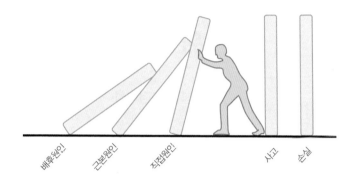

배후원인   근본원인   직접원인   사고   손실

그림 53-1 사고 발생의 도미노와 개인의 역할

미 증명되었다. 사고는 의도치 않게 감염이 일어난 상황이고, 손실은 마지막에 무너지는 도미노로 사망이나 부작용 같은 피해가 발생한다. 손실은 완전한 확률의 영역으로 개인의 통제 범위 바깥에 있다. 따라서 감염 사고의 바로 직전에 서 있는 직접원인이 개인이 막을 수 있는 유일한 지점이다. 직접원인은 불안전한 상태에서 불안전한 행동을 하는 것이다. 개인 방역에서는 감염의 위험이 높은 불안전 상태를 피하는 것이 가장 효율적이다.

　팬데믹 시대의 주범인 호흡기바이러스 감염의 경우는 기존의 위생 관념으로 불안전 상태를 인지하기 어렵다. 따라서 위생의 개념을 확장하는 것이 필요하다. 기존 위생 관념의 대상인 세균은 독립 영양 생물로 물과 영양분만 있으면 스스로 증식한다. 세균의 증식은 썩는다는 의미이며 색깔·냄새·맛 같은 사람의 감각으로도 간접적인 확인이 가능하다. 따라서 일부러 상한 음식을 즐기는 취미가 없다면 세균에 대한 위생 개념은 비교적 직관적이다. 하지만 절대세포기생체인 바이러스는 숙주 밖에서는 무생물 입자로 존재한다. 음식을 썩게 하지도 않고 공기에 포함되어 있어도 알 수가 없다. 무색무취로 존재하기에 바이러스의 오염은 인간의 무딘 감각으로는 인지가 불가능한 것이다. 식당에서 손을 씻으러 화장실을 갔는데 때로 얼룩진 비누가 놓여 있다고 생각해보자. 그런 비누는 손도 대기 싫을 것이다. 하지만 미생물의 세계에서 때로 얼룩진 비누는 우리 손에 비하면 병원의 수술실 수준이다. 식사를 하기 전에는 비누로 손에 묻어 있을지 모르는 바이러스를 제거하는 것이 올바른 위생 개념이다. 이렇게 팬데믹 시대의 위생은 눈이 아닌 머리로 보는 개념의 전환이 필요하다.

이런 위생 개념 전환의 필요성은 현대 백신 개발의 전기가 되었던 20세기 초반 미국의 소아마비 유행에서 확인되었다. 당시 저소득층보다는 위생적인 환경에서 생활하는 중산층 이상에서 더 많은 피해가 발생하였다. 이것은 전염병과 위생은 반비례한다는 기존의 상식으로는 설명이 되지 않는 현상이었다. 당시에는 중산층과 저소득층의 위생환경에 큰 차이가 나던 시절이었다. 비위생적 환경에서는 소아마비바이러스가 지속적으로 순환하며, 엄마와 아기는 거의 동시에 바이러스에 노출된다. 하지만 이미 면역을 획득한 엄마는 기억세포에서 빠르게 항체를 만들어내고 이는 모유로 배출되어 아기에게 전달된다. 이 항체는 아이의 위장관에 있는 바이러스를 중화시킨다. 엄마가 도와주는 수동 면역으로 아기는 소아마비바이러스에 대한 면역을 쉽게 획득하게 된다. 이처럼 특정 바이러스가 유행하면 엄마는 모유를 통해 아이가 일상생활에서 접하게 될 항원들에 대해 미리 적응하도록 도와주는 것이다. 하지만 깨끗한 위생 환경에서는 엄마와 아이 모두 소아마비바이러스와 접촉할 가능성이 떨어진다. 따라서 모유에는 소아마비에 대한 항체가 포함되어 있지 않으며, 아이도 바이러스에 노출될 가능성이 적다. 하지만 아이는 위생적인 환경에서 영원히 머물러 있을 수는 없다. 자라면서 친구들과 어울리기 시작하면서 새로운 환경과의 접촉 범위가 점점 넓어진다. 이때 소아마비바이러스를 처음으로 접하게 되면 아이는 엄마의 수동 면역의 도움 없이 스스로 기억세포를 획득해야 하는 상황에 놓이는 것이다. 동일한 소아마비바이러스에 노출되어도 비위생적 환경에서 양육된 아이는 이미 면역을 획득했을 가능성이 높지만, 위생적 환경에서 양육된 아이는 더 큰 부작용을 겪어야 할 확률이 커진다. 왜냐하면 소아마비의 경우 최초 감염의 연령이 높을수록 증상이 심각해지는 특성을 가지고 있기 때문이다. 중년에 소아마비에 걸렸던 루스벨트 대통령의 하반신 마비가 대표적인 부작용의 예다.

모유를 통한 수동 면역은 포유류가 병원체와 공생하던 비위생적인 환경에서 오랜 시간 진화를 했기 때문에 형성되었다. 포유류의 특징은 모유를 통해 새끼를 돌보는 것이다. 포유류 진화 초기는 공룡이 지배하던 세상이었으며, 포유류는 어둡고 습한 비위생적 환경에서 숨어 살아야 했다. 이런 환경에서 흔하게 접하는 병원체들에 대한 면역세포 획득을 도와주도록 모유를 통한 수동 면역 기전이 진화한 것이다. 하지만 수억 년이 걸려 진화했던 면역은 문명의 급격한 발전 속도를 따라갈 시간이 없다. 직관적인 위생 개념의 정착으로 세균에 의한 감염 가능성은 극적으로 줄었지만 대신 바이러스가 새로운 위험으로 떠올랐다. 이런 문명의 발전으로 인한 전염병의 양상 변화로 인해 위생의 새로운 개념 변화가 강조되는 것이다.

진화의 속도를 압도하는 환경 변화가 가져온 면역학적 질환의 증가를 설명하는 것이 위생 가설hygiene hypothesis이다. 과거의 비위생적인 환경에서는 바이러스를 포함해 세균, 기생충, 곰팡이 등의 다양한 병원체를 일상적으로 접하고 면역은 이것을 극복하도록 진화하였다. 하지만 위생적인 환경은 면역이 할 일을 줄어들게 만들었다. 면역학에서는 '백수는 나쁘다'는 유명한 말이 있다. 할 일이 없어진 면역은 넘치는 힘을 주체하지 못해 아토피atopy, 전신성 홍반성 루프스systemic lupus erythematosus, 류마티스성 관절염rheumatoid arthritis, 궤양성 대장염ulcerative colitis 등의 다양한 자가면역질환으로 나타나게 된다. 이런 경우가 할 일이 없어진 면역이 발생시키는 질환이라면, 바이러스에 감염은 면역의 경험이 부족해서 발생한다. 면역의 초기 발달 단계인 영유아 시기는 앞으로 살면서 흔히 접하게 될 바이러스들을 경험하는 시기다. 위생적인 환경에서는 면역이 기억세포를 획득하는 기회를 가질 수가 없다. 이후 아이가 자라 다른 사람과 접하면서 감염된 바이러스는 스스로의 면역으로 이겨내야 한다. 이런 이유로 바이러스에 의한 영유아 감염은 인류의 평균수명을 줄이는 주된 원인이었다. 하지만 그렇다고 현대 사회에서 모유를 무조건 먹일 수도, 일부러 더러운 환경에서 아기를 방치할 수도 없다. 대신 과학은 아이들이 흔하게 접하는 바이러스에 대한 백신을 개발하였다. 아기를 깨끗하게 키우는 대신 성장 시기별 예방접종이 새로운 위생 관념이 된 것이다. 만약 이런 예방접종이 없었다면 밀집화된 현대 도시의 위생적인 생활은 불가능했을 것이다.

면역에게 익숙한 더러움은 위험이 되지 않는다. 하지만 익숙하지 못한 깨끗함은 위험이 된다. 기억세포 때문이다. 위생적인 생활을 하면서 예방접종도 잘하는 현대인에게 가장 위협이 되는 상황은 이번 코로나19 같은 신종 호흡기바이러스다. 팬데믹이 발생했다는 것은 기존의 위생 관념으로 막을 수 없다는 것과 동일한 의미다. 일상 생활에서 언제 어디서 바이러스와 접촉할 가능성이 있는지를 안다는 것은 팬데믹 시대의 위생에 있어 중요하다. 신선한 식재료가 위생적이라는 것은 일반적인 상식이다. 하지만 이것은 세균에 대한 위생에 있어 상식이지, 바이러스 위생의 관점에서는 신선할수록 위험하다. 살아 있는 숙주에서만 배출되는 바이러스는 시간이 지날수록 감염력이 급격히 떨어지기 때문이다. 특히 주로 소화기에 감염을 일으키는 바이러스와 달리 호흡기에 감염을 일으키는 바이러스의 외막은 외부 환경에서 쉽게 망가지기 때문에, 감염 숙주의 주변에서만 감염이 일어난다.

문화적 배경을 떠나 야생동물의 음성적인 거래는 바이러스 위생 문제를 일으킨다. 양성화된 식재료처럼 관리가 이루어지지 않기 때문이다. 가축의 경우는 도축 후 고기의 형태로 포장되어 유통이 이루어지기 때문에 살아 있는 가축과 소비자 사이에 바이러스 전파의 연결고리가 끊어진다. 하지만 음성적으로 거래되는 야생동물의 경우 고기의 출처 확인을 위해 산 채로 거래되는 경우가 많다. 설상가상으로 살아 있는 동물들을 종에 상관없이 좁은 공간에 몰아넣고 보관한다. 결국 어디서 포획되었는지 모를 야생동물들이 비위생적인 환경에서 서로 바이러스를 전파하고, 사람에게도 전파하는 환경이 만들어지는 것이다. 과거 사스 발생 당시에는 이런 연결관계가 분명히 증명되었기에 야생동물 시장은 폐쇄되고 매매는 금지되었다. 하지만 야생동물을 보호하기 위한 국제적인 압력과 혐오는 오히려 야생동물 시장을 더욱 음지로 몰아넣고 관리를 힘들게 만든 결과가 되었다. 문화와 관습이 상황에 따라 쉽게 변하지 않기 때문일 것이다. 이런 경우가 아니더라도 불가피하게 동물과 접촉해야 하는 경우가 있다. 앞서 이야기한 것처럼 축산업에 종사를 하는 경우에는 가축이 야생동물과 접촉할 가능성을 줄여야 하며, 종사자 개인도 호흡기바이러스에 감염되지 않도록 신경을 써야 한다.

일단 바이러스가 사람으로 건너와 신종 바이러스가 된 상황에서는 사람이 감염원이 된다. 특히 이번 코로나19처럼 무증상 전파가 일어나는 상황에서는 누가 감염자인지 파악이 어렵다는 것이 큰 문제가 된다. 따라서 팬데믹이 진행되는 상황에서는 자신을 보호하는 개인위생이 더욱 중요한 것이다. 무엇을 조심해야 하는지 알기 위해서는 바이러스가 들어오고 나가는 위치를 이해해야 한다. 바이러스 감염은 아무 곳에서나 시작되지 않는다. 바이러스 입장에서 사람의 피부는 강철 갑옷이나 다름없다. 상처가 생기거나 모기가 뚫지 않는

한 무생물인 바이러스 입자가 피부를 통과하는 것은 불가능하다. 하지만 인체에는 외부 공간이면서도 피부로 보호되지 않는 부분이 있다. 이 노출 부위들은 건조한 피부 대신 촉촉한 점막으로 덮여 있는데, 여기에 바이러스가 접촉하면 감염이 일어난다. 호흡기와 위장관 내부의 어느 부분에서도 감염이 가능하지만 바이러스가 처음 들어오는 진입 지점entry point은 코와 입이다.

숙주에서 증식한 바이러스 입자는 코, 입, 생식기, 항문 등으로 배출되며 이를 탈출 지점exit point이라 한다. 바이러스 입장에서는 탈출 지점과 진입 지점이 가까울수록 효율적으로 사람 간에 전파가 된다. 코로나19의 전파속도가 빠른 이유도 숙주로의 진입과 탈출의 간격이 짧기 때문이다. 소화기 감염을 일으키는 바이러스는 항문으로 배출된 바이러스가 다시 입으로 진입하기 위해서 시간이 걸리고 어려운 난관을 거쳐야 한다. 소화기를 감염시키는 바이러스들이 주로 나체바이러스인 것은 외부 환경에서는 세포막이 파괴되기 쉽기 때문이다. 또한 어린아이가 아니라면 이런 전파 기전은 기존의 위생 관념과 직결되어 있기에 조심하기 쉽다. 문제는 호흡기바이러스다. 호흡기바이러스의 감염은 좁은 기도에 공기가 빠르게 지나갈 때 발생하는 비말에 묻어서 배출된다. 호흡기가 자극이 되면 재채기나 기침으로 바이러스가 오염된 비말이 대량으로 배출된다. 이런 경우는 감염자도 조심하기 마련이고, 옆에 있는 사람도 조심하기 마련이다. 이번 코로나19의 전파가 빨랐던 이유 중 하나가 감염 초기 무증상 단계에서도 바이러스가 배출되기 시작한다는 점이었다.

코로나19의 무증상 잠복기는 2일에서 2주까지 다양하게 나타난다. 이런 경우에는 불안전 상태의 인지가 어렵다. 무증상 감염자가 조용히 숨만 쉬는 경우는 비말이 거의 배출되지 않지만 소리를 내면 비말이 나오기 시작한다. 목소리가 커지거나 노래를 부르거나 소리를 지르는 경우는 비말이 더 많이 배출된다. 이런 경우는 기침이나 재채기에 비해 비말의 양은 적지만, 방심하고 있던 주변 사람들은 더 오랜 시간 동안 바이러스에 오염된 비말에 노출된다. 호흡기바이러스는 비말 이외에도 손이나 음식물을 통해 입으로 진입하는 경우도 있다. 감염된 사람이 마스크를 쓰지 않고 기침하거나 말을 하면서 돌아다니면 바이러스 비말이 주변에 살포된다. 공기 중에 떠다니던 비말은 무게에 의해 가라앉게 된다. 식탁, 책상, 손잡이 등에 떨어진 비말 속의 바이러스는 마르기 전까지는 감염력이 유지된다. 비말의 대부분은 점액 성분으로 증발이 느리기 때문에 최장 8시간까지 바이러스의 감염력이 유지된다.

바이러스는 불결한 위생 환경이나 상한 음식이 아니라 바로 주변에 있는 사람이 감염원이다. 이는 직관적인 기존의 위생 관념을 거스르기 때문에, 바이러스에 대한 위생 관념을 정착시키기 쉽지 않은 것이 사실이다. 사회적 동물인 인간이 타인의 시선에 상관없이 행동하기는 어렵기 때문이다. 따라서 바이러스에 대한 위생 개념이 상식으로 자리를 잡아야 개인 방역이 제대로 이루어진다. 바이러스에 대한 위생 개념은 바이러스나 면역에 대한 자세한 지식이 필요하지 않다. 멀쩡해 보이는 주변 사람들, 심지어는 바로 자기 자신이 오염원

그림 53-2 머리로만 보이는 더러움

일 가능성이 있다는 것을 인정하면 된다. 바이러스를 배출하고 있는 사람은 위 그림처럼 마주보고 대화를 나누고 있는 친구일 수도 있고, 선풍기 바람을 가로막고 앉은 옆자리의 아저씨일 수도 있다. 감염자가 내뿜는 바이러스에 오염된 비말은 자신의 호흡을 통해 빨려들어온다.

54
습관

감염 경로의 차단

✳

바이러스는 개인의 생활 습관을 이용해 몸으로 들어온다. 한줌의 바이러스가 몸속으로 들어와 일단 감염이 일어나면 제거하기 위해 힘들고 긴 과정을 거쳐야 한다. 하지만 애초에 바이러스가 들어오는 감염 경로를 차단하는 생활 습관을 가진다면, 고통스러운 면역 과정도 최첨단의 현대 의학도 필요 없다. 팬데믹의 시대가 어떻게 전개되어도 바이러스에 대한 최선의 대응은 언제나 예방이다.

바이러스 감염 사고의 마지막 방아쇠는 개인의 불안전한 행동이다. 행동은 환경의 자극과 반응의 상호 작용이다. 불안전 환경에서 일어나는 불안전 행동은 의도치 않은 사고를 일으킨다. 분석에 의하면 불안전 상태에서 일어나는 사고의 80퍼센트 이상이 불안전 행동에 의해 유발된다고 한다. 불안전 행동을 유발하는 원인은 '인간적 오류'인데, 기계가 아닌 이상 피하기 어려운 오류다. 인간적 오류에는 지식 부족, 잘못된 습관, 의욕 저하, 스트레스, 피로 누적 등이 있다. 팬데믹 상황에서 가장 불안전한 환경은 코로나19 격리 병동이지만 여기서 일하는 의료진의 감염은 거의 발생하지 않는다. 이들은 정확한 지식을 가지고 있으며, 적절한 보호장비를 갖추고, 안전 절차를 습관으로 가지고 있다. 무엇보다 교대 근무를 통해 스트레스와 피로 누적을 최소화히여 불안전 행동을 예방한다. 외국의 의료 붕괴 상황을 보면 지식, 장비, 습관이 동일하더라도 갑자기 몰려드는 환자로 스트레스와 피로가 누적되면 감염 사고가 일어난다. 이는 의욕 저하, 스트레스, 피로 누적이 사고를 유발하는 변수라는 의미다.

심리학에서 정의하는 주의attention란 주변 환경에서 주어지는 수많은 자극들 중에서 중요한 정보만 선택적으로 받아들이고, 의도적인 행동으로 반응하는 의식의 상태를 말한다. 반대로 주의 유지에 실패하는 상황을 부주의로 정의하는데, 의식의 중단, 우회, 저하, 혼란 등이 포함된다. 예를 들면 의식의 중단은 수업 시간에 멍 때리는 것이다. 의식의 우회는 수업 시간에 다른 상상을 하는 것이다. 의식의 저하는 끝나지 않는 수업 때문에 피곤해지는 것이다. 의식의 혼란은 수업 중에 접한 흥미로운 내용에 사로잡혀 빠져나오지 못하는 것이다. 수업 중에 주의를 유지하려는 집중의 강도는 다음 그림 54-1에서 보듯이 널뛰듯 변한다. 누구라도 학생을 모아놓고 수업을 해보면 부주의가 정상이고 주의가 비정상 상태라는 것을 느끼게 될 것이다. 물론 여기서는 비정상 학생들의 성적이 더 좋다. 교수라고 별수 없다. 교수도 남의 수업을 듣고 앉아 있으면 부주의 상태에서

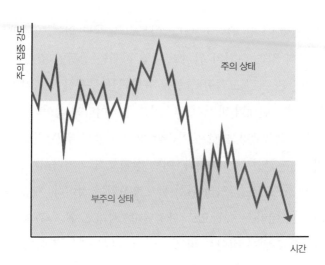

그림 54-1 시간에 따른 주의 집중 강도 변화

허우적대는 것이 정상이다. 수업처럼 인간의 본능과 일치하지 않는 행동이 요구되는 상황에서 주의를 유지하려면 많은 에너지가 소비된다. 간단히 말하면 주의 집중을 유지할 수 있는 시간이 짧다는 것이다.

개인 방역에서도 불안전 행동을 하지 않기 위해서는 주의 집중이 필요하다. 하지만 수업과 마찬가지로 주의를 계속 유지하는 것에는 한계가 있다. 이런 한계를 인정하지 않고 일상생활에서 개인 방역을 철저히 해야 한다고 강조하는 것은 '열심히 살자'는 구호만큼 식상한 이야기다. 지뢰 주의라는 표지판을 보고도 밟고 지나갈 사람은 없다. 열이 나고 기침을 하는 사람을 만난다면 시키지 않아도 주의할 것이다. 하지만 코로나19는 빈번한 무증상 감염 때문에 누가 감염자인지 구분이 안 된다고 했다. 아무런 표식도 없는 지뢰밭을 오가는데, 묻혀 있는 지뢰의 위치도 매일 바뀌는 상황인 것이다. 더욱 우울한 전망은 이런 고약한 상황을 유발하는 무증상 전파가 앞으로 새롭게 등장할 팬데믹 바이러스의 기본 능력이라는 점이다.

팬데믹이 발생했다는 것은 기존의 방역 체계와 위생 관념으로 전파를 막을 수 없었다는 의미다. 이런 상황에서 과거 습관대로 행동을 한다면 스스로를 감염의 위험에 노출시키는 것이다. 개인 방역은 두 번째 천성이라는 습관으로 완성된다. 제대로 된 습관의 장점은 주의 집중으로 인한 정신적 피로가 쌓이지 않는다는 점이다. 습관이 되면 쇠사슬로 행동을 속박하듯이 처음에는 신경을 써야 하는 행동도 점차 방역 습관으로 굳어질 수 있다. 여기서 신경을 쓴다는 것은 막연한 걱정이 아니라 감염 확률을 생각한다는 것이다.

바이러스의 감염은 확률의 문제다. 바이러스 입자가 몇 개 들어왔다고 감염이 되지는 않는다. 비말에 숨어 들어와서 숙주세포를 감염시키기 위해서는 일정한 수 이상의 바이러스 입자가 필요하다. 코로나19의 감염력이 강하지만 일정한 시간에 일정한 수 이상의 입자에 점막 세포가 노출되어야 감염이 일어난다. 이런 확률적 개념은 효율적인 개인 방역을 돕는다. 인간의 집중력에는 한계가 있기에 팽팽한 주의 상태는 빠르게 부주의로 전환된다. 바이러스는 숙주가 이전까지는 열심히 했다고 봐주지 않으며, 불안전 행동이 일어나면 여지없이 감염을 일으킨다. 따라서 확률적으로 위험한 순간과 그렇지 않은 순간을 잘 구분하는 것이 중요하다. 단 하나의 바이러스 입자에도 노출되지 않겠다고 마음먹고 계속 긴장하면 금방 지칠 것이다. 우리의 두뇌는 위험과 안전이라는 이분법 흑백 논리에 익숙하지만 바이러스 감염의 위험 확률은 디지털이 아니라 계속 변하는 아날로그 값이다.

감염 확률은 감염자와 가깝게, 오래, 자주 접촉할수록 높아지고 그 이외의 경우에는 0에 가깝게 떨어진다. 감염자와 접촉하면 감염 확률이 0.8인데, 개인 방역에 주의하면 감염 확률을 0.5 줄일 수 있다고 가정하자. 개인 방역에 주의를 유지하면서 일상생활을 하면 우연히 감염자와 만나더라도 감염 확률은 0.4로 감염되지 않을 확률이 더 크다. 하지만 실제로 개인 방역의 강도를 하루종일 일정하게 유지하는 것은 불가능하다. 만약 잠깐의 부주의 상태에서 만난 사람이 감염자였다면 개인 방역은 실패한다. 타인과 접촉하지 않는 상황에서는 감염 확률이 0에 가까운데 그때의 주의 집중은 헛수고다. 놀 때 잘 놀고 집중할 때 집중하는 것이 중요한 것은 공부만이 아니다.

언제 끝날지 모르는 팬데믹 상황에서 안전하게 지내기 위해서는 감염의 위험을 낮추는 습관을 가져야 한다. 코로나19 같은 호흡기바이러스의 감염은 생활 습관과 밀접한 관련이 있다. 숨을 쉬지 않고 살 수는 없기 때문에 단 하나의 바이러스도 접촉하지 않겠다는 것보다는, 불가피하게 접촉하는 바이러스의 수를 가능한 한 줄이는 것을 목표로 삼아야 한다. 이를 위해 위험 확률이 높은 상황은 가능한 한 피하고, 불가피한 상황에서는 방역에 신경을 쓰고, 위험 확률이 낮을 때는 편하게 생활해야 한다. 강약의 변화가 있는 것이 계속 강하게 밀어붙이는 것보다 방역 성공률이 압도적으로 높다.

일상생활의 빈틈을 집요하게 파고드는 신종 바이러스에게도 효율적인 개인 방역으로 해치울 수 있는 치명적인 약점이 있다. 종간 장벽을 건너기 위해서는 바이러스 표면단백질의 구조 변화가 쉽게 일어나야 하는데, 이를 위해서는 세포막 포장이 필요하다. 하지만 세포막은 환경 변화에 취약하기 때문에 외부로 배출된 바이러스 입자들의 감염력은 급격하게 떨어진다. 즉 팬데믹 바이러스가 되기 위한 장점으로 작용하는 세포막 포장이 전파에 있어서는 치명적인 약점이라는 이중적인 특성을 부여하는 것이다. 감염자가 배출하는 비말 속의 바이러스는 나노 크기의 무생물 입자에 불과하다. 살아 있는 생명체인 세균과 달리 바이러스 입자는 증식할 수도 없으며, 배출된 순간부터 소멸의 카운트다운이 시작된다. 물체의 표면에 떨어진 세포막 바이러스는 마르면 망가지고, 손에 묻은 바이러스는 비누로 씻기만 해도 녹아버린다. 가장 감염의 위험이 높으며 방어하기도 어려운 불안전 상황은 오염된 비말이 직접 호흡기로 들어오는 경우다. 바이러스는 우리가 직접 코와 입으로 들여오게 된다. 개인 방역의 핵심은 다른 사람의 입과 코를 주의하고, 내 입과 코는 보호하는 것이다. 이 상황을 간단히 정리하면 다른 사람의 이가 보이면 위험하다고 생각하는 것이다. 일상생활에서 다른 사람의 이를 가장 많이 볼 수 있는 것은 마주보고 이야기할 때다. 만약 상대가 마스크를 쓰고 있다면 이가 보이지 않으니 안전하다. 상대와 나 자신이 모두 마스크를 쓰고 있지 않다면 상대방의 비말을 흡입할 뿐 아니라, 습관

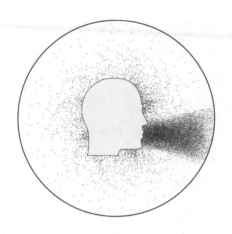

그림 54-2 감염자 주변에 형성되는 비말과 에어로졸의 분포 농도

적으로 입술을 적시면서 입 주변에 묻어 있는 비말을 입속으로 날라
주는 것이다.

일상생활에서 바이러스 감염의 위험이 가장 높은 상황은 마주보
고 이야기를 하면서 음식을 먹는 상황이다. 마주보고 이야기를 하면
음식에 상대방의 비말이 계속 떨어진다. 물기가 있는 음식에 떨어
진 바이러스 입자의 감염력은 오래 유지되며, 말을 많이 하는 만큼
입자의 개수도 늘어난다. 이렇게 오염된 음식을 먹게 되면 고농도의
바이러스가 소화기와 호흡기가 공유하고 있는 인후부로 들어간다.
친구들이 모여서 술을 마시는 경우는 더 위험이 높다. 시끄러운 곳
에서는 더 크게 목소리를 내게 되고 더 많은 비말이 배출되기 때문
이다. 거기에 노래까지 부르면 최악의 위험 상황이 된다. 따라서 음
식을 나눠 먹고 떠드는 자리는 가능한 한 피하는 것이 좋다. 앞사람

이 무증상 감염자라면 당신이 그다음 감염자가 된다. 불가피하게 같이 식사를 해야 한다면 가능한 한 음식을 공유하지 말고, 서로 얼굴이 보이지 않게 나란히 앉아서, 조용히 먹는 것이 좋다.

혹시 식사 도중에 바이러스가 들어왔다 하더라도 밖으로 퍼낼 기회는 남아 있다. 식사 후 양치나 가글을 하는 것이다. 치약이나 가글 용액으로 감염력을 없앤다기보다는 구강 내 바이러스 입자의 양을 줄이는 것이다. 감염이 되려면 일정 개수 이상의 바이러스 입자가 필요하기 때문에 이를 희석한다는 확률적 개념이다. 이런 목적을 생각하면 물로만 헹궈내도 도움이 된다. 오히려 너무 지나친 양치질이나 가글은 입안에 상처를 내거나 점막을 묽게 만들어 선천면역 기능을 저하시킬 수도 있다. 따라서 음식을 먹은 직후에 입안을 헹구는 습관을 가지도록 노력하는 것이 좋다.

손을 통해서 감염이 되는 경우도 가끔 일어난다. 하지만 피부가 보호하고 있는 손에 바이러스가 묻었다고 감염이 일어나는 것은 아니다. 사람은 무의식적으로 한 시간 동안 스무 번 정도 얼굴을 만진다고 한다. 이런 습관은 땅에 떨어진 바이러스를 주워서 얼굴에 문지르는 격이다. 만약 이런 습관을 완전히 버릴 수 있다면 손에 묻는 바이러스에 대해선 신경을 쓰지 않아도 될 것이다. 하지만 자신의 얼굴을 만지는 것은 모든 동물이 가진 본능이기에 완전히 없애기는 힘들다. 대신 깨끗한 손과 더러운 손을 정해서 사용하는 습관을 들이는 것도 좋다. 만약 오른손잡이라면 얼굴은 왼손으로만 만지는 식으로 습관을 들이는 것이다. 이것도 힘들면 손을 자주 씻는 수밖에 없다.

보통 손을 씻을 때는 비누를 사용해 30초 이상 씻는 것을 권장하는데, 이는 생각보다 긴 시간이다. 이 기준은 세균을 제거하기 위해 요구되는 시간이다. 손에 남아 있는 세균은 증식을 해서 금방 다시 늘어나기 때문에 가능한 한 철저히 씻는 것이 중요하다. 하지만 바이러스의 경우는 증식이 불가능하기 때문에 손에 묻은 비누를 헹궈낼 정도로만 씻어도 효과를 볼 수 있다. 제대로 씻을 수 없다면 안 씻는다는 이분법적인 생각이 가장 위험하다. 심지어 흐르는 물에 손을 씻는 것만으로도 효과가 있다. 앞서 이야기한 것처럼 희석의 개념으로 접근하면 된다. 단 자신의 얼굴을 만지는 부분에 신경쓰는 것이 좋다. 씻지 못하는 경우에는 손 세정제를 이용한다. 대부분 손 소독제의 주성분은 알코올인데, 바이러스 입자의 표면단백질에 변성을 일으켜 감염력을 없애는 효과가 있다. 알코올 농도를 70퍼센트로 하는 이유는 순수한 알코올은 바이러스 표면단백질에 골고루 접촉하기도 전에 증발해버리기 때문이다. 손 소독제의 정확한 사용법은 손을 잘 비벼주고 나서 완전히 말리는 것이다. 그래야 바이러스의 표면단백질이 충분히 말라비틀어지게 된다.

이런 개인 방역을 적용하기 가장 어려운 장소는 가족들이 같이 생활하는 집이다. 만약 가족 중에 인후통, 콧물, 기침, 오한, 특히 발열 증상이 나타나면 집에서도 자가격리를 하는 것이 안전하다. 증상이 있는 가족은 방 하나로 생활공간을 제한하고 식사는 별도로 하는 것이 좋다. 수건도 따로 사용하고, 집 안이라도 가능한 한 마스크를 하고, 기침이나 재채기는 반드시 소매로 가려야 한다. 재채기나 기침을 손으로 막으면 손에 묻은 비말이 다른 곳에 묻기 때문이다. 그나마 이렇게 증상이 있는 경우는 위험 상황을 인지하는 것이 가능하지만 무증상 감염이라면 가족 간 전염 방지는 상당히 어려운 문제다. 이런 이유로 가족이 감염 전파의 중계 지점이 되는 경우가 많다. 이런 상황을 막기 위해서는 외부에서 바이러스를 가지고 집으로 돌아오지 않도록 주의하는 수밖에 없다. 집으로 돌아오면 얼굴과 손을 씻는 것도 중요하다. 특히 가족 중에 65세 이상의 위험 연령이 있는 경우는 외부에서 개인 방역에 더욱 주의해야 한다.

코로나 시대라고 사회적 거리두기가 일상적인 일이 되지는 않는다. 문제가 발생하는 것은 신종 바이러스가 유행할 시기다. 우리가 막아야 하는 것은 신종 바이러스지 사람의 사회생활이 아니다. 팬데믹이 종식되면 이전의 평범한 일상으로 돌아갈 수 있을 것이다. 하지만 평범한 일상에서도 개인의 방역 습관은 흔한 바이러스 감염으로 생기는 피해를 막아주는 것은 물론이고, 새로운 팬데믹의 발생을 방지하는 방화벽의 역할도 할 수 있다. 팬데믹 선언에 상관없이 바이러스가 유행하면 마스크를 쓰고, 손을 자주 씻고, 건조할 때는 물을 자주 마셔라. 마스크를 쓰지 않고 큰 소리를 내는 사람 주위에 가지 말고, 얼굴을 만지지 말고, 입술을 적시지 말고, 흐르는 콧물을 들이마시지도 말라. 이런 모든 습관들을 신경쓰기 힘들다면 최소한 마스크라도 써야 한다.

55

복면

팬데믹 시대의 개인 장비

✳

뻔한 클리셰지만 주인공은 마지막에 등장한다. 마스크는 개인이 사용할 수 있는 최고의 바이러스 방패다. 코로나바이러스는 한 장에 100원도 안 하는 덴탈마스크도 뚫기 어렵다. 그럼에도 잘못된 편견과 인포데믹이 방역을 얼마나 허무하게 무력화하는지 보여준 논란의 주인공이기도 하다. 코로나19에 대한 마스크의 보호 효과에 대한 연구 결과가 계속 나오고 있지만, 아직도 마스크 효과에 과학적 근거가 없다는 주장들이 인터넷에 유령처럼 떠돌고 있다.

마스크의 효과는 두 가지다. 첫째는 집단 방역의 관점에서 감염자가 착용하면 다른 사람에게 전파하는 것을 막는 효과다. 둘째는 개인 방역의 관점에서 정상인이 착용했을 때 감염을 막아주는 효과다. 전자의 경우는 실험적으로 측정하기 쉽기 때문에 그 효과가 이미 명확하게 알려져 있다. 공공장소에서 마스크를 쓰는 것을 의무화한 나라

기쁘다   ???   화난다

그림 55-1 감정을 읽을 수 없는 마스크의 단점

들은 이 효과를 집단 방역에 적용하는 것이다. 코로나19의 가장 큰 문제는 무증상 감염자가 일상생활에서 일으키는 전파이기 때문이다. 무증상 감염자가 누구인지 알 수 없는 상황에서는 증상의 유무에 상관없이 다 같이 마스크를 써야 방역의 목적 달성이 가능하다. 이는 간단하면서도 강력한 방역 전략이다. 면역을 획득한 사람이 전파를 차단하는 역할을 하는 것처럼, 마스크를 착용한 경우도 동일한 방화벽 역할을 할 수 있다.

서구 국가들이 집단 방역을 위해 마스크 의무화를 강제하기 힘든 것은 편견, 공급, 정치라는 세 가지 원인 때문이다. 서양에서는 마스크에 대한 나쁜 이미지가 있다. 영화에서 악당은 입을 가리고 영웅의 경우는 눈을 가린다. 같은 닌자라도 악당은 입을 가리고 주인공은 눈을 가린다. 이런 현상에 대한 다양한 설명이 있는데, 공통적인 것은 위 그림 55-1에서 보듯이 입을 가리면 상대방의 표정을 읽기 힘들다는 것이다. 동양과 달리 서양에서는 자신의 감정을 숨기는 것을 금기로 여기기 때문에 입을 가리는 마스크를 꺼리게 된다. 심지어는 아이에게 마스크를 쓰게 하면 감정을 억누르는 학대라고 생각하기도 한다. 환자 또는 약한 사람이나 어쩔 수 없이 착용해야 한다는 인식이 팽배하며 건강한 사람이 마스크를 하는 것은 범죄의 목적이 있다고까지 여긴다.

서양의 철학자 일부는 마스크를 꺼리는 서양의 편견을 합리화하기 위해 심지어 동양의 문화를 폄하하기도 한다. 자연 재해가 발생하면 문화의 우열을 논하기 전에 사람부터 구하는 것이 인간성이다. 바이러스는 문명의 탄생 이전부터 인류를 괴롭혀오던 생물학적 자연 재해다. 재해로부터 사람을 구할 수 있는 도구에 대해 사회 문화적 의미를 따지면서 사용 유무를 논쟁하는 것은 우선 순서가 잘못된 것이다. 바이러스가 전파되는 상황에서 마스크는 편견의 대상이 아니라 개인의 안전 장비이자 타인을 생각하는 에티켓이다. 마스크에 대한 편견이 심한 국가에서 코로나19가 유달리 기승을 부리는 것은 우연이 아니다. 동서양을 가리지 않는 바이러스 입장에서는 마스크에 대한 편견이 고마울 것이다.

편견의 문제와 별도로 마스크 착용을 의무화하기 어려운 두 번째 이유는 공급 부족이다. 세계화로 인해 다른 공산품과 마찬가지로 마스크도 수입에 의존하는 국가들이 대부분이다. 서구 국가에서는 일상생활에서 마스크의 수요가 미미했으며, 대부분은 의료 현장에서 필요한 수요가 대부분이다. 팬데믹 상황이 벌어지자 마스크 생산 국가들은 자국의 방역을 위해 마스크 수출에 제한을 걸었다. 자국의 환경 보호와 값싼 노동력을 위해 외국으로 공장을 내보낸 국가들은 급격하게 늘어나는 수요를 감당하기 어려웠다. 이런 공급의 한계가 있는 상황에서 마스크 의무 착용을 시행하면 의료 현장에서 필요한 마스크가 부족해진다. 바이러스 전파가 심해져도 마스크에 대한 확실한 정책을 펴지 못하는 국가들은 사실 이런 진퇴양난의 상황에 빠져 있었던 것이다. 편견과 공급 문제가 있으면 방역 정책이 과학적인 사실에 근거해 이루어지지 않고 정치적 판단에 의해 휘둘리는 현상이 나타난다. 현실을 인정하고 문제를 바로잡으려 노력하기보다는 편견을 이용해 현실을 부정하는 것이 더 쉽기 때문이다. 일부 국가의 지도자들은 마스크 무용론까지 나서서 주장했는데, 반복되는 이야기지만 바이러스는 정치에 관심이 없기 때문에 그 결과는 감염자의 폭증으로 곧 나타났다.

마스크의 두 번째 효과는 착용자를 바이러스 감염에서 보호하는 것이다. 이것은 남이 아닌 자신을 위해 기대하는 효과다. 증상이 없을 때 마스크를 쓰는 것에 대한 거부감에는 마스크가 자신을 보호하지 못한다는 편견이 자리잡고 있다. 나를 보호하지 못하면 남에게 신경쓸 이유가 없다는 것이 개인주의의 맨 얼굴이다. 하지만 마스크가 코로나19의 감염을 막는 역할을 충분히 한다는 것은 이미 증명되었다. 이런 혼란이 발생한 이유는 타인에게 전파되는 것을 막는 것에 대한 효과의 증명이 쉬웠던 데 비해, 마스크의 보호 효과에 대한 실험은 연구 윤리의 문제로 불가능하기 때문이다. 전자의 경우는 감염자가 마스크를 썼을 때와 쓰지 않았을 때 배출되는 바이러스 양의 차이를 측정하면 간단하게 확인된다. 하지만 후자의 경우는 사람을 앉혀놓고 얼굴에 바이러스를 뿌려가면서 실험을 하는 것이 불가능하다. 연구 윤리를 무시하더라도 바이러스의 유전자 확인이 아닌 세포배양을 통한 감염력의 확인이 필요하기 때문에 기술적으로도 어렵다.

이런 이유로 마스크의 보호 효과는 실제 상황에서 일어나는 감염 결과를 통계적인 기법으로 분석해 추정할 수밖에 없었기 때문에 논란이 생겼다. 코로나19의 팬데믹 바로 이전에 독감바이러스의 감염 결과를 분석해 마스크의 보호 효과가 별로 없다는 연구 결과가 나온 적이 있다. 이 결과와 마스크의 공급 문제 때문에 팬데믹 초기에는 미국의 CDC나 WHO에서 일반인의 보호 목적 마스크 착용은 권장되지 않는다는 공식 입장을 유지하였다. 하지만 일상생활에서 일어나는 전파와 감염은 변인 통제가 어렵고, 감기에 대해서는 유전자 검사를 하지 않기에 신뢰성 있는 데이터를 충분히 확보하기도 어려웠다. 하지만 현재 팬데믹 상황에서는 코로나19에 대한 마스크의 보호 효과를 검증할 만한 데이터가 흘러넘친다. 병원 내부에서나 일상 생활에서도 마스크의 보호 효과가 있다는 것을 통계적으로 증명한 논문들이 많이 나오고 있는 상태다. 그럼에도 초기에 발생한 인포데믹으로 인해 마스크의 보호 효과에는 과학적 근거가 없다는 잘못된 정보가 여전히 인터넷을 떠돌아다니고 있다.

마스크의 보호 효과가 없다는 주장의 대표적 근거는 걸러내는 입자의 크기에 비해 바이러스 입자의 크기가 훨씬 작다는 것이다. 하지만 코로나를 포함한 신종 호흡기바이러스들은 세포막 포장을 가지고 있으며 이런 바이러스 입자들은 침방울 속에 있을 때만 감염력이 유지된다. 따라서 마스크의 보호 효과를 이야기할 때는 바이러스 입자의 크기가 아니라 오염된 비말의 크기가 중요하다. 호흡기바이러스의 전파에서 중요한 개념이 비말droplet과 에어로졸aerosol이다. 감염자의 호흡기에서 바이러스에 오염된 점액이 강한 공기의 흐름에 의해 밖으로 배출되는 과정에서 다양한 크기의 점액 방울들이 생긴다. 이 점액 방울의 크기가 5마이크로미터보다 크면 비말이고, 작으면 에어로졸로 나눈다. 이렇게 크기에 따라 분류하는 이유는 전파의 거리에 차이가 나기 때문이다. 크기가 큰 비말은 배출이 되면 중력에 의해 바닥으로 금방 떨어진다. 하지만 크기가 작아서 가벼운 에어로졸은 공기 중에 오래 떠 있을 수 있어 더 멀리 퍼진다. 이런 기준을 가지고 있기 때문에 비말 감염은 가까운 거리에서의 대화나 기침으로 배출된 오염된 비말에 직접 감염되는 경우를 말한다. 비말의 부피가 큰 만큼 포함된 바이러스 입자도 많기 때문에 감염이 쉽게 일어난다. 이런 경우 마스크는 비말을 막는 방패로 작용을 한다고 생각하면 된다.

에어로졸 감염은 감염자와 거리가 멀거나 같이 있는 시간이 겹치지 않는데도 배출된 에어로졸에 의해 감염이 되는 경우다. 언론에서 에어로졸 전파를 공기 전파로 대치해서 사용하기 때문에 많은 사람들이 공기로 전파된다고 혼동을 일으키는 경우가 많다. 다음 그림 55-2에 묘사된 것처럼 공기 중을 떠도는 말라비틀어진 바이러스 입자는 감염력을 상실한 상태며, 마스크의 틈을 통해 아무리 많이 들어와도 감염이 일어나지 않는다. 따라서 공기 전파가 아닌 에어로졸 감염이라고 하는 것이 더 정확하다. 가벼운 에어로졸이 배출되면 땅에 떨어지지 않고 공기 속을 부유하기 시작한다. 특히 겨울처럼 건조한 계절에는 에어로졸이 증발하면서 더 멀리까지 부유하게 된다. 물론 이 경우도 완전히 증발하면 바이러스는 감염력을 상실한다. 이처럼 공기 중의 습도나 온도에 의해서도 감염의 위험도가 달라진다. 이런 다양한 요인 때문에 마스크를 착용했을 때의 효과를 정확하게 측정하기가 어려운 것이다.

마스크의 보호 효과가 문제가 되는 경우는 에어로졸의 경우이며, 비말은 크기 때문에 마스크가 충분히 막을 수 있다. 그리고 일상생활에서 일어나는 코로나19 감염의 대부분은 비말 감염이라는 것이 이미 증명되었다. 코로나19에서 에어로졸 감염이 잘 일어나지 않는 이유는 감염을 일으키기 위한 바이러스 농도가 충분하지 않기 때문이다. 에어로졸은 멀리 갈 수 있는 대신에 거리의 세 제곱으로 농도가 급격하게 떨어진다. 환기가 되지 않는 밀폐된 공간에서 감염자가 고농도 에어로졸을 뿜어내는 특별한 조건이 아니면 에어로졸 감염은 거의 일어나지 않는다. 사람의 두뇌는 안전과 위험이라는 이분법적인 판단에 익숙하지만 개인 방역에서 마스크를 쓰는 이유는 감염의 확률을 낮추기 위한 것이다.

비말에는 바이러스가 고농도로 존재하기에 몇 방울만 맞아도 감염 확률이 높다. 하지만 농도가 낮은 에어로졸은 상당량이 들어와도

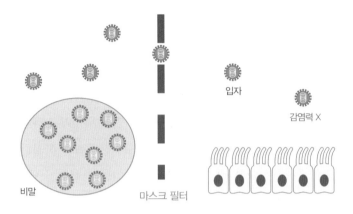

입자

감염력 X

비말

마스크 필터

그림 55-2 마스크의 바이러스 입자와 비말 차단 능력

감염 확률이 급격히 높아지지는 않는다. 즉 에어로졸에 노출되더라도 마스크는 감염의 확률을 낮춰준다. 위험 확률을 0.1이라도 낮춰준다면 착용하는 것이 현명하다. 일상생활에서 에어로졸 감염이 일어날 확률은 희박하며 비말 감염이 대부분을 차지한다. 따라서 마스크는 논리적으로 생각해도 개인을 보호하는 역할을 한다.

마스크의 효과는 바이러스의 변이에 의해 깨질 수 없는 확고한 물리 법칙에 의해 나타난다. 따라서 마스크의 전파 차단과 감염 보호의 효과는 앞으로 어떤 신종 호흡기바이러스에 의한 팬데믹이 일어나더라도 변하지 않는다. 현대 분자생물학을 응용한 첨단 백신이나 항바이러스제에 비하면 마스크가 시시해 보일 수도 있다. 하지만 마스크는 생태계에서 일어나는 바이러스의 진화에서는 존재하지 않았던 인간만의 방패다. 특히 어렵게 확보한 백신을 순차적으로 접종할 때

마스크 착용의 일상화는 백신에 대한 저항성 변이의 발생 가능성을 원천 차단하는 중요한 역할을 한다. 백신을 맞았다고 마스크를 벗고 돌아다니면 오히려 백신에 대한 코로나19의 변이 진화의 무대가 될 위험성이 있다. 따라서 백신 접종이 시작되면 마스크의 중요성은 오히려 더 커진다는 것을 반드시 명심해야 한다.

이기적 유전자의 습격은 2020년을 통째로 빼앗아갔다. 긴 겨울을 끝낸 자연이 생기를 되찾는 변화의 순간은 일상의 작은 즐거움이었다. 하지만 꽃이 피어도 봄은 오지 않았다. 좋은 사람들과 길을 걸을 수 없었고, 반가운 얼굴을 마주하고 차 한잔 마실 수도 없었다. 아이들을 학교에 보내고 나서 계절의 변화를 감상할 여유도 없었고, 한창 친구를 사귀어야 할 아이들은 어울려 즐겁게 떠들 수도 없었다. 인생의 관문이라는 대학 입시는 혼란에 빠졌고, 수험생은 불안감과 싸우며 혼자 공부해야 했다. 대학생은 화면 속에서 혼자 떠드는 교수를 쳐다보고, 교수는 카메라를 보며 영혼 없는 강의를 해야 했다. 직장인들은 퇴근 후 동료들과 술 한잔 기울일 수도 없었다. 평범한 일상을 빼앗기고 나서야 우리 삶은 타인과의 관계 속에 존재한다는 것을 절실하게 느끼게 되었다. 그리고 다시 긴 겨울이 돌아왔다.

평범함이란 상대적인 개념이다. 시간의 축으로 뒤로 물러나서 바라보면 우리 일상은 전혀 평범하지 않다. 역사의 시간으로 보면 권력을 가진 극소수의 사람들만이 현재 우리의 평범한 일상을 누리는 특권을 가지고 있었다. 진화의 시간으로 보면 천적을 피해 다니며 목숨을 걸고 먹을 것을 구해야 했던 인간에게 일상이란 개념은 존재하지도 않았다. 원초적이고 이기적인 코로나19의 습격은 익숙해서 지루하기까지 했던 일상들이 사실은 지구 생태계의 찰나에 불과한 아주 특별한 순간이었다는 것을 일깨워주었다.

지구라는 제한된 공간에서 태양이 전해주는 한줌의 에너지에 의존하는 생태계에서는 수많은 유전자들의 복제 경쟁이 벌어지고 있다. 그리고 한 시대의 환경에 최적으로 적응한 지배종은 유전적 다양성의 동력을 잃어버리게 된다. 그리고 생태계가 변덕을 부리면 적응하지 못하여 도태되고 새로운 유전자들의 복제 경쟁이 다시 시작되는 과정이 반복되어왔다. 유례없는 단일 지배종으로 번성하고 있는 인류이지만 생태계에서 반복되는 경쟁과 도태라는 숙명의 굴레에서 벗어날 수는 없다. 현세의 환경에 완벽하게 적응한 인류는 유전적 다양성을 잃어버렸으며, 생태계에서 경쟁하는 이기적 유전자들의 천문학적 다양성에 위협을 받고 있다. 아무리 과학기술이 발전해도 인간이 생태계를 벗어나서 생존하는 것은 불가능하다. 코로나19는 인류에게 보내는 생태계의 경고 신호일지도 모른다.

생태계의 지배종으로서 인류가 치러야 할 대가가 명확하기에 많은 전문가들은 코로나19 이후에도 이전의 평범한 일상으로 복귀하기는 어려울 것이라고 이야기한다. 그리고 바이러스 습격에 대비한 일상의 변화가 일어날 것으로 예측을 한다. 디지털 기술의 발전과 온라인 유통업의 발달로 비대면 소비가 확산되고, 시장이나 대면 서비스 산업들은 점차 위축되며, 사회 활동도 원격진료, 원격교육, 원격근무, 원격회의 등의 비대면 활동이 본격적으로 자리잡게 될 것으로 예측한다. 특히 이런 변화를 '새로운 정상new normal'으로 정의하고 포스트 코로나 시대의 일상이 될 것이라는 과감한 주장을 하기도 한다. 모든 예측은 나름의 근거가 있지만 복잡한 요인들이 작용하는 사회의 변화를 예측하기란 쉬운 일이 아니다. 지금 단계에서 어떤 예측이 맞는지를 따지는 것은 어렵지만, 어떤 변화가 일어나더라도 문명을 발전시켜온 원동력이었던 인간성을 희생시키는 방향으로 흘러가지는 않을 것이라는 점은 분명하다.

인간을 인간답게 만드는 기본 특징이라 할 수 있는 인간성의 정의는 시대에 따라 변해왔다. 고대에는 문자를 읽을 수 있는 능력, 중세에는 신에 대한 믿음, 르네상스시대는 이성과 도덕, 근대의 사상가들은 감정을 중시했다. 이런 역사적 배경을 떠나 진화적인 관점에서 바라보는 인간성은 이타적 유전자의 발현인 공감 능력이다. 인류가 냉혹한 자연의 원리를 극복하고 만물의 영장이 될 수 있었던 특성이 바로 타인에 대한 공감 능력이라는 것이다. 인간의 공감 능력은 자연계에 존재하는 일차원적인 이타성을 뛰어넘는다. 동물도 새끼가 위험한 상황에 놓이면 어미는 목숨을 건다. 개미나 꿀벌처럼 전체를 위해 개체가 희생하는 곤충 집단들도 있다. 하지만 인간의 이타성은 여기에 그치지 않는다. 만난 적이 없는 사람의 불행을 느끼고 타인의 희생을 고맙게 여기는 다차원으로 확장된 공감 능력을 가지고 있다. 이런 타인에 대한 공감 능력은 문명이 시작된 농경 정착 생활을 가능하게 만든 중요한 특성이었다.

하지만 인간의 공감 능력은 동질성을 느끼는 집단의 내부로만 향한다. 집단 내부에선 강력한 결속의 동기가 되지만, 공감의 범위를 벗어나면 강력한 배타성으로 돌변한다. 인류의 역사가 부족, 도시, 국가, 문명 들의 충돌과 전쟁으로 얼룩져 있음이 이를 증명하고도 남는다. 이런 측면에서 문명의 발전은 인류의 공감 범위가 확장되어 온 과정이라고도 할 수 있다. 하지만 문명 발전이 급격히 가속화되면서 일어난 실질적인 집단의 확장을 공감 범위가 따라가지 못하고 있다. 세계화는 계속 진행되고 있지만 공감의 범위는 아직 국가의 범위에 머물러 있는 것이다. 코로나19는 인류라는 집단을 공격하는데 국가 단위의 방역은 이를 제대로 막아내지 못하고 있다.

아프리카의 토착어에 '우분투ubuntu'라는 단어가 있다. 다른 언어에는 없는 개념이지만 가능한 한 비슷하게 해석하면 '나는 당신으로 존재합니다' 정도의 의미다. 이 짧은 단어는 소통, 공감, 이타성, 헌신, 희생 등 공동체의 가치라는 거대한 개념을 품고 있다. 이 특이한 단어가 현생인류가 처음 출발한 아프리카에만 남아 있는 것은 흥미로운 현상이다. 인류가 원시시대의 살벌한 약육강식의 세계에서 번영하기 시작한 것은 우분투의 힘이었다. 하지만 문명이 발전하면서 우분투라는 단어도, 그런 생각도 같이 사라진 것이 아닐까.

현대 문명이 발전할수록 생태계의 원초적인 특성과의 유사성이 재현되고 있다. 현대 사회를 자세히 들여다보면 원시시대의 생존 경쟁이 그대로 일어나고 있다. 숲과 밀림이 빌딩과 도시가 되고, 먹을 것 대신 돈을 위해 경쟁하는 식으로 겉모습만 변했을 뿐이다. 유전자들을 경쟁시켜 종을 진화시키는 생태계처럼 사회는 개인들을 경쟁시켜 집단을 발전시키고 있는 것이다.

문명과 과학이 아무리 발전해도 인간에게 도움이 되지 못하면 무용지물이다. 이기적 유전자의 무지막지한 다양성은 개인주의와 신자유주의가 구축한 허술한 인공 생태계를 파고들었다. 하지만 인간은 세포가 아니고 인격을 지닌 존재다. 일상을 빼앗기는 것이 아니라 희생할 수 있는 존재다. 생물학적으로 힘없는 인간이 지배종이 되기 위해서는 수많은 멸종의 위기를 넘겨야 했다. 그 위기들을 극복해낸 원동력은 타인의 불행에 공감하고 희생을 고귀하게 여기는 인간성이었다. 코로나19는 우리가 느끼는 공감의 범위에 상관없이 세계의 모든 사람은 생물학적으로 동일하다는 것을 새삼스럽게 일깨워주고 있다. 그리고 앞으로 발생할 팬데믹도 마찬가지다. 천문학적인 다양성을 가지고 덤벼드는 이기적 유전자의 습격에 다양성이 전무한 인류가 생물학적인 싸움에서 가지는 한계는 명확하다. 생각의 다양성과 유전자의 다양성은 다른 차원의 이야기다. 다양한 개성을 가진 사람들은 모두 특별하다. 하지만 생물학적으로는 그 누구도 특별하지 않다. 이기적 유전자의 습격을 막는 열쇠는 사람들이 가지고 있다. 신종 바이러스에 한해서라도 생물학적 동질성을 인정하고 서로 뭉쳐야 한다. 그래야 더 고차원적인 생각의 다양성을 마음껏 발휘할 수 있다.

얼굴을 마주 보고 표정을 읽으며 대화하고 소통하는 것은 공감의 기본이다. 신종 바이러스들의 반복적인 습격을 막기 위해 공감하고 소통하는 일상을 버려야 한다는 것은 빈대를 잡겠다고 초가삼간을 태우는 격이다. 다른 재난들처럼 신종 바이러스의 발생도 과학적지식에 기반한 투명한 정보 공유와 감시로 충분히 예방이 가능하다. 예방이 가능한 재난 때문에 고대 중국의 기杞나라 사람처럼 걱정이 지나쳐, 인간성을 희생시킬 이유는 없다. 위험 요소에 대한 대비는 부족해서도 안 되지만 지나쳐서도 안 된다. 이번 코로나19의 경험을 바탕으로 초기 방역 시스템을 구축하고, 예측과 경고의 가치를 인정하고, 인류 공동의 문제라는 것을 인식하면 우리는 이전의 평범하고 특별한 일상으로 돌아갈 수 있을 것이다.

이기적 유전자에 맞서기 위해 필요한 이타성은 그리 거창한 것이 아니다. 집단에 닥치는 공동 위기의 극복을 위해서는 누군가의 희생이 대가로 지불된다. 우리가 당연시 여기던 평범한 일상도 과거에 살았던 수많은 사람들의 희생을 바탕으로 얻어진 것들이다. 장옌융, 카를로 우르바니, 모하메드 자키, 리원량⋯⋯ 그리고 지금 팬데믹에서 타인의 안전과 생명을 위해 위험을 감수하면서 희생을 했고 지금도 하고 있는 수많은 사람들. 이들의 희생을 당연하게 여기는 사회는 잘 조직된 곤충 집단과 다를 바가 없을 것이다. 인간성을 상실한 사회는 문명 진화의 원동력을 잃어버리고 점차 소멸하게 될 것이다. 이번 코로나19가 종식되더라도 우리에게 평범한 일상을 돌려주기 위해 희생한 사람들이 있었음을 꼭 기억해야 한다. 이것이 인류에 대한 공감의 범위를 확장하는 최소한의 시작일 것이다. 그리고 언제 다시 찾아올지 모를 다음 팬데믹을 막을 수 있는 강력한 힘이 될 것이다.

참고문헌

Abbasi, Kamran. "Covid-19: Politicisation, 'Corruption,' and Suppression of Science." *BMJ* 371 (2020): m4425.

Abdelrahman, Zeinab, Mengyuan Li, and Xiaosheng Wang. "Comparative Review of SARS-CoV-2, SARS-CoV, MERS-CoV, and Influenza a Respiratory Viruses." *Frontiers in Immunology* 11 (2020): 552909–552909.

Abraham, Jonathan. "Passive Antibody Therapy in COVID-19." *Nature reviews. Immunology* 20.7 (2020): 401–403.

Adam, David. "A Guide to R - the Pandemic's Misunderstood Metric." *Nature* July 2020: 346–348.

Adler, Dan, and Jean-Paul Janssens. "The Pathophysiology of Respiratory Failure: Control of Breathing, Respiratory Load, and Muscle Capacity." *Respiration* 97.2 (2019): 93–104.

Ahmed, Faheem et al. "Why Inequality Could Spread COVID-19." *The Lancet. Public health* 5.5 (2020): e240.

Altan-Bonnet, Grégoire, and Ratnadeep Mukherjee. "Cytokine-Mediated Communication: a Quantitative Appraisal of Immune Complexity." *Nature reviews. Immunology* 19.4 (2019): 205–217.

Amor, S, L Fernández Blanco, and D Baker. "Innate Immunity During SARS-CoV-2: Evasion Strategies and Activation Trigger Hypoxia and Vascular Damage." *Clinical and experimental immunology* 202.2 (2020): 193–209.

Amyes, S G. "The Rise in Bacterial Resistance Is Partly Because There Have Been No New Classes of Antibiotics Since the 1960s." *BMJ* 320.7229 (2000): 199–200.

Andersen, Kristian G et al. "The Proximal Origin of SARS-CoV-2." *Nature Medicine* (2020): 1–3.

Andersen, Mads Hald et al. "Cytotoxic T Cells." *The Journal of investigative dermatology* 126.1 (2006): 32–41.

Anderson, Roy M et al. "Challenges in Creating Herd Immunity to SARS-CoV-2 Infection by Mass Vaccination." *The Lancet* 396.10263 (2020): 1614–1616.

Antia, Rustom et al. "The Role of Evolution in the Emergence of Infectious Diseases." *Nature* 426.6967 (2003): 658–661.

Asadi, Sima et al. "Aerosol Emission and Superemission During Human Speech Increase with Voice Loudness." *Scientific Reports* 9.1 (2019): 2348–2348.

Aschwanden, Christie. "The False Promise of Herd Immunity for COVID-19." *Nature* 587.7832 (2020): 26–28.

Assiri, Abdullah et al. "Hospital Outbreak of Middle East Respiratory Syndrome Coronavirus." *New England Journal of Medicine* 369.5 (2013): 407–416.

Atlas, Ronald M. "One Health: Its Origins and Future." *Current topics in microbiology and immunology* 365 (2013): 1–13.

Attaf, M et al. "The T Cell Antigen Receptor: the Swiss Army Knife of the Immune System." *Clinical and experimental immunology* 181.1 (2015): 1–18.

Avalos, Ana M, and Hidde L Ploegh. "Early BCR Events and Antigen Capture, Processing, and Loading on MHC Class II on B Cells." *Frontiers in Immunology* 5 (2014): 773.

Bach, Jean-François. "The Hygiene Hypothesis in Autoimmunity: the Role of Pathogens and Commensals." *Nature reviews. Immunology* 18.2 (2018): 105–120.

Ball, Philip. "Water Is an Active Matrix of Life for Cell and Molecular Biology." *Proceedings of the National Academy of Sciences* 114.51 (2017): 13327–13335.

Banerjee, Arinjay et al. "Novel Insights Into Immune Systems of Bats." *Frontiers in Immunology* 11 (2020): 26–26.

Bar-On, Yinon M et al. "SARS-CoV-2 (COVID-19) by the Numbers." *eLife* 9 (2020): 1787–15.

Basler, C F et al. "Sequence of the 1918 Pandemic Influenza Virus Nonstructural Gene (NS) Segment and Characterization of Recombinant Viruses Bearing the 1918 NS Genes." *Proceedings of the National Academy of Sciences of the United States of America* 98.5 (2001): 2746–2751.

Basurto-Flores, R et al. "On Entropy Research Analysis: Cross-Disciplinary Knowledge Transfer." *Scientometrics* 117.1 (2018): 123–139.

Behbehani, A M. "The Smallpox Story: Life and Death of an Old Disease." *Microbiological reviews* 47.4 (1983): 455–509.

Belkaid, Yasmine, and Timothy W Hand. "Role of the Microbiota in Immunity and Inflammation." *Cell* 157.1 (2014): 121–141.

Belongia, Edward A et al. "Clinical Characteristics and 30-Day Outcomes for Influenza a 2009 (H1N1), 2008-2009 (H1N1), and 2007-2008 (H3N2) Infections." *JAMA* 304.10 (2010): 1091–1098.

Boero, Ferdinando. "From Darwin's Origin of Species Toward a Theory of Natural History." *F1000prime reports* 7 (2015): 49–49.

Braillon, Alain. "Lack of Transparency During the COVID-19 Pandemic: Nurturing a Future and More Devastating Crisis." *Infection Control & Hospital Epidemiology* (2020): 1–1.

Bramanti, Barbara et al. "Plague: a Disease Which Changed the Path of Human Civilization." *Advances in experimental medicine and biology* 918 (2016): 1–26.

Brett, Tobias S, and Pejman Rohani. "Transmission Dynamics Reveal the Impracticality of COVID-19 Herd Immunity Strategies." *Proc Natl Acad Sci USA* 117.41 (2020): 25897.

Bubic, Andreja. "Prediction, Cognition and the Brain." *Frontiers in Human Neuroscience* 4 (2010): 25.

Bushman, Frederic D, Kevin McCormick, and Scott Sherrill-Mix. "Virus Structures Constrain Transmission Modes." *Nature Microbiology* 4.11 (2019): 1778–1780.

Bustamante, Carlos, Wei Cheng, and Yara X Mejia. "Revisiting the Central Dogma One Molecule at a Time." *Cell* 144.4 (2011): 480–497.

Butler, T. "Plague History: Yersin's Discovery of the Causative Bacterium in 1894 Enabled, in the Subsequent Century, Scientific Progress in Understanding the Disease and the Development of Treatments and Vaccines." *Clinical Microbiology and Infection* 20.3 (2014): 202–209.

Carbon, Claus-Christian. "Wearing Face Masks Strongly Confuses Counterparts in Reading Emotions." *Frontiers in psychology* 11 (2020): 566886–566886.

Carrington, M. "Recombination Within the Human MHC." *Immunological reviews* 167 (1999): 245–256.

Cartenì, Armando, Luigi Di Francesco, and Maria Martino. "How Mobility Habits Influenced the Spread of the COVID-19 Pandemic: Results From the Italian Case Study." *The Science of the total environment* 741 (2020): 140489–140489.

Cevik, Muge et al. "SARS-CoV-2, SARS-CoV, and MERS-CoV Viral Load Dynamics, Duration of Viral Shedding, and Infectiousness: a Systematic Review and Meta-Analysis." *The Lancet Microbe* 2.1 (2020): e13–e22.

Channappanavar, Rudragouda, Jincun Zhao, and Stanley Perlman. "T Cell-Mediated Immune Response to Respiratory Coronaviruses." *Immunologic research* 59.1-3 (2014): 118–128.

Chaplin, David D. "Overview of the Immune Response." *The Journal of allergy and clinical immunology* 125.2 Suppl 2 (2010): S3–S23.

Chaudhuri, Swetaprovo et al. "Modeling the Role of Respiratory Droplets in Covid-19 Type Pandemics." *Physics of fluids (Woodbury, N.Y. : 1994)* 32.6 (2020): 063309–063309.

Chen, Jieliang. "Pathogenicity and Transmissibility of 2019-nCoV-a Quick Overview and Comparison with Other Emerging Viruses." *Microbes and infection* 22.2 (2020): 69–71.

Cheng, Kar Keung, Tai Hing Lam, and Chi Chiu Leung. "Wearing Face Masks in the Community During the COVID-19 Pandemic: Altruism and Solidarity." *The Lancet* (2020): S0140–6736(20)30918–1.

Claeson, Mariam, and Stefan Hanson. "COVID-19 and the Swedish Enigma." *The Lancet* (2020): S0140–6736(20)32750–1.

Cohen, Jon. "Behind the Scenes: Navy Researchers Helped Spot Swine Flu in the United States." *science.* N.p., 25 Apr. 2009. 25 Dec. 2020.

Cohen, Jon. "Chinese Researchers Reveal Draft Genome of Virus Implicated in Wuhan Pneumonia Outbreak." *science.* N.p., 11 Jan. 2020.

Cohen, Jon. "Combo of Two HIV Vaccines Fails Its Big Test." *Science (New York, N.Y.)* 367.6478 (2020): 611–612.

Cohen, Jon. "Effective Vaccine Offers Shot of Hope for Pandemic." *Science (New York, N.Y.)* 370.6518 (2020): 748–749.

Cohen, Marlene R, and John H R Maunsell. "When Attention Wanders: How Uncontrolled Fluctuations in Attention Affect Performance." *The Journal of neuroscience : the official journal of the Society for Neuroscience* 31.44 (2011): 15802–15806.

Cojocaru, Razvan, and Peter J Unrau. "Transitioning to DNA Genomes in an RNA World." *eLife* 6 (2017): e32330.

Corbet, A Steven. "The Bacterial Growth Curve and the History of Species." *Nature* 131.3 (1933): 61–62.

Coronaviridae Study Group of the International Committee on Taxonomy of Viruses.

"The Species Severe Acute Respiratory Syndrome-Related Coronavirus: Classifying 2019-nCoV and Naming It SARS-CoV-2." *Nature Microbiology* 5.4 (2020): 536–544.

Crick, Francis. "Central Dogma of Molecular Biology." *Nature* 227.5258 (1970): 561–563.

Crotty, Shane. "A Brief History of T Cell Help to B Cells." *Nature reviews. Immunology* 15.3 (2015): 185–189.

Cucinotta, Domenico, and Maurizio Vanelli. "WHO Declares COVID-19 a Pandemic." *Acta bio-medica : Atenei Parmensis* 91.1 (2020): 157–160.

Cyranoski, D, and A Abbott. "Virus Detectives Seek Source of SARS in China's Wild Animals." *Nature* 423.6939 (2003): 467–467.

Dai, Lianpan, and George F Gao. "Viral Targets for Vaccines Against COVID-19." *Nature reviews. Immunology* (2020): n. pag.

Dai, Yaoyao, and Jianming Wang. "Identifying the Outbreak Signal of COVID-19 Before the Response of the Traditional Disease Monitoring System." Ed. Abdallah M Samy. *PLOS Neglected Tropical Diseases* 14.10 (2020): e0008758.

Darlington, P J, Jr. "Altruism: Its Characteristics and Evolution." *Proceedings of the National Academy of Sciences of the United States of America* 75.1 (1978): 385–389.

Davis, M M. "T Cell Receptor Gene Diversity and Selection." *Annual review of biochemistry* 59 (1990): 475–496.

Dawood, Fatimah S et al. "Observations of the Global Epidemiology of COVID-19 From the Prepandemic Period Using Web-Based Surveillance: a Cross-Sectional Analysis." *The Lancet Infectious Diseases* 20.11 (2020): 1255–1262.

Dbouk, Talib, and Dimitris Drikakis. "On Coughing and Airborne Droplet Transmission to Humans." *Physics of fluids (Woodbury, N.Y. : 1994)* 32.5 (2020): 053310–053310.

de Haan, C A, H Vennema, and P J Rottier. "Assembly of the Coronavirus Envelope: Homotypic Interactions Between the M Proteins." *Journal of Virology* 74.11 (2000): 4967–4978.

DeFrancesco, Laura. "COVID-19 Antibodies on Trial." *Nature biotechnology* 38.11 (2020): 1242–1252.

Delamater, Paul L et al. "Complexity of the Basic Reproduction Number (R 0)." *Emerging Infectious Diseases* 25.1 (2019): 1–4.

Dharmshaktu, Ganesh Singh. "'Infodemic' During COVID-19 Pandemic: Troubleshooting the Trouble in Troubled Time Through Primary Care Activism." *International journal of preventive medicine* 11 (2020): 94–94.

Diaz, Marilyn, and Paolo Casali. "Somatic Immunoglobulin Hypermutation." *Current Opinion in Immunology* 14.2 (2002): 235–240.

Dighe, Amy et al. "Response to COVID-19 in South Korea and Implications for Lifting Stringent Interventions." *BMC Medicine* 18.1 (2020): 321.

Domingo, E et al. "Basic Concepts in RNA Virus Evolution." *FASEB journal : official publication of the Federation of American Societies for Experimental Biology* 10.8 (1996): 859–864.

Doyle, Sarah L, and Luke A J O'Neill. "Toll-Like Receptors: From the Discovery of NFκB to New Insights Into Transcriptional Regulations in Innate Immunity." *Biochemical Pharmacology* 72.9 (2006): 1102–1113.

Du, Lin, and Guan-Zhu Han. "Deciphering MERS-CoV Evolution in Dromedary Camels." *Trends in Microbiology* 24.2 (2016): 87–89.

Editorial. "Mendel for the Modern Era." *Nature genetics* 51.9 (2019): 1297–1297.

Fahy, John V, and Burton F Dickey. "Airway Mucus Function and Dysfunction." *New England Journal of Medicine* 363.23 (2010): 2233–2247.

Fairchild, Amy L et al. "The EXODUS of Public Health. What History Can Tell Us About the Future." *American journal of public health* 100.1 (2010): 54–63.

Falzon, Laura C et al. "Quantitative Outcomes of a One Health Approach to Study Global Health Challenges." *EcoHealth* 15.1 (2018): 209–227.

Feng, Joy Y et al. "Relationship Between Antiviral Activity and Host Toxicity: Comparison of the Incorporation Efficiencies of 2',3'-Dideoxy-5-Fluoro-3'-"Thiacytidine-Triphosphate Analogs by Human Immunodeficiency Virus Type 1 Reverse Transcriptase and Human Mitochondrial DNA Polymerase." *Antimicrobial agents and chemotherapy* 48.4 (2004): 1300–1306.

Fidler, David P. "Vaccine Nationalism's Politics." *Science (New York, N.Y.)* 369.6505 (2020): 749.

Fine, P, K Eames, and D L Heymann. "'Herd Immunity': a Rough Guide." *Clinical Infectious Diseases* 52.7 (2011): 911–916.

Fouchier, Ron A M et al. "Aetiology: Koch's Postulates Fulfilled for SARS Virus." *Nature* 423.6 (2003): 240–.

Freedman, Tanya S et al. "Lessons of COVID-19: a Roadmap for Post-Pandemic Science." *The Journal of experimental medicine* 217.9 (2020): n. pag.

Frew, John W. "The Hygiene Hypothesis, Old Friends, and New Genes." *Frontiers in Immunology* 10 (2019): 388–388.

Fulop, Tamas et al. "Immunosenescence and Inflamm-Aging as Two Sides of the Same Coin: Friends or Foes?." *Frontiers in Immunology* 8 (2018): 1960–1960.

Furukawa, Nathan W, John T Brooks, and Jeremy Sobel. "Evidence Supporting Transmission of Severe Acute Respiratory Syndrome Coronavirus 2 While Presymptomatic or Asymptomatic." *Emerging Infectious Diseases* 26.7 (2020): n. pag.

Gao, Yan et al. "Structure of the RNA-Dependent RNA Polymerase From COVID-19 Virus." *Science (New York, N.Y.)* 368.6492 (2020): 779–782.

Gasteiger, Georg, and Alexander Y Rudensky. "Interactions Between Innate and Adaptive Lymphocytes." *Nature reviews. Immunology* 14.9 (2014): 631–639.

Gereffi, Gary. "What Does the COVID-19 Pandemic Teach Us About Global Value Chains? the Case of Medical Supplies." *Journal of International Business Policy* 3.3 (2020): 287–301.

Germani, Alessandro et al. "Emerging Adults and COVID-19: the Role of Individualism-Collectivism on Perceived Risks and Psychological Maladjustment." *International Journal of Environmental Research and Public Health* 17.10 (2020): 3497.

Ghosh, Sourish et al. "B-Coronaviruses Use Lysosomes for Egress Instead of the Biosynthetic Secretory Pathway." *Cell* 183.6 (2020): 1520–1535.e14.

Gibbons, A. "Genes Put Mammals in Age of Dinosaurs." *Science (New York, N.Y.)* 280.5364 (1998): 675–676.

Goh, Yihui et al. "The Face Mask: How a Real Protection Becomes a Psychological Symbol During Covid-19?." *Brain, Behavior, and Immunity* 88 (2020): 1–5.

Goldstein, J L, and M S Brown. "A Golden Era of Nobel Laureates." *Science (New York, N.Y.)* 338.6110 (2012): 1033–1034.

Green, Andrew. "Li Wenliang." *The Lancet* 395.10225 (2020): 682.

Green, Manfred S. "Did the Hesitancy in Declaring COVID-19 a Pandemic Reflect a Need to Redefine the Term?." *The Lancet* 395.10229 (2020): 1034–1035.

GURNEY, O R. "Cuneiform Studies and the History of Civilization." *Nature* 202.4934 (1964): 757–758.

Hanoch, Yaniv, Jonathan Rolison, and Alexandra M Freund. "Reaping the Benefits and Avoiding the Risks: Unrealistic Optimism in the Health Domain." *Risk analysis : an official publication of the Society for Risk Analysis* 39.4 (2019): 792–804.

Hargreaves, James R, and Carmen H Logie. "Lifting Lockdown Policies: a Critical Moment for COVID-19 Stigma." *Global public health* 15.12 (2020): 1917–1923.

Harrison, B D, and T M A Wilson. "Milestones in Research on Tobacco Mosaic Virus." Ed. B D Harrison and T M A Wilson. *Philosophical Transactions of the Royal Society B: Biological Sciences* 354.1383 (1999): 521–529.

Hasanoglu, Imran et al. "Higher Viral Loads in Asymptomatic COVID-19 Patients Might Be the Invisible Part of the Iceberg." *Infection* (2020): 1–10.

He, Yuxian et al. "Receptor-Binding Domain of Severe Acute Respiratory Syndrome Coronavirus Spike Protein Contains Multiple Conformation-Dependent Epitopes That Induce Highly Potent Neutralizing Antibodies." *Journal of immunology (Baltimore, Md. : 1950)* 174.8 (2005): 4908–4915.

Helding, Lynn et al. "COVID-19 After Effects: Concerns for Singers." *Journal of voice : official journal of the Voice Foundation* (2020): S0892–1997(20)30281–2.

Hendaus, Mohamed A, Fatima A Jomha, and Ahmed H Alhammadi. "Virus-Induced Secondary Bacterial Infection: a Concise Review." *Therapeutics and clinical risk management* 11 (2015): 1265–1271.

Henderson, J W. "The Yellow Brick Road to Penicillin: a Story of Serendipity." *Mayo Clinic proceedings* 72.7 (1997): 683–687.

Hertzog, Paul J. "Overview. Type I Interferons as Primers, Activators and Inhibitors of Innate and Adaptive Immune Responses." *Immunology & Cell Biology* 90.5 (2012): 471–473.

Hodinka, Richard L. "Point: Is the Era of Viral Culture Over in the Clinical Microbiology Laboratory?." *Journal of Clinical Microbiology* 51.1 (2013): 2–4.

Holden, Richard J. "People or Systems? to Blame Is Human. the Fix Is to Engineer." *Professional safety* 54.12 (2009): 34–41.

Holmes, Edward C. "What Does Virus Evolution Tell Us About Virus Origins?." *Journal of Virology* 85.11 (2011): 5247–5251.

Howard, Colin R, and Nicola F Fletcher. "Emerging Virus Diseases: Can We Ever Expect the Unexpected?." *Emerging microbes & infections* 1.12 (2012): e46–e46.

Howard, Jeremy et al. "An Evidence Review of Face Masks Against COVID-19." *Proc*

Natl Acad Sci USA 118.4 (2021): e2014564118.

Hu, Ben, Hua Guo, et al. "Characteristics of SARS-CoV-2 and COVID-19." *Nature Reviews Microbiology* (2020): n. pag.

Hu, Ben, Lei-Ping Zeng, et al. "Discovery of a Rich Gene Pool of Bat SARS-Related Coronaviruses Provides New Insights Into the Origin of SARS Coronavirus." Ed. Christian Drosten. *PLOS Pathogens* 13.11 (2017): e1006698.

Huang, Angkana T et al. "A Systematic Review of Antibody Mediated Immunity to Coronaviruses: Kinetics, Correlates of Protection, and Association with Severity." *Nature Communications* 11.1 (2020): 4704.

Huang, Chaolin et al. "Clinical Features of Patients Infected with 2019 Novel Coronavirus in Wuhan, China." *The Lancet* 395.10223 (2020): 497–506.

Huettenbrenner, Simone et al. "The Evolution of Cell Death Programs as Prerequisites of Multicellularity." *Mutation research* 543.3 (2003): 235–249.

Hughes, Catherine E et al. "Antigen-Presenting Cells and Antigen Presentation in Tertiary Lymphoid Organs." *Frontiers in Immunology* 7 (2016): 481–481.

Hui, David S et al. "The Continuing 2019-nCoV Epidemic Threat of Novel Coronaviruses to Global Health — the Latest 2019 Novel Coronavirus Outbreak in Wuhan, China." *International Journal of Infectious Diseases* 91 (2020): 264–266.

Hurst, Tara Patricia, and Gkikas Magiorkinis. "Editorial: the Past and the Future of Human Immunity Under Viral Evolutionary Pressure." *Frontiers in Immunology* 10 (2019): 2340–2340.

Hussell, Tracy, and John Goulding. "Structured Regulation of Inflammation During Respiratory Viral Infection." *The Lancet Infectious Diseases* 10.5 (2010): 360–366.

Iida, C T, P Kownin, and M R Paule. "Ribosomal RNA Transcription: Proteins and DNA Sequences Involved in Preinitiation Complex Formation." *Proceedings of the National Academy of Sciences of the United States of America* 82.6 (1985): 1668–1672.

Ioannidis, I et al. "Plasticity and Virus Specificity of the Airway Epithelial Cell Immune Response During Respiratory Virus Infection." *Journal of Virology* 86.10 (2012): 5422–5436.

Isabel, Sandra et al. "Evolutionary and Structural Analyses of SARS-CoV-2 D614G Spike Protein Mutation Now Documented Worldwide." *Scientific Reports* 10.1 (2020): 14031–14031.

Ismail, Adel Aa. "Serological Tests for COVID-19 Antibodies: Limitations Must Be Recognized." *Annals of clinical biochemistry* 57.4 (2020): 274–276.

Itano, Andrea A, and Marc K Jenkins. "Antigen Presentation to Naive CD4 T Cells in the Lymph Node." *Nature Immunology* 4.8 (2003): 733–739.

Ivashkiv, Lionel B, and Laura T Donlin. "Regulation of Type I Interferon Responses." *Nature reviews. Immunology* 14.1 (2014): 36–49.

Iwasaki, Akiko, and Ruslan Medzhitov. "Control of Adaptive Immunity by the Innate Immune System." *Nature Immunology* 16.4 (2015): 343–353.

Jarrett, Clayton O et al. "Transmission of Yersinia Pestis From an Infectious Biofilm in the Flea Vector." *The Journal of infectious diseases* 190.4 (2004): 783–792.

JEANS, JAMES. "Newton and the Science of to-Day." *Nature* 150.3816 (1942): 710–715.

John, T J, and R Samuel. "Herd Immunity and Herd Effect: New Insights and Definitions." *European journal of epidemiology* 16.7 (2000): 601–606.

Jose, Ricardo J, and Ari Manuel. "COVID-19 Cytokine Storm: the Interplay Between Inflammation and Coagulation." *The Lancet. Respiratory medicine* 8.6 (2020): e46–e47.

Jung, David, and Frederick W Alt. "Unraveling v(D)J Recombination." *Cell* 116.2 (2004): 299–311.

Kaganman, Irene. "Building Antibody Diversity." *Nature Immunology* 17.1 (2016): S14–S14.

Kahn, Jeffrey S, and Kenneth McIntosh. "History and Recent Advances in Coronavirus Discovery." *The Pediatric Infectious Disease Journal* 24.Supplement (2005): S223–S227.

Karlsson, Elinor K, Dominic P Kwiatkowski, and Pardis C Sabeti. "Natural Selection and Infectious Disease in Human Populations." *Nature Reviews Genetics* 15.6 (2014): 379–393.

Kaufmann, Stefan H E. "Immunology's Coming of Age." *Frontiers in Immunology* 10 (2019): 684–684.

Kaur, Taranjot et al. "Anticipating the Novel Coronavirus Disease (COVID-19) Pandemic." *Frontiers in Public Health* 8 (2020): 200131e.

Kenyon, Chris. "The Prominence of Asymptomatic Superspreaders in Transmission Mean Universal Face Masking Should Be Part of COVID-19 De-Escalation Strategies." *International journal of infectious diseases : IJID : official publication of the International Society for Infectious Diseases* 97 (2020): 21–22.

Khan, Adnan et al. "Lessons to Learn From MERS-CoV Outbreak in South Korea." *Journal of infection in developing countries* 9.6 (2015): 543–546.

Kim, Dongwan et al. "The Architecture of SARS-CoV-2 Transcriptome." *Cell* 181.4 (2020): 914–921.e10.

Kontis, Vasilis et al. "Magnitude, Demographics and Dynamics of the Effect of the First Wave of the COVID-19 Pandemic on All-Cause Mortality in 21 Industrialized Countries." *Nature Medicine* 26.12 (2020): 1919–1928.

Koonin, Eugene V. "Why the Central Dogma: on the Nature of the Great Biological Exclusion Principle." *Biology direct* 10 (2015): 52–52.

Kopf, Manfred, Christoph Schneider, and Samuel P Nobs. "The Development and Function of Lung-Resident Macrophages and Dendritic Cells." *Nature Immunology* 16.1 (2014): 36–44.

Kreuder Johnson, Christine et al. "Spillover and Pandemic Properties of Zoonotic Viruses with High Host Plasticity." *Scientific Reports* 5 (2015): 14830.

Kucharski, Adam J et al. "Effectiveness of Isolation, Testing, Contact Tracing, and Physical Distancing on Reducing Transmission of SARS-CoV-2 in Different Settings: a Mathematical Modelling Study." *The Lancet Infectious Diseases* 20.10 (2020): 1151–1160.

Kunkel, Eric J, and Eugene C Butcher. "Plasma-Cell Homing." *Nature reviews. Immunology* 3.10 (2003): 822–829.

Kurosaki, Tomohiro, Kohei Kometani, and Wataru Ise. "Memory B Cells." *Nature reviews. Immunology* 15.3 (2015): 149–159.

Kyd, Jennelle M, A Ruth Foxwell, and Allan W Cripps. "Mucosal Immunity in the Lung and Upper Airway." *Vaccine* 19.17-19 (2001): 2527–2533.

Lagnado, David A, and Shelley Channon. "Judgments of Cause and Blame: the Effects of Intentionality and Foreseeability." *Cognition* 108.3 (2008): 754–770.

Lan, Jun et al. "Structure of the SARS-CoV-2 Spike Receptor-Binding Domain Bound to the ACE2 Receptor." *Nature 581*.7807 (2020): 215–220.

Larsen, Samantha B, Christopher J Cowley, and Elaine Fuchs. "Epithelial Cells: Liaisons of Immunity." *Current Opinion in Immunology* 62 (2020): 45–53.

Larson, Heidi J. "A Call to Arms: Helping Family, Friends and Communities Navigate the COVID-19 Infodemic." *Nature reviews. Immunology* 20.8 (2020): 449–450.

Lauring, Adam S, and Emma B Hodcroft. "Genetic Variants of SARS-CoV-2—What Do They Mean?." *JAMA* (2021): n. pag.

Ledford, Heidi. "Why Do COVID Death Rates Seem to Be Falling?." *Nature* 587.7833 (2020): 190–192.

Lee, J M et al. "Brain Tissue Responses to Ischemia." *The Journal of clinical investigation* 106.6 (2000): 723–731.

Lehman, Joel, and Risto Miikkulainen. "Extinction Events Can Accelerate Evolution." *PloS one* 10.8 (2015): e0132886–e0132886.

Lei, Hao et al. "Household Transmission of COVID-19-a Systematic Review and Meta-Analysis." *Journal of Infection* 81.6 (2020): 979–997.

Lei, Xiaobo et al. "Activation and Evasion of Type I Interferon Responses by SARS-CoV-2." *Nature Communications* 11.1 (2020): 3810–3810.

Letko, Michael et al. "Bat-Borne Virus Diversity, Spillover and Emergence." *Nature Reviews Microbiology* 18.8 (2020): 461–471.

Lewnard, Joseph A, and Nathan C Lo. "Scientific and Ethical Basis for Social-Distancing Interventions Against COVID-19." *The Lancet Infectious Diseases* 20.6 (2020): 631–633.

Li, Qianqian et al. "The Impact of Mutations in SARS-CoV-2 Spike on Viral Infectivity and Antigenicity." *Cell* 182.5 (2020): 1284–1294.e9.

Li, Qun et al. "Early Transmission Dynamics in Wuhan, China, of Novel Coronavirus–Infected Pneumonia." *New England Journal of Medicine* 382.13 (2020): 1199–1207.

Liao, Shan, and P Y von der Weid. "Lymphatic System: an Active Pathway for Immune Protection." *Seminars in cell & developmental biology* 38 (2015): 83–89.

Limaye, Rupali Jayant et al. "Building Trust While Influencing Online COVID-19 Content in the Social Media World." *The Lancet. Digital health* 2.6 (2020): e277–e278.

Lin, Gu-Lung et al. "Epidemiology and Immune Pathogenesis of Viral Sepsis." *Frontiers in Immunology* 9 (2018): 801–21.

Littman, Robert J. "The Plague of Athens: Epidemiology and Paleopathology." *The Mount Sinai journal of medicine, New York* 76.5 (2009): 456–467.

Loewenthal, Gil et al. "COVID-19 Pandemic-Related Lockdown: Response Time Is More Important Than Its Strictness." *EMBO Molecular Medicine* 12.11 (2020): 14642.

Lu, Donna. "The Hunt to Find the Coronavirus Pandemic's Patient Zero." *New scien-*

tist (1971) 245.3276 (2020): 9–9.

Luo, Jiayi, and Rongjun Yu. "Follow the Heart or the Head? the Interactive Influence Model of Emotion and Cognition." *Frontiers in psychology* 6 (2015): 573–573.

Ma, Wentao. "What Does "the RNA World" Mean to "the Origin of Life"?." *Life (Basel, Switzerland)* 7.4 (2017): 49.

Mackenzie, John S, and Martyn Jeggo. "Reservoirs and Vectors of Emerging Viruses." *Current Opinion in Virology* 3.2 (2013): 170–179.

Mangalmurti, Nilam, and Christopher A Hunter. "Cytokine Storms: Understanding COVID-19." *Immunity* 53.1 (2020): 19–25.

Mantha, Srinivas. "Ratio, Rate, or Risk?." *The Lancet Infectious Diseases* (2020): S1473–3099(20)30439–4.

Masopust, David, Christine P Sivula, and Stephen C Jameson. "Of Mice, Dirty Mice, and Men: Using Mice to Understand Human Immunology." *Journal of immunology (Baltimore, Md. : 1950)* 199.2 (2017): 383–388.

Mathur, Purva. "Hand Hygiene: Back to the Basics of Infection Control." *The Indian journal of medical research* 134.5 (2011): 611–620.

Medicine, The Lancet Respiratory. "COVID-19 Transmission-Up in the Air." *The Lancet. Respiratory medicine* 8.12 (2020): 1159–1159.

Mendenhall, Emily. "The COVID-19 Syndemic Is Not Global: Context Matters." *The Lancet* 396.10264 (2020): 1731–1731.

Michel, Moïse et al. "Evaluating ELISA, Immunofluorescence, and Lateral Flow Assay for SARS-CoV-2 Serologic Assays." *Frontiers in Microbiology* 11 (2020): 597529–597529.

Mills, Christina E, James M Robins, and Marc Lipsitch. "Transmissibility of 1918 Pandemic Influenza." *Nature* 432.7019 (2004): 904–906.

Moore, James E, Jr, and Christopher D Bertram. "Lymphatic System Flows." *Annual review of fluid mechanics* 50 (2018): 459–482.

Morens, David M et al. "The 1918 Influenza Pandemic: Lessons for 2009 and the Future." *Critical Care Medicine* 38 (2010): e10–e20.

Morens, David M, Jeffery K Taubenberger, and Anthony S Fauci. "Predominant Role of Bacterial Pneumonia as a Cause of Death in Pandemic Influenza: Implications for Pandemic Influenza Preparedness." *The Journal of infectious diseases* 198.7 (2008): 962–970.

Moussion, Christine, and Jean-Philippe Girard. "Dendritic Cells Control Lymphocyte Entry to Lymph Nodes Through High Endothelial Venules." *Nature* 479.7374 (2011): 542–546.

Neumann, Gabriele, Takeshi Noda, and Yoshihiro Kawaoka. "Emergence and Pandemic Potential of Swine-Origin H1N1 Influenza Virus." *Nature* 459.7249 (2009): 931–939.

Nielsen, Rasmus et al. "Tracing the Peopling of the World Through Genomics." *Nature* 541.7637 (2017): 302–310.

Nomaguchi, Masako et al. "Viral Tropism." *Frontiers in Microbiology* 3 (2012): 281–281.

O'Neill, Luke A J, Douglas Golenbock, and Andrew G Bowie. "The History of Toll-Like Receptors — Redefining Innate Immunity." *Nature reviews. Immunology* 13.6 (2013): 453–460.

O'Shea, Thomas J et al. "Bat Flight and Zoonotic Viruses." *Emerging Infectious Diseases* 20.5 (2014): 741–745.

Onder, Graziano, Giovanni Rezza, and Silvio Brusaferro. "Case-Fatality Rate and Characteristics of Patients Dying in Relation to COVID-19 in Italy." *JAMA* (2020): n. pag.

Oran, Daniel P, and Eric J Topol. "Prevalence of Asymptomatic SARS-CoV-2 Infection." *Ann Intern Med* 173.5 (2020): 362–367.

Oz, Tugce et al. "Strength of Selection Pressure Is an Important Parameter Contributing to the Complexity of Antibiotic Resistance Evolution." *Molecular Biology and Evolution* 31.9 (2014): 2387–2401.

Pak, Anton et al. "Economic Consequences of the COVID-19 Outbreak: the Need for Epidemic Preparedness." *Frontiers in Public Health* 8 (2020): 241–241.

Palm, Noah W, and Ruslan Medzhitov. "Not So Fast: Adaptive Suppression of Innate Immunity." *Nature Medicine* 13.10 (2007): 1142–1144.

Palm, Wilhelm, and Craig B Thompson. "Nutrient Acquisition Strategies of Mammalian Cells." *Nature* 546.7657 (2017): 234–242.

Pan, Hongchao et al. "Repurposed Antiviral Drugs for Covid-19 - Interim WHO Solidarity Trial Results." *New England Journal of Medicine* (2020): n. pag.

Pappas, Georgios, Ismene J Kiriaze, and Matthew E Falagas. "Insights Into Infectious Disease in the Era of Hippocrates." *International journal of infectious diseases : IJID : official publication of the International Society for Infectious Dis-*

eases 12.4 (2008): 347–350.

Pardi, Norbert et al. "mRNA Vaccines - a New Era in Vaccinology." *Nature reviews. Drug discovery* 17.4 (2018): 261–279.

Pedersen, Savannah F, and Ya-Chi Ho. "SARS-CoV-2: a Storm Is Raging." *The Journal of clinical investigation* 130.5 (2020): 2202–2205.

Peeples, Lynne. "What the Data Say About Wearing Face Mask." *Nature* 586 (2020): 186–189.

Peiris, Malik, and Gabriel M Leung. "What Can We Expect From First-Generation COVID-19 Vaccines?." *The Lancet* 396.10261 (2020): 1467–1469.

Pennock, Nathan D et al. "T Cell Responses: Naive to Memory and Everything in Between." *Advances in physiology education* 37.4 (2013): 273–283.

Perneger, Thomas V. "The Swiss Cheese Model of Safety Incidents: Are There Holes in the Metaphor?." *BMC health services research* 5 (2005): 71–71.

Pestka, Sidney. "The Interferons: 50 Years After Their Discovery, There Is Much More to Learn." *Journal of Biological Chemistry* 282.28 (2007): 20047–20051.

Petersen, Eskild et al. "Li Wenliang, a Face to the Frontline Healthcare Worker. the First Doctor to Notify the Emergence of the SARS-CoV-2, (COVID-19), Outbreak." *International journal of infectious diseases : IJID : official publication of the International Society for Infectious Diseases* 93 (2020): 205–207.

PROTHERO, J, and A C BURTON. "The Physics of Blood Flow in Capillaries. I. the Nature of the Motion." *Biophysical journal* 1.7 (1961): 565–579.

Puente, José Luis, and Edmundo Calva. "The One Health Concept—the Aztec Empire and Beyond." *Pathogens and disease* 75.6 (2017): n. pag.

Rader, Benjamin et al. "Crowding and the Shape of COVID-19 Epidemics." *Nature Medicine* 26.12 (2020): 1829–1834.

Raff, Rudolf A. "Evo-Devo: the Evolution of a New Discipline." *Nature Reviews Genetics* 1.1 (2000): 74–79.

Rajgor, Dimple D et al. "The Many Estimates of the COVID-19 Case Fatality Rate." *The Lancet Infectious Diseases* 20.7 (2020): 776–777.

Randolph, Haley E, and Luis B Barreiro. "Herd Immunity: Understanding COVID-19." *Immunity* 52.5 (2020): 737–741.

Rasmussen, Sonja A, Muin J Khoury, and Carlos Del Rio. "Precision Public Health as a Key Tool in the COVID-19 Response." *JAMA* 324.10 (2020): 933–934.

Rathore, Farooq, and Fareeha Farooq. "Information Overload and Infodemic in the COVID-19 Pandemic." *Journal of the Pakistan Medical Association* 70 (2020): 1.

Redelmeier, Donald A, and Eldar Shafir. "Pitfalls of Judgment During the COVID-19 Pandemic." *The Lancet. Public health* 5.6 (2020): e306–e308.

Rilling, James K, and Larry J Young. "The Biology of Mammalian Parenting and Its Effect on Offspring Social Development." *Science (New York, N.Y.)* 345.6198 (2014): 771–776.

Riva, Laura et al. "Discovery of SARS-CoV-2 Antiviral Drugs Through Large-Scale Compound Repurposing." *Nature* 586.7827 (2020): 113–119.

Rock, Kenneth L, Diego J Farfán-Arribas, and Lianjun Shen. "Proteases in MHC Class I Presentation and Cross-Presentation." *Journal of immunology (Baltimore, Md. : 1950)* 184.1 (2010): 9–15.

Rodriguez-Morales, Alfonso J et al. "History Is Repeating Itself: Probable Zoonotic Spillover as the Cause of the 2019 Novel Coronavirus Epidemic." *Le infezioni in medicina* 28.1 (2020): 3–5.

Rogers, Naomi. "Race and the Politics of Polio: Warm Springs, Tuskegee, and the March of Dimes." *American journal of public health* 97.5 (2007): 784–795.

Romano, Maria et al. "A Structural View of SARS-CoV-2 RNA Replication Machinery: RNA Synthesis, Proofreading and Final Capping." *Cells* 9.5 (2020): 1267.

Romero, José R, and Henry H Bernstein. "COVID-19 Vaccines: a Primer for Clinicians." *Pediatric annals* 49.12 (2020): e532–e536.

Rutty, C J. "The Middle-Class Plague: Epidemic Polio and the Canadian State, 1936-37." *Canadian bulletin of medical history = Bulletin canadien d'histoire de la medecine* 13.2 (1996): 277–314.

Ruuskanen, Olli et al. "Viral Pneumonia." *The Lancet* 377.9773 (2011): 1264–1275.

Rydyznski Moderbacher, Carolyn et al. "Antigen-Specific Adaptive Immunity to SARS-CoV-2 in Acute COVID-19 and Associations with Age and Disease Severity." *Cell* 183.4 (2020): 996–1012.e19.

Saidi, Al, Ahmed Mohammed Obaid et al. "Decisive Leadership Is a Necessity in the COVID-19 Response." *The Lancet* 396.10247 (2020): 295–298.

Sallusto, Federica et al. "From Vaccines to Memory and Back." *Immunity* 33.4 (2010): 451–463.

Sarich, V M, and A C Wilson. "Generation Time and Genomic Evolution in Primates." *Science (New York, N.Y.)* 179.4078 (1973): 1144–1147.

Schaechter, Moselio. "A Brief History of Bacterial Growth Physiology." *Frontiers in Microbiology* 6 (2015): 1–5.

Scheffer, Marten et al. "Catastrophic Shifts in Ecosystems." *Nature* 413.6 (2001): 591–596.

Schoggins, John W. "Interferon-Stimulated Genes: What Do They All Do?." *Annual Review of Virology* 6.1 (2019): 567–584.

Schramski, John R, David K Gattie, and James H Brown. "Human Domination of the Biosphere: Rapid Discharge of the Earth-Space Battery Foretells the Future of Humankind." *Proceedings of the National Academy of Sciences* 112.31 (2015): 9511–9517.

Shadmi, Efrat et al. "Health Equity and COVID-19: Global Perspectives." *International journal for equity in health* 19.1 (2020): 104.

Shah, Raj D, and Richard G Wunderink. "Viral Pneumonia and Acute Respiratory Distress Syndrome." *Clinics in Chest Medicine* 38.1 (2017): 113–125.

Shamasunder, Sriram et al. "COVID-19 Reveals Weak Health Systems by Design: Why We Must Re-Make Global Health in This Historic Moment." *Global public health* 15.7 (2020): 1083–1089.

Sharov, Konstantin S. "Adaptation to SARS-CoV-2 Under Stress: Role of Distorted Information." *European Journal of Clinical Investigation* 50.9 (2020): e13222.

Simon, A Katharina, Georg A Hollander, and Andrew McMichael. "Evolution of the Immune System in Humans From Infancy to Old Age." *Proceedings of the Royal Society B: Biological Sciences* 282.1821 (2015): 20143085–20143085.

Solano, Joshua J et al. "Public Health Strategies Contain and Mitigate COVID-19: a Tale of Two Democracies." *The American Journal of Medicine* 133.12 (2020): 1365–1366.

Spiegel, Martin et al. "Inhibition of Beta Interferon Induction by Severe Acute Respiratory Syndrome Coronavirus Suggests a Two-Step Model for Activation of Interferon Regulatory Factor 3." *Journal of Virology* 79.4 (2005): 2079–2086.

Stark, George R, and James E Darnell Jr. "The JAK-STAT Pathway at Twenty." *Immunity* 36.4 (2012): 503–514.

Stave, James W, and Klaus Lindpaintner. "Antibody and Antigen Contact Residues Define Epitope and Paratope Size and Structure." *Journal of immunology (Baltimore, Md. : 1950)* 191.3 (2013): 1428–1435.

Strutt, Tara M, K Kai McKinstry, and Susan L Swain. "Control of Innate Immunity by Memory CD4 T Cells." *Advances in experimental medicine and biology* 780 (2011): 57–68.

SU, ALICE. "Why China's Wildlife Ban Is Not Enough to Stop Another Virus Outbreak." *Letters in Applied Microbiology* 2 Apr. 2020: 342–348.

Subbarao, Kanta. "The Critical Interspecies Transmission Barrier at the Animal-Human Interface." *Tropical medicine and infectious disease* 4.2 (2019): 72.

Sun, Bing, and Yuan Zhang. "Overview of Orchestration of CD4+ T Cell Subsets in Immune Responses." *Advances in experimental medicine and biology* 841 (2014): 1–13.

Suzuki, Daichi G, and Senji Tanaka. "A Phenomenological and Dynamic View of Homology: Homologs as Persistently Reproducible Modules." *Biological theory* 12.3 (2017): 169–180.

Takeuchi, Osamu, and Shizuo Akira. "Innate Immunity to Virus Infection." *Immunological reviews* 227.1 (2009): 75–86

Tan, S Y, and E Berman. "Robert Koch (1843-1910): Father of Microbiology and Nobel Laureate." *Singapore medical journal* 49.11 (2008): 854–855.

Tarlinton, David et al. "Plasma Cell Differentiation and Survival." *Current Opinion in Immunology* 20.2 (2008): 162–169.

Taubenberger, Jeffery K, and David M Morens. "1918 Influenza: the Mother of All Pandemics." *Emerging Infectious Diseases* 12.1 (2006): 15–22.

Tay, Matthew Zirui et al. "The Trinity of COVID-19: Immunity, Inflammation and Intervention." *Nature reviews. Immunology* 20.6 (2020): 363–374.

Toit, Du, Andrea. "Coronavirus Replication Factories." *Nature Reviews Microbiology* 18.8 (2020): 411–411.

Tollefson, Jeff. "Humans Are Driving One Million Species to Extinction." *Nature* 569.7755 (2019): 171.

Topal, Michael D, and Jacques R Fresco. "Complementary Base Pairing and the Origin of Substitution Mutations." *Nature* 263.5575 (1976): 285–289.

Upton, Jason W, and Francis Ka-Ming Chan. "Staying Alive: Cell Death in Antiviral Immunity." *Molecular cell* 54.2 (2014): 273–280.

Ura, Takehiro, Kenji Okuda, and Masaru Shimada. "Developments in Viral Vector-Based Vaccines." *Vaccines* 2.3 (2014): 624–641.

Utsunomiya, Yuri Tani et al. "Growth Rate and Acceleration Analysis of the COVID-19 Pandemic Reveals the Effect of Public Health Measures in Real Time." *Frontiers in Medicine* 7 (2020): 536–9.

V'kovski, Philip et al. "Coronavirus Biology and Replication: Implications for SARS-CoV-2." *Nature Reviews Microbiology* (2020): 1–16.

Vareille, Marjolaine et al. "The Airway Epithelium: Soldier in the Fight Against Respiratory Viruses." *Clinical microbiology reviews* 24.1 (2011): 210–229.

Vaux, David L, and Stanley J Korsmeyer. "Cell Death in Development." *Cell* 96.2 (1999): 245–254.

Vivier, Eric et al. "Functions of Natural Killer Cells." *Nature Immunology* 9.5 (2008): 503–510.

Wan, Yisong Y. "Multi-Tasking of Helper T Cells." *Immunology* 130.2 (2010): 166–171.

Wen, Feng et al. "Identification of the Hyper-Variable Genomic Hotspot for the Novel Coronavirus SARS-CoV-2." *Journal of Infection* 80.6 (2020): 671–693.

Wertheim, Joel O et al. "A Case for the Ancient Origin of Coronaviruses." *Journal of Virology* 87.12 (2013): 7039–7045.

Widysanto, Allen et al. "Happy Hypoxia in Critical COVID-19 Patient: a Case Report in Tangerang, Indonesia." *Physiological reports* 8.20 (2020): e14619.

Wieczorek, Marek et al. "Major Histocompatibility Complex (MHC) Class I and MHC Class II Proteins: Conformational Plasticity in Antigen Presentation." *Frontiers in Immunology* 8 (2017): 292.

Wiersinga, W Joost et al. "Pathophysiology, Transmission, Diagnosis, and Treatment of Coronavirus Disease 2019 (COVID-19): a Review." *JAMA* 324.8 (2020): 782–793.

Wu, Zhiqiang et al. "Comparative Analysis of Rodent and Small Mammal Viromes to Better Understand the Wildlife Origin of Emerging Infectious Diseases." *Microbiome* 6.1 (2018): 178–178.

Xia, Hongjie et al. "Evasion of Type I Interferon by SARS-CoV-2." *Cell reports* 33.1 (2020): 108234–108234.

Yang, Samuel, and Richard E Rothman. "PCR-Based Diagnostics for Infectious Diseases: Uses, Limitations, and Future Applications in Acute-Care Settings." *The Lancet Infectious Diseases* 4.6 (2004): 337–348.

Yetmar, Zachary A et al. "Inpatient Care of Patients with COVID-19: a Guide for Hospitalists." *The American Journal of Medicine* 133.9 (2020): 1019–1024.

Yoneyama, M et al. "Autocrine Amplification of Type I Interferon Gene Expression Mediated by Interferon Stimulated Gene Factor 3 (ISGF3)." *Journal of Biochemistry* 120.1 (1996): 160–169.

Yuan, Zheming et al. "Modelling the Effects of Wuhan's Lockdown During COVID-19, China." *Bulletin of the World Health Organization* 98.7 (2020): 484–494.

Zaki, Ali M et al. "Isolation of a Novel Coronavirus From a Man with Pneumonia in Saudi Arabia." *New England Journal of Medicine* 367.19 (2012): 1814–1820.

Zeng, Qinghong et al. "Structure of Coronavirus Hemagglutinin-Esterase Offers Insight Into Corona and Influenza Virus Evolution." *Proceedings of the National Academy of Sciences of the United States of America* 105.26 (2008): 9065–9069.

Zhang, Baobao et al. "Americans' Perceptions of Privacy and Surveillance in the COVID-19 Pandemic." *PloS one* 15.12 (2020): e0242652.

Zhang, Nu, and Michael J Bevan. "CD8+ T Cells: Foot Soldiers of the Immune System." *Immunity* 35.2 (2011): 161–168.

Zhou, Ting et al. "Immune Asynchrony in COVID-19 Pathogenesis and Potential Immunotherapies." *The Journal of experimental medicine* 217.10 (2020): e20200674.

Zhu, Na et al. "A Novel Coronavirus From Patients with Pneumonia in China, 2019." *New England Journal of Medicine* 382.8 (2020): 727–733.

Zumla, Alimuddin, David S Hui, and Stanley Perlman. "Middle East Respiratory Syndrome." *The Lancet* 386.9997 (2015): 995–1007.

도판출처

제1부 팬데믹

1-1. https://en.wikipedia.org/wiki/Masked_palm_civet#/media/File:Palm_civet_on_tree_
    (detail).jpg, ⓒ Denise Chan from Hong Kong, China
1-2. https://commons.wikimedia.org/wiki/File:Bat(20070605).jpg, ⓒ Lylambda
    (lylambda@gmail.com)
8-2. https://commons.wikimedia.org/wiki/File:LiWengliang.jpg, ⓒ PetrVod
11-3. https://commons.wikimedia.org/wiki/File:An_Illustration_of_The_Allegory_of_the_
    Cave,_from_Plato%E2%80%99s_Republic.jpg, ⓒ 4edges

제2부 바이러스

12-1. (왼쪽): https://commons.wikimedia.org/wiki/File:TobaccoMosaicVirus.jpg
12-1. (오른쪽): https://commons.wikimedia.org/wiki/File:TMV_structure_simple.png,
    ⓒ Thomas Splettstoesser (www.scistyle.com)
12-2. (왼쪽): https://commons.wikimedia.org/wiki/File:Novel_Coronavirus_SARS-
    CoV-2.jpg, ⓒ NIAID
12-2. (오른쪽): https://en.wikipedia.org/wiki/Coronavirus#/media/File:SARS-CoV-2_
    without_background.png
13-2. (왼쪽): https://commons.wikimedia.org/wiki/File:Gregor_Mendel_2.jpg
13-2. (오른쪽): https://en.wikipedia.org/wiki/Pea#/media/File:Peas_in_pods_-_Studio.
    jpg, ⓒ Bill Ebbesen
19-1. https://commons.wikimedia.org/wiki/File:Icosahedral_Adenoviruses.jpg, ⓒ Dr
    Graham Beards(축구공을 제한 나머지 그림), https://commons.wikimedia.org/wiki/
    File:Soccerball.svg(축구공)
19-2. https://en.wikipedia.org/wiki/Coronavirus#/media/File:SARS-CoV-2_without_
    background.png(코로나19바이러스 그래픽), ⓒ 주철현(나머지 그림)

제3부 면역

23-1. https://en.wikipedia.org/wiki/Alfred_Nobel#/media/File:Alfred_Nobel3.jpg(알프레드 노벨 사진)

24-1. https://commons.wikimedia.org/wiki/File:Entenmann-Cake-Donut.jpg(도넛), ⓒ 주철현(나머지 그림)

32-1. https://commons.wikimedia.org/wiki/File:Bronchial_anatomy.jpg, ⓒ Patrick J. Lynch(모세혈관), ⓒ 주철현(나머지 그림)

제4부 방역

42-1. https://en.wikipedia.org/wiki/Edward_Jenner#/media/File:Jenner_phipps_01_(cropped).jpg

43-2. (왼쪽): https://commons.wikimedia.org/wiki/File:Fighting_smallpox_in_Niger,_1969.jpg

43-2. (오른쪽): https://commons.wikimedia.org/wiki/File:Smallpox_Eradication_Logo.jpg, ⓒ WHO, World Health Organization

제5부 과거 현재 미래

45-1. https://commons.wikimedia.org/wiki/File:Hunting_deer,_mural,_6th_millennium_BC,_MACA,_99004.jpg, ⓒ Kiss Tamás(Kit36a)

45-2. https://commons.wikimedia.org/wiki/File:Human_left_femur,_Tell_Fara,_Palestine,_100_BCE-200_CE_Wellcome_L0057387.jpg, ⓒ Wellcome Images

46-1. https://commons.wikimedia.org/wiki/File:Maler_der_Grabkammer_des_Sennudem_001.jpg

46-2. https://commons.wikimedia.org/wiki/File:Oil_painting;_plague_at_Athens._Wellcome_M0008517.jpg, ⓒ Wellcome Images

46-3. https://commons.wikimedia.org/wiki/File:The_angel_of_death_striking_a_door_during_the_plague_of_Rome_Wellcome_V0010664.jpg, ⓒ Wellcome Images

46-5. https://commons.wikimedia.org/wiki/File:Paul_F%C3%BCrst,_Der_Doctor_Schnabel_von_Rom_(coloured_version).png#/media/File:Paul_F%C3%BCrst,_Der_Doctor_Schnabel_von_Rom_(Holl%C3%A4nder_version).png

47-1. https://commons.wikimedia.org/wiki/File:NewtonsPrincipia.jpg, ⓒ Andrew Dunn

47-2. (왼쪽): https://commons.wikimedia.org/wiki/File:Robert_Hooke,_Micrographia,_ detail;_microscope_Wellcome_M0005217.jpg, ⓒ Wellcome Images

47-2. (오른쪽): https://commons.wikimedia.org/wiki/File:Robert_Hooke,_ Micrographia,_cork,_Wellcome_M0010579.jpg, ⓒ Wellcome Images

47-3. (왼쪽): https://commons.wikimedia.org/wiki/File:Penicillin_Past,_Present_and_ Future-_the_Development_and_Production_of_Penicillin,_England,_1944_D17802. jpg

47-3. (오른쪽): https://commons.wikimedia.org/wiki/File:Sample_of_penicillin_mould_ presented_by_Alexander_Fleming_to_Douglas_Macleod,_1935_(9672239344).jpg, ⓒ Science Museum London / Science and Society Picture Library

47-4. https://commons.wikimedia.org/wiki/File:Francesco_Salviati_005.jpg

48-1. (왼쪽): https://upload.wikimedia.org/wikipedia/commons/b/be/Roosevelt_in_a_ wheelchair.jpg

48-1. (오른쪽): https://commons.wikimedia.org/wiki/File:SalkatPitt.jpg

49-1. https://www.jpl.nasa.gov/spaceimages/images/wallpaper/PIA23645-1600x1200. jpg, ⓒ NASA / JPL-Caltech

49-2. https://commons.wikimedia.org/wiki/File:The_Earth_seen_from_Apollo_17. jpg#/media/File:The_Earth_seen_from_Apollo_17_with_white_background.jpg, ⓒ Harrison Schmitt or Ron Evans (Apollo 17 crew)(지구 사진), ⓒ 주철현(나머지 그림)

52-1. https://commons.wikimedia.org/wiki/File:Nagant_Revolver.jpg, ⓒ Mascamon at Luxembourgish Wikipedia(리볼버), https://commons.wikimedia.org/wiki/ File:One-red-dice-01.jpg, ⓒ Stephen Silver(주사위)

바이러스의 시간
주철현 교수가 들려주는 코로나바이러스의 모든 것

2021년 2월 20일 초판 1쇄 찍음
2021년 3월 2일 초판 1쇄 펴냄

지은이 주철현

펴낸이 정종주
편집주간 박윤선
편집 강민우 김재영
마케팅 김창덕

펴낸곳 도서출판 뿌리와이파리
등록번호 제10-2201호(2001년 8월 21일)
주소 서울시 마포구 월드컵로 128-4 2층
전화 02)324-2142~3
전송 02)324-2150
전자우편 puripari@hanmail.net

디자인 공중정원
종이 화인페이퍼
인쇄 및 제본 영신사
라미네이팅 금성산업

값 25,000원
ISBN 978-89-6462-153-0 (03470)